“十二五”普通高等教育本科规划教材
全国本科院校机械类创新型应用人才培养规划教材

AutoCAD 工程制图

主　编　刘善淑　胡爱萍
副主编　彭明国　朱科铃

内 容 简 介

本书以初学者为对象，以工程应用为目标，详细介绍AutoCAD 2012软件的二维绘图与三维建模的基本操作与实际应用。全书共13章，主要内容包括AutoCAD绘制二维图的基础知识、各种绘图与编辑命令、绘图环境设置与样板文件建立、文字与表格、尺寸标注、图块与属性、图形打印、各类工程图绘制实例以及三维绘图基础、实体建模、实体编辑和三维实体投二维工程图的方法。通过大量的实例，使读者在实践中掌握AutoCAD 2012的使用方法和操作技巧。

本书突出了AutoCAD软件的使用方法，始终围绕技术制图国家标准，强调操作的规范性和绘图的高效性，思路清晰，易于掌握。本书可以作为初学者的入门教材，也可以作为CAD培训教材以及工程技术人员的参考用书。

图书在版编目(CIP)数据

AutoCAD工程制图/刘善淑，胡爱萍主编. —北京：北京大学出版社，2013.4

(全国本科院校机械类创新型应用人才培养规划教材)

ISBN 978-7-301-21419-0

Ⅰ. ①A… Ⅱ. ①刘…②胡… Ⅲ. ①工程制图—AutoCAD软件—高等学校—教材 Ⅳ. ①TB237

中国版本图书馆CIP数据核字(2013)第047885号

书　　名：AutoCAD工程制图

著作责任者：刘善淑　胡爱萍　主编

策 划 编 辑：童君鑫　宋亚玲

责 任 编 辑：宋亚玲

标 准 书 号：ISBN 978-7-301-21419-0/TH・0338

出 版 发 行：北京大学出版社

地　　址：北京市海淀区成府路205号　100871

网　　址：http://www.pup.cn　　新浪官方微博：@北京大学出版社

电 子 信 箱：pup_6@163.com

电　　话：邮购部62752015　发行部62750672　编辑部62750667　出版部62754962

印 刷 者：**三河市博文印刷有限公司**

经 销 者：新华书店

787毫米×1092毫米　16开本　20印张　458千字

2013年4月第1版　2019年1月第4次印刷

定　　价：38.00元

前　言

AutoCAD(Auto Computer Aided Design)是由美国 Autodesk 公司开发的计算机辅助绘图软件，用于二维绘图、设计文档和基本三维设计，是在 CAD 业界用户最多、使用最广泛的图形软件。目前，已成为工科院校学生的一门必修课程和从事工程设计的专业技术人员的一项工具。

本书作者经历了工程研发到工程制图教学的从业过程，对于 AutoCAD 的应用积累了丰富的经验，AutoCAD 的学习，除了要熟悉单个命令，更应掌握使用该软件绘制工程图的作图思路，使得绘图过程更高效、制图效果更规范。

本书共 13 章分为两部分进行编写，分别是 AutoCAD 的二维绘图与三维建模。二维绘图部分按照绘制二维图形的过程，系统介绍了 AutoCAD 的基础知识、各种绘图与编辑命令、进行非图形信息的注写过程以及图形的打印输出，然后通过常见的几类工程图，结合各自的制图标准，综合介绍了各类工程图从绘图之前的准备、具体图形绘制，到工程图打印出图的完整过程，进一步强化 AutoCAD 的使用方法，是对 AutoCAD 绘图方法的一种提炼。三维部分按照实体建模过程，介绍了三维操作的各种命令与建模方法，然后通过图例介绍由三维实体生成二维工程图的两种途径，过程详细而实用，便于掌握。

本书重点强调高效绘图的各种方法，包括各种样式的设置、样板文件及属性块的应用；详细介绍了模型空间、图纸空间打印图纸的操作过程；以实用的方式介绍了三维实体生成二维工程图的操作过程；突出了学习 AutoCAD 的关键所在，解决了令人困扰的一些问题。本书可以作为初学者的入门教材，也可以作为工程技术人员的参考资料。

本书由刘善淑、胡爱萍任主编，彭明国、朱科钤任副主编。参见编写工作的还有吴君勇、许霞、葛秀坤、陈晶、赵庆梅、纪海慧等。

由于编者水平有限，本书不足之处在所难免，望广大读者批评指正。

编　者

2012 年 11 月

目　录

第1篇　AutoCAD 2012的二维基础知识 1

第1章　AutoCAD的基本操作 3

1.1　启动 4
1.2　AutoCAD 2012工作界面 4
1.2.1　菜单浏览器 5
1.2.2　快速访问工具栏 6
1.2.3　标题栏 6
1.2.4　信息中心 6
1.2.5　菜单栏 7
1.2.6　工具栏 8
1.2.7　命令行 9
1.2.8　应用程序状态栏 10
1.2.9　绘图区域 11
1.3　配置绘图系统 11
1.3.1　文件 11
1.3.2　显示 12
1.3.3　打开和保存 13
1.3.4　用户系统配置 14
1.4　命令的基本操作 15
1.4.1　启动命令的几种方式 15
1.4.2　命令的执行 17
1.4.3　命令的重复、放弃、重做 17
1.4.4　透明命令 18
1.5　数据的输入方法 18
1.5.1　直角坐标表示法 18
1.5.2　极坐标表示法 19
1.6　文件管理 20
1.6.1　新建文件 20
1.6.2　打开文件 21
1.6.3　保存文件 21
1.6.4　加密保存图形文件 22
1.6.5　关闭图形文件 22
1.7　对象的选择方式 23
1.7.1　点选方式 23
1.7.2　以窗口方式选择 23
1.7.3　全部方式 24
1.7.4　删除 24
1.7.5　添加 24
1.8　视图显示与控制 25
1.8.1　视图缩放 25
1.8.2　平移 29
1.8.3　重画 29
1.8.4　重生成 29
1.9　习题 30

第2章　设置绘图环境及创建样板文件 31

2.1　设置图层 32
2.1.1　图层的使用背景 32
2.1.2　图层的建立 32
2.1.3　图层的切换与控制 35
2.1.4　图层的转换 36
2.2　设置图形单位 38
2.3　设置图形界限 38
2.4　设置绘图辅助工具 39
2.4.1　正交模式 39
2.4.2　捕捉和栅格 40
2.4.3　对象捕捉 41
2.4.4　极轴追踪 43
2.4.5　动态输入 44
2.4.6　快捷特性 46
2.4.7　选择循环 47
2.5　样板文件 48
2.5.1　保存样板 48
2.5.2　设置调用样板文件的路径 49
2.6　习题 50

第3章 基本图元的绘制 51
3.1 点的绘制 52
3.1.1 点的样式设置 52
3.1.2 单点及多点 52
3.1.3 定数等分 52
3.1.4 定距等分 52
3.2 直线类对象的绘制 53
3.2.1 绘制直线 53
3.2.2 绘制构造线 54
3.2.3 绘制多线 55
3.3 圆弧类对象的绘制 57
3.3.1 绘制圆 57
3.3.2 绘制圆弧 58
3.3.3 绘制椭圆与椭圆弧 59
3.4 多边形对象的绘制 60
3.4.1 绘制矩形 60
3.4.2 绘制正多边形 62
3.5 多段线的绘制与编辑 62
3.5.1 绘制多段线 62
3.5.2 编辑多段线 64
3.6 样条曲线的绘制 65
3.7 修订云线的绘制 66
3.8 图案填充 66
3.9 边界和面域的创建 68
3.9.1 边界 68
3.9.2 面域 69
3.10 综合实例 70
第4章 图形的编辑 73
4.1 删除命令 74
4.2 复制、镜像和阵列命令 74
4.2.1 复制命令 74
4.2.2 镜像命令 75
4.2.3 阵列命令 76
4.3 偏移、移动和旋转命令 79
4.3.1 偏移命令 79
4.3.2 移动命令 80
4.3.3 旋转命令 81
4.4 对齐和缩放命令 82
4.4.1 对齐命令 82
4.4.2 缩放命令 82
4.5 修剪、打断和延伸命令 83
4.5.1 修剪命令 83
4.5.2 打断命令 85
4.5.3 延伸命令 85
4.6 拉长和拉伸命令 86
4.6.1 拉长命令 86
4.6.2 拉伸命令 86
4.7 合并和分解命令 87
4.7.1 合并命令 87
4.7.2 分解命令 88
4.8 倒角和圆角命令 88
4.8.1 倒角命令 88
4.8.2 圆角命令 89
4.9 对象特性和特性匹配 90
4.9.1 对象特性 90
4.9.2 特性匹配 91
4.10 使用夹点编辑图形 92
4.11 习题 94
第5章 文字和表格 96
5.1 设置文字样式 97
5.2 创建和编辑文本 99
5.2.1 单行文字 100
5.2.2 多行文字 100
5.2.3 特殊符号的输入 101
5.2.4 创建堆叠文字 102
5.2.5 编辑文字 103
5.3 表格 104
5.3.1 新建表格样式 104
5.3.2 绘制表格 106
5.3.3 修改表格 109
5.4 习题 110
第6章 尺寸标注 111
6.1 尺寸样式设置 112
6.1.1 修改基础标注样式 112
6.1.2 创建新的标注样式 122
6.1.3 修改标注样式名称 123

6.2 标注尺寸 123
6.2.1 线性标注 123
6.2.2 对齐标注 124
6.2.3 弧长标注 124
6.2.4 半径标注 125
6.2.5 直径标注 125
6.2.6 折弯半径标注 125
6.2.7 角度标注 126
6.2.8 坐标标注 127
6.2.9 基线标注 128
6.2.10 连续标注 128
6.2.11 快速标注 129
6.2.12 等距标注 129
6.2.13 打断标注 130
6.2.14 圆心标记 131
6.2.15 折弯线性标注 132
6.3 多重引线标注 132
6.3.1 创建多重引线样式 132
6.3.2 使用多重引线标注命令 134
6.3.3 操作示例 135
6.4 形位公差标注 137
6.4.1 使用【公差】TOLERANCE 标注 137
6.4.2 使用【快速引线】QLEADER 标注 138
6.4.3 使用【快速引线】QLEADER 标注形位公差基准 139
6.4.4 操作示例 139
6.5 尺寸公差标注 140
6.5.1 使用多行文字的堆叠功能 140
6.5.2 使用【样式替代】 140
6.5.3 使用【特性】选项板 141
6.6 尺寸标注的编辑 142
6.6.1 编辑标注 142
6.6.2 编辑标注文字 143
6.6.3 标注更新 143
6.6.4 翻转箭头 144
6.6.5 使用【特性】选项板编辑尺寸标注 144
6.7 习题 145
第7章 图块与属性 146
7.1 图块的创建与编辑 147
7.1.1 内部块 147
7.1.2 外部块 148
7.1.3 插入块 149
7.1.4 插入矩形阵列块 151
7.1.5 设置插入基点 152
7.1.6 编辑图块 152
7.2 属性块的创建和编辑 153
7.2.1 定义属性 153
7.2.2 修改属性块中的属性 155
7.2.3 修改属性定义 156
7.2.4 块属性管理器 157
7.3 制作常用图块 157
7.3.1 制作标题栏属性块 158
7.3.2 制作各类标准图幅属性块 160
7.3.3 制作明细栏 161
7.3.4 制作单位粗糙度属性块 162
7.4 习题 163
第8章 图形打印 164
8.1 模型与布局 165
8.1.1 模型、布局释义 165
8.1.2 模型与布局环境的切换 165
8.1.3 布局中的模型空间与图纸空间 167
8.2 在布局中打印图形 167
8.2.1 在【模型】空间绘制图形并标注尺寸 168
8.2.2 页面设置 168
8.2.3 在布局中插入图框 171
8.2.4 将图形调入布局 172
8.2.5 确定输出比例 173
8.2.6 设置【标注全局比例】参数 175
8.2.7 整理图面 177
8.2.8 打印图形 177
8.2.9 保存打印设置 179
8.3 在模型中打印图形 180

8.3.1 在【模型】选项卡中插入图框 180
8.3.2 确定图框缩放比例 180
8.3.3 设置【标注全局比例】参数并整理图面 181
8.3.4 打印图形 182
8.4 习题 183
第 9 章 各类标准工程图绘制实例 184
9.1 机械工程图—零件图的绘制 185
9.1.1 完善样本文件 185
9.1.2 绘制圆柱齿轮图形 186
9.1.3 尺寸标注 187
9.1.4 选图幅、插图框、定比例 190
9.1.5 修改尺寸标注及多重引线样式 190
9.1.6 标注粗糙度 191
9.1.7 制作齿轮参数表 192
9.1.8 注写技术要求并填写标题栏 193
9.2 机械工程图—装配图的绘制 193
9.2.1 绘制装配图中的图形 194
9.2.2 标注尺寸及零件序号 197
9.2.3 选图幅、插图框、定比例 197
9.2.4 编写明细栏 198
9.2.5 整理图面、填写标题栏 199
9.3 土木工程图的绘制 199
9.3.1 建筑工程图形的制图要求 199
9.3.2 建立建筑制图样板文件 200
9.3.3 图形绘制 202
9.4 给水排水工程图的绘制 209
9.4.1 给水排水工程制图标准 209
9.4.2 建筑给水排水工程图的绘制 211
9.4.3 建筑小区给水排水工程图的绘制 213
9.4.4 水处理平面图的绘制 214
9.4.5 水处理工艺流程及高程图的绘制 215
9.4.6 水处理构筑物图的绘制 215
9.5 环境工程图的绘制 216
9.5.1 环境工程制图标准 216
9.5.2 环境工程图的绘制 216
9.6 习题 218
第 2 篇 AutoCAD 2012 的三维知识 221
第 10 章 三维绘图基础 223
10.1 模型分类 224
10.2 三维坐标系统 224
10.2.1 笛卡尔坐标系 224
10.2.2 坐标格式 225
10.3 用户坐标系 226
10.3.1 理解用户坐标系 226
10.3.2 建立用户坐标系 226
10.3.3 动态 UCS 229
10.3.4 显示 UCS 图标 229
10.4 观察三维模型 230
10.4.1 使用视图 230
10.4.2 使用三维动态观察器 230
10.4.3 使用视觉样式 231
10.4.4 视觉样式管理器 232
10.5 三维点和线 233
10.5.1 绘制三维点 234
10.5.2 绘制三维直线 234
10.5.3 绘制三维多段线 234
10.5.4 三维样条曲线 235
10.5.5 绘制螺旋线 235
第 11 章 实体模型 237
11.1 绘制基本几何体 238
11.1.1 绘制长方体 238
11.1.2 绘制楔形体 239
11.1.3 绘制圆锥体 240
11.1.4 绘制球体 240
11.1.5 绘制圆柱体 241
11.1.6 绘制圆环体 241
11.1.7 绘制正棱锥体 242
11.2 多段体 243

11.3 拉伸形成实体 245
11.4 旋转形成实体 247
11.5 扫掠形成实体 250
11.6 放样形成实体 252
11.7 通过布尔运算创建复合实体 255
11.7.1 并集 256
11.7.2 差集 257
11.7.3 交集 258
11.8 按住并拖动所选区域形成实体 258
11.9 三维实体常用系统变量 259
11.9.1 DELOBJ 参数 259
11.9.2 等值线(ISOLINES) 260
11.9.3 轮廓线(DISPSILH) 260
11.9.4 表面光滑密度(FACETRES) 261
第 12 章 三维操作与实体编辑 262
12.1 三维模型的基本操作 263
12.1.1 三维移动 263
12.1.2 三维旋转 264
12.1.3 三维对齐 265
12.1.4 对齐 266
12.1.5 三维镜像 268
12.1.6 三维阵列 269
12.2 编辑三维实体对象 270
12.2.1 圆角边 270
12.2.2 倒直角边 271
12.2.3 剖切实体 272
12.2.4 获取实体剖面 274
12.2.5 分解实体 276
12.2.6 加厚实体 276
12.3 编辑实体面 277
12.3.1 拉伸面 277
12.3.2 移动面 278
12.3.3 偏移面 280
12.3.4 删除面 281
12.3.5 旋转面 282
12.3.6 倾斜面 284
12.3.7 复制面 285
12.3.8 着色面 285
12.4 编辑实体边 286
12.4.1 复制边 287
12.4.2 着色边 287
12.5 编辑实体的体 288
12.5.1 压印 288
12.5.2 清除 289
12.5.3 分割 289
12.5.4 抽壳 289
12.5.5 检查 291
第 13 章 由三维实体模型投二维工程图 292
13.1 使用【轮廓】SOLPROF 294
13.2 用【图形】SOLDRAW 299
参考文献 305

第1篇

AutoCAD 2012的二维基础知识

第1章 AutoCAD的基本操作

知识要点	掌握程度	相关知识
AutoCAD 2012 的工作界面	熟悉CAD的工作界面； 掌握定制快速访问工具栏和工作界面的方法。	各种工作空间的切换； 桌面工具栏的定制。
配置绘图系统	掌握绘图系统的基本配置方法。	使用【选项】命令进行绘图系统配置。
图形绘制的基本知识及基本操作方法	掌握命令的各种操作方式、数据的输入和选择对象的方法以及图形显示的操作； 熟悉文件管理。	列举各种CAD绘图基本操作知识。

本章主要介绍 AutoCAD 2012 的界面组成、图形绘制的基本知识及基本操作方法。

1.1 启　　动

启动 AutoCAD 2012 软件通常有以下三种方式：

- 双击桌面上 AutoCAD 2012 快捷方式图标 。
- 单击 Windows 任务栏上的【开始】→【程序】→【Autodesk】→【AutoCAD 2012 Simplified Chinese】→【AutoCAD 2012】。
- 双击一个已经存在的 CAD 文件。

1.2 AutoCAD 2012 工作界面

AutoCAD 2012 提供了【二维草图与注释】、【三维基础】、【三维建模】和【AutoCAD 经典】4 种工作空间模式。其中【二维草图与注释】为默认的工作空间，其界面形式如图 1-1 所示。

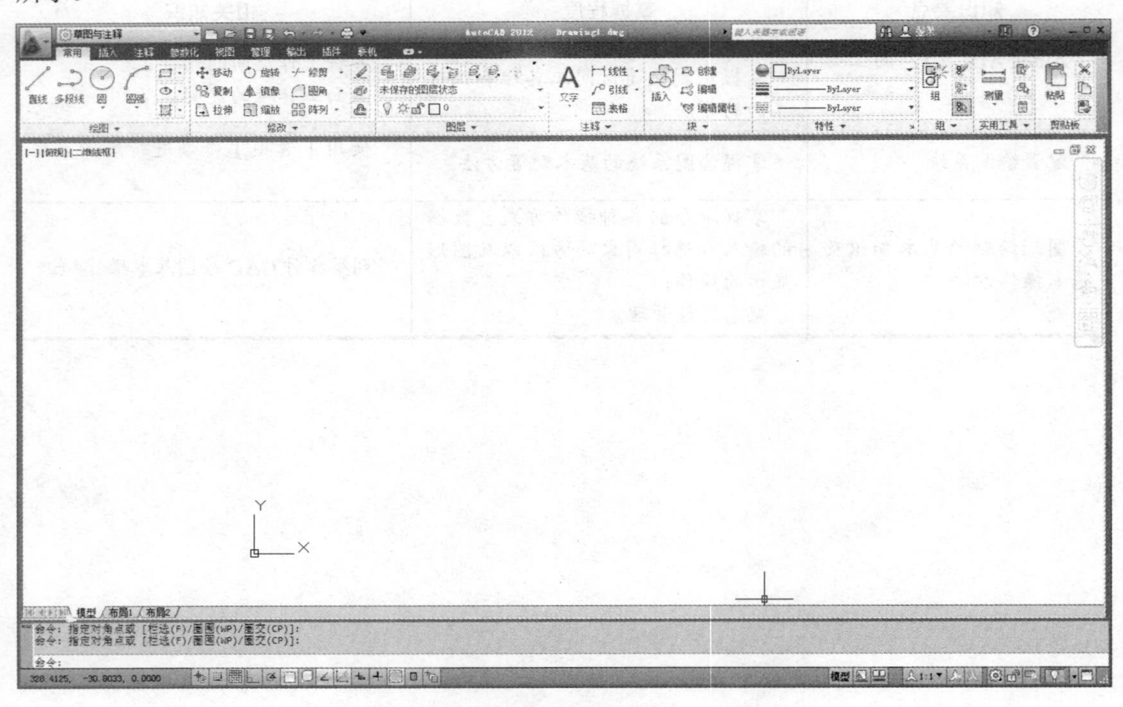

图 1-1 【二维草图与注释】工作空间界面

单击【工作空间】工具条的下拉箭头，选择【AutoCAD 经典】，出现如图 1-2 所示的 CAD 经典工作界面，该界面与 AutoCAD 前期版本类似，是本书选用的操作空间。

经典工作空间界面主要由菜单浏览器、快速访问工具栏、标题栏、信息中心、菜单栏、工具条、命令行、应用程序状态栏和绘图区域等窗口元素构成。

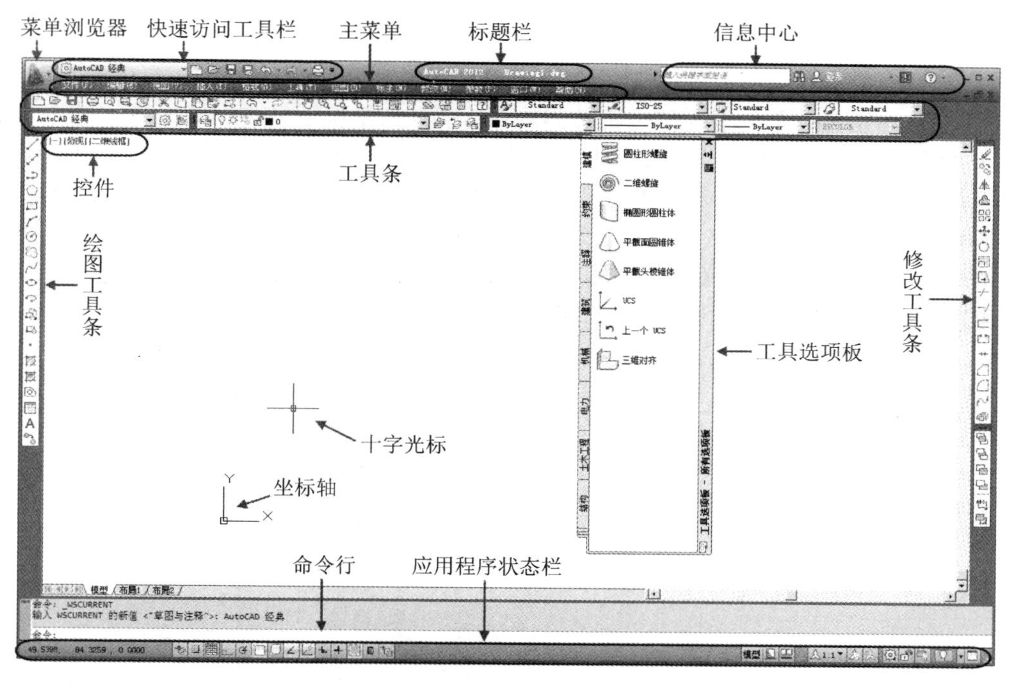

图 1-2 【AutoCAD 经典】工作空间界面

1.2.1 菜单浏览器

用户可以在菜单浏览器中查看最近使用过的文件，同时，可以通过程序提供的搜索引擎，搜索可用的命令，图 1-3 所示为当输入 arc 后搜索到的圆弧命令的结果。

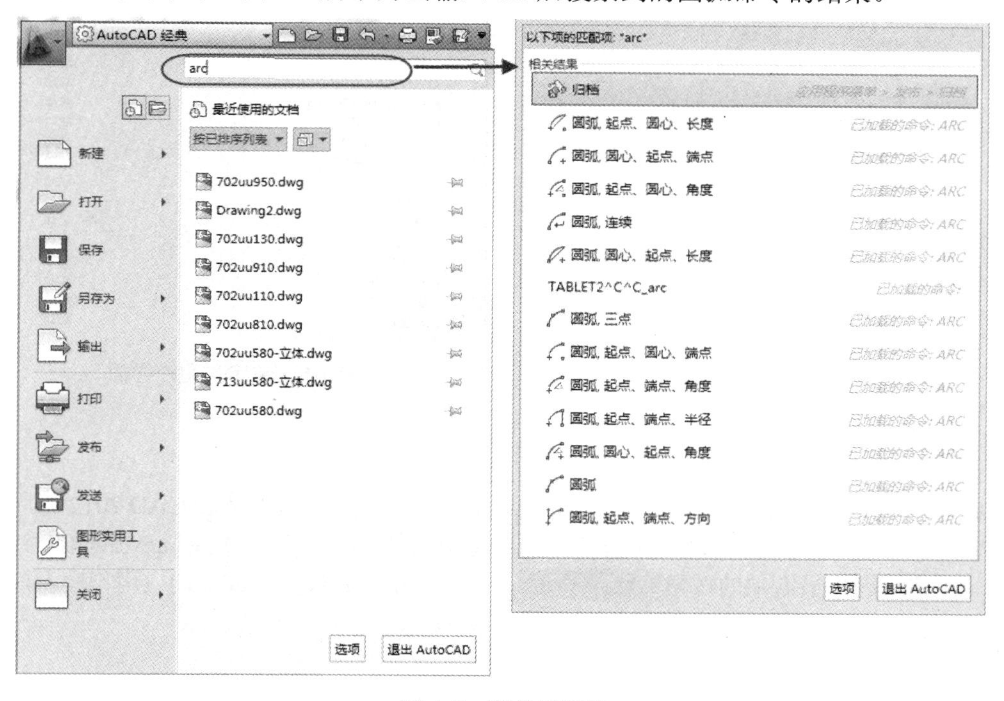

图 1-3 菜单浏览器

1.2.2 快速访问工具栏

【快速访问工具栏】用于存储经常访问的命令。默认情况下它包含 8 个常用的工具，如图 1-4 所示。用户可以通过单击快速访问工具栏右侧的下拉箭头，在弹出的【自定义快速访问工具栏】(图 1-5)列表中进行添加、删除命令；前面打勾的为已经添加到【快速访问工具栏】的命令，若将勾去掉，即从【快速访问工具栏】中删除；另外，还可以通过单击【自定义快速访问工具栏】的【更多命令】，调出【自定义用户界面】(图 1-6)，通过命令列表，将选中的命令添加到【快速访问工具栏】。

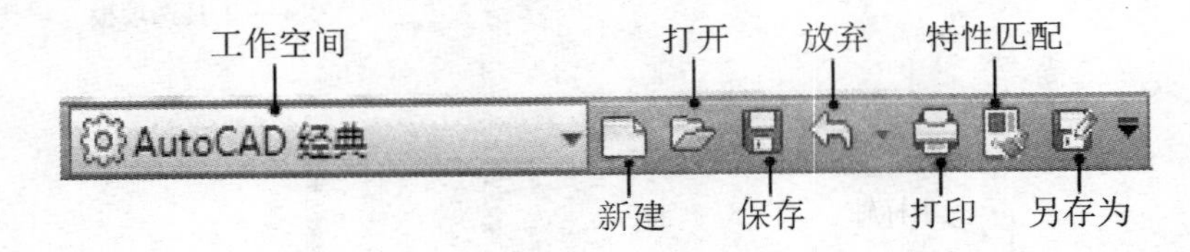

图 1-4 快速访问工具栏

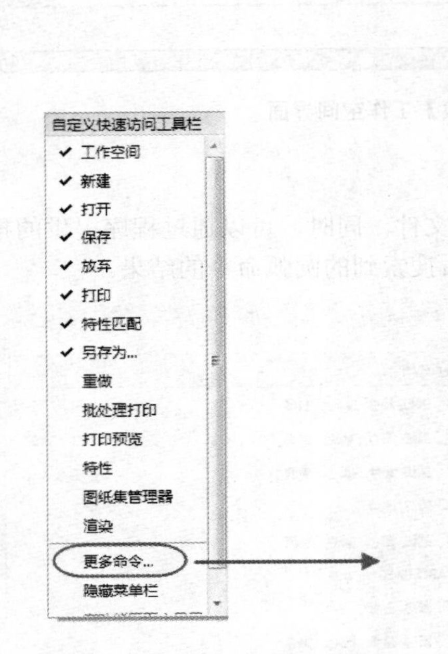

图 1-5 自定义快速访问工具栏

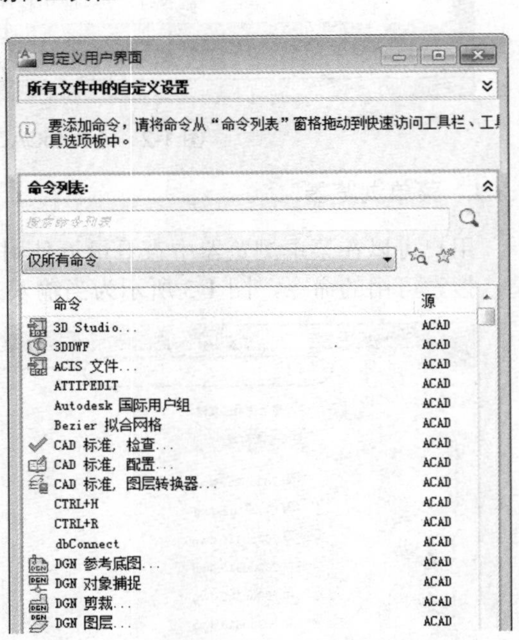

图 1-6 自定义用户界面

1.2.3 标题栏

标题栏位于主界面最上面的中间位置，用于显示当前正在运行的 AutoCAD 2012 程序名称及文件名等信息，如果是 AutoCAD 2012 默认的图形文件，其名称为 DrawingN.dwg(其中 N 是数字)。单击标题栏最右端的按钮 ，可以最小化、最大化或关闭应用程序窗口。

1.2.4 信息中心

信息中心位于标题栏的右侧，如图 1-7 所示。其主要功能有如下几项：

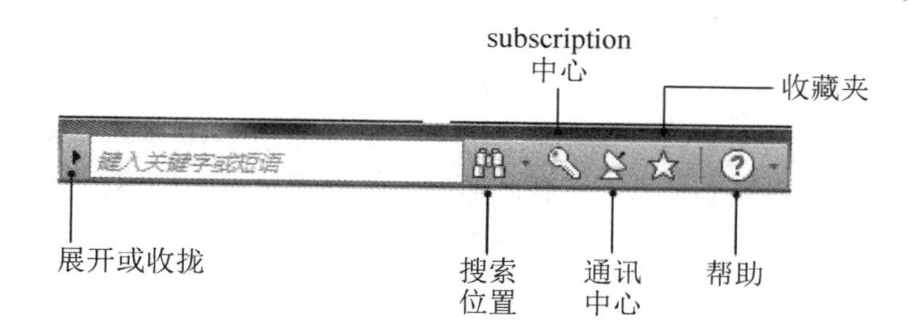

图 1-7　信息中心

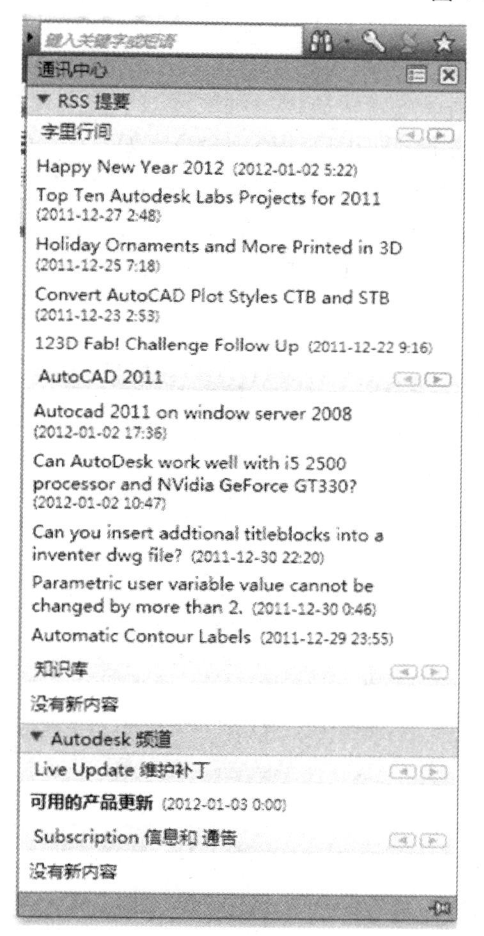

图 1-8　通讯中心

(1) 单击【展开或收拢】箭头，可以控制显示或隐藏信息中心文本窗口。

(2) 在文本窗口输入关键字，可以搜索到相应信息。

(3) 单击【通讯中心】按钮，弹出如图 1-8 所示【通讯中心】，可以查看有关产品更新和通告。

(4) 单击【收藏夹】按钮，弹出如图 1-9 所示【收藏夹】面板，可以按照面板提示操作，将相应信息添加到收藏夹。

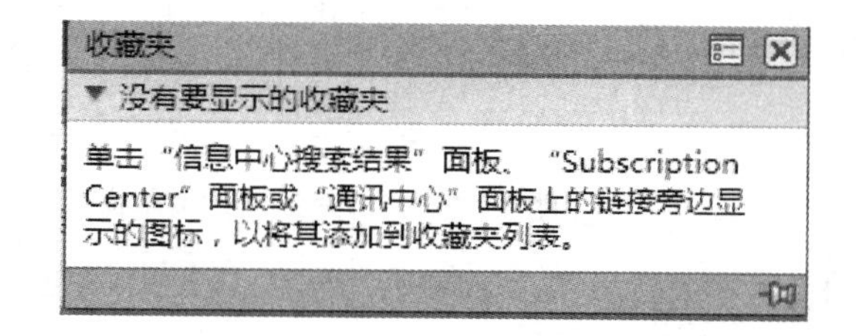

图 1-9　【收藏夹】面板

1.2.5　菜单栏

菜单栏在【AutoCAD 经典】工作空间直接显示，在其他空间默认为隐藏，可以通过勾选【自定义快速访问工具栏】(图 1-5)中的【隐藏菜单栏】控制。

AutoCAD 2012 的菜单栏由【文件】、【编辑】、【视图】、【插入】、【格式】、【工具】、【绘图】、【标注】、【修改】、【参数】、【窗口】、【帮助】12 个主菜单组成，单击主菜单项或输入 Alt 和菜单项中带下划线的字母(如“Alt+M”)，将打开对应的下拉菜单。下拉菜单包括了

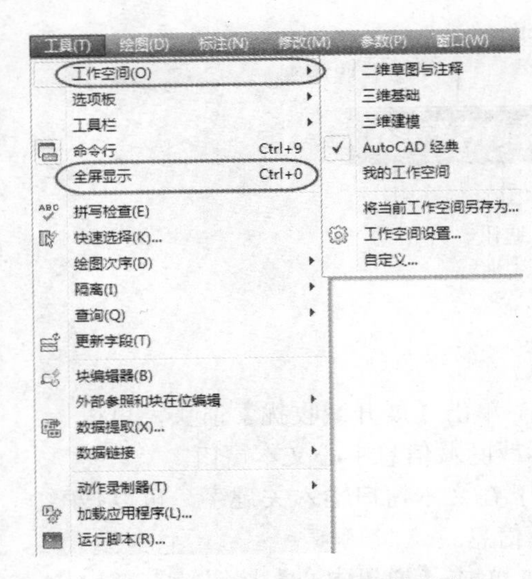

图 1-10　带有子菜单的菜单命令

AutoCAD 的绝大多数命令，具有以下特点：

- 菜单项带“▶”符号，表示该菜单项还有下一级子菜单。如图 1-10 所示，单击【工作空间】后，弹出了下一级菜单；
- 菜单项带按键组合，则该菜单项命令可以通过按键组合来执行，如图 1-10 中的【全屏显示】可以使用“Ctrl+O”执行；
- 菜单项带“…”符号，表示执行该菜单项命令后，将弹出一个对话框。如图 1-11 所示，单击【单位】命令后弹出【图形单位】对话框；
- 菜单项带快捷键，则表示该下拉菜单打开时，输入该字母即可启动该项命令，如“直线(L)”。

AutoCAD 还提供了另外一种菜单即快捷菜单。当光标在屏幕上不同的位置或不同的进程中按右键，将弹出不同的快捷菜单，如图 1-12 所示。

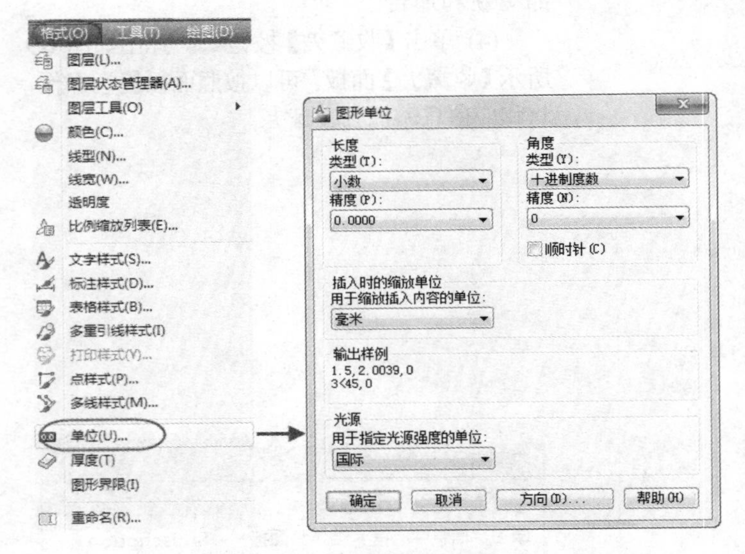

图 1-11　带有对话框的菜单命令

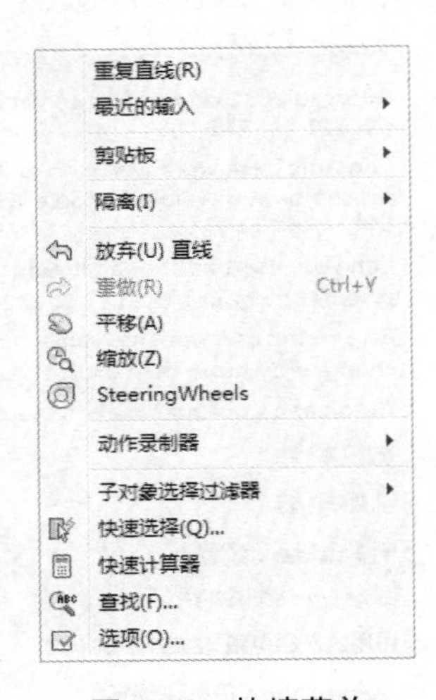

图 1-12　快捷菜单

1.2.6　工具栏

工具栏是 AutoCAD 为用户提供的另一种调用命令方式。将各种命令以形象的图标方式设成按钮，操作时，单击图标按钮，即可执行该图标按钮对应的命令。图标按钮的识别也很方便，只要将光标移动到某个按钮上停留片刻，则该按钮对应的命令名就会显示出来，同时，在状态栏中也会显示对应的说明和命令名(以英文显示)。

【AutoCAD 经典】工作空间默认显示有【标准】、【样式】、【工作空间】、【图层】、【特性】、【绘图】、【修改】和【绘图次序】等工具栏(图 1-13)，其他工具栏在默认设置中是关闭的。工具栏的识别如图 1-14 所示，将光标停留在工具栏左侧阴影区域，该工具栏名称即可显示出来。

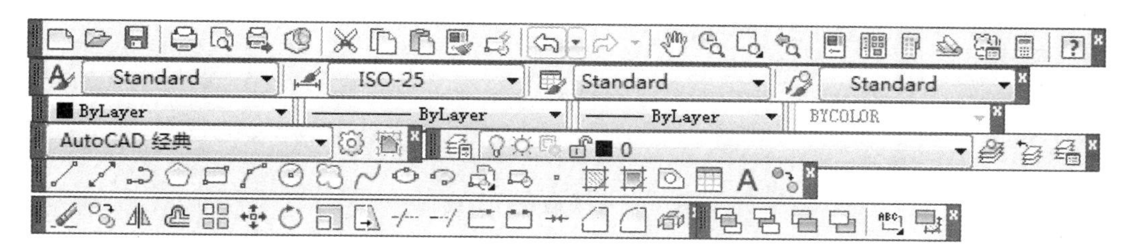

图 1-13　默认显示的工具栏

图 1-14　工具栏名称的显示

另外，用户可以根据使用需要，调用或隐藏其他工具栏，方法如下：

- 在 CAD 界面的任一工具栏上单击鼠标右键，弹出如图 1-15 所示的快捷菜单，显示 CAD 所有的工具栏。其中，名称前打“√”，则表明该工具栏已被调用；
- 在该快捷菜单中，单击要选择的工具栏，则该工具栏被调用。

AutoCAD 工具栏可以是浮动的，用户可以根据自己的使用习惯定制桌面，并可以锁定各工具栏的位置。步骤为：单击鼠标右键，在弹出的快捷菜单中选择【锁定位置】或单击状态行右下角锁定按钮→【全部】→【锁定】，如图 1-16 所示。

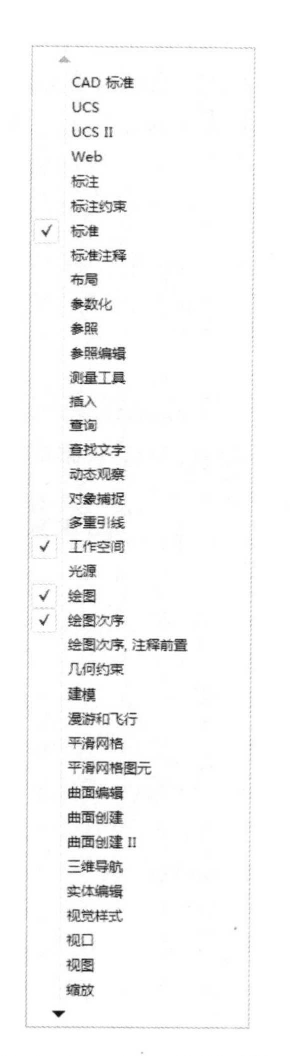

图 1-15　CAD 工具栏标签

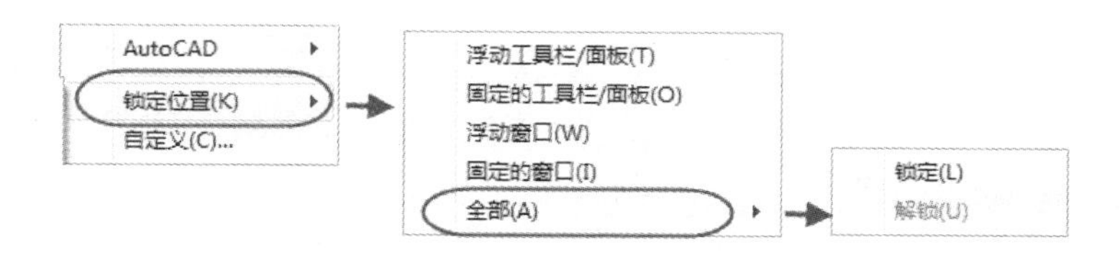

图 1-16　锁定工具栏

1.2.7　命令行

命令行窗口是 AutoCAD 进行人机交互、输入命令和显示相关信息与提示的区域，如图 1-17 所示。该窗口是浮动的，既可以调整窗口大小(通过移动拆分条)，也可以移动窗口的位置；有时，为了增大绘图区域，该窗口还可以被隐藏，过程为：单击菜单【工具】→【命令行】，此时命令行窗口即被隐藏。重复上述操作，命令行又显现。

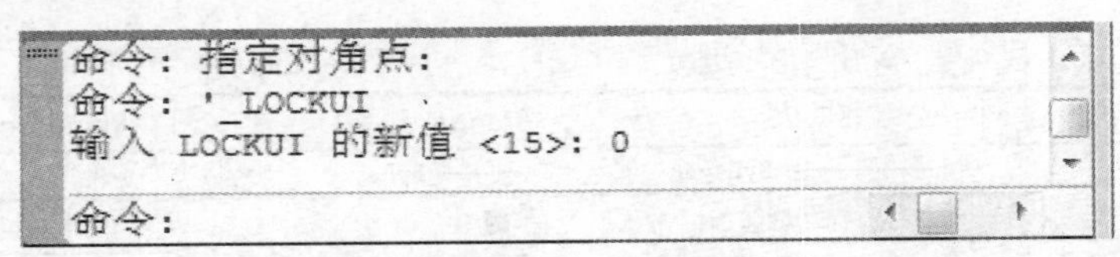

图 1-17 【命令行】窗口

1.2.8 应用程序状态栏

应用程序状态栏位于屏幕的最底端，其左侧依次排列着【图形坐标】、【推断约束】【捕捉】、【栅格】、【正交】、【极轴】、【对象捕捉】、【三维对象捕捉】、【对象追踪】、【允许/禁止动态 UCS】、【动态输入】、【显示/隐藏线宽】、【显示/隐藏透明度】、【快捷特性】和【选择循环】等辅助绘图工具按钮，单击这些按钮，可以打开或关闭相应的功能；其右侧依次排列着【模型或图纸空间】、【快速查看布局】、【快速查看图形】、【注释比例】、【全屏显示】等工具，如图 1-18 所示。

单击其最右侧的【注释比例】按钮▼，可以在弹出的比例列表中选用对应的注释比例(图 1-19)；单击【应用程序状态栏菜单】按钮▼，在弹出的快捷菜单(图 1-20)中，可以设置相应辅助工具在状态栏中的显示。

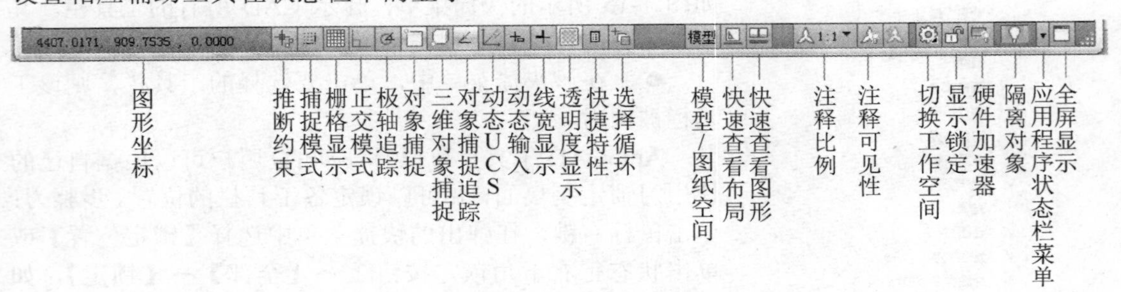

图 1-18 应用程序状态栏

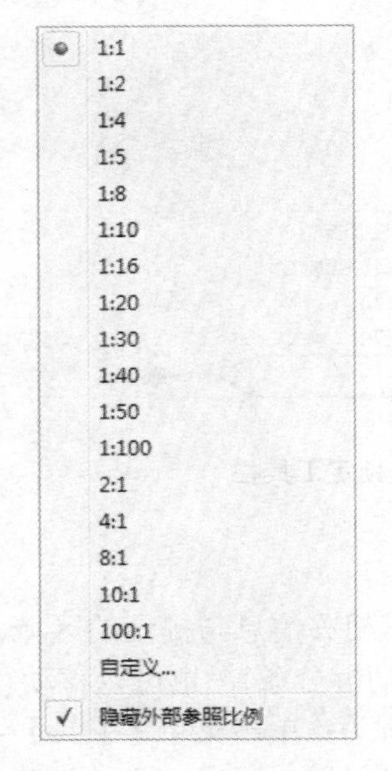

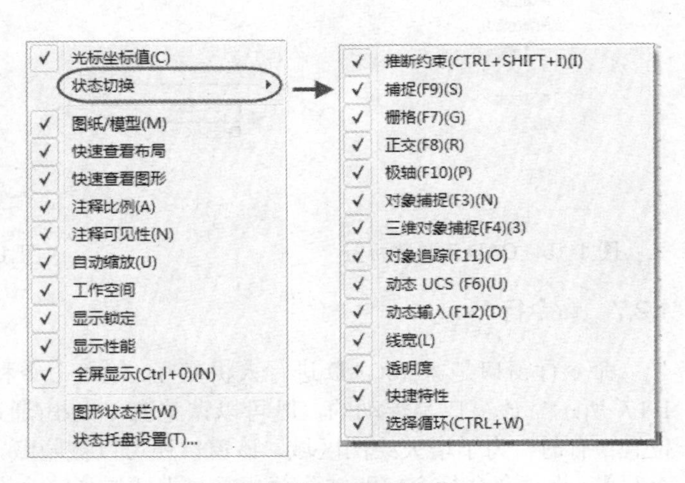

图 1-19 比例列表

图 1-20 设置状态栏

1.2.9 绘图区域

界面中间的空白区域是绘图区域，图形的绘制与编辑的大部分工作都在这里完成。该区域可以理解为一张没有边界的图纸，无论实物尺寸大或小，都可以采用 1∶1 的比例在此绘出图形；并可通过缩放、平移等命令或拖动窗口右边与下边的滚动条来观察绘图区中的图形。

在绘图区域，除了显示当前的绘图结果外，还显示了当前使用的坐标系类型、坐标原点以及 X、Y、Z 轴的方向等。默认情况下，坐标系为世界坐标系(WCS)。

绘图区域底部，还有【模型】、【布局】选项卡，单击它们可以在模型空间或图纸空间之间切换。

1.3 配置绘图系统

如果对 AutoCAD 2012 默认的绘图系统不满意，用户还可以执行菜单【工具】→【选项】命令，在弹出的【选项】对话框中(图 1-21)来定制符合自己要求的 AutoCAD 系统。

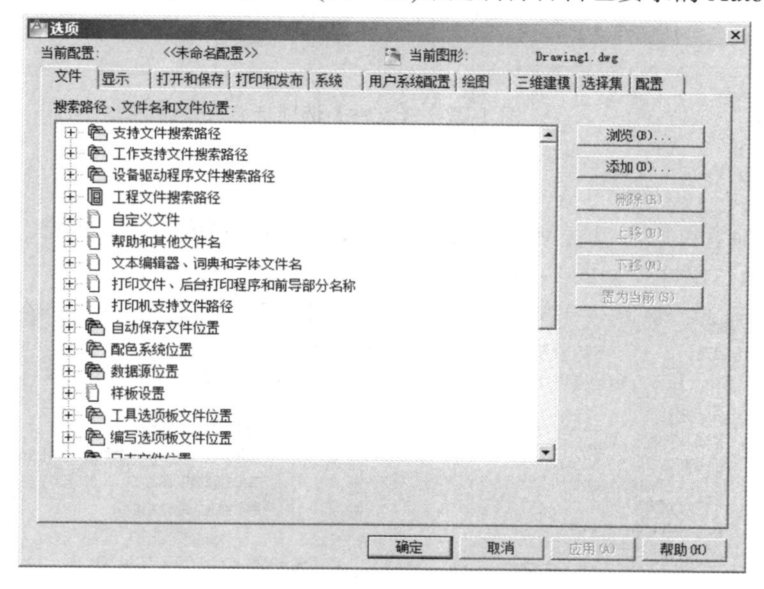

图 1-21 【选项】对话框

【选项】对话框包含【文件】、【显示】、【打开和保存】、【打印和发布】、【系统】、【用户系统配置】、【绘图】、【三维建模】、【选择集】和【配置】共 10 个选项卡，下面主要介绍其中的四个选项卡。

1.3.1 文件

【文件】选项卡，用于设置各类文件的搜索路径及安放路径，用户可通过该选项卡查看或调整各种文件的路径。

如要修改【自动保存文件位置】，操作步骤为：单击【自动保存文件位置】前面的加号，选择系统默认存放路径“C：\Users\LSS\AppData\Local\Temp\”，单击【浏览】按钮，然后在【浏览文件夹】对话框中选择所需的路径，单击【确定】按钮。结果如图 1-22 所示，AutoCAD 自动保存的文件将保存到用户设定的路径及文件夹中。

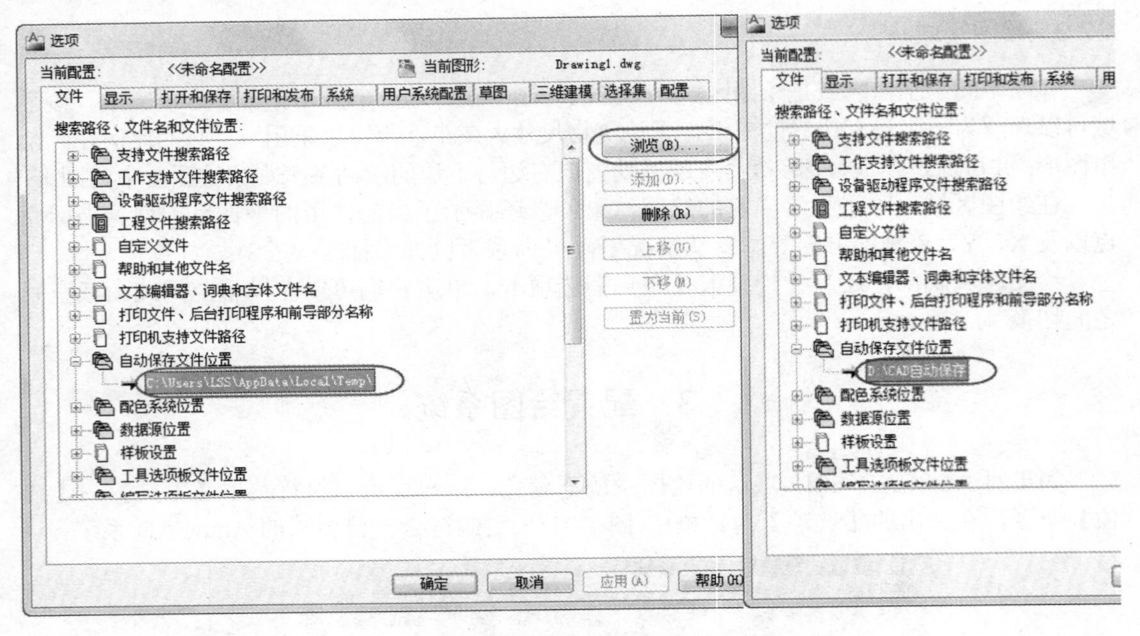

图 1-22 【文件】选项卡

1.3.2 显示

【显示】选项卡可用于设置窗口元素、布局元素、显示精度、显示性能、十字光标大小、淡入度控制等显示属性，如图 1-23 所示。

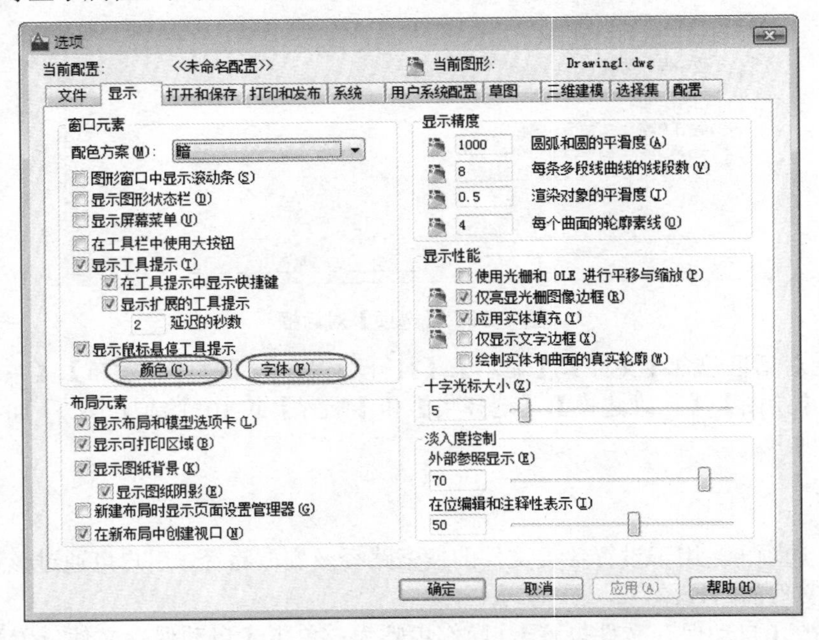

图 1-23 【显示】选项卡

例如，在【窗口元素】中，通过勾选各选择框，用于设置是否在图形窗口显示滚动条、图形状态栏、屏幕菜单等选项；单击【颜色】按钮，在弹出的【图形窗口颜色】对话框中(图 1-24)，可以设置图形窗口的颜色；单击【字体】按钮，在弹出的【命令行窗口字体】对话框中(图 1-25)，可以设置 AutoCAD 图形窗口、文本窗口的字体样式和大小。

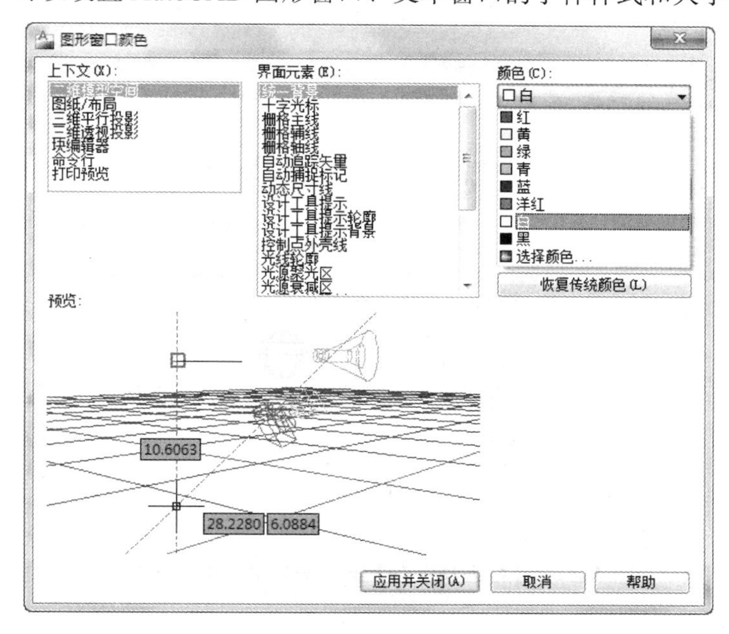

图 1-24 【图形窗口颜色】对话框

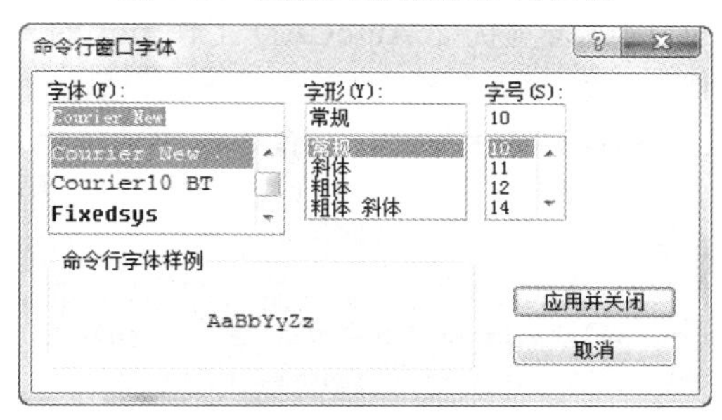

图 1-25 【命令行窗口字体】对话框

另外可以调整【十字光标大小】框中光标与屏幕大小的百分比，来改变十字光标在屏幕上的尺寸。通过设置【显示精度】和【显示性能】可以改变系统的刷新时间与速度。

1.3.3 打开和保存

【打开和保存】选项卡用于控制文件打开和保存的相关设置。

(1) 在【文件保存】【另存为】下拉列表中选择文件存储类型，可以将 AutoCAD 2012 的文件保存为低版本的文件，保证该文件能在 AutoCAD 软件中的运行。

(2) 在【文件安全措施】选项组中，可以设置自动保存间隔时间。

(3) 通过修改【文件打开】选项组中的【最近使用的文件数】，控制主菜单【文件】中文件显示数目(有效值范围为 0～9)，便于快速访问最近使用过的文件，如图 1-26 所示。

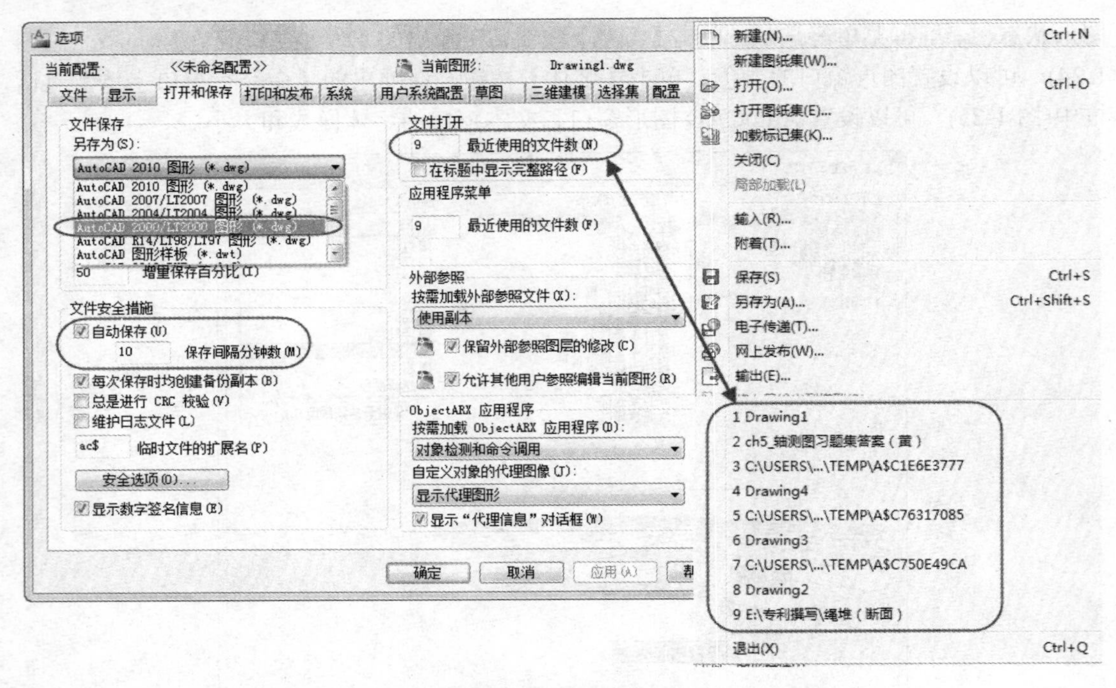

图 1-26　【打开和保存】选项卡与主菜单【文件】

1.3.4　用户系统配置

【用户系统配置】选项卡用于设置优化 AutoCAD 工作方式的一些选项，如图 1-27 所示。

(1) Windows 标准操作。

该选项控制在绘图过程中单击鼠标右键时是否显示快捷菜单，并可以通过单击【自定义右键单击】按钮，在弹出的对话框中进一步进行右键单击操作模式设置，如图 1-28 所示。

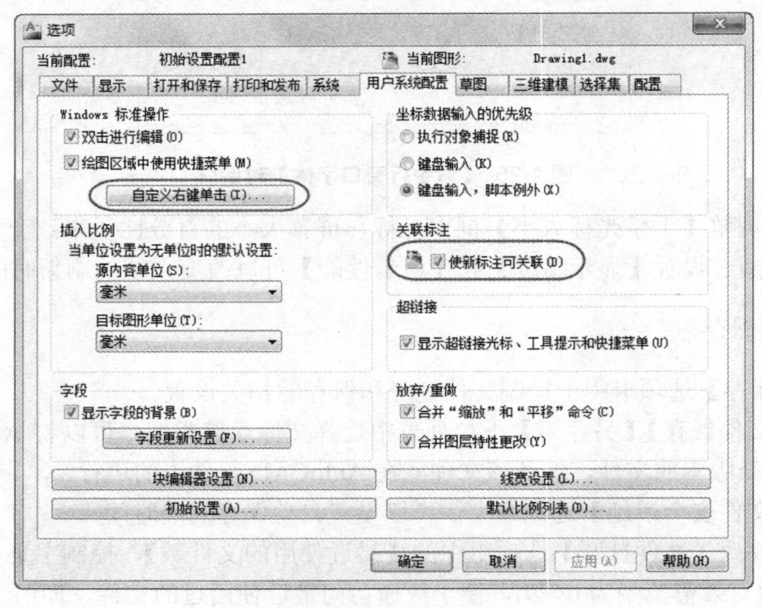

图 1-27　【用户系统配置】选项卡

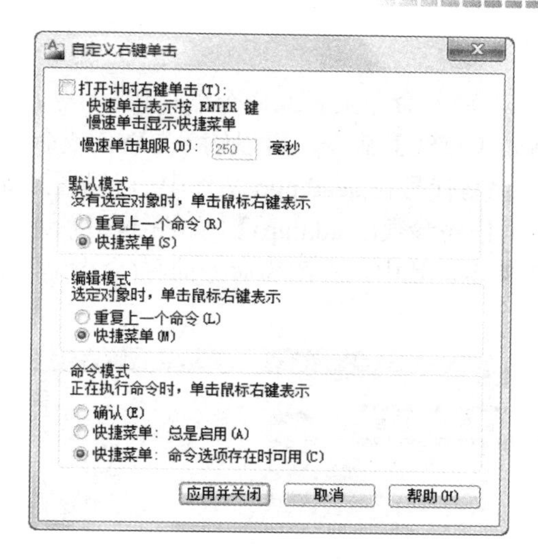

图 1-28 【自定义右键单击】对话框

(2) 关联标注。

该选项用于设置是否建立关联标注：选择【使新标注可关联】，所标注的尺寸将随着几何对象的变化而改变。图 1-29 所示为关联前后的比较。

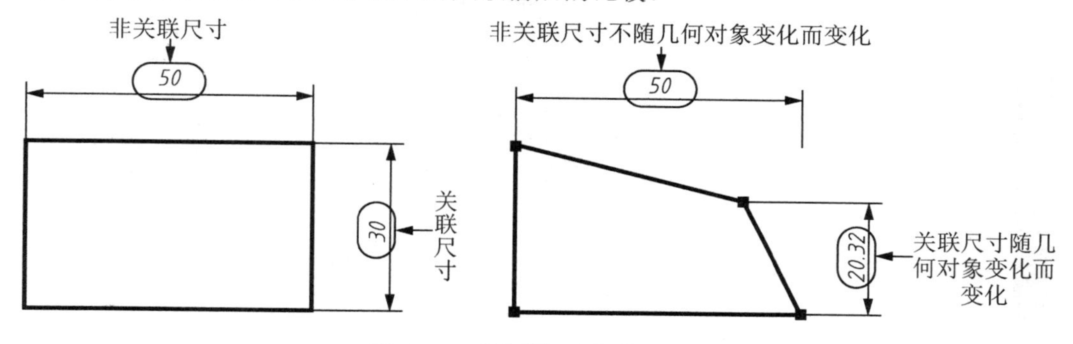

图 1-29 【关联标注】效果演示

1.4 命令的基本操作

1.4.1 启动命令的几种方式

AutoCAD 的每一个动作都对应着一个命令，想要执行某个操作，必须发出明确的命令。AutoCAD 命令的启动方式有以下几种。

(1) Auto CAD 菜单。

即通过选择下拉菜单或快捷菜单中相应的命令选项来绘制图形。例如单击下拉菜单【绘图】→【直线】，启动【直线】命令。

(2) 工具栏。

在工具栏中单击图标按钮，则启动相应命令。例如，单击【绘图】工具栏中的图标按钮⁄，则启动【直线】命令。

(3) 命令行。

在 AutoCAD 命令行可以输入命令全名或命令缩写代号(英文，不分大小写)，并按回车键或空格键启动命令。例如【直线】命令，可以输入 LINE 或命令缩写代号 L。

AutoCAD 默认的命令缩写代号在 acad.pgp 文件中，可以通过如下路径打开该文件:【工具】→【自定义】→【编辑程序参数(acad.pgp)】，如图 1-30 所示；此时 acad.pgp 文件以记事本方式打开，如图 1-31 所示。其中，左侧为命令简称(命令缩写代号)，右侧*号后的单词为对应的命令全称。

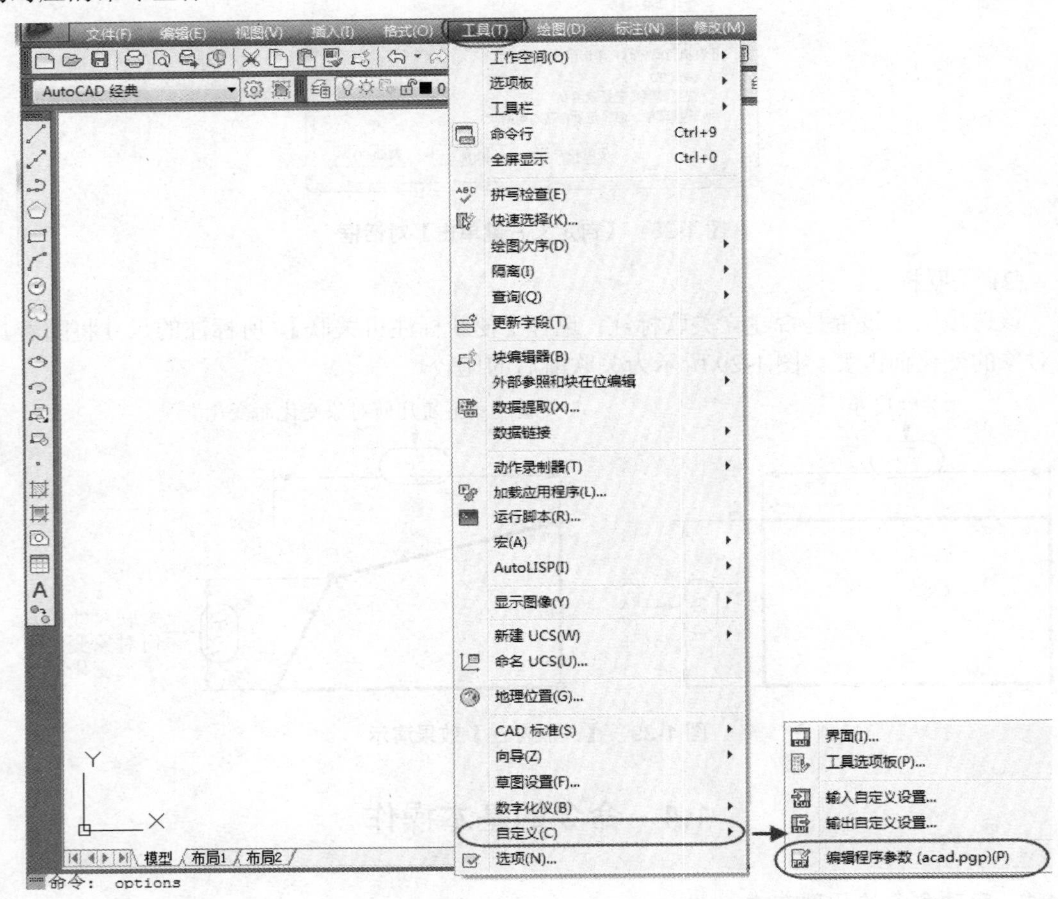

图 1-30 【acad.pgp】文件打开路径

用户也可以对 acad.pgp 文件进行编辑，自行编制命令缩写代号。修改完成后，不必重新启动 AutoCAD，使用 REINIT 命令，可以立刻加载刚刚修改过的 acad.pgp 文件。其操作过程为：命令行键入 REINIT 命令，在弹出的【重新初始化】对话框中(图 1-32)，勾选 PGP 文件选项，再按【确定】按钮。

(4) 快捷菜单。

在绘图区或命令行单击鼠标右键，可以在弹出的快捷菜单的【近期使用的命令】中，选择刚使用过的命令，使用该方法启动命令较快捷。

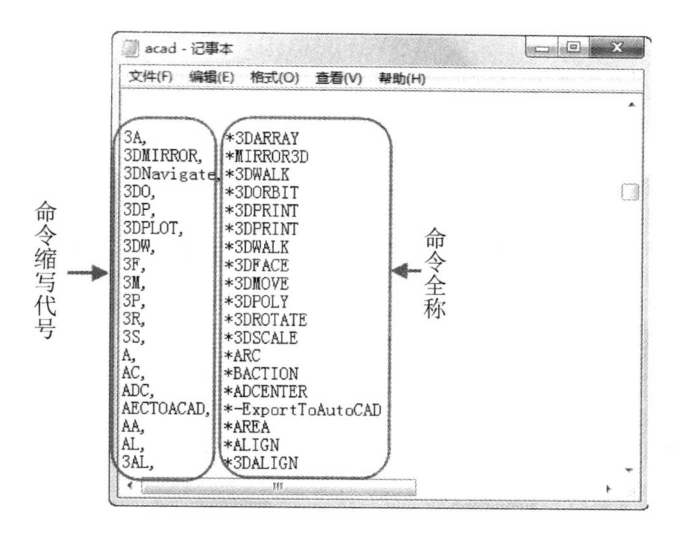

图 1-31 【acad.pgp】文件显示

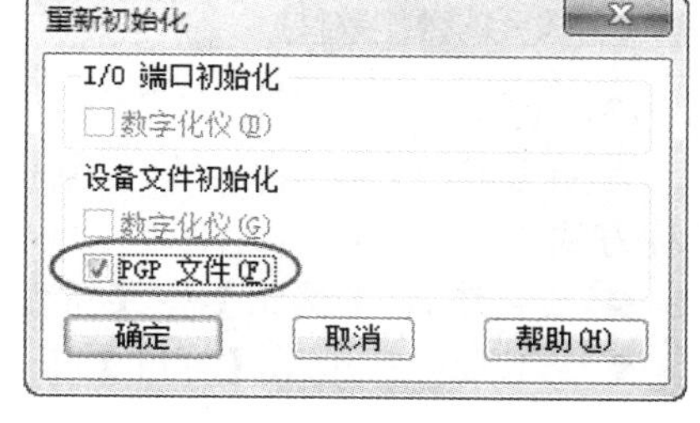

图 1-32 重载【acad.pgp】文件

1.4.2 命令的执行

启动命令后，命令行显示了下一步操作的方式，此时需要用户做出明确的指示，AutoCAD 则严格按照用户的指令，完成相应动作。

例如，要绘制直径为 50 的圆，其操作过程如下。

命令：C↙(键入圆的命令简写，回车)

CIRCLE 指定圆的圆心或 [三点(3P)/两点(2P)/相切、相切、半径(T)]：(鼠标在屏幕上任取一点即为圆心点)

指定圆的半径或[直径(D)]＜20.0000＞：d↙(选择圆的绘制方式)

指定圆的直径＜40.0000＞：50↙(输入圆的直径)

命令提示选项中不带括号的为默认选项，可以直接操作，因此上例在屏幕上指定的点就是圆心点；命令提示“[ ]”中的选项为执行该命令的各种操作方式，必须通过键盘输入“( )”中的关键字母，选择相应的操作。如上例选择 D，再输入 50，则告诉系统所输入数值为直径尺寸；命令提示“＜＞”中的数值为系统默认值。

1.4.3 命令的重复、放弃、重做

在 AutoCAD 中，用户可以方便地重复执行同一条命令，或撤销前面执行的一条或多条命令。此外，撤销前面执行的命令后，还可以通过重做来恢复前面执行的命令。

(1) 重复命令。

AutoCAD 中，若要重复执行上一个命令，可以直接按 Enter 或空格键，也可以单击鼠标右键，选择快捷菜单中的“重复 xx”命令。

(2) 放弃命令。

在命令执行过程中，若要终止该命令，通常按 Esc 键；若要撤销前面所进行的操作，可以通过以下几种方式：

- 主菜单：【编辑】→【放弃】。

- 工具栏：单击【标准】工具栏中的 图标按钮。
- 命令行：U↙或 Undo↙。

其中，使用 Undo 命令可以一次撤销多个操作，其命令行显示如下：

命令：undo↙
当前设置：自动＝开，控制＝全部，合并＝是，图层＝是
输入要放弃的操作数目或 [自动(A)/控制(C)/开始(BE)/结束(E)/标记(M)/后退(B)] ＜1＞：5↙(该数值为要放弃的操作数目)

(3) 重做。

使用【重做】命令可以恢复刚执行 U 或 UNDO 命令所放弃的操作。调用该命令有以下几种方式：

- 主菜单：【编辑】→【重做】。
- 工具栏：单击【标准】工具栏中的 图标按钮。
- 命令行：Redo↙。

1.4.4 透明命令

在 AutoCAD 中，当在执行某个命令过程中需要用到其他命令，而又不退出当前执行的命令时，就需要用到透明命令。透明命令是可以在不中断其他命令的情况下被执行的命令。例如 SNAP、GRID、ZOOM、PAN、REDRAW 等是经常使用的透明命令。

要以透明方式使用命令，可以通过单击工具栏上相应的命令图标(如【实时平移】)，或在命令行输入的透明命令名前加单引号“’”，此时，透明命令的提示前有一个双折“＞＞”，完成透明命令后，将继续执行原命令。例如，若想移动一个实体，但由于该实体太小，此时，可以在不中断【移动】命令的情况下，使用透明命令 zoom 将图形放大，然后再继续执行【移动】命令，该过程如下：

命令：_move ↙(输入移动命令)
选择对象：'zoom↙(输入透明命令，注意命令之前先输入')
＞＞指定窗口的角点，输入比例因子(nX 或 nXP)，或者
[全部(A)/中心(C)/动态(D)/范围(E)/上一个(P)/比例(S)/窗口(W)/对象(O)] ＜实时＞：w(执行透明命令，选择【窗口】选项)
＞＞指定第一个角点：＞＞指定对角点：(执行透明命令，放大图形窗口)
正在恢复执行 MOVE 命令。
选择对象：(继续执行 MOVE 命令)

1.5 数据的输入方法

在 AutoCAD 的二维绘图中，点的位置通常使用直角坐标和极坐标两种表示方法。

1.5.1 直角坐标表示法

用 X、Y 坐标值表示点的位置的方法，称为直角坐标表示法。根据点的直角坐标是否相对于坐标原点，又分为绝对直角坐标和相对直角坐标两种。

(1) 绝对直角坐标：是指相对于坐标原点的直角坐标数值，其命令行输入方式为：X，Y。如图 1-33(a)中的点 A，指定该点时，命令行应输入：10，12。

(2) 相对直角坐标：是指后一个点相对于前一个点的直角坐标增量，其命令行输入方式为：@X，Y。如图 1-33(b)中的点 B，相对于点 A 的ΔX=44、ΔY=35，若 A 点已确定，需要指定 B 点时，命令行应输入：@44，35。

应用直角坐标输入法绘制如图 1-34 所示图形(按 ABCD 绘图顺序)，其过程如下：

命令：line↙(输入直线命令)
指定第一点：200,160↙(输入 A 点的绝对直角坐标)
指定下一点或 [放弃(U)]：@-27,0↙(输入 B 点的相对直角坐标)
指定下一点或 [放弃(U)]：@0,-25↙(输入 C 点的相对直角坐标)
指定下一点或 [闭合(C)/放弃(U)]：@32,0↙(输入 D 点的相对直角坐标)
指定下一点或 [闭合(C)/放弃(U)]：c↙(选择“闭合”选项)

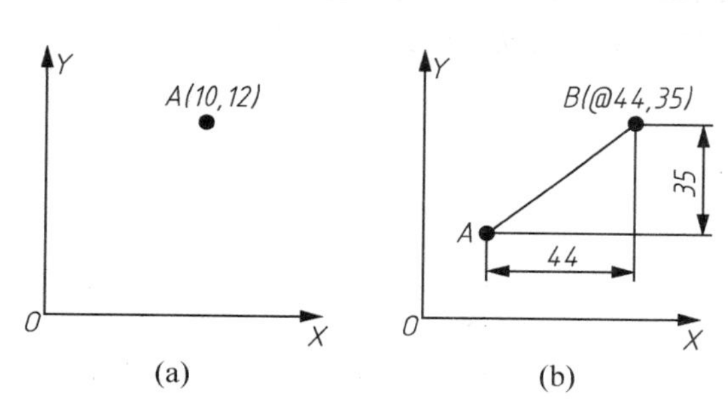

图 1-33　直角坐标输入法

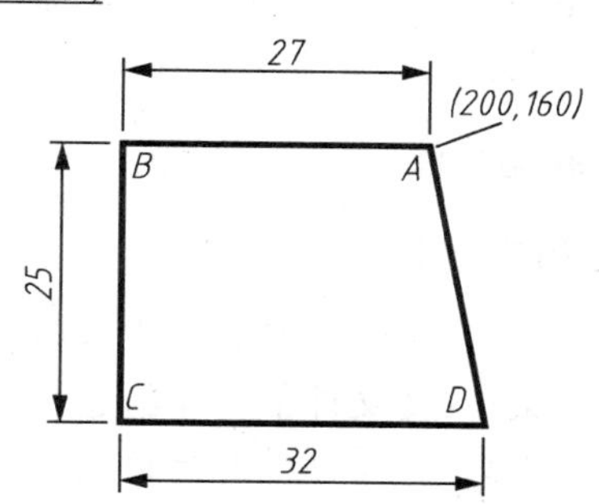

图 1-34　直角坐标输入法练习

1.5.2　极坐标表示法

用长度和角度表示点的位置的方法，称为极坐标表示法。同样根据点是否相对于坐标原点，也将极坐标分为绝对极坐标和相对极坐标两种。

(1) 绝对极坐标：点与坐标原点连线的长度为ρ，该线与 X 轴正向夹角为θ，该点的命令行输入方式为：ρ<θ。如图 1-35(a)中的点 C，指定该点时，命令行应输入：70<50。

(2) 相对极坐标：是指后一个点与前一个点的连线长度为ρ，该线与 X 轴正向夹角为θ，该点的命令行输入方式为：@ρ<θ。如图 1-35(b)中的点 D，DC=50、θ=30，需要指定 D 点时，命令行应输入：@50<30。

使用极坐标绘制如图 1-36 所示图形(按 ABCD 绘图顺序)，其过程如下：

命令：_line↙(输入直线命令)
指定第一点：200<50↙(输入 A 点的绝对极坐标)
指定下一点或 [放弃(U)]：@30<60↙(输入 B 点的相对极坐标)
指定下一点或 [放弃(U)]：@10<0↙(输入 C 点的相对极坐标)
指定下一点或 [闭合(C)/放弃(U)]：@40<-41↙(输入 D 点的相对极坐标)
指定下一点或 [闭合(C)/放弃(U)]：c(选择“闭合”选项)

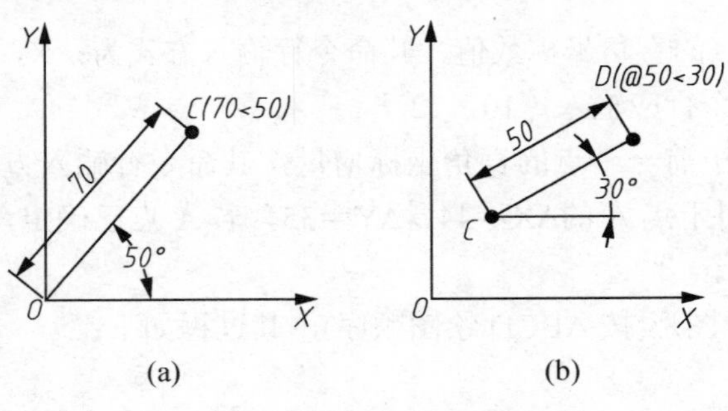

图 1-35　极坐标输入法

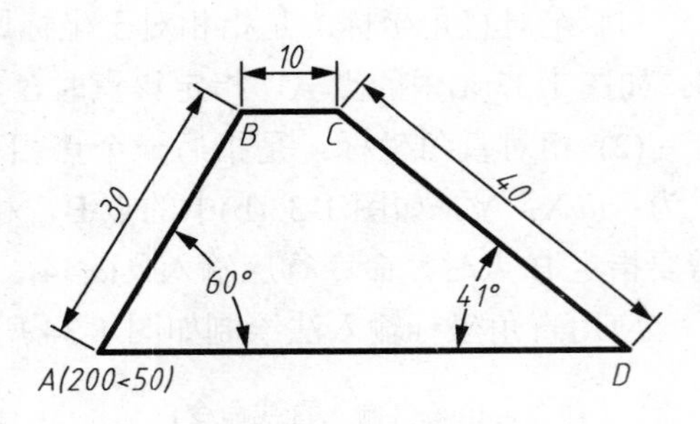

图 1-36　极坐标输入法练习

1.6 文 件 管 理

AutoCAD 中图形文件的管理与 Office 中的文件管理基本相同，包括新建文件、打开已有文件、保存文件、加密保存文件和关闭文件等，其操作方法也非常类似。

1.6.1　新建文件

【运行方式】

- 快速访问工具栏：图标。
- 菜单：【文件】→【新建】。
- 工具栏：【标准】→新建图标。
- 命令行：NEW 或 QNEW。

【操作过程】

以上操作弹出如图 1-37 所示【选择样板】对话框。在 AutoCAD 给出的样板文件名称列表框中，用户选择系统默认的样板文件或由用户自行创建的专用样板文件。如本例选择 acadiso.dwt 样本文件；单击【打开】按钮。

图 1-37　【选择样板】对话框

1.6.2 打开文件

【运行方式】

- 快速访问工具栏：图标。
- 菜单：【文件】→【打开】。
- 工具栏：【标准】→打开图标。
- 命令行：OPEN。

【操作过程】

以上操作弹出【选择文件】对话框，如图 1-38 所示。在【文件类型】列表框中可选.dwg、.dwt、.dxf 和.dws 等类型文件。默认情况下，打开的图形文件的格式为.dwg。

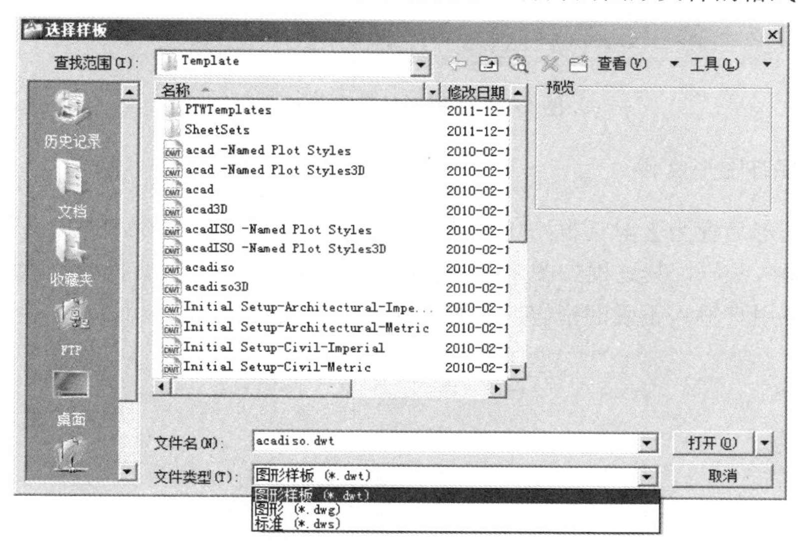

图 1-38 【选择文件】对话框

1.6.3 保存文件

【运行方式】

- 快速访问工具栏：图标。
- 菜单：【文件】→【保存】。
- 工具栏：【标准】→图标。
- 命令行：QSAVE 或 SAVE。

【操作过程】

若文件已命名，则 AutoCAD 以当前使用的文件名保存图形。

若文件未命名，则弹出如图 1-39 所示【图形另存为】对话框，在【保存】下拉列表框中可以指定文件保存的路径；在【文件类型】下拉列表框中选择保存文件的格式或不同的版本；文件名可以用默认的 Drawingn.dwg 或者由用户自己输入，最后单击【保存】按钮。此过程相当于执行【文件】→【另存为】(SAVE AS)。

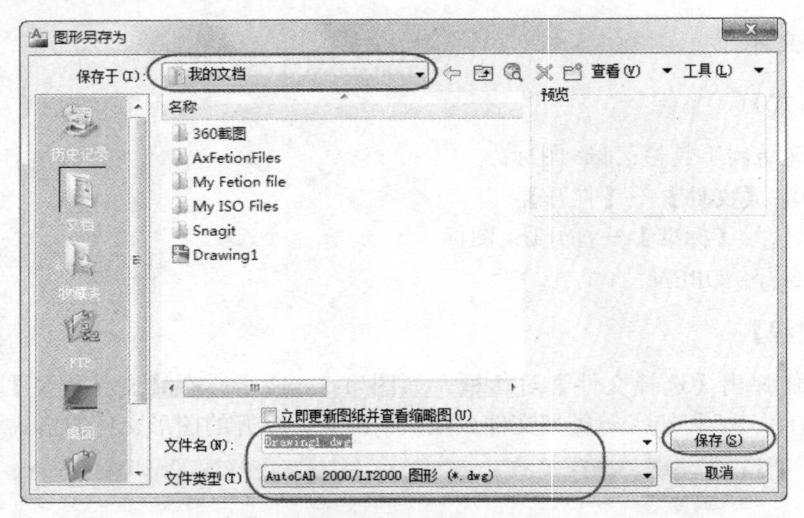

图 1-39 【图形另存为】对话框

1.6.4 加密保存图形文件

选择【图形另存为】对话框中【工具】下的【安全选项】命令，弹出【安全选项】对话框，在此输入密码，其过程如图 1-40 所示。当下次打开该图形文件时，系统将弹出一个对话框，要求用户输入正确的密码，否则无法打开此文件。

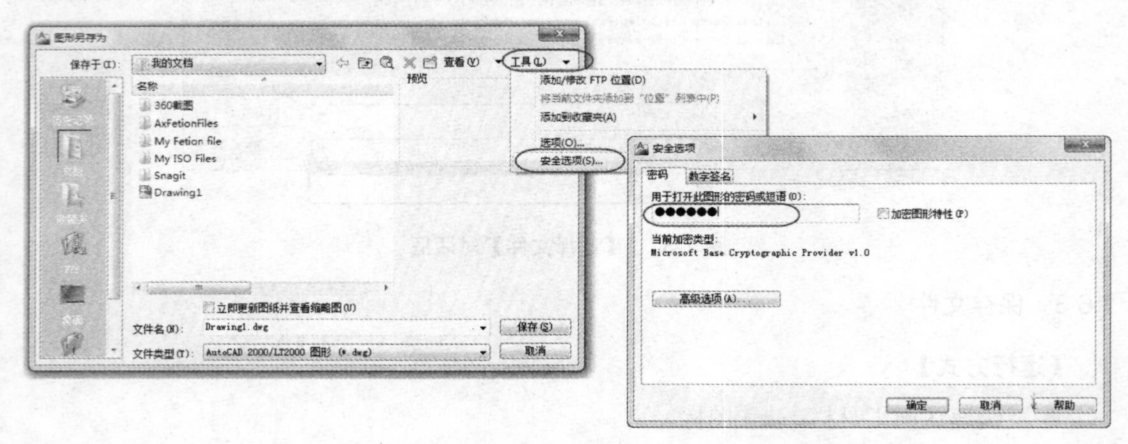

图 1-40 图形文件加密过程

1.6.5 关闭图形文件

【运行方式】

- 菜单：【文件】→【退出】。
- 工具栏：AutoCAD 操作界面右侧的 ✖ 图标按钮。
- 命令行：EXIT 或 QUIT 或 CLOSE。

以上操作可以关闭当前图形文件。

1.7 对象的选择方式

对图形进行编辑、修改或查询时，命令行提示“选择对象:”，光标也由“+”字变成一正方形拾取框“□”。此时可以直接在提示后输入一种选择方式，如输入“W”以窗口方式进行选择。如果对各种选择方式不熟悉，可以在“选择对象:”提示后直接输入问号“？”并按回车键，则系统出现如下提示：

无效选择

需要点或窗口(W)/上一个(L)/窗交(C)/框(BOX)/全部(ALL)/栏选(F)/圈围(WP)/圈交(CP)/编组(G)/添加(A)/删除(R)/多个(M)/前一个(P)/放弃(U)/自动(AU)/单个(SI)/子对象(SU)/对象(O)

AutoCAD 2012 共提供了 18 种选择对象的方法，本书主要介绍最常用的几种方法。

1.7.1 点选方式

点选方式即直接移动拾取框至被选对象上并单击左键，此时，被选择的对象将亮显，回车则结束对象选择。用户可以用鼠标逐个地选择目标，所选对象都将被添加到选择集中。这是系统默认的选择方法。

1.7.2 以窗口方式选择

在默认情况下，命令提示为“选择对象:”时，可以直接单击拾取两个角点，如果从左向右构成窗口则等同于窗口方式；如果从右向左构成窗口则等同于窗交方式。

(1) 窗口选择(左选)。

即窗口设置从左向右。选择过程为：单击鼠标左键作为窗口起点，向右移动鼠标，再次单击。如图 1-41(a)所示，所形成的选择窗口以实线显示，只有完全包含在窗口内的对象才被选中，因此图中 CD 和 CB 两直线被选中，结果如图 1-41(b)所示。

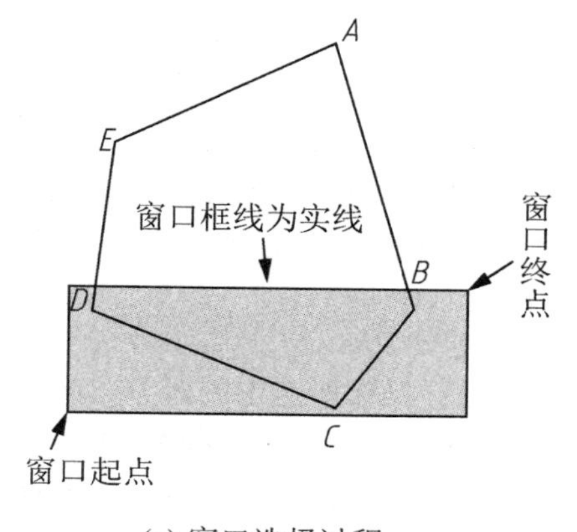

(a) 窗口选择过程

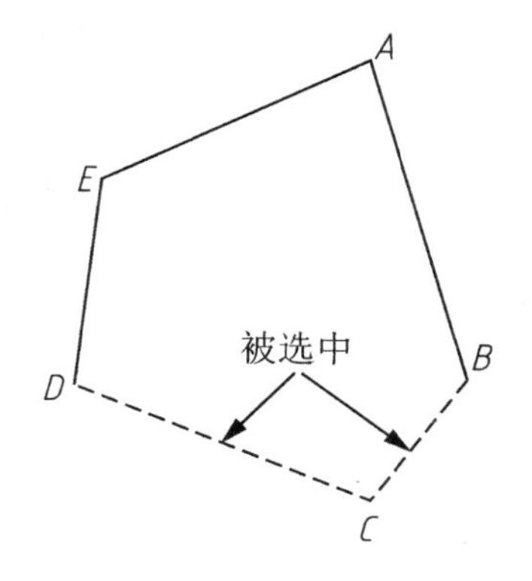

(b) 窗口选择结果

图 1-41 窗口选择对象

(2) 窗交选择(右选)。

即窗口设置从右向左。窗交选择(右选)与窗口选择(左选)的选择方式类似，只是窗口设置方向相反，该窗口框线呈虚线显示，如图 1-42(a)所示，与窗口相交的对象和窗口内的所有对象都在选中之列，结果如图 1-42(b)所示。

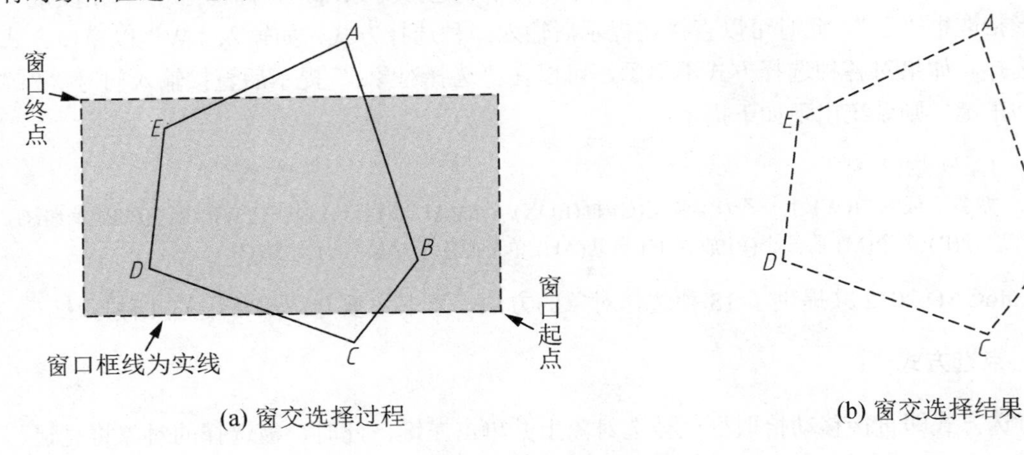

(a) 窗交选择过程　　(b) 窗交选择结果

图 1-42　窗交选择对象

1.7.3　全部方式

除了锁定、关闭或冻结图层上的目标不能被选择，该方式将选取当前窗口中的所有实体。当命令提示为“选择对象:”时，输入 ALL，回车。

1.7.4　删除

在选择目标时，有时会误选一些不该选择的对象，用户可以在命令提示“选择对象:”后键入 R 并回车，此时，提示由“选择对象”变为“删除对象”，再次选择被误选的那些对象，即可从选择集中将其剔除。

另外，按住键盘上的【Shift】键，单击误选中的对象，也可快速将其从选择集中删除。

1.7.5　添加

在选择对象时，若执行“删除”后，还需继续选择，可以在命令提示“选择对象:”后键入 A 并回车，此时，提示由“删除对象”变为“选择对象”，可以继续进行选择操作。

【注意事项】

在进行选择对象操作时，有时只能选中最后一次选择操作所选中的对象，产生该现象的原因是【选项】对话框中的【选择集】模式下的【用 Shift 键添加到选择集】复选框被选中，如图 1-43 所示(系统默认是不选中)。选中该复选框，则一次只能选中一个对象，必须同时按住 Shift 键才能选择多个对象。

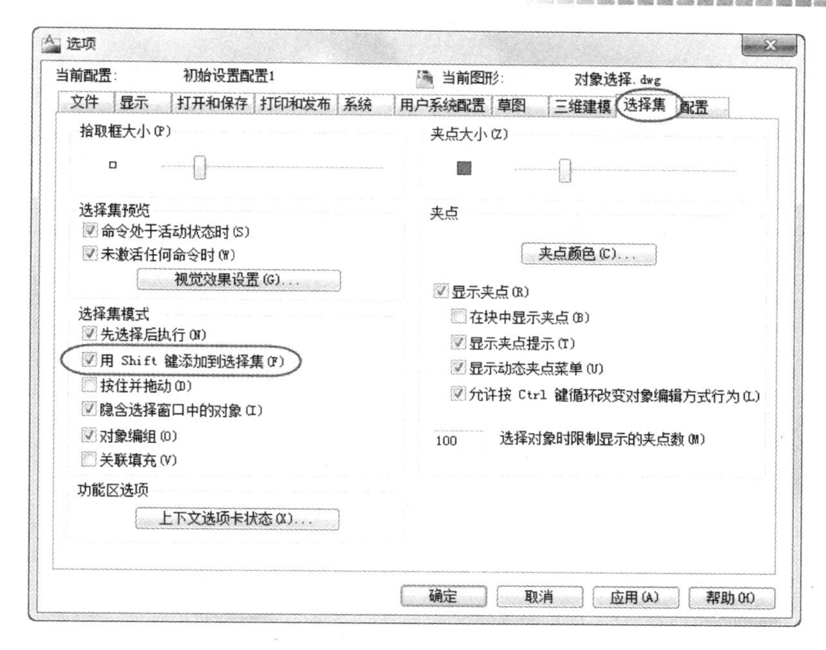

图 1-43 【选项】对话框中【选择集】选项卡

1.8 视图显示与控制

为了更好地观察所绘图形，AutoCAD 提供了缩放、平移、命名视图、平铺视口、鸟瞰视图、重画与重生成等一系列图形显示控制命令，可以对图形进行任意放大、缩小或移动屏幕，以便局部显示某一绘图区域，或在计算机屏幕上显示出整个图形。

1.8.1 视图缩放

利用【缩放】命令可以增大或减小图形对象的屏幕显示尺寸，但对象的真实尺寸保持不变。

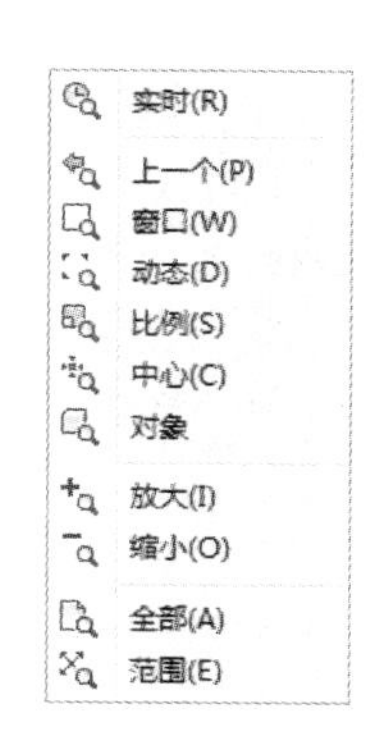

图 1-44 【缩放】子菜单

【运行方式】

- 菜单：【视图】→【缩放】→缩放子菜单(图 1-44)。
- 工具栏：【缩放】→ 图标按钮。
- 命令行：ZOOM 或 Z。

【操作过程】

以上操作命令行显示如下：

命令：ZOOM↙

指定窗口的角点，输入比例因子(nX 或 nXP)，或者

[全部(A)/中心(C)/动态(D)/范围(E)/上一个(P)/比例(S)/窗口(W)/对象(O)] ＜实时＞：(选择相应的缩放类型)↙

各选项含义如下：

(1) 全部(A)。

在当前视口中显示整个图形。在视口中所看到的图形范围是绘图区域界限和图形实际所占范围中较大的一个，如图 1-45 所示，栅格部分为绘图界限。

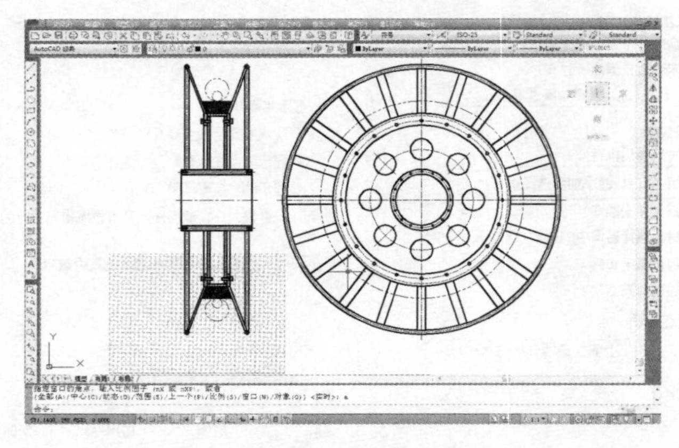

图 1-45　全部缩放的屏幕显示

(2) 中心(C)。

指定一点为当前绘图窗口中心点，再指定比例系数(如 1x、2x)等确定图形相对当前图形的缩放倍数或直接输入数值，指定窗口显示的高度。

命令：ZOOM↙

指定窗口的角点，输入比例因子(nX 或 nXP)，或者

[全部(A)/中心(C)/动态(D)/范围(E)/上一个(P)/比例(S)/窗口(W)/对象(O)] ＜实时＞：c(选择中心缩放类型)↙

指定中心点：在屏幕中选中点 A(图 1-46)

输入比例或高度 ＜782.9360＞：0.5x↙(输入缩放倍数，结果如图 1-46 所示)

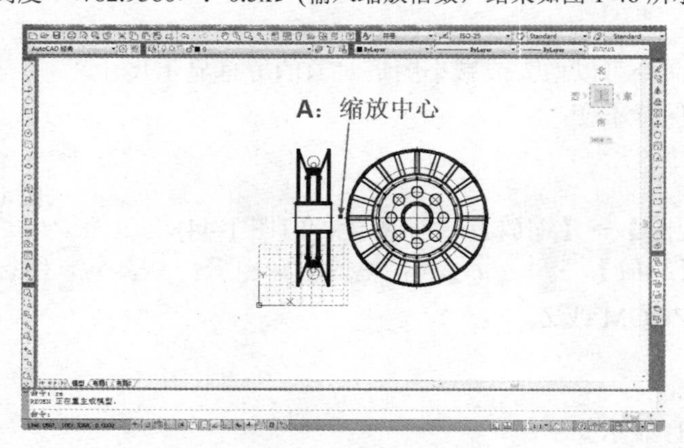

图 1-46　中心缩放的屏幕显示

(3) 动态(D)。

选择该选项后，屏幕显示如图 1-47(a)所示，出现一个带“×”矩形观察框，移动鼠标，观察框会随之一起移动；单击鼠标左键出现一向右箭头(图 1-47(b))，左右移动鼠标可以改

变观察框的大小；再次单击左键，并将其拖放至图形中要放大的位置(图 1-47(c))，按回车键，则观察框区域内的图形被放大，如图 1-47(d)所示。

命令：ZOOM↙

指定窗口的角点，输入比例因子(nX 或 nXP)，或者

[全部(A)/中心(C)/动态(D)/范围(E)/上一个(P)/比例(S)/窗口(W)/对象(O)] <实时>：d(选择动态缩放类型)↙

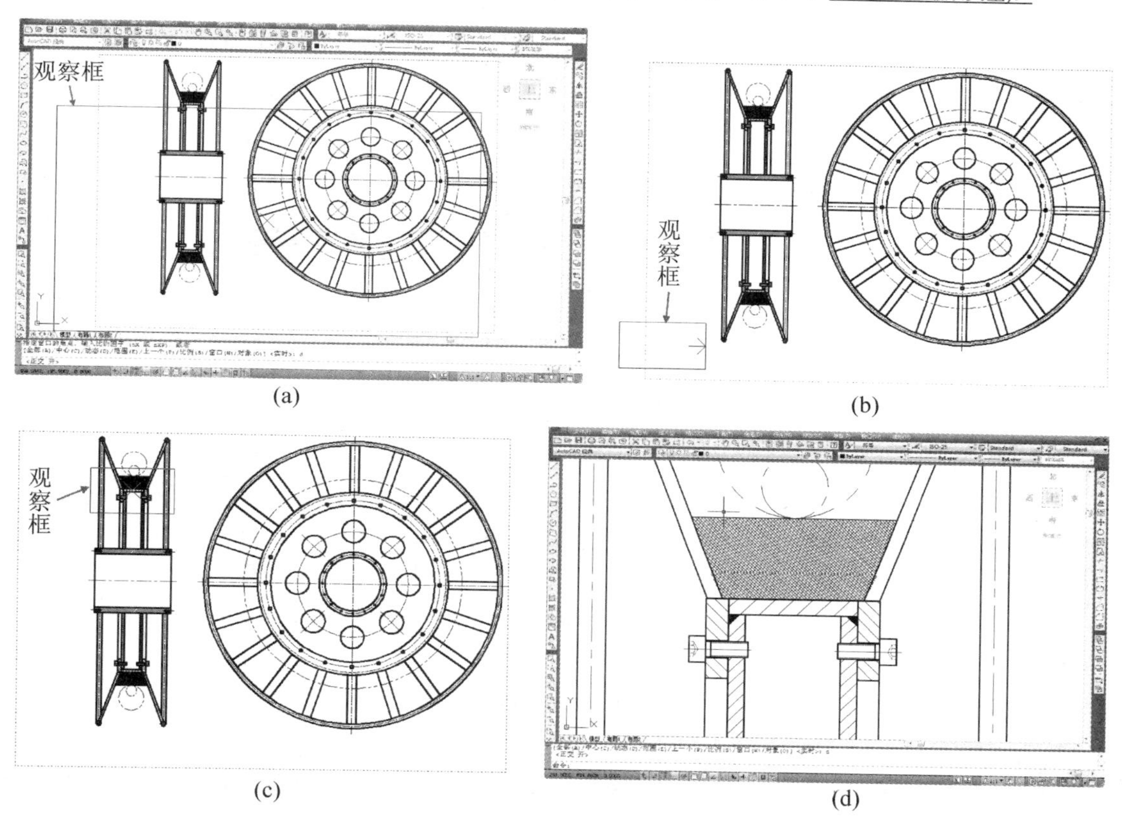

图 1-47 动态缩放全过程

(4) 范围(E)。

选择该选项，能将所绘图形在当前视口中最大限度地显示出来。

(5) 上一个(P)。

将视口显示的内容恢复到前一次显示的图形。最多可恢复 10 个图形显示。

(6) 比例(S)。

以当前视口中心作为中心点，根据输入的比例大小显示图形。如果键入的数值是 n，则图形缩放为最原始图形的 n 倍；如果键入的是数值是 nX，则图形缩放为视口中当前所显示图形的 n 倍；数值后加 XP 表示当前视口中所显示图形在图纸空间的缩放比例。

(7) 窗口(W)。

该选项是系统用鼠标操作时的缺省方式。定义两对角点，如图 1-48(a)所示，以此确定窗口的边界，把窗口内的图形放大到整个视口范围，结果如图 1-48(b)所示。

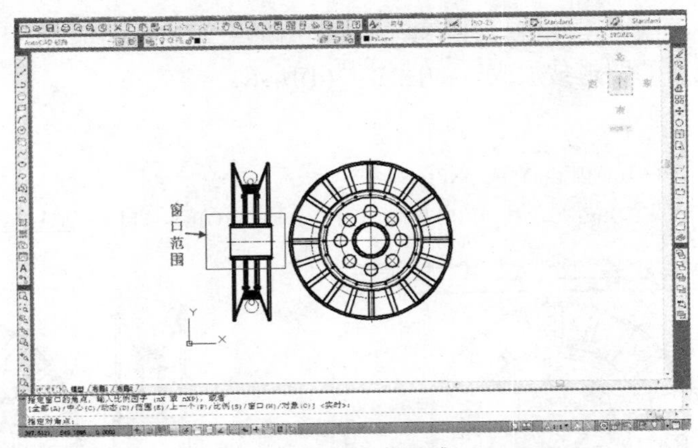

(a) 定义放大区域

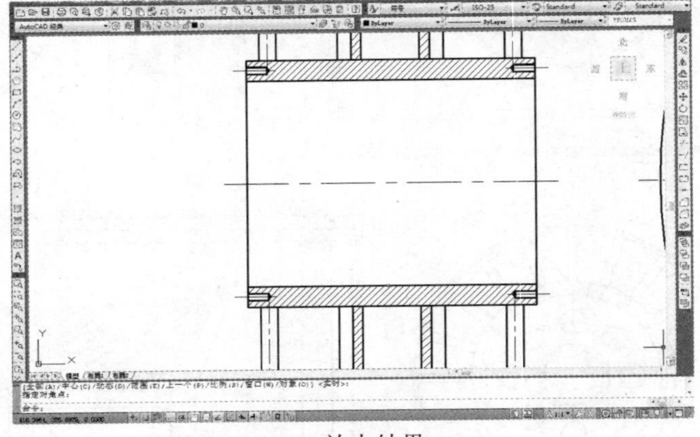

(b) 放大结果

图 1-48　窗口缩放全过程

(8) 对象(O)。

以图形中某个图元为缩放对象，即该图元会充满整个视口，如图 1-49(a)中，以图中圆为缩放对象，结果如图 1-49(b)所示，所选对象(圆)放大到整个视口。

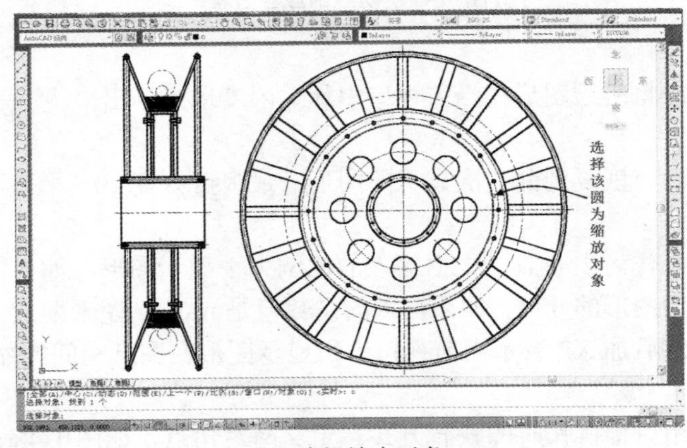

(a) 选择放大对象

图 1-49　对象缩放全过程

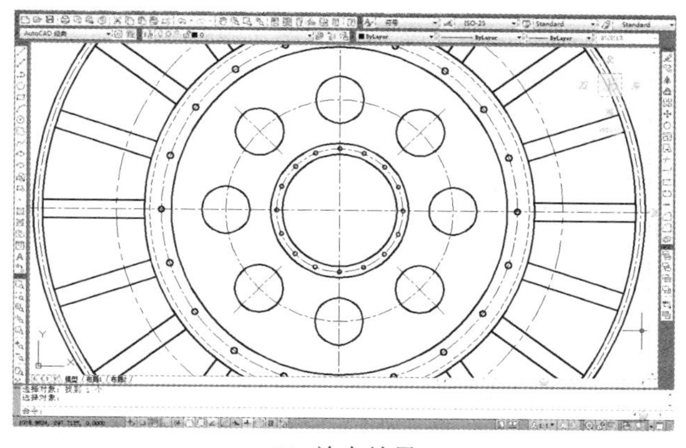

(b) 放大结果

图 1-49 对象缩放全过程(续)

(9) 实时。

执行缩放命令时，直接按回车键，即进入实时缩放状态。此时，光标呈带“+”和“-”的放大镜形状显示 。按住鼠标左键向上放大图形显示，按住鼠标左键向下缩小图形显示。达到放大极限时，光标上的加号将消失，表示将无法继续放大。达到缩小极限时，光标上的减号将消失，表示将无法继续缩小。松开拾取键时缩放终止。

若要退出缩放，请按 Enter 键或 Esc 键。

实际使用中，可以直接滚动鼠标中键，实现图形的放大或缩小效果。

1.8.2 平移

平移命令是在不改变图形显示比例的情况下，移动图形，以便查看图形的其他部分。

【运行方式】

- 菜单：【视图】→【平移】→【实时】
- 工具栏：【标准】→ 图标
- 命令行：PAN 或 P

【操作过程】

执行以上操作时，屏幕上光标呈小手形状显示，按住鼠标左键并移动，使图形平移。

实际使用中，通常按住鼠标中键并移动鼠标，可以实现平移图形的目的。

1.8.3 重画

在绘图和编辑过程中，屏幕上常常留下对象的拾取标记，这些临时标记并不是图形中的对象，有时会使当前图形画面显得混乱，这时就可以使用【重画】清除这些临时标记。

【运行方式】

- 菜单：【视图】→【重画】。
- 命令行：REDRAW 或 R。

1.8.4 重生成

【重生成】命令也用于刷新视口。

当图形进行缩放时，有的图形可能变形，如图 1-50(a)所示，直径较小的圆放大后显示为多边形，此时，使用【重生成】命令可以使图形回复光滑，如图 1-50(b)所示。

【运行方式】

- 菜单：【视图】→【重生成】。
- 命令行：REGEN 或 RE。

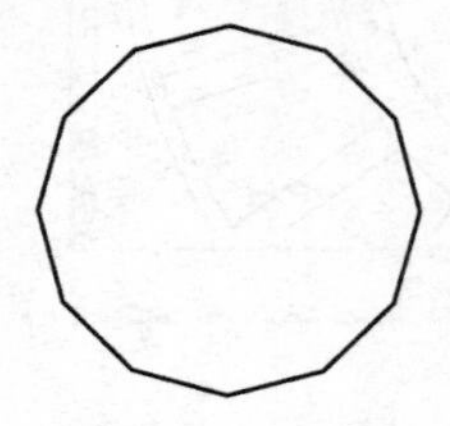

(a) 圆被缩放后的显示

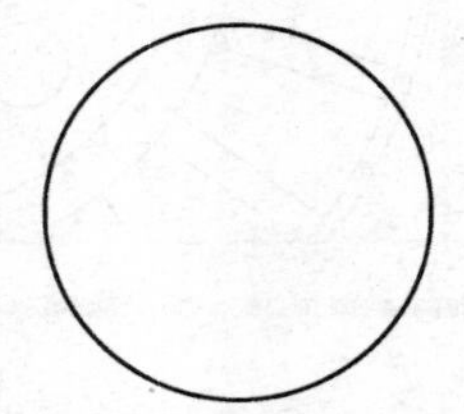

(b) 使用【重生成】后的显示

图 1-50 【重生成】命令的使用

1.9 习 题

1．思考题

(1) 怎样启动、关闭 AutoCAD2012？
(2) 简述 AutoCAD 2012 操作界面组成。
(3) 命令的输入有哪几种基本方式？
(4) 如何添加或隐藏工具栏？
(5) 选择对象最常用的方式有哪几种？
(6) 图形文件进行管理的基本方法有哪些？

2．上机题

使用【直线】命令，应用相应输入方法，绘制图 1-51 所示图形。

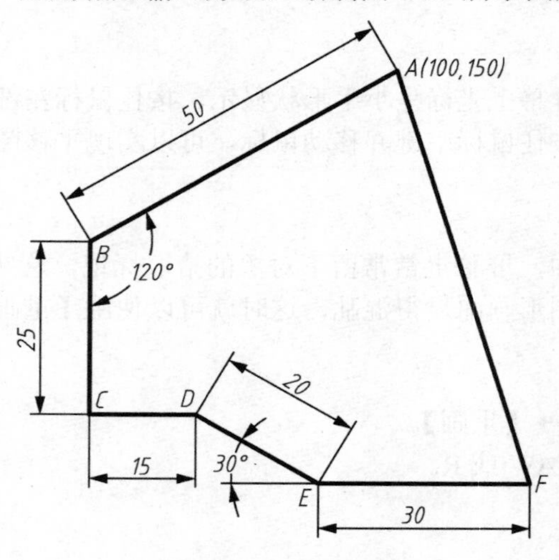

图 1-51 输入法练习

第2章 设置绘图环境及创建样板文件

知识要点	掌握程度	相关知识
图层	掌握图层的建立及设置图层特性的方法； 掌握图层的应用操作。	利用图层特性管理器设置及管理图层； 使用图层转换器转换图层操作过程。
图形单位及图形界限	掌握图形单位设置方法，了解界限的应用。	使用单位命令设置图形单位。
绘图辅助工具	掌握各种辅助工具的功能特点及使用方法。	各种辅助工具的设置。
样板文件	了解样板文件的作用，掌握创建和调用样板文件的方法。	样板文件后缀为.dwt； 使用选项对话框设置自动装载自制样板文件的过程。

使用 AutoCAD 软件绘图时，好的绘图习惯能够保证所绘图形正确、规范，同时又能提高绘图效率。

设置绘图环境是 AutoCAD 绘图的第一步，包括图层、线型、绘图界限、图形单位等基本设置和文字、标注等样式设置以及文件输出打印等设置。然后，将设置好的绘图环境保存为样板文件，作为以后绘制新图时的基础环境，这样，既避免了不必要的重复劳动，又能保证同一单位内部图形设置的统一性，有利于相互之间的图形数据交换和交流。

本章主要介绍基本环境设置，其他内容在后续的相关章节中再做介绍。

2.1 设 置 图 层

2.1.1 图层的使用背景

所有的工程图形都是由各种图线构成的，机械制图国家标准规定了绘制各种技术图样共有 15 种基本线型，其中常用的线型见表 2-1 中所列。同时规定：在同一张图样中，相同线型的线宽应一致；机械制图采用两种线宽，即粗线∶细线＝2∶1；且粗线宽度优先采用 0.5mm、0.7mm；其他专业请参照各自专业标准。

表 2-1　线型、线宽与应用

线型名称	线宽	应用
粗实线	b	可见轮廓线、螺纹牙顶线、螺纹終止线
细实线	b/2	尺寸线及尺寸界线、指引线、剖面线、重合剖面的轮廓线
虚线	b/2	不可见轮廓线
细点划线	b/2	轴线、对称中心线、齿轮的节圆、轨迹线等
双点划线	b/2	相邻辅助零件的轮廓线、极限位置轮廓线等

为了绘制符合规范的工程图，AutoCAD 通常将不同线型的图线放置在不同的图层上。

2.1.2 图层的建立

根据常用线型种类或对象性质，分别建立相应图层，并赋予对应的线型、线宽及颜色，在绘图过程中，能够方便地控制对象的显示和编辑，提高绘图效率。

在图层命名时，建议图层名称最好与该层所放置的线型或使用性质相符，以便于识别。本例所建图层见表 2-2。

表 2-2　图层设置

图层名称	线型名称	线宽	颜色
粗实线	实线	0.5	白色
细实线	实线	0.25(默认)	绿色
虚线	虚线	0.25(默认)	黄色
中心线	点划线	0.25(默认)	红色
双点划线	双点划线	0.25(默认)	洋红
尺寸标注	实线	0.25(默认)	蓝色

【运行方式】

- 菜单：【格式】→【图层】。
- 工具栏：【图层】→ 图标。
- 命令行：LAYER 或 LA。

【操作过程】

以上操作开启【图层特性管理器】对话框，此时，系统只有一个“0”图层，它的各种设置皆为默认值，如图 2-1 所示。

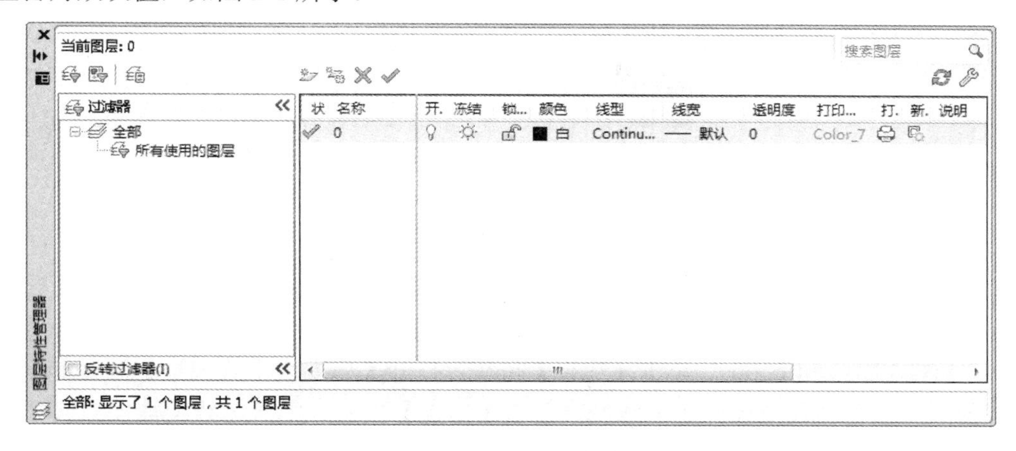

图 2-1 【图层特性管理器】对话框

在该对话框中可以进行如下操作：

(1) 建立图层：单击对话框中的【新建图层】按钮，图层列表中出现一个新的图层名称【图层 1】，连续按 6 次回车，即建立了 6 个图层，如图 2-2 所示；根据表 2-2，更改各图层名称分别为“粗实线”、“细实线”、“虚线”、“中心线”、“双点划线”、“尺寸标注”。

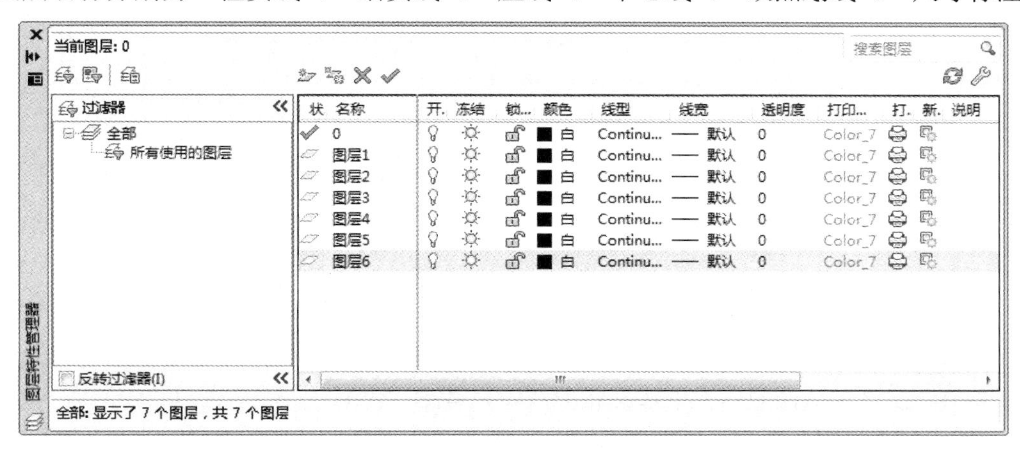

图 2-2 建立图层过程

(2) 设置颜色：选择某个图层，单击颜色图标■ 白，调出如图 2-3 所示的【选择颜色】

对话框，从中选择一种颜色，单击【确定】按钮，即将该颜色赋予指定图层。对应表 2-2，为各图层设置对应颜色。

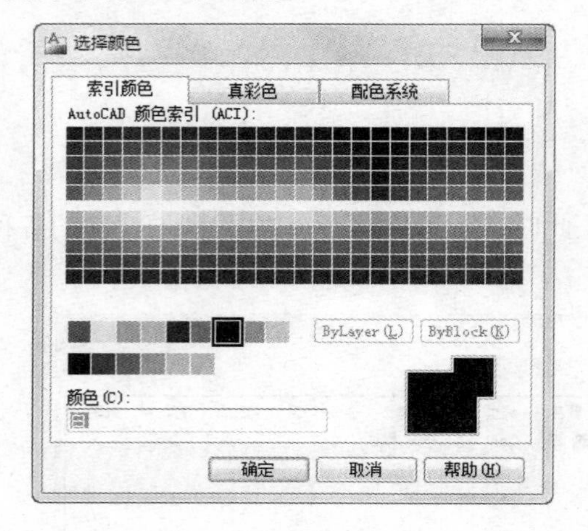

图 2-3 【选择颜色】对话框

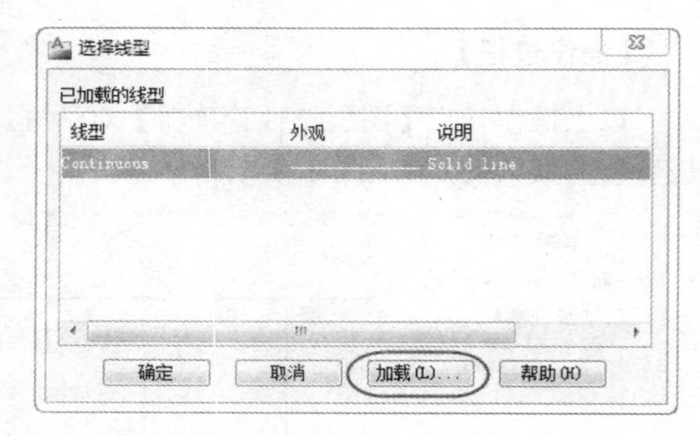

图 2-4 【选择线型】对话框

(3) 设置线型：选择一个图层，单击该图层的线型图标 Continuous ，打开【选择线型】对话框，在该对话框中，显示了已加载的所有线型，如图 2-4 所示，初始状态下，系统仅有一种线型 Continuous。单击【加载】按钮，打开【加载或重载线型】对话框，如图 2-5 所示，从线型列表中选择所需线型，单击【确定】按钮，则所选线型被加载到【选择线型】对话框；重复操作，直至将所需线型全部加载。也可以按 Ctrl 键选择几种线型同时加载。

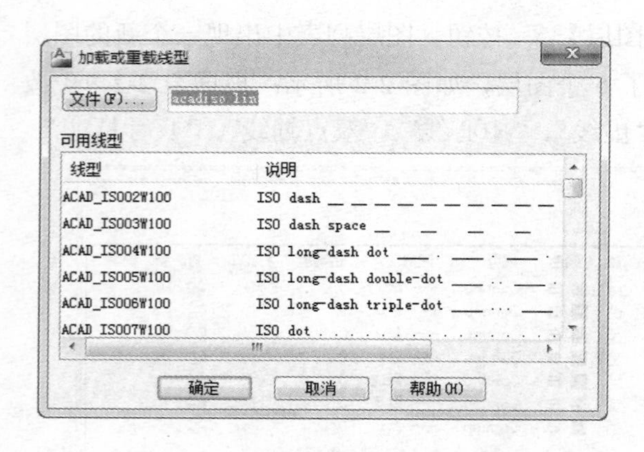

图 2-5 【加载或重载线型】对话框

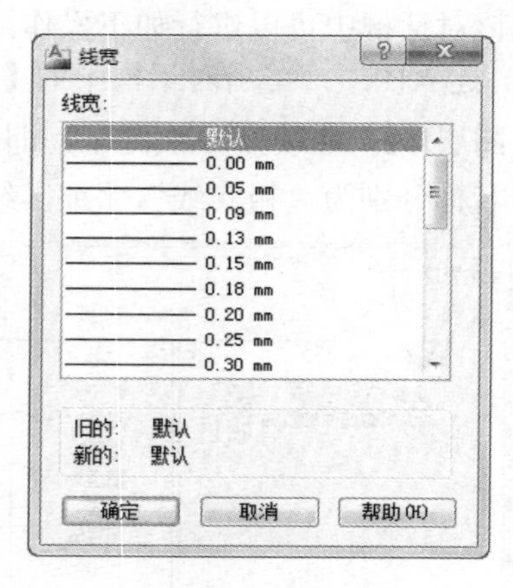

图 2-6 【线宽】对话框

(4) 设置线宽：选择一个图层，单击该图层的线宽图标—— 默认 ，打开【线宽】对话框(图 2-6)，在该对话框的列表中选择相应线宽，其中“默认”值相当于 0.25mm。

按照表 2-2 设置各图层，结果如图 2-7 所示。单击【确定】按钮，系统返回绘图界面，单击图层工具栏窗口的下拉箭头(图 2-8)，文档中所有图层以列表方式显示。

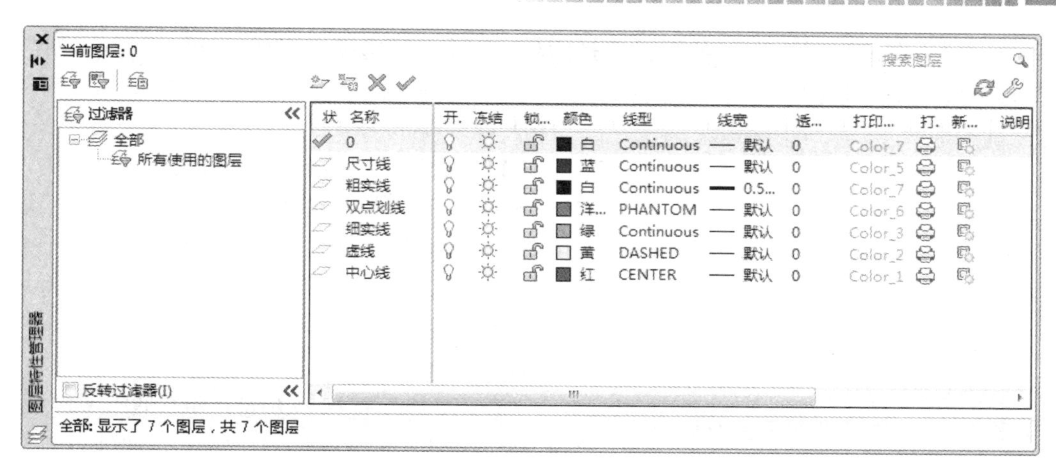

图 2-7 已建立图层的【图层特性管理器】

2.1.3 图层的切换与控制

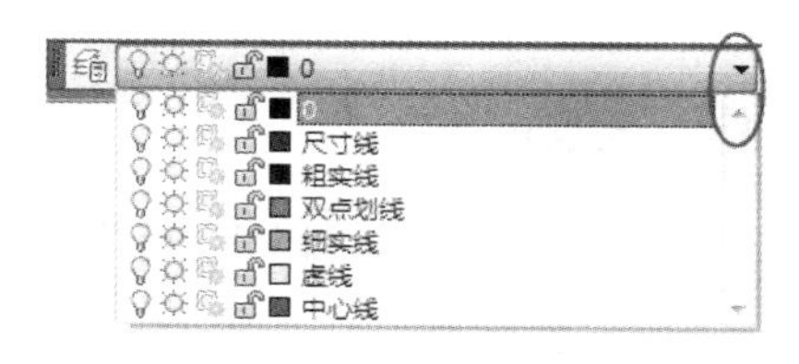

图 2-8 【图层】工具栏中的图层显示

(1) 切换当前图层。

AutoCAD 中，图形绘制工作只能在当前层上进行。在【图层特性管理器】对话框的图层列表中，选择某一图层后，单击【置为当前】按钮，即可将该层设置为当前层。

在实际绘图时，为了便于操作，主要通过【图层】工具栏来进行切换，如图 2-9 所示，在图层下拉列表中单击某一图层，该图层即出现在【图层】工具栏窗口，则该图层为当前层。同时，将【对象】工具栏中的图层特性，全部设置为【Bylayer】(随层)，如图 2-10 所示。此时，在绘图窗口所绘的各种图形皆具有当前层的各种特性。

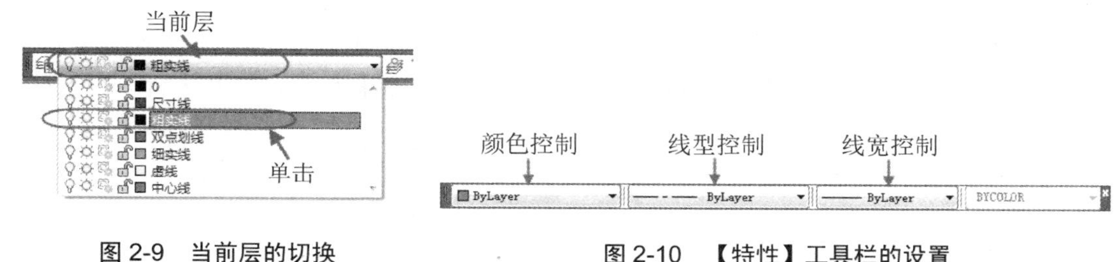

图 2-9 当前层的切换

图 2-10 【特性】工具栏的设置

(2) 删除图层。

在【图层特性管理器】对话框的图层列表中，选择某一图层后，单击【删除图层】按钮。

【注意事项】

0 层、尺寸标注的“定义点”层(在 AutoCAD 中，若进行尺寸标注，则系统会自动添加一个 Defpoints 图层)、当前层、依赖外部参照的图层及已被使用的层，都不能删除。以上图层若被选中，则弹出如图 2-11 所示的消息框。

(3) 打开/关闭图层。

在【图层特性管理器】对话框的图层列表中，单击 按钮，即可控制图层的开或关。

打开图层时，图层可见，并可被编辑或打印输出；关闭图层时，图层不可见，其上对象隐藏并且不可编辑或打印。

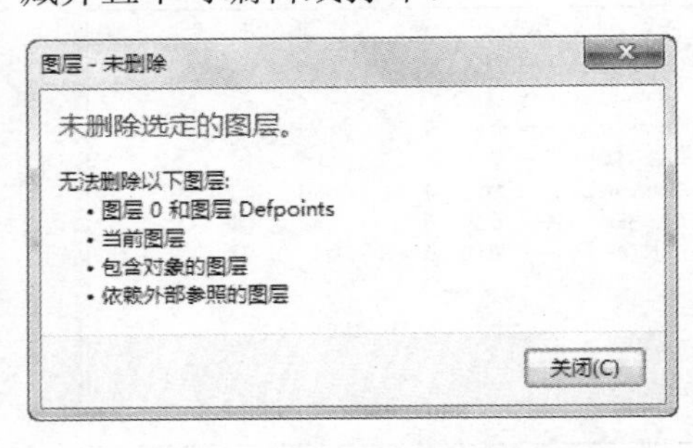

图 2-11　不能删除图层消息框

(4) 冻结/解冻图层。

在【图层特性管理器】对话框的图层列表中，单击 ☼ 按钮，即可以将图层冻结或解冻。冻结的图层不可见，其上对象隐藏且不可编辑或打印，也不能被刷新。因此，为加快图形重生成的速度，可以将那些与编辑无关的图层冻结，但当前层不能被冻结。

(5) 锁定/解锁图层。

在【图层特性管理器】对话框的图层列表中，单击 按钮，即可以将图层锁定或解锁，锁定图层时，该层上的对象可显示和打印，但不能被编辑；此外可以对该层上的对象使用查询和对象捕捉。为了防止某图形对象被误修改，可将该对象所在图层锁定。

2.1.4　图层的转换

【图层转换器】可以将当前图形中的图层转换成与其他图形中的图层名称及属性一致。

【运行方式】

- 菜单：【工具】→【CAD 标准】→【图层转换器】。
- 命令行：LAYTRANS。

【操作过程】

以上操作弹出【图层转换器】对话框，如图 2-12 所示，其主要功能如下：

(1)【转换自】选项组：显示当前图形中的所有图层，也是要转换的图层。

(2)【转换为】选项组：列出可以将当前图形的图层转换为哪些图层。可以通过【加载】按钮，将标准图形文件的图层加载进来；也可以通过【新建】按钮，打开【新图层】对话框，如图 2-13 所示，建立标准图层。

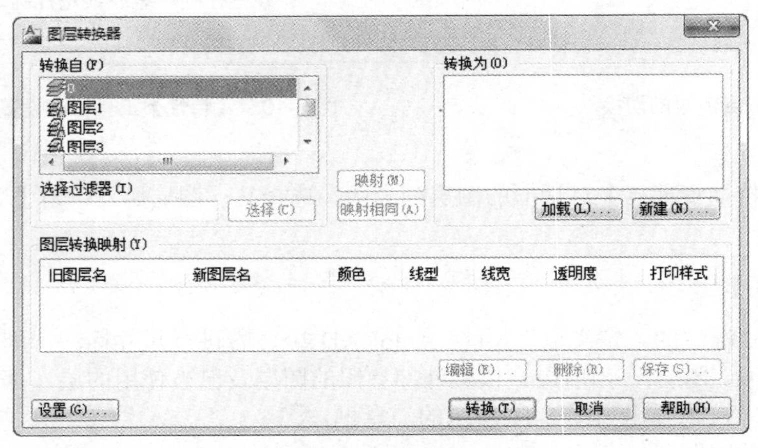

图 2-12　【图层转换器】对话框

【操作示例】

将图 2-12 所示的当前图形中的图层，转变成图 2-7 所示的图层(该文件以“标准文件”名保存)，其操作过程如下。

(1) 单击【图层转换器】对话框中的【加载】按钮，在弹出的【选择图形文件】对话框中，选择“标准文件”，单击【打开】按钮，此时，该文件中的图层被加载到【转换为】列表框，该过程如图 2-14 所示。

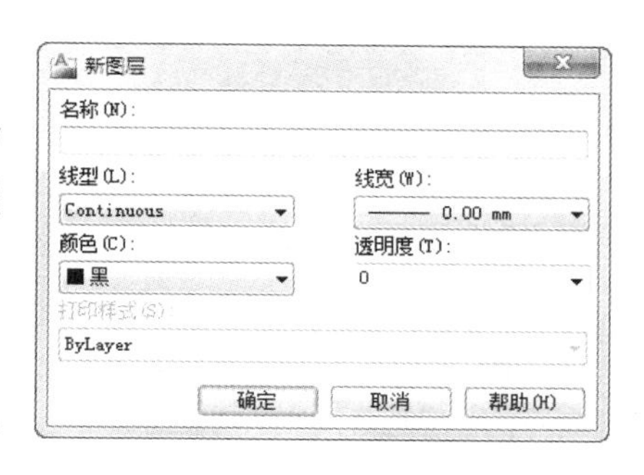

图 2-13 【新图层】对话框

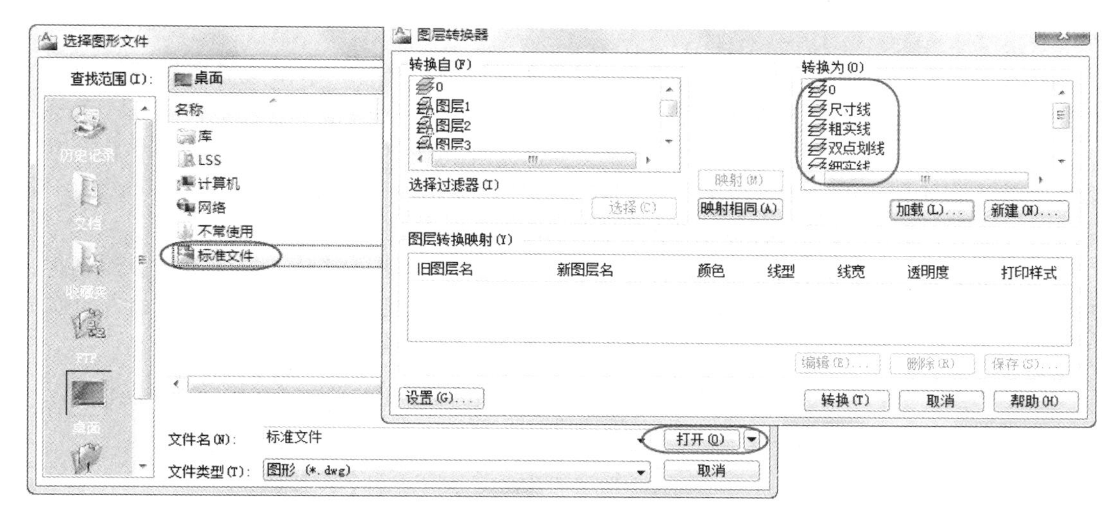

图 2-14 加载文件过程

(2) 将“图层 1”转变为“粗实线”层：单击【转换自】列表框中“图层 1”，单击【转换为】列表框中的“粗实线”层，最后单击 映射(M) 按钮，如图 2-15 所示，【图层转变映射】列表框中显示了转换结果，且【转换自】列表框中“图层 1”消失。

(3) 重复步骤(2)，可以将对应图层一一转换。

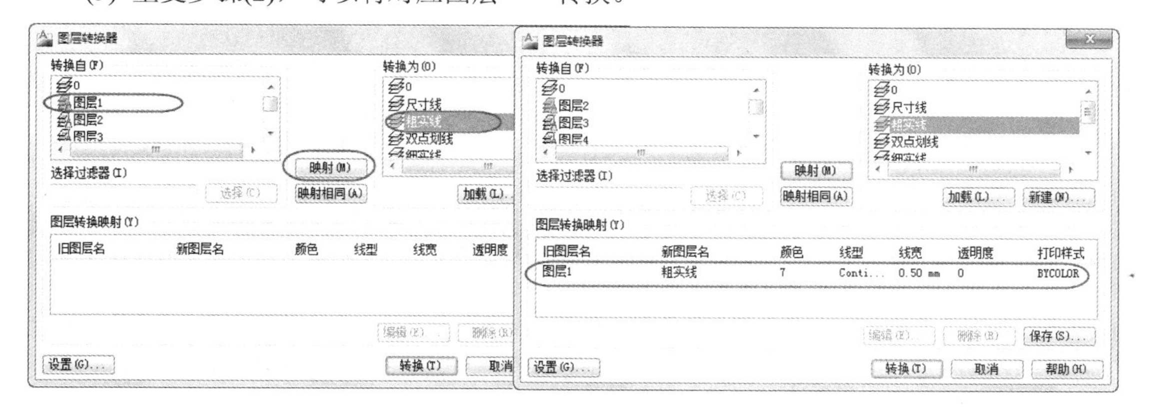

图 2-15 图层转换过程

2.2　设置图形单位

【运行方式】

- 菜单：【格式】→【单位】。
- 命令行：UNITS 或 UN。

【操作过程】

以上操作弹出【图形单位】对话框，如图 2-16 所示，可以用于设置长度和角度的单位格式及精度。

(1)【长度】选项组：主要用于设置长度单位的类型和精度。单击【类型】下拉列表选择单位类型；单击【精度】下拉列表，选择绘图精度。

(2)【角度】选项组：主要用于控制角度单位类型和精度。同样，单击【类型】下拉列表选择角度的类型；单击【精度】下拉列表，选择角度精度。【顺时针】复选框可以确定是否以顺时针方式测量角度，默认值为不选中，即角度以逆时针方向为正。

(3)【方向】按钮：主要用于确定 0°的起点。单击该按钮，打开【方向控制】对话框，如图 2-17 所示。在该对话框选取“东、南、西、北”中的某个单选框，表示以该方向作为角度测量的基准 0° 角。对于绘制机械图形用户，该项设置全部采用默认格式。

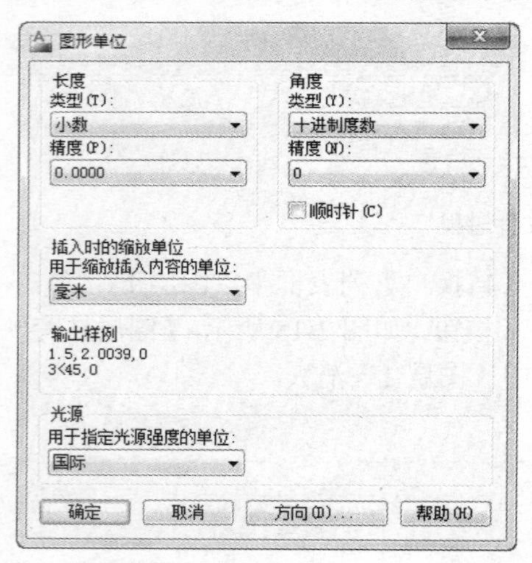

图 2-16　【图形单位】对话框

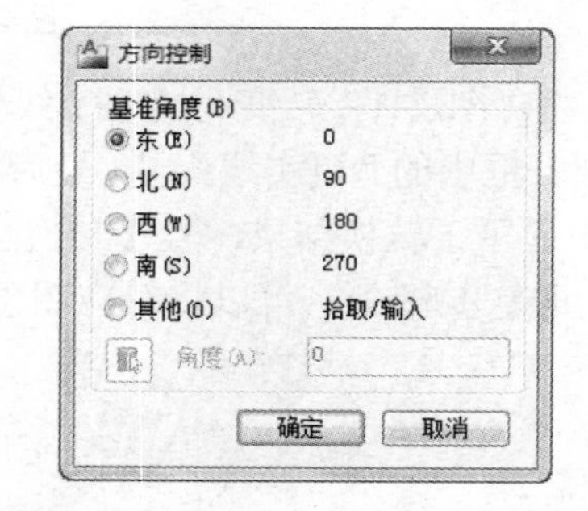

图 2-17　【方向控制】对话框

2.3　设置图形界限

在使用 CAD 绘图时，有时会遇到这种情况：按给定尺寸绘出的图形，在屏幕上却没有了踪影，很多初学者对此感到困惑：图到哪里去了？究其原因：当图形尺寸相对系统默认的绘图界限较大或较小时，所绘制的图要么跑到屏幕外，要么因为太小，在屏幕上显现不出。因此，在绘制图形时，一般要根据图形尺寸设置图形界限，以控制绘图的范围。进行绘图界限的设置命令是 Limits。

【运行方式】

- 菜单：【格式】→【图形界限】。
- 命令行：LIMITS。

【操作过程】

以上操作命令行显示如下：

命令：<u>limits↙(输入命令)</u>
重新设置模型空间界限：
指定左下角点或 [开(ON)/关(OFF)]＜0.0000,0.0000＞：<u>↙(直接回车，则默认图形界限左下角点为坐标原点)</u>
指定右上角点＜420.0000,297.0000＞：<u>↙(直接回车，则默认尖括号中的值为图形界限右上角点坐标)</u>

【注意事项】

(1) AutoCAD 系统默认的绘图区域为 420×297(即 A3 图幅)，重设时，通常绘图区域左下角默认为坐标原点。

(2) 新的绘图区域设置完成之后，必须执行【缩放】ZOOM 命令中的【全部】ALL 选项，对绘图区域重新进行调整，否则，新设置的绘图区域无法显现。

(3) 执行【图形界限】时，若回应【ON】，则打开界限检查开关。此时，如果输入的点超过了绘图界限，则系统会提示“**Outside limits**”；若回应“OFF”，表示关闭界限检查开关。此时，如果输入的点超过了绘图界限，则系统不会提示。

2.4 设置绘图辅助工具

AutoCAD 绘图优于手工绘图的主要表现在于绘图的高速度与图面的高质量，其中各种辅助工具的设置，为精确、高效绘图提供了保证。AutoCAD 二维绘画最常用的辅助工具包括【正交模式】、【极轴】、【对象捕捉】、【对象追踪】、【允许/禁止动态 UCS】、【动态输入】等，其功能按钮位于屏幕底端的状态栏左侧，如图 2-18 所示。在绘图过程中，单击这些按钮即可打开或关闭对应功能。下面具体介绍各工具的启用与设置。

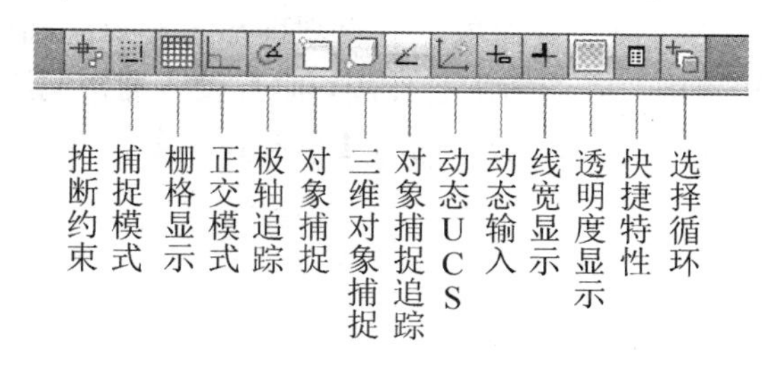

图 2-18 绘图辅助工具按钮

2.4.1 正交模式

当启用正交功能时，画线或移动对象时光标只能沿水平或垂直方向移动。

【运行方式】

● 状态栏：单击【正交】按钮。
● 快捷键：按 F8 键。
● 命令行：ORTHO。

【操作过程】

以上操作可以开启或关闭正交功能。

绘制如图 1-34 图形时，开启正交功能，可以简化输入方式，提高绘图速度，其过程如下：

命令：<正交 开>(单击按钮，打开正交功能)
命令：line↙(输入直线命令)
指定第一点：200,160↙(输入 A 点的绝对直角坐标)
指定下一点或 [放弃(U)]：27↙(向左移动光标，输入 27，确定点 B，如图 2-19(a))
指定下一点或 [放弃(U)]：25↙(向下移动光标，输入 25，确定点 C，如图 2-19(b))
指定下一点或 [闭合(C)/放弃(U)]：32↙(向右移动光标，输入 32，确定点 D，如图 2-19(c))
指定下一点或 [闭合(C)/放弃(U)]：c↙(选择“闭合”选项)

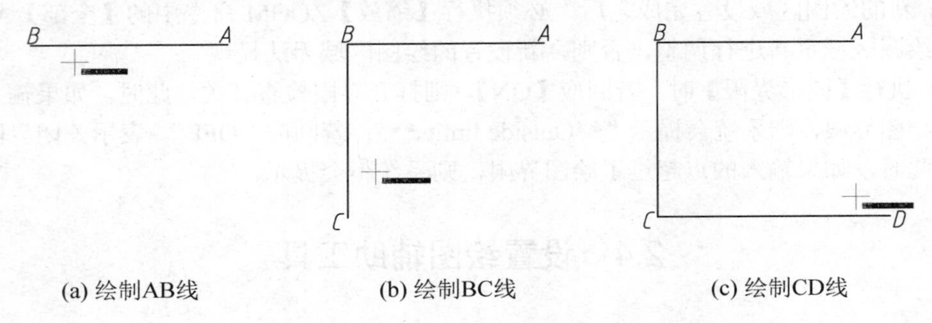

(a) 绘制AB线　(b) 绘制BC线　(c) 绘制CD线

图 2-19 使用【正交】模式绘制图形

2.4.2 捕捉和栅格

捕捉工具用以控制光标移动的最小步距，打开捕捉功能时，光标便只能在捕捉点上跳动；栅格是由点构成的网格，与手工绘图用的坐标纸相似，当打开栅格功能时，网格布满了绘图区域，利用栅格工具可以对齐对象，并直观地显示对象之间的距离，但栅格不会出现在打印图形中。捕捉和栅格二者通常配合使用，而且设置栅格间距与捕捉间距成整数倍，能够强制光标只能在栅格的节点上跳动。利用【草图设置】命令可以对【捕捉和栅格】进行设置。

【运行方式】

● 菜单：【工具】→【草图设置】。

● 状态栏：在【捕捉】、【栅格】、【极轴】、【对象捕捉】、【对象追踪】或【动态输入】等任一按钮上按右侧，弹出如图 2-20 所示的快捷菜单，选择【设置】选项。

● 命令行：DSETTINGS 或 DS。

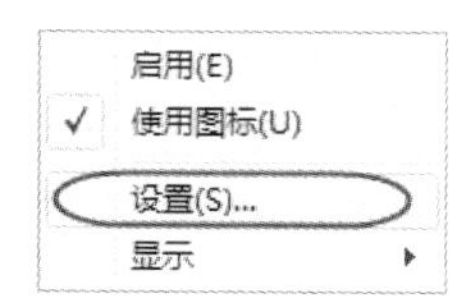

图 2-20 从状态栏启动【草图设置】

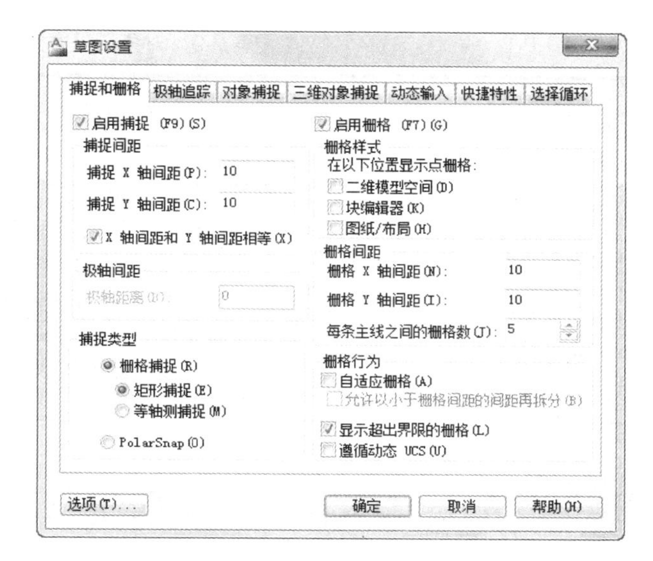

图 2-21 【捕捉和栅格】选项卡

【操作过程】

以上操作弹出【草图设置】对话框，单击【捕捉和栅格】选项卡，如图 2-21 所示，可以设置捕捉和栅格的相关参数，各选项功能如下：

(1)【启用捕捉】复选框：用于控制是否开启捕捉模式。其功能与单击状态栏上的【捕捉】按钮或按 F9 键相同。

(2)【捕捉间距】选项组：用于设置 X、Y 方向的捕捉间距，其中输入的间距值必须为正值。

(3)【极轴间距】：设置极轴捕捉的增量距离。该选项只有在【极轴捕捉】被选中时才可用，如果该值设为 0，则极轴捕捉距离采用【捕捉 X 轴间距】的值。

(4)【捕捉类型】选项组：用于设定捕捉样式和捕捉类型。

(5)【启用栅格】复选框：用于控制是否开启栅格模式。其功能与单击状态栏上的【栅格】按钮或按 F7 键相同。

(6)【栅格间距】选项组：用于设置 X、Y 方向的栅格间距，如果【栅格 X 轴间距】和【栅格 Y 轴间距】为 0，则栅格采用捕捉 X 轴和 Y 轴间距的值。

(7)【栅格行为】选项组：用于控制栅格线的显示外观。

以上操作也可以分别通过 snap(捕捉)和 grid(栅格)命令在命令行设置。

2.4.3 对象捕捉

利用对象捕捉功能，可以准确地捕捉到已有对象上的某些特殊点，如图元的端点、圆心和两个对象的交点等，从而精确地绘制图形。但它不是 CAD 命令，不能在命令行单独执行，只有在 CAD 执行命令过程中，提示输入点的时候才起作用。

AutoCAD 2012 中，对象捕捉方式共有 16 种，见表 2-3。

表 2-3　对象捕捉方式一览表

名称	图标	字符	作用
临时追踪点		tt	捕捉临时追踪点，并沿某一追踪方向定点
捕捉自		fro	捕捉与指定基准点有一定偏移的点
两点之间的中点	无	m2p	捕捉任意两点的中点
端点		end	捕捉到圆弧、椭圆弧、直线、多行、多段线线段、样条曲线、面域或射线最近的端点，或捕捉宽线、实体或三维面域的最近角点
中点		mid	捕捉到圆弧、椭圆、椭圆弧、直线、多行、多段线线段、面域、实体、样条曲线或参照线的中点
交点		int	捕捉两图元(包括圆弧、圆、椭圆、椭圆弧、直线、多段线、射线、面域、样条曲线或构造线等)的交点
外观交点		app	捕捉三维空间两交叉对象的视图交点
延长线		ext	捕捉直线段、圆弧延长线上的点
圆心		cen	捕捉圆弧、圆、椭圆或椭圆弧的中心点
象限点		qua	捕捉到圆弧、圆、椭圆或椭圆弧的象限点
切点		tan	捕捉圆弧、圆、椭圆、椭圆弧或样条曲线的切点
垂足		per	捕捉与圆弧、圆、椭圆、椭圆弧、直线、多线、多段线、射线、面域、实体、样条曲线或构造线等垂直的点
平行线		par	捕捉与指定直线(包括直线段、多段线线段、射线或构造线等线性对象)平行的线上的点
插入点		ins	捕捉属性、块或文字的插入点
节点		nod	捕捉点对象、标注定义点或标注文字原点
最近点		nea	捕捉对象上与拾取点最近的点

在 AutoCAD 中，可以通过【对象捕捉】工具栏和【草图设置】对话框等方式调用对象捕捉功能。

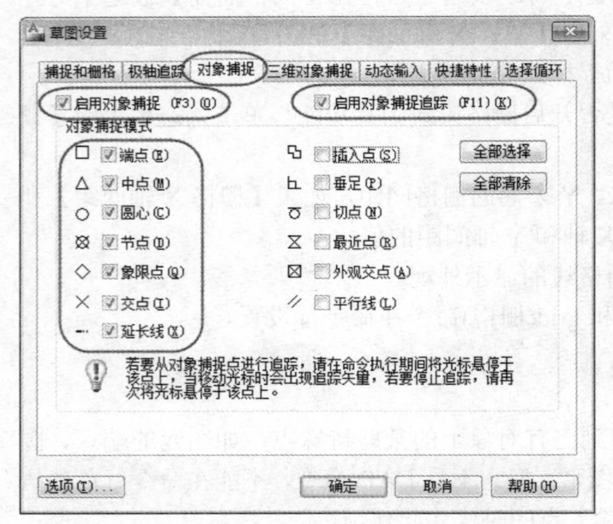

图 2-22　【对象捕捉】选项卡

【运行方式】

- 菜单：【工具】→【草图设置】。
- 状态栏：右键单击状态栏上【对象捕捉】按钮，选择快捷菜单中的【设置】选项。
- 工具栏：【对象捕捉】→对象捕捉设置图标。
- 命令行：OSNAP 或 OS。

【操作过程】

以上操作弹出【对象捕捉】选项卡，如图 2-22 所示。

(1) 通过选择对象捕捉模式旁边的复选框，设置运行对象捕捉模式。最常用的捕捉模式为：端点、中点、圆心、节点、象限点、交点、延长线。

注意：不要将所有的捕捉模式都打开，否则，会给作图过程带来很大麻烦.。

(2) 勾选【启用对象捕捉】和【启用对象捕捉追踪】选项。

2.4.4 极轴追踪

极轴追踪功能可以相对于前一点，沿预先指定角度的追踪方向获得所需的点。该功能启用时，按预先设置的角度增量显示一条无限延伸的辅助线(一条虚线)，如图 2-23 所示。在绘图过程中，该功能可以随时打开或关闭。

【运行方式】

- 菜单：【工具】→【草图设置】，单击【极轴追踪】选项卡。
- 状态栏：右键单击状态栏上【极轴】按钮，选择快捷菜单中的【设置】选项。

【操作过程】

以上操作打开如图 2-24 所示的【草图设置】对话框，通过设置极轴角度增量和极轴角测量单位来确定极轴追踪方向。

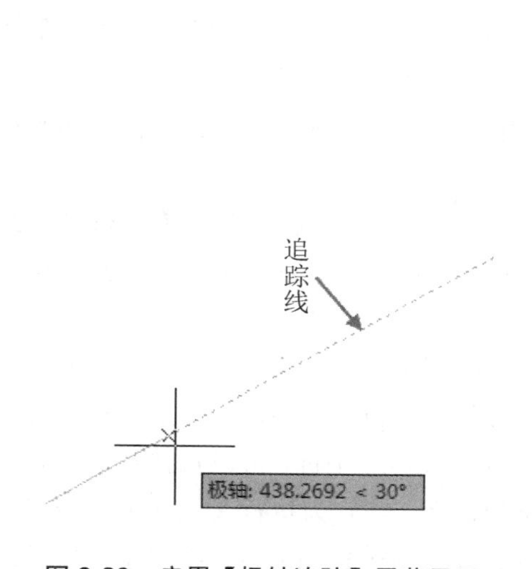

图 2-23 启用【极轴追踪】屏幕显示

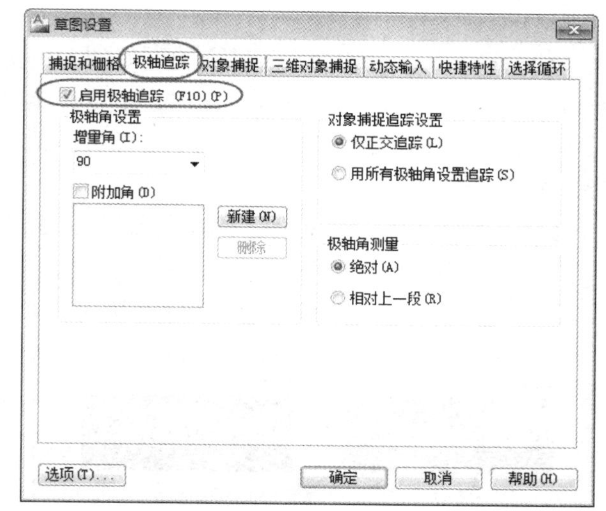

图 2-24 【极轴追踪】选项卡

各选项功能如下。

(1)【启用极轴追踪】(F10)复选框：用于控制极轴追踪方式的打开和关闭。

(2)【极轴角设置】选项组：

①【增量角】：用于设置角度增量的大小。在下拉列表中选择或输入某一增量角后，系统将沿与增量角成整数倍的方向上出现追踪矢量(图 2-23)，以指定点的位置。例如，增量角为 60°，系统将沿着 0°、60°、120°、180°、240° 和 300° 方向出现极轴追踪线。

②【附加角】：用于设置附加角度。附加角不同于增量角，启动极轴追踪后，当系统提示指定点时，拖动光标会在增量角及其整数倍位置出现追踪线，而附加角只是追踪单独的极轴角，它没有增量。如键入附加角为“12.25”，那么只有当光标拖动到 12.25° 附近时，出现追踪线，如图 2-25 所示，而不会在 12.25° 的整数倍处显示追踪。继续拖动光标，则按增量角设置显示追踪。

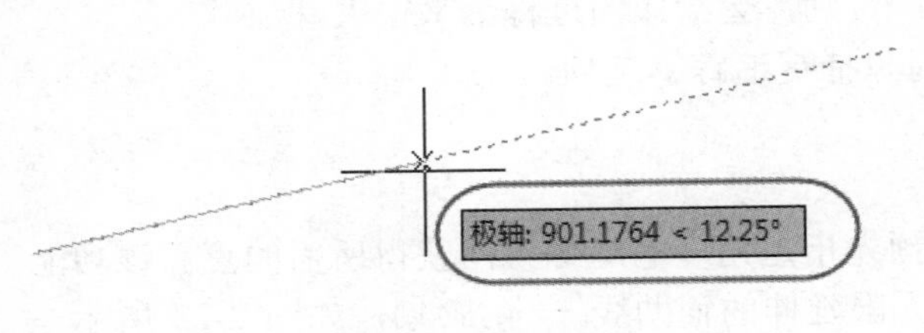

图 2-25　附加角追踪

(3)【新建】按钮：用于添加附加角。

(4)【删除】按钮：用于删除一个选定的附加角。

(5)【对象捕捉追踪设置】选项组：用于确定对象捕捉追踪的模式。

①【仅正交追踪】：表示当启用对象捕捉追踪时，仅显示正交形式的追踪矢量。

②【用所有极轴角设置追踪】：表示如果启用对象捕捉追踪，当指定追踪点后，系统允许光标沿任何极轴角进行矢量追踪。

(6)【极轴角测量】选项组：设定测量极轴追踪对齐角度的基准。

①【绝对】：根据当前用户坐标系 (UCS) 确定极轴追踪角。

②【相对上一段】：根据上一个绘制线段确定极轴追踪角度。

2.4.5　动态输入

动态输入是一种比命令行输入更友好的人机交互方式。单击状态行上的【动态输入】按钮，即可打开动态输入功能。此时，可以在工具栏提示中直接输入坐标值或者进行其他操作，而不必在命令行中进行输入，这样可以帮助用户专注于绘图区域，且所输入的坐标皆为相对坐标。

【动态输入】有三个组件：【启用指针输入】、【可能时启用标注输入】和【动态提示】。如图 2-26 所示为【动态输入】选项卡。

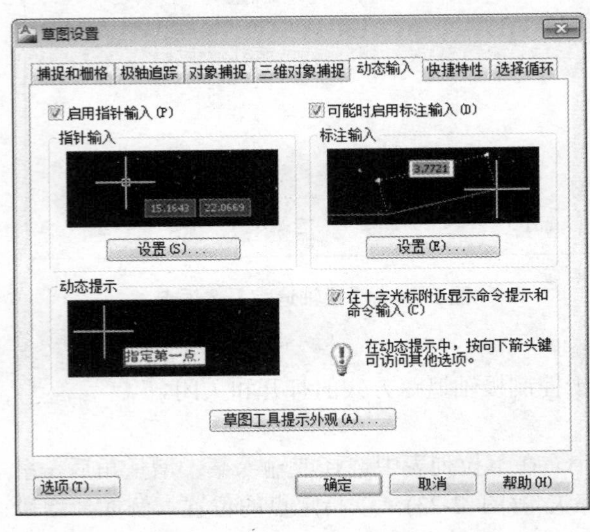

图 2-26 【动态输入】选项卡

各选项功能如下：

(1)【启用指针输入】选项组：若仅启用该选项，执行命令时，十字光标附近的工具栏仅显示坐标，可以直接在此输入坐标值。图 2-27 为执行【直线】命令时的屏幕显示，图 2-27(a)为系统要求指定直线第一点时的显示，此时工具栏显示的是绝对直角坐标格式；以后各点则皆以默认的相对极坐标显示，如图 2-27(b)所示。单击指针输入下方的【设置】按钮，可以调出如图 2-28 所示的【指针输入设置】对话框，在该对话框中可以设置坐标显示格式及控制何时显示指针输入工具栏提示。系统默认格式为第二个点和后续点采用相对极坐标(对于 RECTANG 命令，为相对笛卡尔坐标)以及当命令需要一个点时显示坐标工具栏提示，即在工具栏输入数值时，不需要输入@符号。

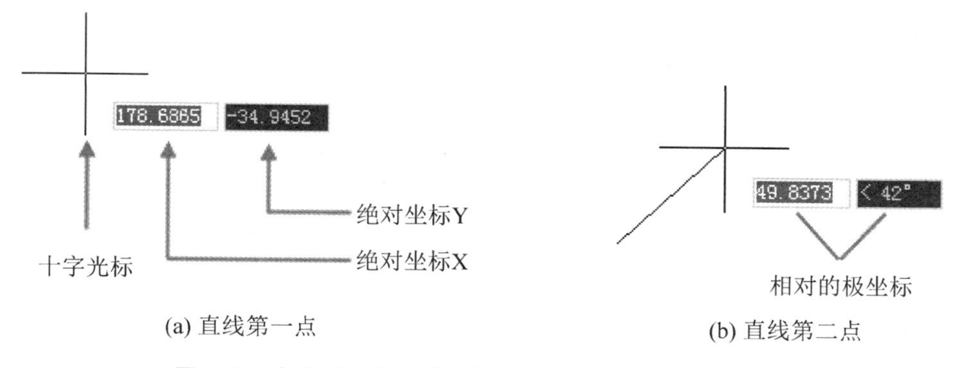

(a) 直线第一点　　(b) 直线第二点

图 2-27　仅启用【指针输入】时，执行【直线】的屏幕显示

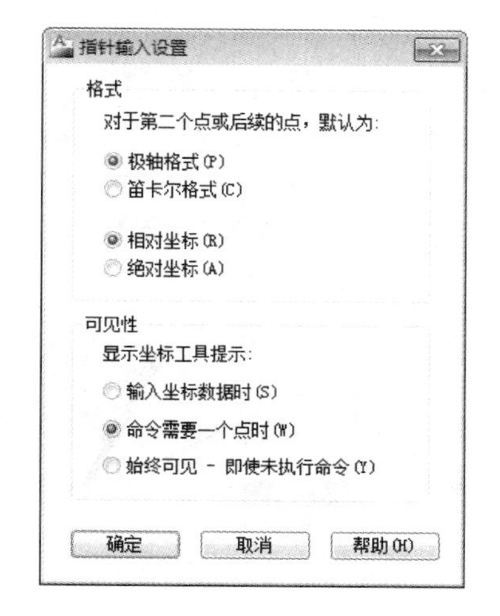

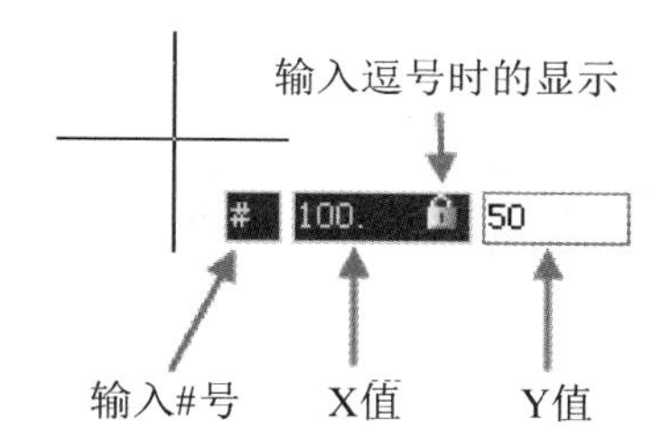

图 2-28　【指针输入设置】对话框　　图 2-29　强制使用绝对直角坐标的屏幕显示

当在绘图过程中需要使用绝对坐标时，只要在工具栏作如下输入：#X，Y。如图 2-29 所示，直线的第三点采用绝对直角坐标(100，50)的输入方式。

(2)【可能时启用标注输入】：若启用该选项，当命令提示输入第二点时，工具栏提示将显示距离和角度值，在工具栏提示中的值将随着光标移动而改变，若按 TAB 键可在这些值之间切换，如图 2-30 所示。单击该选项下【设置】按钮，弹出【标注输入的设置】对话框，如图 2-31 所示，可以设置控制夹点拉伸时工具栏提示显示信息。

其中有三种选项，每种选项效果说明如下：

①【每次仅显示 1 个标注输入字段】：选择该选项，使用夹点编辑对象时，屏幕显示如图 2-32 所示，仅有一个工具栏提示，该值为线段长度变化量。

②【每次显示 2 个标注输入字段】：选择该选项，使用编辑对象时，屏幕显示如图 2-33 所示，产生两个标注值，分别为新线段长度与线段长度的变化量。

③【同时显示以下这些标注输入字段】：选择该选项，使用夹点编辑对象时，标注输入工具栏提示会显示以下信息(屏幕显示如图 2-34 所示)：

- 旧的长度
- 移动夹点时更新的长度
- 长度的改变

➢ 角度
➢ 移动夹点时角度的变化
➢ 圆弧的半径

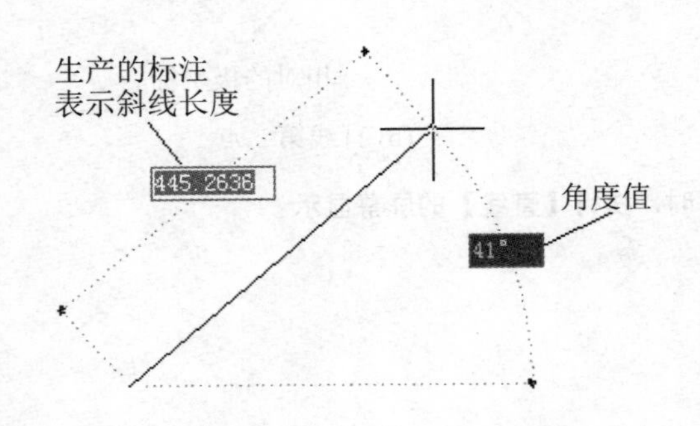

图 2-30 启用【可能时启用标注输入】屏幕显示

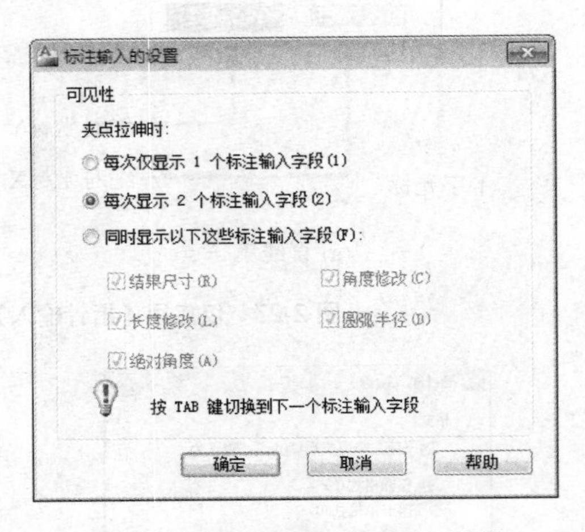

图 2-31 【标注输入的设置】对话框

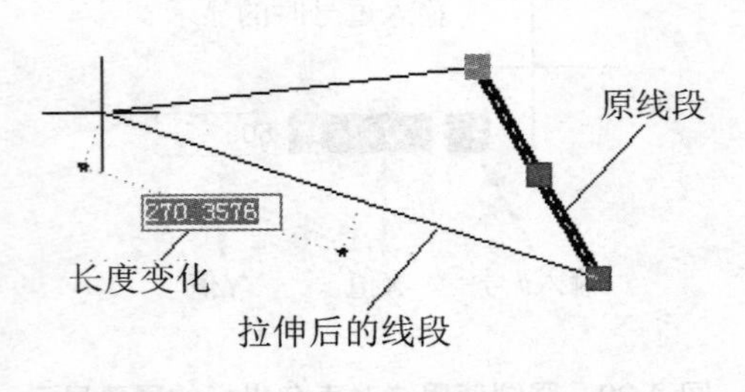

图 2-32 显示 1 个标注输入字段

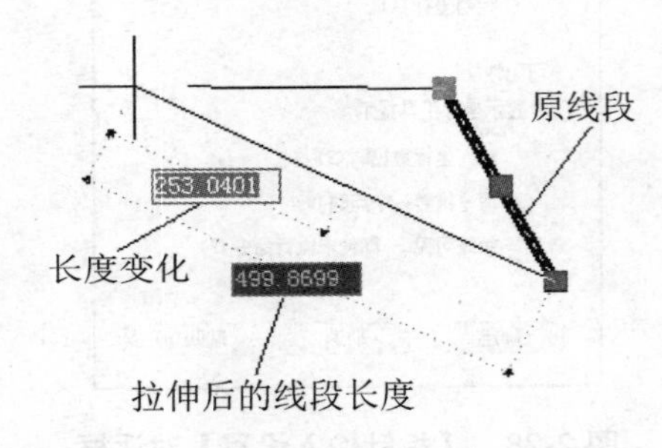

图 2-33 显示 2 个标注输入字段

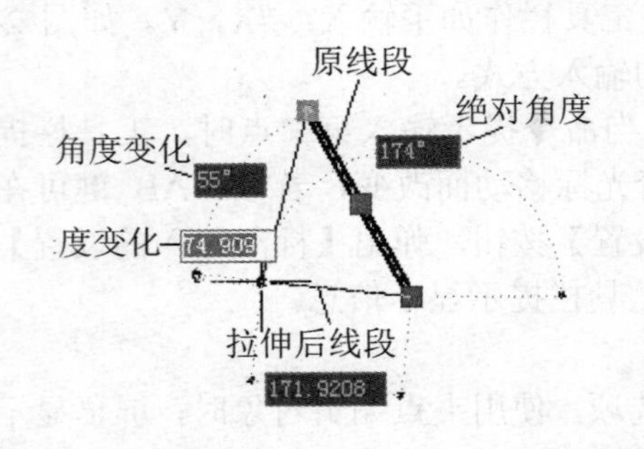

图 2-34 显示所有标注输入字段

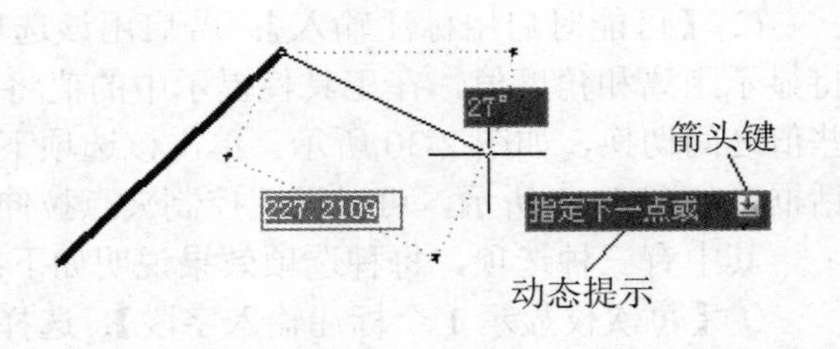

图 2-35 启用动态提示时的屏幕显示

(3) 启用动态提示时，在执行命令过程中，提示会显示在光标附近的工具栏提示中，如图 2-35 所示。用户可以在工具栏提示(而不是在命令行)中输入响应。按下箭头键可以查看和选择选项，按上箭头键可以显示最近的输入。

2.4.6 快捷特性

用于显示“快捷特性”选项板的设置。单击状态行上的【快捷特性】按钮，即可打开或关闭快捷特性功能。【快捷特性】选项板如图 2-36 所示，共有三组选项，各选项主要功能如下：

【选项板显示】选项组：设定“快捷特性”选项板的显示对象；

【选项板位置】选项组：设定“快捷特性”选项板的显示位置；

【选项板行为】选项组：设定“快捷特性”选项板的行为。

如图 2-37 所示，开启【快捷特性】后，光标选中直线，则弹出该直线的所有特性。

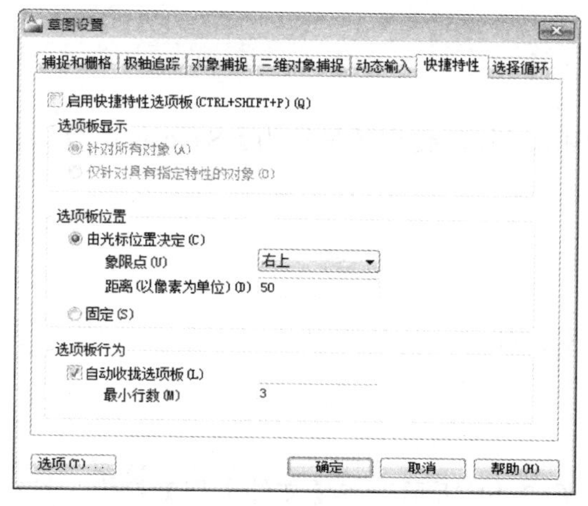

图 2-36 【快捷特性】选项卡

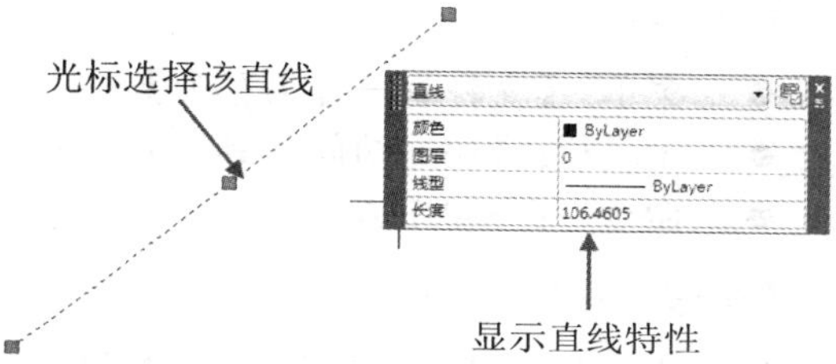

图 2-37 启用【快捷特性】时的屏幕显示

2.4.7 选择循环

【选择循环】允许您选择重叠的对象。图 2-38 为【选择循环】选项卡。当开启该功能后，光标选中多个对象时，则单击【快捷特性】列表框下拉箭头，可以一一选择各个对象的特性。如图 2-39 所示，光标选中直线和圆对象，单击快捷特性窗口下拉箭头，选择“圆”，则该圆的快捷特性显现。

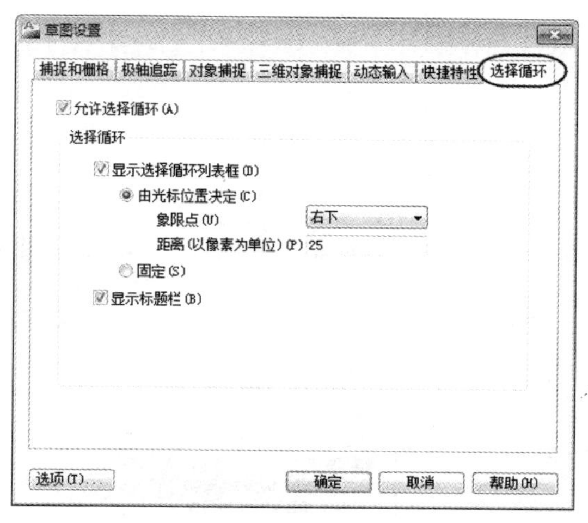

图 2-38 【选择循环】选项卡

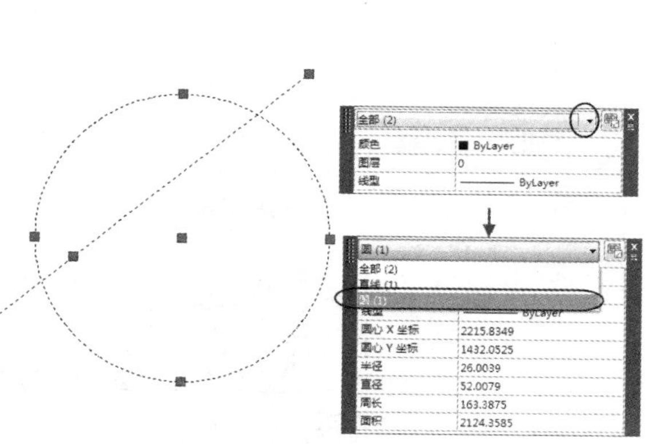

图 2-39 启用【选择循环】时的屏幕显示

2.5 样板文件

通过以上各种操作，完成了绘图环境的各项设置，以此为基础建立一个初始样板文件，通过学习的深入，该样板文件的内容可以不断补充、完善。

建立一个样板文件的完整步骤为：删除模板中的所有图形→保存样板→添加调用样板文件的路径。

2.5.1 保存样板

保存样板文件之前，应删除屏幕上所有的图形，然后使用【另存为】Save as 命令保存文件。

【运行方式】

- 菜单：【文件】→【另存为】。
- 工具栏：【快速访问工具栏】→另存为图标。
- 命令行：SAVE AS。

【操作过程】

以上操作弹出【图形另存为】对话框，如图 2-40 所示。在【文件类型】栏中，选择【AutoCAD 图形样板(*.dwt)】；在【文件名】后，键入样板文件名称；在【保存于】后，选择存放路径。本例样板文件保存路径及文件名为：D：\我的样板.dwt。然后，单击【保存】按钮，弹出【样板选项】对话框，如图 2-41 所示，根据需要输入说明文字，单击【确定】按钮，完成样板保存操作。

注意：自制的样板文件最好保存到 C 盘以外的分区，以防系统重装时文件丢失。

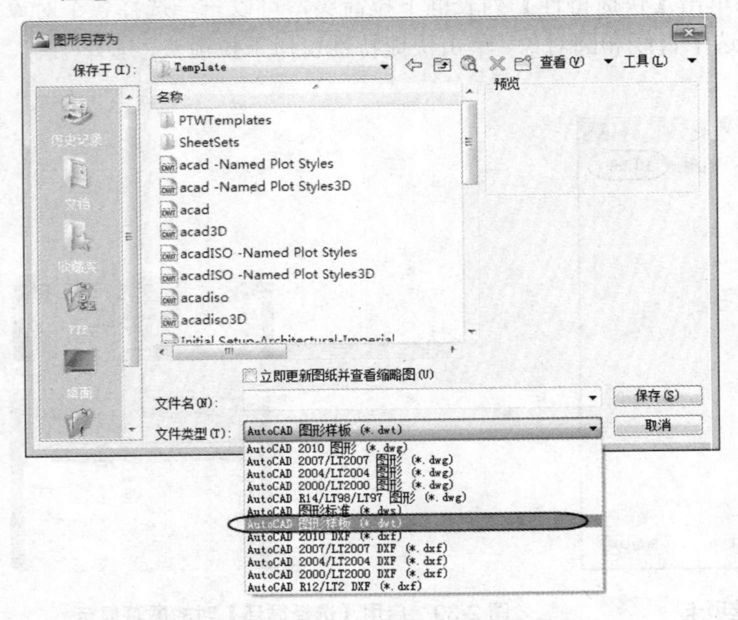

图 2-40 【图形另存为】对话框

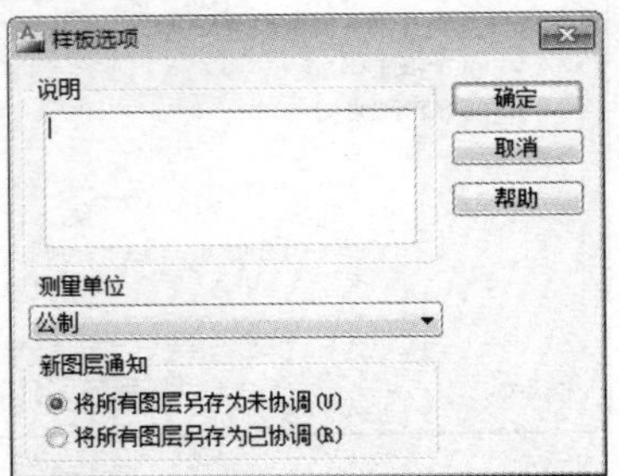

图 2-41 【样板选项】对话框

2.5.2 设置调用样板文件的路径

样板文件虽已保存，如果不进行设置，AutoCAD 系统并不能自动调用该样板，启动 Auto CAD 时，系统还是按照默认方式加载原有的样板。为了保证开启 AutoCAD 时能自动装载自己定制的样板，必须设置样板文件调用路径，步骤如下：

(1) 打开【选项】对话框。

- 主菜单：【工具】→【选项】。
- 命令行：OPTION 或 OP。

(2) 在弹出的【选项】对话框中，单击【文件】选项卡，在【搜索路径、文件名和文件位置】列表框中，双击【样板设置】(或单击其前面的+号)，双击【快速新建的默认样板文件名】，使之展开；单击【无】，并单击右侧【浏览】按钮(图 2-42)，弹出【选择文件】对话框，如图 2-43 所示。找到自制的样板文件，单击【打开】按钮，系统自动返回到【选项】对话框。结果显示如图 2-44 所示。

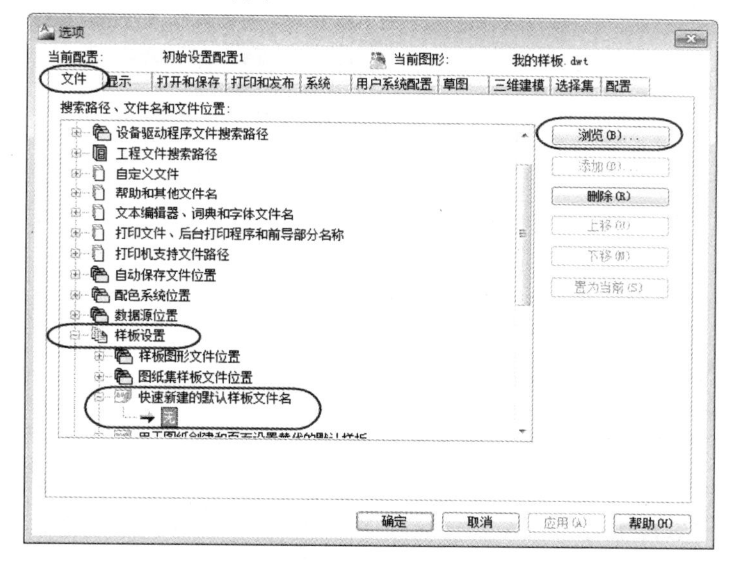

图 2-42 设置【快速新建的默认样板文件名】

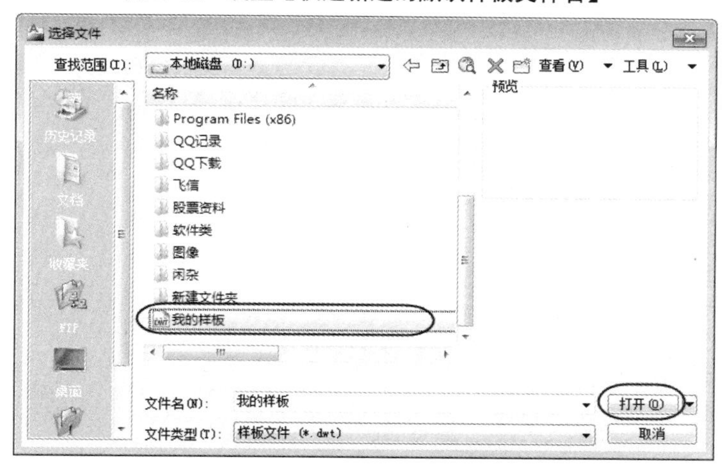

图 2-43 【选择文件】对话框

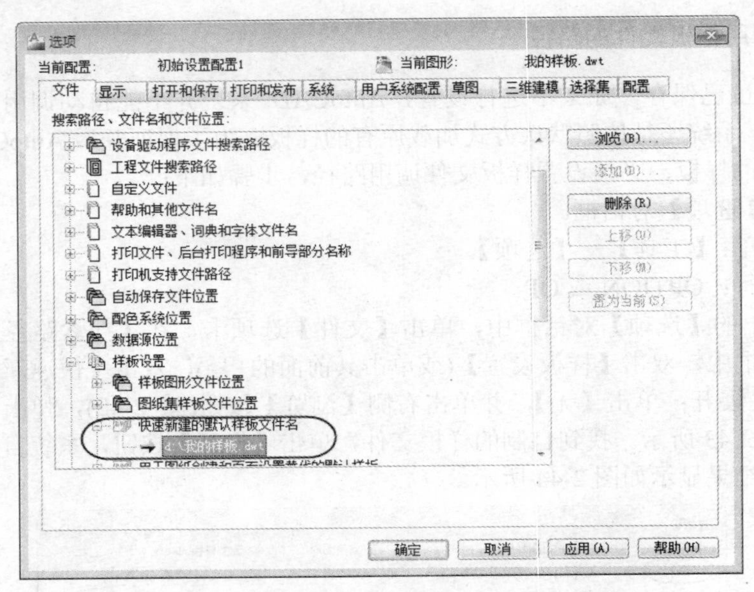

图 2-44 【快速新建的默认样板文件名】设置显示

当重启 CAD 或新建文件时，系统将自动调入【我的样板】文件。

2.6 习　　题

1．建立样板文件。

(1) 建立图层(参照表 2-2)。

(2) 设置绘图单位。

(3) 设置图形界限(左下角 0,0，右上角 594，420)。

(4) 设置各种辅助绘图工具：包括【正交模式】、【极轴】、【对象捕捉】、【对象追踪】、【允许/禁止动态 UCS】、【动态输入】。

2．保存样板文件，并设置调用样板文件的路径。

第3章 基本图元的绘制

知识要点	掌握程度	相关知识
常用图线	掌握点、直线类、圆弧类、多边形类的各种绘制命令； 熟悉多段线的绘制及编辑方法。	平面几何、画法几何的应用。
专用图线	掌握图案填充绘制方法； 熟悉样条曲线的命令； 了解修订云线的应用。	剖面线的规定画法；截交相贯的概念和规定画法。
边界和面域	熟悉边界和面域的创建、应用技巧。	空间形体“差”、“并”、“交”运算。

二维图形主要由一些基本图元组成，本章将分类介绍这些基本图元的绘制方法和步骤，只有熟练掌握这些绘图命令，才能正确、快捷地绘出各种图形。

3.1 点的绘制

3.1.1 点的样式设置

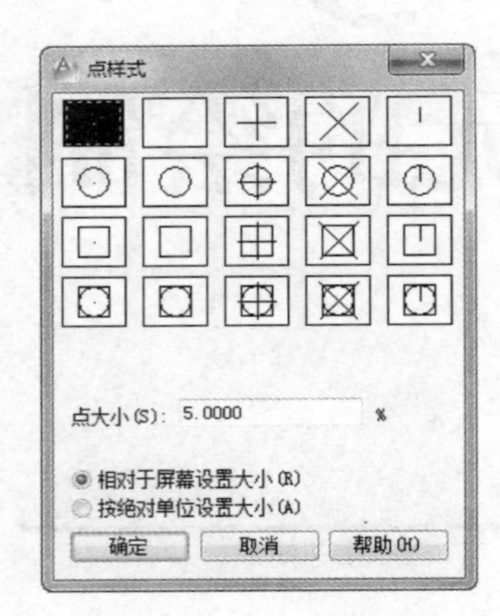

图 3-1 【点样式】对话框

【运行方式】

- 菜单：【格式】→【点样式】。
- 命令行：DDPTYPE

【操作过程】

在弹出的【点样式】对话框中选择不同的样式，如图 3-1 所示，共有 20 种。

3.1.2 单点及多点

【运行方式】

- 菜单：【绘图】→【点】→【单点】或【多点】。
- 工具栏：单击【绘图】工具栏中的 · 图标按钮。
- 命令行：POINT 或 PO。

点击一次可创建单点，连续点击可以创建多点，按【Enter】键、【Esc】键或右键确定，结束或退出绘制点命令。

3.1.3 定数等分

定数等分用于按一定数目平分直线、多段线、圆等对象。在等分处按当前点样式设置显示等分点，等分范围为 2～32767。

【运行方式】

- 菜单：【绘图】→【点】→【定数等分】。
- 命令行：DIVIDE 或 DIV。

【操作过程】

命令：divide↙(输入命令)

选择要定数等分的对象：选择要进行等分的图形对象(如选择图 3-2 所示的图形)

输入线段数目或 [块(B)]：输入等分数量↙(如输入“6”，回车，结果如图 3-2 所示)

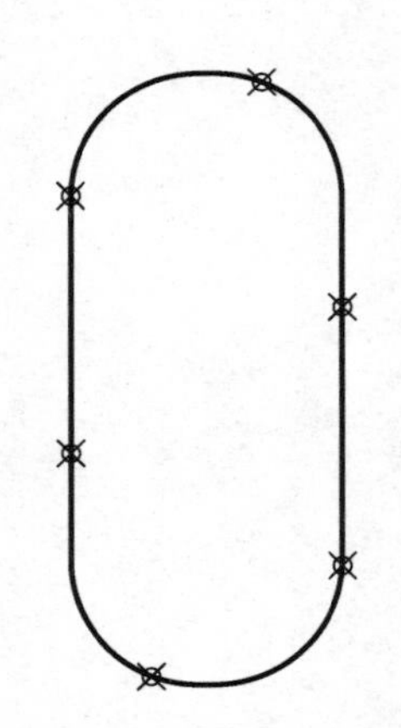

图 3-2 定数等分示例

3.1.4 定距等分

定距等分用于按一定长度等分直线、圆、多段线等对象。设置的起点一般是指定对象的绘制起点，最后一个测量段的长度不一定等于指定等分长度。

【运行方式】

- 菜单：【绘图】→【点】→【定距等分】。
- 命令行：MEASURE 或 ME。

【操作过程】

命令：measure↙(输入命令)

选择要定距等分的对象：选择要进行等分的图形对象(选择如图 3-3 所示的直线)

指定线段长度或 [块(B)]：输入对象的等分长度↙(如输入“10”，回车，结果如图 3-3 所示，直线每 10mm 处作出一个标记)

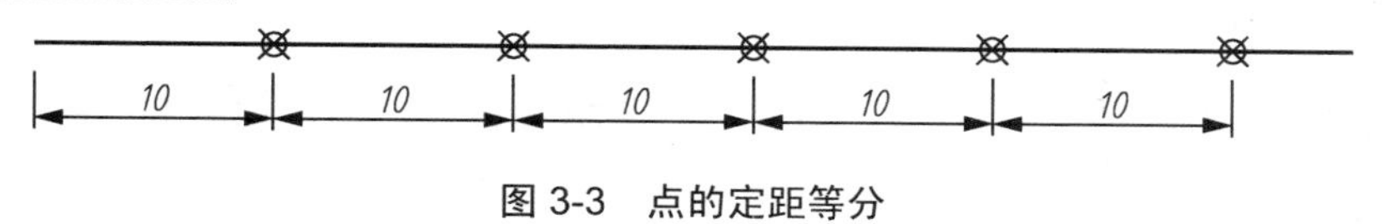

图 3-3 点的定距等分

3.2 直线类对象的绘制

3.2.1 绘制直线

【运行方式】

- 菜单：【绘图】→【直线】。
- 工具栏：单击【绘图】工具栏中的图标按钮。
- 命令行：LINE 或 L。

【操作示例】

绘制如图 3-4 所示的图形。

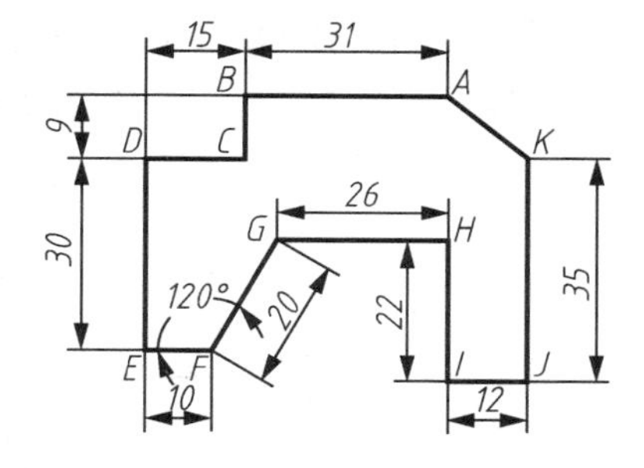

图 3-4 使用【直线】命令绘制图形

命令：line↙(输入直线命令)

指定第一点：光标在屏幕上拾取一点(该点作为多边形的起点 A)

指定下一点或 [放弃(U)]：<正交 开>31↙(打开【正交】光标向左，输入 31，得到点 B)

指定下一点或 [放弃(U)]：9↙(光标向下，输入 9，得到点 C)

指定下一点或 [闭合(C)/放弃(U)]：15↙(光标向左，输入 15，得到点 D)

指定下一点或 [闭合(C)/放弃(U)]：30↙(光标向下，输入 30，得到点 E)

指定下一点或 [闭合(C)/放弃(U)]：10↙(光标向右，输入 10，得到点 F)

指定下一点或 [闭合(C)/放弃(U)]：@20<60↙(输入相对极坐标，得到点 G)

指定下一点或 [闭合(C)/放弃(U)]：26↙(光标向右，输入 26，得到点 H)

指定下一点或 [闭合(C)/放弃(U)]：22↙(光标向下，输入 22，得到点 I)

指定下一点或 [闭合(C)/放弃(U)]：12↙(光标向右，输入 12，得到点 J)

指定下一点或 [闭合(C)/放弃(U)]：35↙(光标向上，输入 35，得到点 K)

指定下一点或 [闭合(C)/放弃(U)]：c↙(选择闭合，则多边形首尾相连)

【注意事项】

(1) 指定第一点时，若输入 Enter 键，将以上一个输入的点作为起点。

(2) 指定下一点时，若输入 Enter 键，直线命令结束。

(3) 选项【放弃(U)】：操作过程中若输入“U”，则删除上一段直线，但不退出 LINE 命令，多次输入“U”，则删除多条已绘制的线段。

(4) 选项【闭合(C)】：超过 3 个点则出现“闭合(C)”选项，输入“C”则将连续折线首尾自动封闭，并结束命令。

3.2.2 绘制构造线

构造线为双向无限延伸的直线，常用于绘制辅助线，在绘图输出时可不作输出。

【运行方式】

- 菜单：【绘图】→【构造线】。
- 工具栏：单击【绘图】工具栏中的⟋图标按钮。
- 命令行：XLINE 或 XL。

【操作过程】

命令：xline ↙

指定点或 [水平(H)/垂直(V)/角度(A)/二等分(B)/偏移(O)]：指定点或输入选项

【选项说明】

(1)【水平(H)】、【垂直(V)】：可分别绘制通过指定点的水平线、垂直线。

(2)【角度(A)】：可绘制给定角度的直线，角度可直接输入，也可从已知直线上拾取。

(3)【二等分(B)】：可绘制任意角度的角平分线。如图 3-5 所示为绘制∠BAC 角平分线的作图过程，使用【构造线】命令的【二等分(B)】选项，按提示依次拾取顶点 A 及角点 B、C。

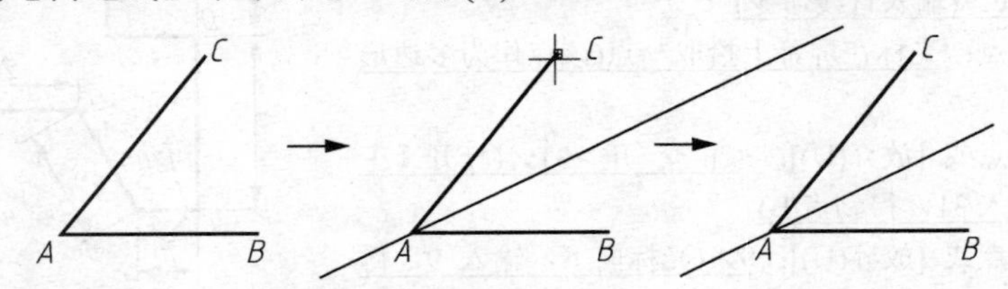

图 3-5 使用【构造线】绘制角平分线的过程

(4)【偏移(O)】：该选项等同于【偏移】命令，可绘制平行线。如图 3-6 所示为绘制距离已知直线 15 的平行线。

命令：xline↙

指定点或 [水平(H)/垂直(V)/角度(A)/二等分(B)/偏移(O)]：o↙(选择【偏移】)

指定偏移距离或 [通过(T)]<10.6134>：15↙(输入偏移距离)

选择直线对象：光标拾取已知直线

指定向哪侧偏移：光标拾取 A 点

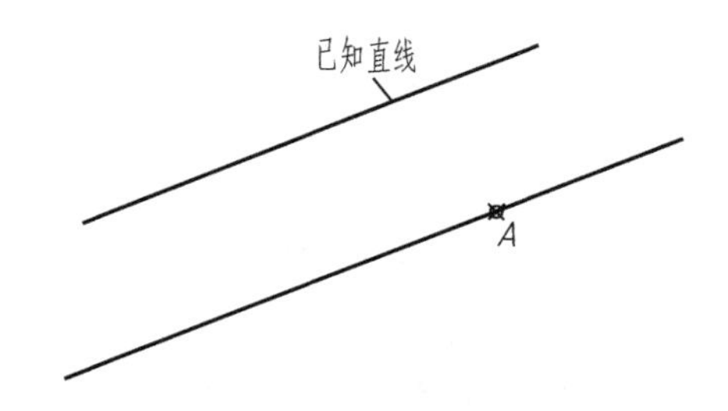

图 3-6 使用【构造线】绘制平行线的过程

3.2.3 绘制多线

多线为多条平行线，这些平行线称为元素。多线常用于绘制管道、墙体和公路等。

1. 多线样式

多线样式可设置多线外观，如线的数量、线的间距、线条颜色及线型等。

【运行方式】

- 菜单：【格式】→【多线样式】。
- 命令行：MLSTYLE。

【操作过程】

以上操作弹出如图 3-7 所示【多线样式】对话框。系统默认样式“STANDARD”，单击“新建”按钮，可创建新的多线样式。

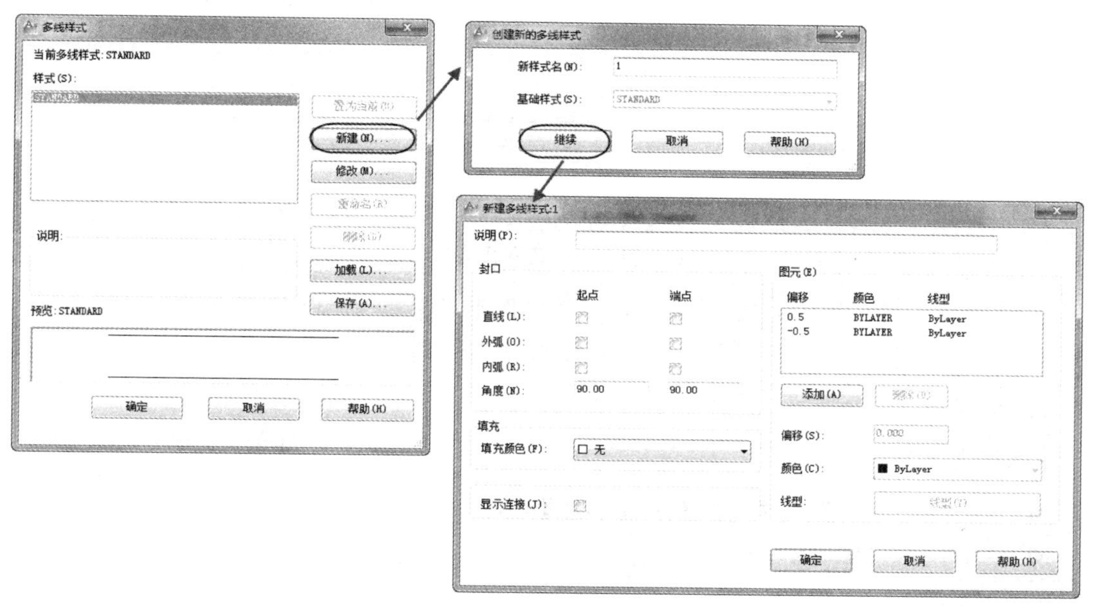

图 3-7 【多线样式】对话框及新建过程

(1)【说明】：输入多线样式的说明文字。

(2)【封口】选项组：多线两个端口的封口形式，常用的有四种封口，如图 3-8 所示。

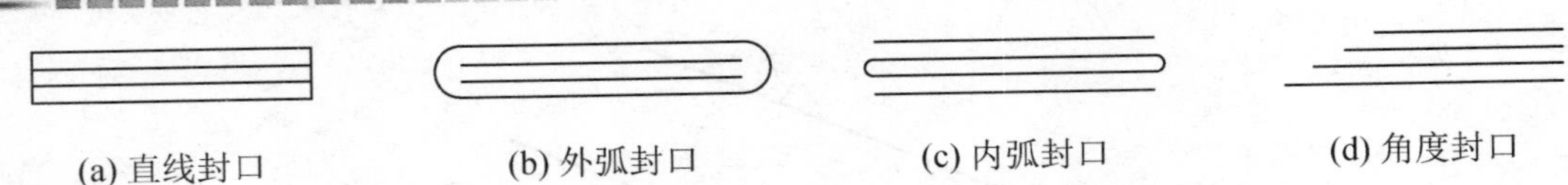

图 3-8　多线常用的封口方式

(3)【图元】选项组：选择图元列表中某个元素，可对其偏移、颜色和线型进行设置。单击“添加”、“删除”按钮，可在样式中新建、删除选中元素。

(4)【填充】：在多线区域显示设置的填充颜色。

(5)【显示连接】：在多线转折处显示连接线。

2. 绘制多线

【运行方式】

- 菜单：【绘图】→【多线】。
- 命令行：MLINE 或 ML。

【操作过程】

命令：mline ↙
当前设置：对正＝上，比例＝20.00，样式＝STANDARD
指定起点或 [对正(J)/比例(S)/样式(ST)]：指定点或输入选项

【选项说明】

(1)【对正(J)】：设定多线的对正方式，即光标与多线的哪个元素的端点对齐，如图 3-9 所示有上(T)、无(Z)、下(B)三个子选项。

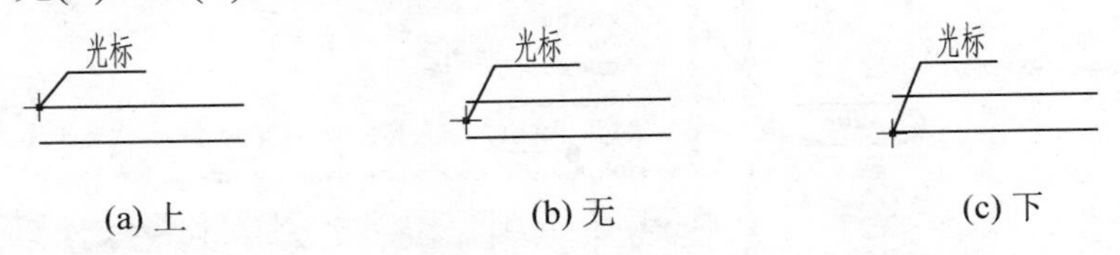

图 3-9　多线的对正方式

(2)【比例(S)】：指定多线的全局宽度，该比例不影响线型比例。
(3)【样式(ST)】：选择多线样式，默认样式为“STANDARD”。

3. 编辑多线

【运行方式】

- 菜单：【修改】→【对象】→【多线】。
- 命令行：MLEDIT。

【操作示例】

以上操作弹出如图 3-10 所示【多线编辑工具】对话框。编辑如图 3-11(a)的图形，使用【角点结合】选项，提示选择多线时先点击多线 A，再点击多线 B，结果如图 3-11(b)所示。若先点击多线 B 后点击多线 A，结果则如图 3-11(c)所示。

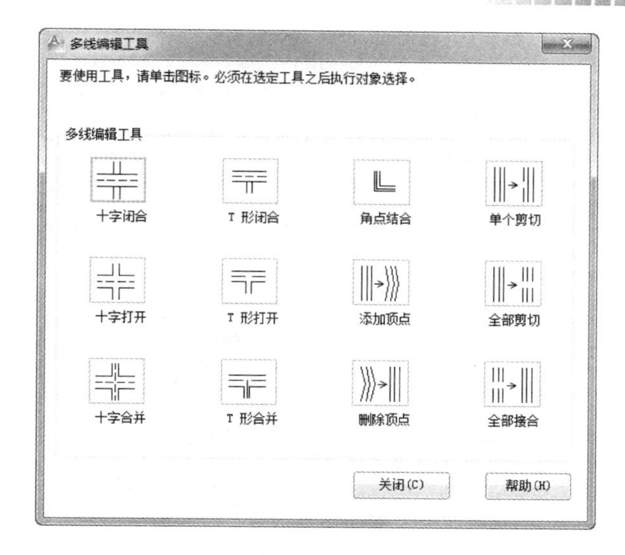

图 3-10 多线编辑工具

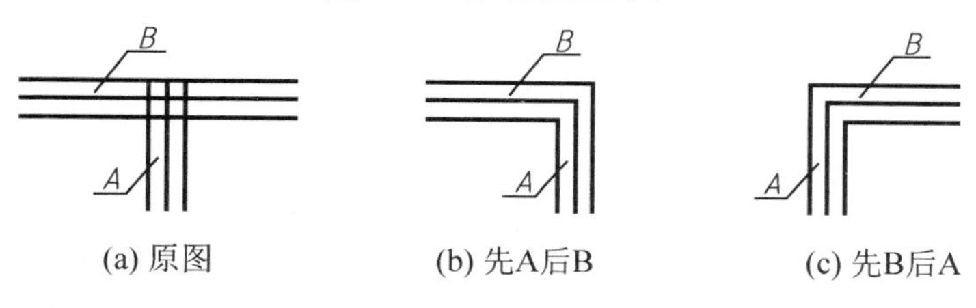

图 3-11 使用【多线编辑工具】命令编辑图形

3.3 圆弧类对象的绘制

3.3.1 绘制圆

【运行方式】

- 菜单：【绘图】→【圆】。
- 工具栏：单击【绘图】工具栏中的⊙图标按钮。
- 命令行：CIRCLE 或 C。

【操作过程】

命令：C ↙(输入命令)

CIRCLE 指定圆的圆心或 [三点(3P)/两点(2P)/相切、相切、半径(T)]：指定圆心或选择绘制圆的方式

指定圆的半径或 [直径(D)]<12.0000>：输入圆半径或选择直径方式

【选项说明】

(1) 系统默认的绘圆方式是指定圆心和半径或圆心和直径。系统提示“指定圆的半径或 [直径(D)]<12.0000>：”时若输入“D”，则所输入的数值为圆的直径。

(2)【三点(3P)】：即指定圆周上三点绘制圆，如图 3-12(a)所示。

(3)【三点(2P)】：即根据直径的两端点绘制圆，如图 3-12(b)所示。

(4)【相切、相切、半径(T)】：与两个对象相切并按指定半径绘制圆。如图 3-12(c)所示。

(5)【相切、相切、相切(A)】：与三个图形都相切绘制圆。如图 3-12(d)所示。可以通过【绘图】→【圆】→【相切、相切、相切(A)】选用，也可以选择【三点(3P)】方式时，设置每一点都为切点。

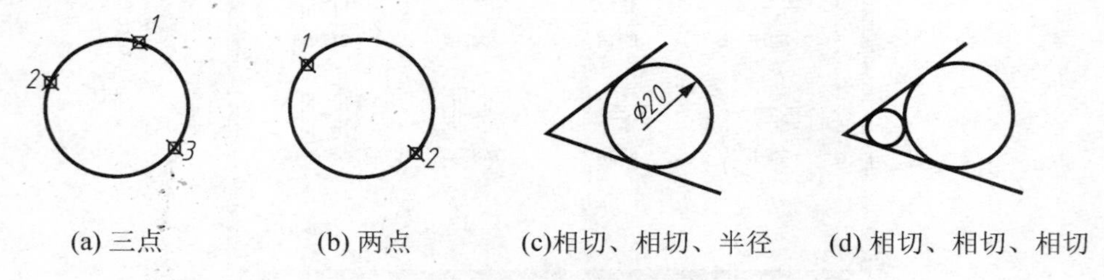

(a) 三点　　(b) 两点　　(c)相切、相切、半径　　(d) 相切、相切、相切

图 3-12　绘圆的方法

【注意事项】

(1)【相切、相切、半径(T)】方式绘制切圆时，半径值必须大于或等于两个指定对象之间最小距离的一半，否则“圆不存在”。

(2)【相切、相切、半径(T)】方式绘制相切圆时，切圆取决于切点的位置和切圆的半径。如图 3-13 所示为一个大圆与两个小圆相切的三种情况，即取图 3-13(a)、(b)、(c)内不同位置的切点和半径，可分别得到不同的相切大圆。

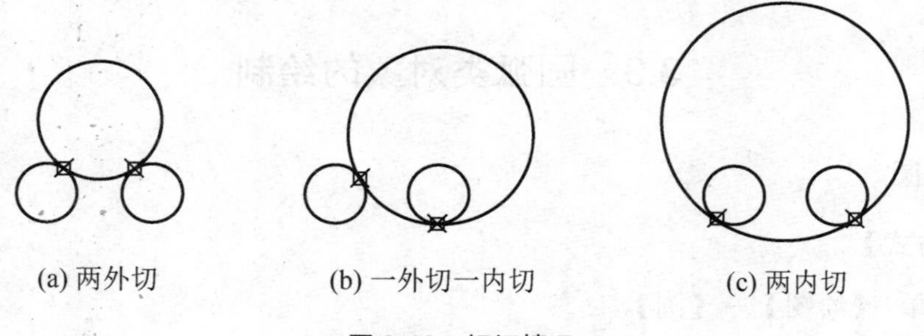

(a) 两外切　　(b) 一外切一内切　　(c) 两内切

图 3-13　相切情况

3.3.2　绘制圆弧

【运行方式】

- 菜单：【绘图】→【圆弧】。
- 工具栏：单击【绘图】工具栏中的图标按钮。
- 命令行：ARC 或 A。

【操作过程】

命令：<u>a ↙(输入命令)</u>

ARC 指定圆弧的起点或 [圆心(C)]：<u>指定圆弧的起始点或选择绘制圆弧的方式(图 3-14)</u>

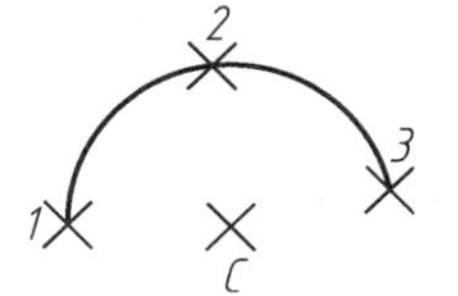

(a) 三点

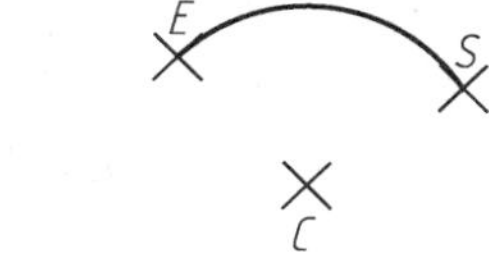

(b) 起点、圆心、端点

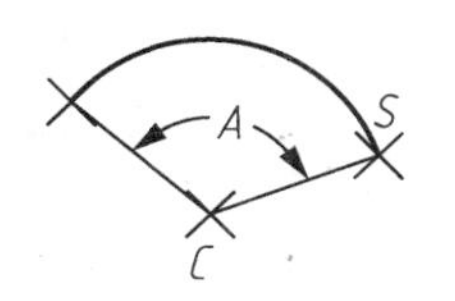

(c) 起点、圆心、角度

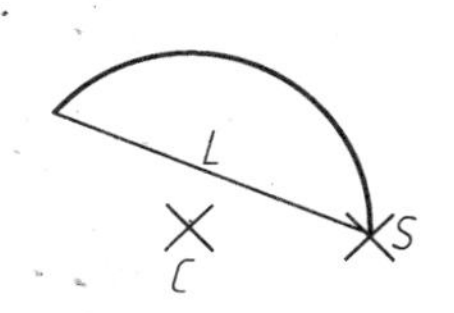

(d) 起点、圆心、长度

图 3-14 常用的圆弧画法

【注意事项】

(1) 圆弧绘制共有 11 种方式，可以通过【绘图】→【圆弧】选用具体方式，系统默认三点绘制圆弧。在实际绘图中，通常通过编辑完整的圆得到对应的圆弧。

(2) 圆弧绘制是带有方向的，顺时针和逆时针绘制的圆弧或为优弧(大于半圆的弧)或为劣弧(小于半圆的弧)，如果错了只要反方向绘制即可。

3.3.3 绘制椭圆与椭圆弧

【运行方式】

- 菜单：【绘图】→【椭圆】。
- 工具栏：单击【绘图】工具栏中的⬭或◡图标按钮。
- 命令行：ELLIPSE 或 EL。

【操作过程】

命令：ellipse ↙
指定椭圆的轴端点或 [圆弧(A)/中心点(C)]：指定点或输入选项

【选项说明】

(1)【指定椭圆的轴端点】：根据椭圆第一条轴的两个端点和另一轴长度的一半绘制椭圆(图 3-15(a))。操作过程如下：

命令：ellipse ↙
指定椭圆的轴端点或 [圆弧(A)/中心点(C)]：光标拾取 A 点(该点为椭圆轴的起点)
指定轴的另一个端点：光标拾取 B 点(或输入 AB 长度，该点为椭圆轴的终点)
指定另一条半轴长度或 [旋转(R)]：光标拾取 C 点(或输入长度)

(2)【中心点(C)】：通过指定的中心绘制椭圆(图 3-15(b))。操作过程如下：

命令：ellipse ↙
指定椭圆的轴端点或 [圆弧(A)/中心点(C)]：C↙(选择【中心点】选项)
指定椭圆的中心点：光标拾取 D 点
指定轴的端点：光标拾取 E 点(或输入长度)
指定另一条半轴长度或 [旋转(R)]：光标拾取 F 点(或输入长度)

(3)【旋转(R)】：通过绕第一条轴旋转圆来创建椭圆(图 3-15(c))。操作过程如下：

命令：ellipse ↙

指定椭圆的轴端点或 [圆弧(A)/中心点(C)]：光标拾取 G 点(该点为椭圆长轴的起点)
指定轴的另一个端点：光标拾取 H 点(该点为椭圆长轴的终点)
指定另一条半轴长度或 [旋转(R)]：R ↙(指定绕第一条轴旋转圆来创建椭圆方式)
指定绕长轴旋转的角度：45 ↙(指定旋转角度为 45°)

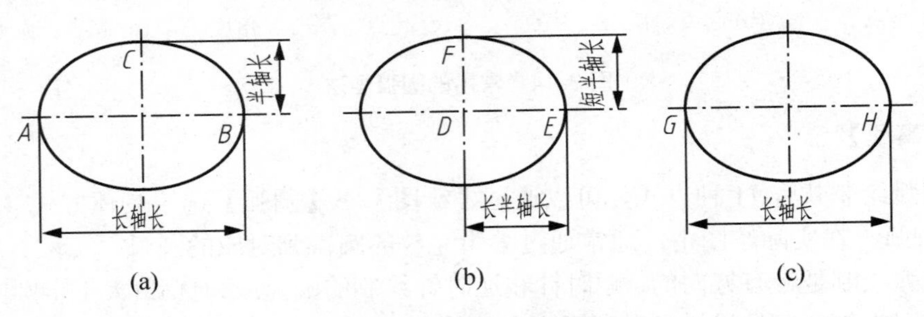

图 3-15　绘制椭圆

(4)【圆弧(A)】：创建一段椭圆弧。

【注意事项】

通常椭圆弧是通过编辑椭圆获得的。

3.4　多边形对象的绘制

3.4.1　绘制矩形

【运行方式】

- 菜单：【绘图】→【矩形】。
- 工具栏：单击【绘图】工具栏中的▭图标按钮。
- 命令行：RECTANG 或 REC。

【操作过程】

命令：rectang ↙
指定第一个角点或 [倒角(C)/标高(E)/圆角(F)/厚度(T)/宽度(W)]：
指定另一个角点或 [面积(A)/尺寸(D)/旋转(R)]：

【选项说明】

(1)【第一个角点】：通过指定两个角点确定矩形。图 3-16(a)操作示例如下：

命令：rectang ↙
指定第一个角点或 [倒角(C)/标高(E)/圆角(F)/厚度(T)/宽度(W)]：光标任意拾取一点
指定另一个角点或 [面积(A)/尺寸(D)/旋转(R)]：@50,30 ↙(输入矩形右上角角点的相对坐标@50,30)

(2)【倒角(C)】：指定倒角距离，绘制带倒角的矩形。图 3-16(b)操作示例如下：

命令：rectang ↙
指定第一个角点或 [倒角(C)/标高(E)/圆角(F)/厚度(T)/宽度(W)]：C ↙(选择【倒角】)

指定矩形的第一个倒角距离＜0.0000＞：10 ↙(设置第一倒角距离)
指定矩形的第二个倒角距离＜10.0000＞：3 ↙(设置第二倒角距离)
指定第一个角点或 [倒角(C)/标高(E)/圆角(F)/厚度(T)/宽度(W)]：光标任意拾取一点
指定另一个角点或 [面积(A)/尺寸(D)/旋转(R)]：@50,30 ↙(输入相对坐标)

(3)【标高(E)】：指定矩形在三维空间中的基面高度，绘制三维对象。

(4)【圆角(F)】：指定圆角半径，绘制带圆角的矩形。图 3-16(c)操作示例如下：

命令：rectang ↙
当前矩形模式：倒角＝10.0000 x 3.0000
指定第一个角点或 [倒角(C)/标高(E)/圆角(F)/厚度(T)/宽度(W)]：F ↙(选择【圆角】)
指定矩形的圆角半径＜0.0000＞：5↙(设置圆角半径)
指定第一个角点或 [倒角(C)/标高(E)/圆角(F)/厚度(T)/宽度(W)]：光标任意拾取一点
指定另一个角点或 [面积(A)/尺寸(D)/旋转(R)]：@50,30 ↙(输入相对坐标)

(5)【厚度(T)】：指定矩形的厚度，即三维空间中 Z 轴方向的高度，绘制三维对象。

(6)【宽度(W)】：指定矩形的线条宽度，用来绘制特定宽度的矩形。

(7)【面积(A)】：已知矩形的面积，根据一条边长来绘制矩形。

(8)【尺寸(D)】：使用长和宽来绘制矩形。图 3-16(a)中的矩形也可按如下操作：

命令：rectang ↙
指定第一个角点或 [倒角(C)/标高(E)/圆角(F)/厚度(T)/宽度(W)]：光标任意拾取一点
指定另一个角点或 [面积(A)/尺寸(D)/旋转(R)]：d ↙(选择【尺寸】选项)
定矩形的长度＜20.0000＞：50↙(输入矩形长度)
指定矩形的宽度＜15.0000＞：30↙(输入矩形宽度)
指定另一个角点或 [面积(A)/尺寸(D)/旋转(R)]：光标任意拾取一点，确定矩形位置

(9)【旋转(R)】：旋转所绘制的矩形的角度。指定旋转角度后，系统按指定角度创建矩形。

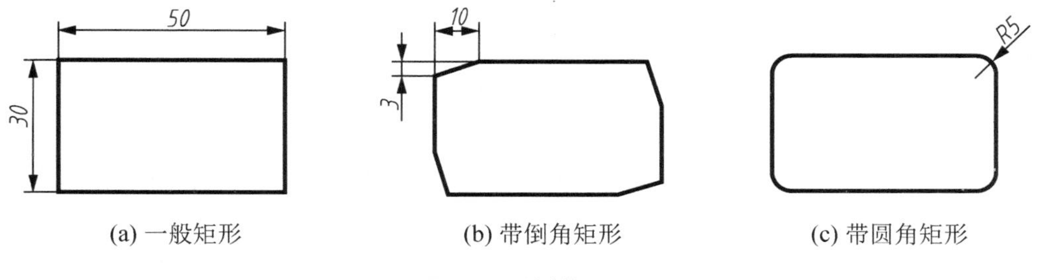

(a) 一般矩形　　(b) 带倒角矩形　　(c) 带圆角矩形

图 3-16　绘制矩形

【注意事项】

(1) 设置倒角时，第一倒角距离是角点逆时针方向倒角距离，第二倒角距离是角点顺时针方向倒角距离，两倒角距离可以相同，也可以不同。

(2)【矩形】中的命令是记忆性的，如果选择了倒角或倒圆，则下次绘制矩形时仍然自动带有倒角或倒圆，倒角距离和圆角半径也被复制。如果要绘制直角矩形，则需重新设置倒角距离或倒圆半径为 0。

3.4.2 绘制正多边形

【运行方式】

- 菜单：【绘图】→【正多边形】。
- 工具栏：单击【绘图】工具栏中的⬡图标按钮。
- 命令行：POLYGON 或 POL。

【操作过程】

命令：POL ↙
POLYGON 输入边的数目<4>：输入正多边形的边数
指定正多边形的中心点或 [边(E)]：指定正多边形的中心或边长绘制图形
输入选项 [内接于圆(I)/外切于圆(C)]<I>：选定绘制正多边形的方式
指定圆的半径：输入正多边形内接圆或外切圆的半径

【选项说明】

(1)【内接于圆(I)】：根据外接圆绘制正多边形，如图 3-17(a)所示。

(2)【外切于圆(C)】：根据内切圆绘制正多边形，如图 3-17(b)所示。

(3)【边(E)】：输入正多边形边数后，只需指定某条边的两个端点即可绘出多边形，如图 3-17(c)所示。

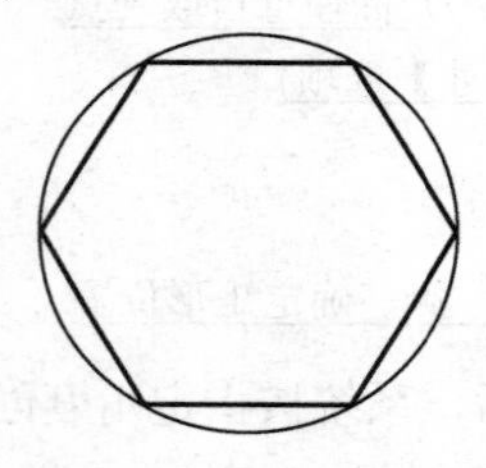
(a) 圆内接正多边形

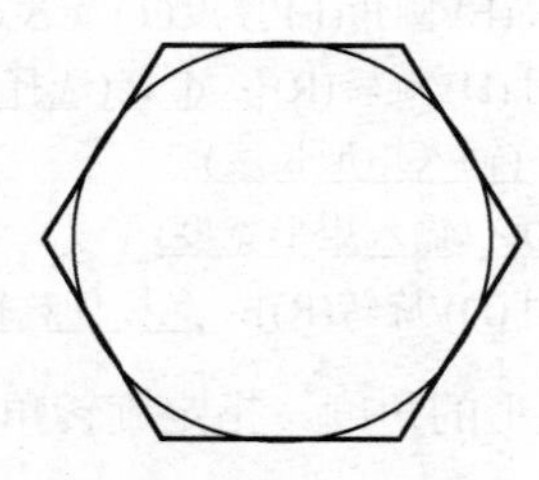
(b) 圆外切正多边形

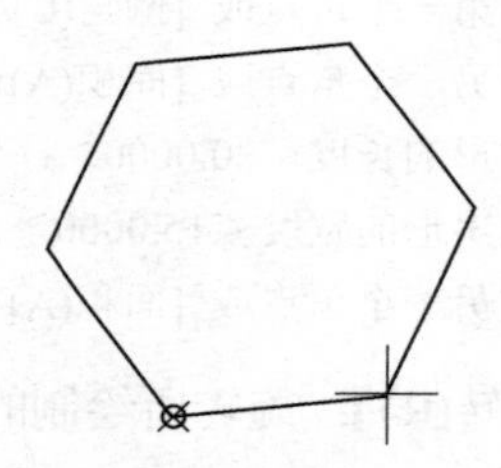
(c) 指定边长画正多边形

图 3-17 绘制正多边形

3.5 多段线的绘制与编辑

多段线是由不同宽度的多条直线段或圆弧组合的一个整体对象(图 3-18)，可以用 PEDIT 命令对多段线进行各种编辑。

3.5.1 绘制多段线

【运行方式】

- 菜单：【绘图】→【多段线】。
- 工具栏：单击【绘图】工具栏中的⮌图标按钮。
- 命令行：PLINE 或 PL。

【操作过程】

命令：pline ↙(输入命令)
指定起点：指定多段线的起点
当前线宽为 0.0000(系统提示当前线宽为 0，即线宽随层)
指定下一个点或 [圆弧(A)/半宽(H)/长度(L)/放弃(U)/宽度(W)]：指定点或输入选项

【选项说明】

(1)【圆弧(A)】：绘制圆弧。

(2)【半宽(H)】：指定本段多段线的半宽值，即线宽的一半。

(3)【长度(L)】：指定本段多段线的长度，方向与上段多段线相同或沿上段圆弧的切线方向。

(4)【放弃(U)】：取消多线段中最后一次绘制的线段或圆弧段，连续输入"U"则依次取消。

(5)【宽度(W)】：指定本段多段线的宽度值，可根据提示输入不同的起点宽度和终点宽度值以绘制一条宽度逐渐变化的多段线。

【操作示例】

使用多段线绘制如图 3-18 所示的图形。

作图过程如下：

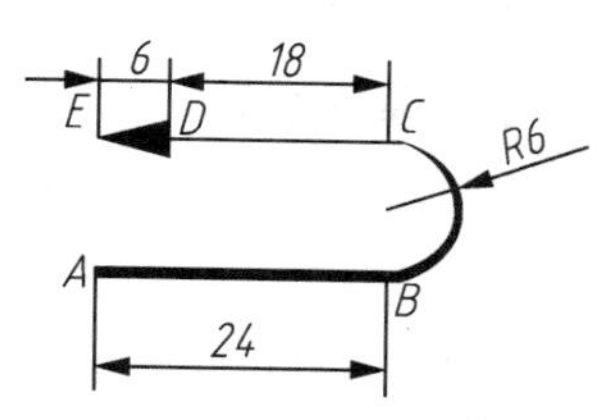

图 3-18　多段线

命令：pline ↙
指定起点：指定 A 点为多段线的起点
当前线宽为 0.0000
指定下一个点或 [圆弧(A)/半宽(H)/长度(L)/放弃(U)/宽度(W)]：w ↙(选择【宽度】)
指定起点宽度<0.0000>：1↙(指定 A 点宽度 1)
指定端点宽度<1.0000>:↙(指定 B 点宽度也是 1)
指定下一个点或 [圆弧(A)/半宽(H)/长度(L)/放弃(U)/宽度(W)]：@24,0↙(输入 B 点相对坐标)
指定下一点或 [圆弧(A)/闭合(C)/半宽(H)/长度(L)/放弃(U)/宽度(W)]：w↙(指定圆弧 BC 段宽度)
指定起点宽度<1.0000>：↙(指定 B 点宽度是 1)
指定端点宽度<1.0000>：0↙(指定 C 点宽度是 0)
指定下一点或 [圆弧(A)/闭合(C)/半宽(H)/长度(L)/放弃(U)/宽度(W)]：a↙(选择 BC 段的绘制模式是圆弧)
指定圆弧的端点或[角度(A)/圆心(CE)/闭合(CL)/方向(D)/半宽(H)/直线(L)/半径(R)/第二个点(S)/放弃(U)/宽度(W)]：a↙(选择指定圆弧的夹角)
指定包含角：180↙(指定圆弧的夹角是 180°，逆时针为正方向)
指定圆弧的端点或 [圆心(CE)/半径(R)]：@0,12↙(输入 C 点相对坐标)
指定圆弧的端点或[角度(A)/圆心(CE)/闭合(CL)/方向(D)/半宽(H)/直线(L)/半径(R)/第二个点(S)/放弃(U)/宽度(W)]：L↙(选择 CD 段的绘制模式是直线)
指定下一点或 [圆弧(A)/闭合(C)/半宽(H)/长度(L)/放弃(U)/宽度(W)]：@-18,0↙(输入 D 点相对坐标)
指定下一点或 [圆弧(A)/闭合(C)/半宽(H)/长度(L)/放弃(U)/宽度(W)]：w↙(指定箭头 DE 段宽度)
指定起点宽度<0.0000>：3↙(指定 D 点宽度是 3)
指定端点宽度<3.0000>：0↙(指定 E 点宽度是 0)

指定下一个点或 [圆弧(A)/半宽(H)/长度(L)/放弃(U)/宽度(W)]: @-6,0↙(输入E点相对坐标)

指定下一点或 [圆弧(A)/闭合(C)/半宽(H)/长度(L)/放弃(U)/宽度(W)]: ↙(结束命令)

3.5.2 编辑多段线

如果对多段线进行编辑，可以使用【编辑多段线】命令。

【运行方式】

- 菜单：【修改】→【对象】→【多段线】。
- 工具栏：单击【修改 II】工具栏中的图标按钮。
- 命令行：PEDIT 或 PE。

【操作过程】

命令：PEDIT ↙

选择多段线或 [多条(M)]: (选择一条或多条要编辑的多段线)

输入选项 [闭合(C)/合并(J)/宽度(W)/编辑顶点(E)/拟合(F)/样条曲线(S)/非曲线化(D)/线型生成(L)/反转(R)/放弃(U)]:

【选项说明】

(1)【闭合(C)】：使多线段闭合。若编辑的多线段是闭合状态，则此选项为“打开(O)”，其功能与“闭合(C)”相反。

(2)【合并(J)】：合并选中的直线段、圆弧和多线段，使其成为一条多线段。

(3)【宽度(W)】：修改整条多段线的线宽，使其具有同一线宽。

(4)【编辑顶点(E)】：增加、移动或删除多段线的顶点。

(5)【拟合(F)】：用光滑圆弧曲线拟合多段线，如图 3-19(b)所示。

(6)【样条曲线(S)】：用 B 样条曲线拟合多段线，如图 3-19(c)所示。

(a) 修改前　　(b)“拟合”后　　(c)“样条曲线”后

图 3-19 “拟合”和“样条曲线”

(7)【非曲线化(D)】：取消“拟合(F)”或“样条曲线(S)”的拟合效果。

(8)【线型生成(L)】：该选项对非连续线型(如点划线)起作用，当选择“开(ON)”状态时，系统将多段线作为整体应用线型，当选择“关(OFF)”状态时，系统对多段线的每一段分别应用线型，如图 3-20 所示。

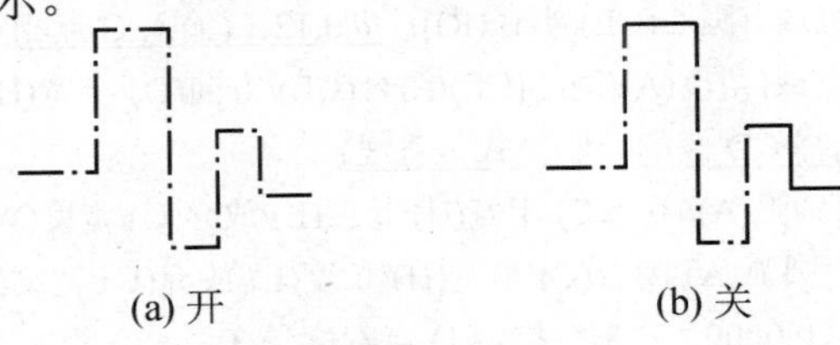

(a) 开　　(b) 关

图 3-20 线型生成示例

(9)【反转(R)】：可对直线、多段线、样条曲线和螺旋线等对象反转方向。更换这些对象的方向的功能有很大的作用，如控制线型的显示方向。

(10)【放弃(U)】：取消上一次的编辑操作，可连续使用。

【操作示例】

图 3-21(a)所示是由两条直线和两段圆弧组合而成的图线，要求使用 PEDIT 将其编辑为多段线。

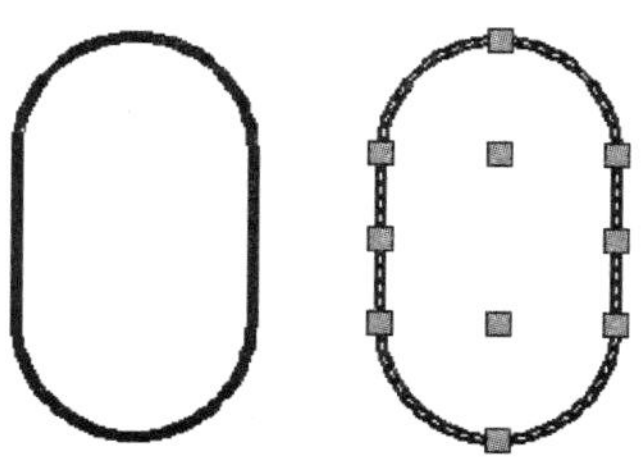

(a) 原图及其夹点显示

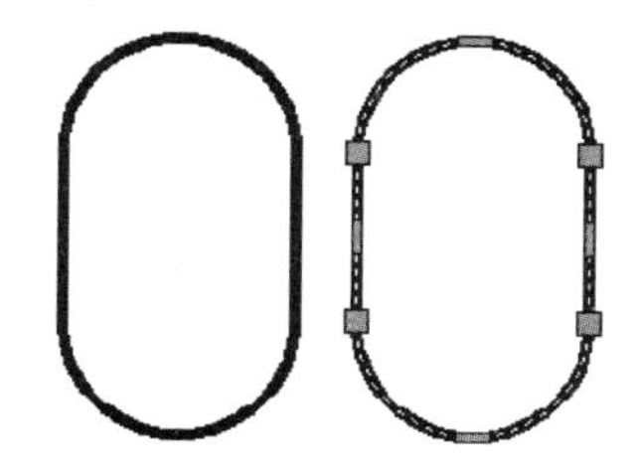

(b) 连成多段线后的图形及其夹点显示

图 3-21　编辑多段线

命令：pedit↙(输入命令)
选择多段线或 [多条(M)]：选择图 3-21(a)上任一条线
选定的对象不是多段线　(系统提示)
是否将其转换为多段线?<Y>↙(回车，默认“是”)
输入选项 [闭合(C)/合并(J)/宽度(W)/编辑顶点(E)/拟合(F)/样条曲线(S)/非曲线化(D)/线型生成(L)/放弃(U)]：j↙(选择【合并】选项)
选择对象：指定对角点：找到 4 个　框选图 3-21(a)所有图线
选择对象：↙(回车，结束对象选择)
3 条线段已添加到多段线　(系统提示)
输入选项 [打开(O)/合并(J)/宽度(W)/编辑顶点(E)/拟合(F)/样条曲线(S)/非曲线化(D)/线型生成(L)/放弃(U)]：↙(回车，结束命令，结果如图 3-21(b)所示，四条图线连成一个整体)

3.6　样条曲线的绘制

样条曲线是一系列给定点拟合的光滑曲线，可以是打开的或闭合的，在绘制工程图时，一般用样条曲线绘制波浪线。

【运行方式】

- 菜单：【绘图】→【样条曲线】。
- 工具栏：单击【绘图】工具栏中的~图标按钮。
- 命令行：SPLINE 或 SPL

【操作示例】

绘制如图 3-22 所示的波浪线 ABCD。

命令：spline ↙(输入命令)
当前设置：方式＝拟合　节点＝弦

指定第一个点或[方式(M)/节点(K)/对象(O)]：nea 到(使用对象捕捉中的最近点 捕捉点 A)

输入下一个点或[起点切向(T)/公差(L)]：<正交 关>拾取点 B(关闭【正交】模式)

输入下一个点或[端点相切(T)/公差(L)/放弃(U)]：拾取点 C

输入下一个点或[端点相切(T)/公差(L)/放弃(U)/闭合(C)]：nea 到(使用对象捕捉中的最近点 捕捉点 D)

输入下一个点或 [端点相切(T)/公差(L)/放弃(U)/闭合(C)]：↙(回车，结束绘制)

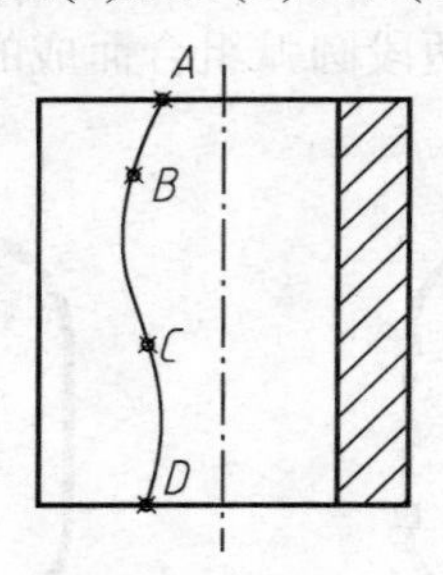

图 3-22　样条曲线

3.7　修订云线的绘制

图 3-23　云线

修订云线是由连续圆弧组成的多段线，常用于标记图形以提醒用户注意，如图 3-23 所示。

【运行方式】

- 菜单：【绘图】→【修订云线】。
- 工具栏：单击【绘图】工具栏中的图标按钮。
- 命令行：REVCLOUD。

【操作过程】

命令：revcloud ↙(输入命令)

最小弧长：15　最大弧长：15　样式：普通 (系统显示上次使用时的设置)

指定起点或 [弧长(A)/对象(O)/样式(S)]<对象>：光标任取一点(该点为云线起点)

沿云线路径引导十字光标... 拖动光标画出云线

修订云线完成。(光标移到起始点，系统自动闭合云线，结束命令)

3.8　图 案 填 充

图案填充可以实现在某个选定的图形区域内填充某一预定的图案。在工程制图中，常用图案填充表示剖面线。

【运行方式】

- 菜单：【绘图】→【图案填充】。
- 工具栏：单击【绘图】工具栏中的图标按钮。
- 命令行：HATCH 或 BHATCH、H、BH。

【操作过程】

以上操作弹出【图案填充和渐变色】对话框的【图案填充】选项卡，如图3-24所示。

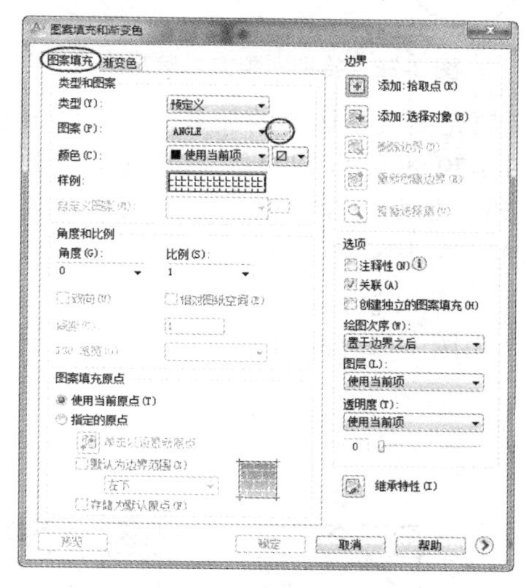

图 3-24 【图案填充】选项卡

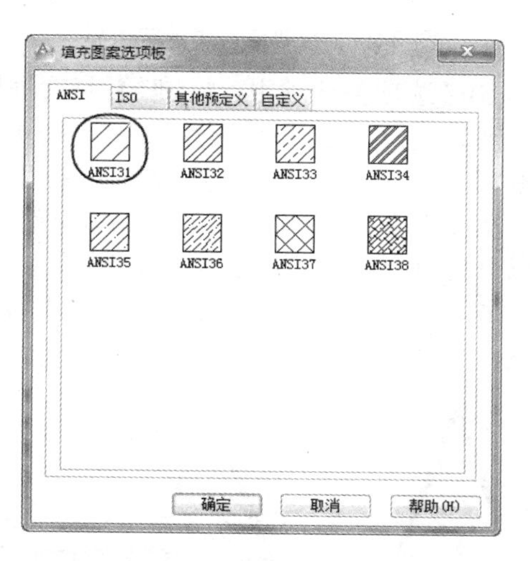

图 3-25 【填充图案选项板】对话框

【选项说明】

(1)【类型和图案】选项中，【类型】有三种选项，即预定义、用户定义和自定义，一般选用“预定义”。【图案】可以通过下拉列表或右边的□按钮选择所需的填充图案，点击□按钮会弹出【填充图案选项板】对话框，如图3-25所示，在绘制金属及未知材料时，选择ANSI31。

(2)【角度和比例】选项中，【角度】用于调整填充图案的倾斜角度，每种图案在定义时的角度为零。【比例】用于设定填充图案的比例值，初始比例为1，比例过大或过小，填充结果将无法显示。

(3)【图案填充原点】选项用来指定填充图案生成的起始位置，有【使用当前原点】和【指定的原点】两个单选按钮。默认情况下，所有图案填充原点都对应于当前的UCS原点。若某些图案需要与填充边界上的一点对齐，则需要重新设定原点，如图3-26(b)所示，指定左下角作为图案填充的原点，砖块图案在填充区域是完整的。

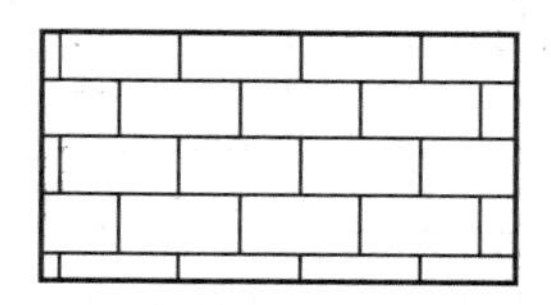

(a) 使用默认填充原点

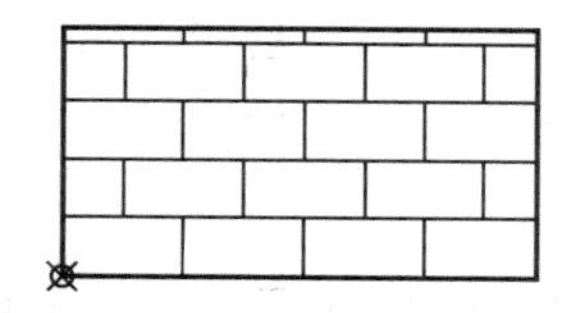

(b) 使用左下角填充原点

图 3-26 图案填充原点特性

(4)【边界】选项中，【添加：拾取点】是以点对点的方式自动确定填充区域的边界，即在图案填充区域内任意拾取一点，系统会自动确定出包围该点的封闭填充边界，并将这些边界高亮显示，如图3-27所示。【添加：选择对象】是以选取对象的方式确定区域的边界，即选择组成填充边界的对象，被选中的对象高亮显示，如图3-28所示。

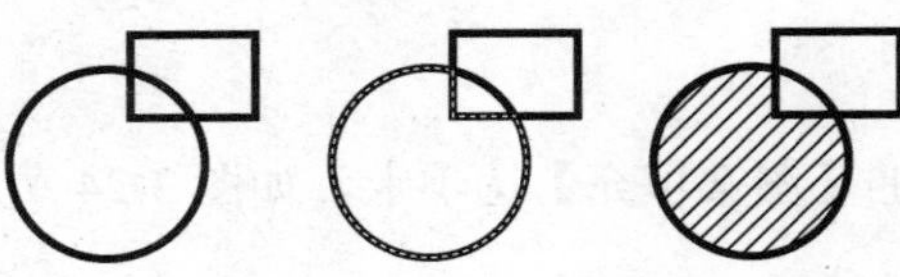

图 3-27　拾取点方式确定边界

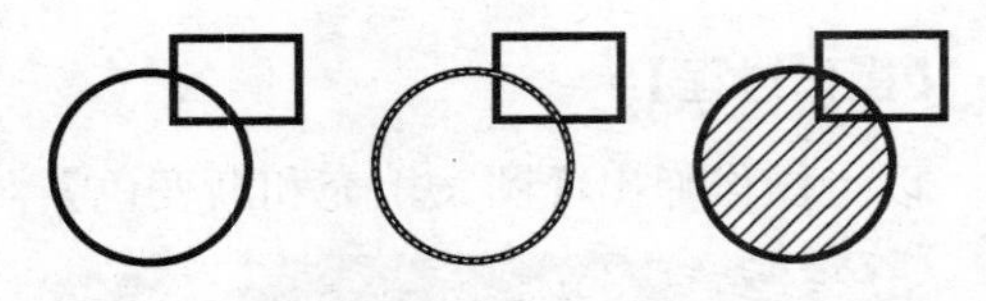

图 3-28　拾取对象方式确定边界

(5)【选项】选项中，【关联】复选框用于确定填充图案与边界的关系，若选中该复选框，则改变填充边界，填充图案将自动更新，如图 3-29 演示了该过程。选中【创建独立的图案填充】，则同一次填充的多个对象可以单独编辑。如图 3-30(a)是在选中【创建独立的图案填充】，同时对矩形三个区域填充剖面线，此时，3 个区域内的剖面线是相互独立的，可以分别进行编辑，如图 3-30(b)所示。

(6)【继承特性】单击【继承特性】按钮，选用图中已有的填充图案作为当前的填充图案，相当于格式刷。

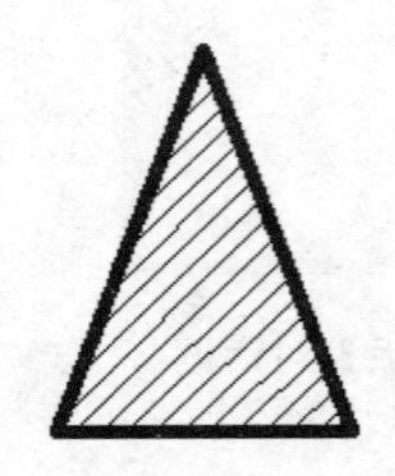

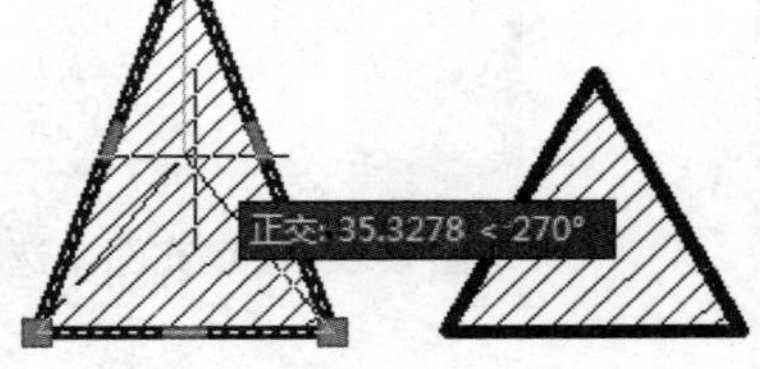

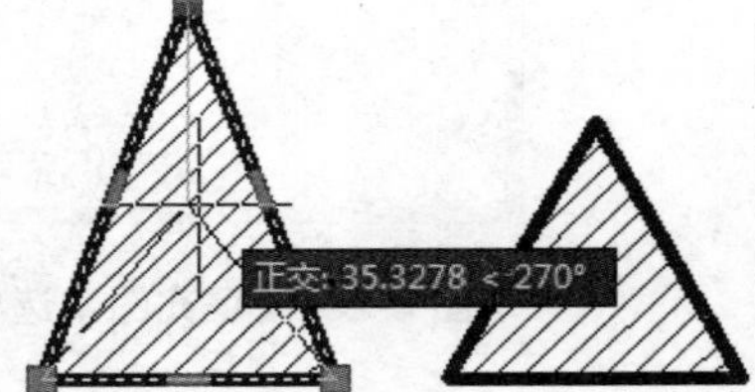

图 3-29　图案填充的关联属性

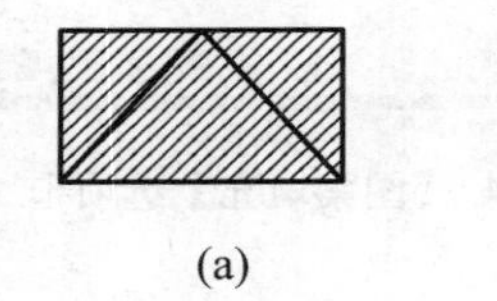

(a)

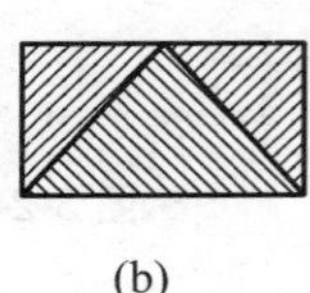

(b)

图 3-30　创建独立的图案填充

【注意事项】

(1) 图案填充的编辑：对已填充的图案双击，可打开【图案填充和渐变色】对话框进行相应修改。

(2) 如果填充区域不是封闭的，将会弹出【边界定义错误】提示，如图 3-31 所示，则建议重新修改区域边界，或者采用选择对象方式进行图案填充。如图 3-32 所示。

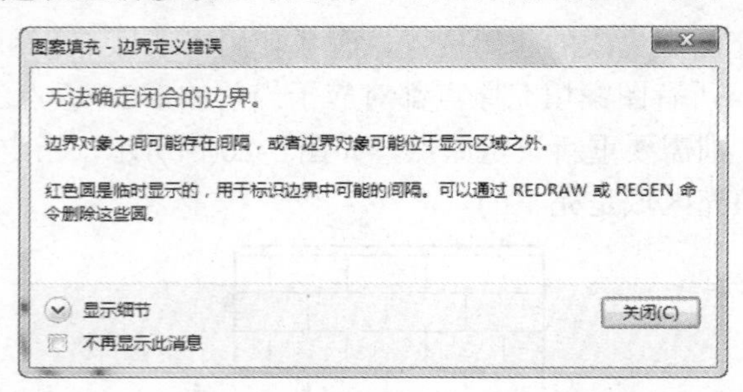

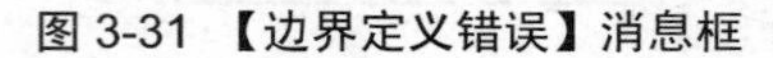

图 3-31 【边界定义错误】消息框

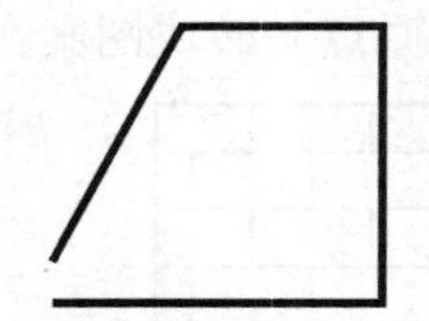

图 3-32　不封闭区域的图案填充

3.9　边界和面域的创建

3.9.1　边界

边界命令是通过指定对象封闭区域内的点来定义对象，该对象可用于创建面域或多段线。

【运行方式】

- 菜单：【绘图】→【边界】。
- 工具栏：单击【绘图】工具栏中的图标按钮。
- 命令行：BOUNDARY。

【操作示例】

以上操作弹出如图 3-33 所示【边界创建】对话框，创建过程如图 3-34 所示，图 3-34(a)是圆和矩形组成的图形，在图 3-34(b)光标位置拾取点，被选中对象高亮显示，结果如图 3-34(c)所示，即创建了新的边界，边界类型是多段线。

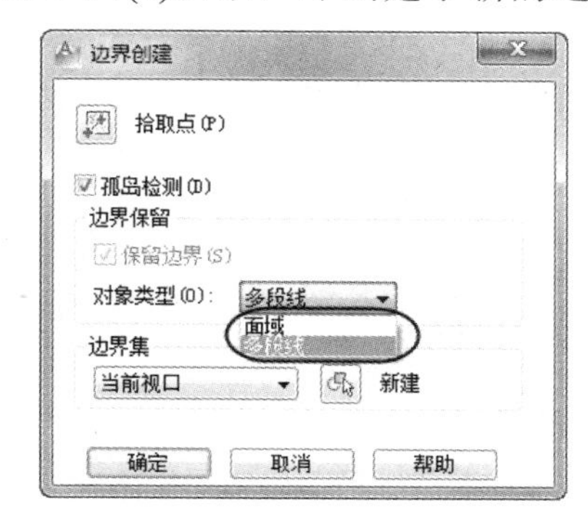

图 3-33 【边界创建】对话框

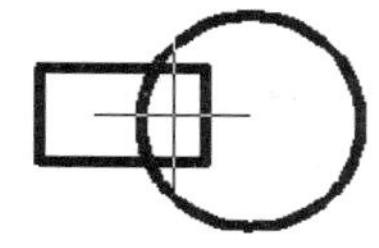

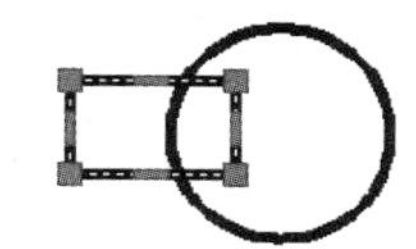

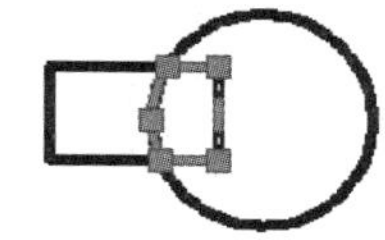

图 3-34 边界创建

【选项说明】

(1)【孤岛检测】复选框选中是需要检测内部闭合边界。

(2)【对象类型】是创建边界的类型，可选择下拉列表中的面域或多段线。

【注意事项】

边界创建不影响原边界，即图 3-34(c)中矩形和圆的边界仍然完整存在。

3.9.2 面域

1) 创建面域

面域是具有边界的二维平面区域，内部可以包含孔。

【运行方式】

- 菜单：【绘图】→【面域】。
- 工具栏：单击【绘图】工具栏中的图标按钮。
- 命令行：REGION。

【操作过程】

命令：region ↙(输入命令)

选择对象：选择对象

选择对象后系统自动将其转换为面域。面域的外表和闭合的多段线相似，但面域具有许多独特的性质，如质心、周长和惯性矩等，同时还可以对面域填充图案和布尔运算等。

2) 面域的编辑

常用“并”、“交”和“差”等布尔运算编辑面域，来构建不同形状的图形。

【运行方式】

- 菜单：【修改】→【实体编辑】→【并集】或【差集】或【交集】。
- 工具栏：单击【实体编辑】工具栏中的或或图标按钮。
- 命令行：UNION 或 SUBTRACT 或 INTERSECT。

【操作过程】

(1) 并集或交集运算。

命令：union(或 intersect)↙(输入命令)
选择对象：选择对象

选择对象后，系统对所选的面域进行并集或交集运算。

(2) 差集运算。

命令：subtract↙(输入命令)
选择要从中减去的实体、曲面和面域...(选择差集运算的被减数)
选择对象：↙(结束选择)
选择要减去的实体、曲面和面域...(选择差集运算的减数)
选择对象：↙(结束选择)

布尔运算的结果如图 3-35 所示。

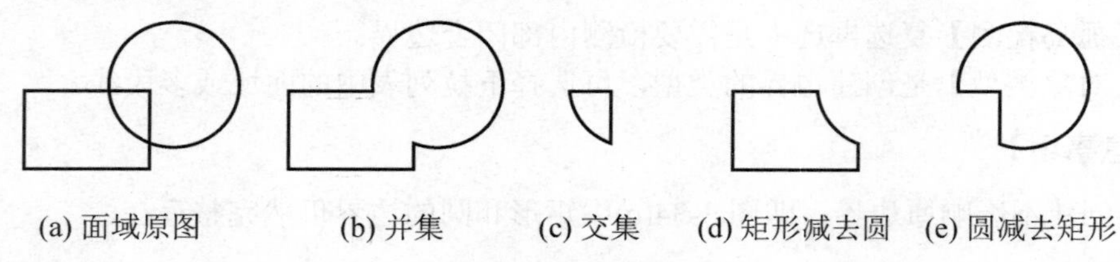

(a) 面域原图　(b) 并集　(c) 交集　(d) 矩形减去圆　(e) 圆减去矩形

图 3-35　布尔运算的结果

【注意事项】

(1) 布尔运算的对象必须是共面的面域或实体，对普通线型图形对象无法进行布尔运算。

(2) 进行“差”运算时要注意选择对象的顺序，顺序不同得到的结果不同，如图 3-35(d)和图 3-35(e)所示。

3.10　综合实例

绘制如图 3-36 所示图形。

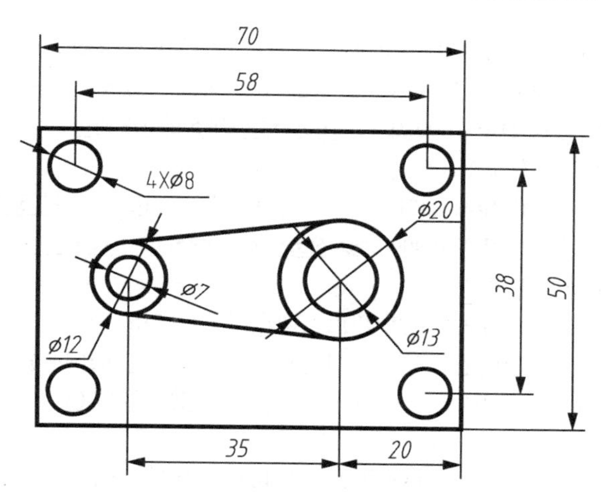

图 3-36 综合实例

【操作过程】

(1) 绘制矩形。

命令：rectang ↙(输入矩形命令)

指定第一个角点或 [倒角(C)/标高(E)/圆角(F)/厚度(T)/宽度(W)]：光标任意拾取一点

指定另一个角点或 [面积(A)/尺寸(D)/旋转(R)]: @70,50↙(输入矩形右上角角点 D 的相对坐标@70,50，结果如图 3-37(a)所示)

(2) 绘制四个ϕ8 小圆(如图 3-37(b))

命令：circle ↙(输入圆命令)

指定圆的圆心或 [三点(3P)/两点(2P)/切点、切点、半径(T)]：from↙(使用【对象捕捉】工具条中【捕捉自】命令)

基点：<偏移>：@6,-6↙(拾取 A 点为基点，确定小圆 1 的圆心位置)

指定圆的半径或 [直径(D)]<17.5000>：4↙(输入小圆半径值 4)

命令：_circle 指定圆的圆心或 [三点(3P)/两点(2P)/切点、切点、半径(T)]：from↙

基点：<偏移>：@58,0↙(拾取小圆 1 圆心为基点，确定小圆 2 的圆心)

指定圆的半径或 [直径(D)]<4.0000>：↙(默认半径值为 4)

命令：↙(重复【circle】命令)

CIRCLE 指定圆的圆心或 [三点(3P)/两点(2P)/切点、切点、半径(T)]：from↙

基点：<偏移>：@0,-38↙(拾取小圆 2 圆心为基点，确定小圆 3 的圆心)

指定圆的半径或 [直径(D)]<4.0000>：↙(默认半径值为 4)

命令：↙(重复【circle】命令)

CIRCLE 指定圆的圆心或 [三点(3P)/两点(2P)/切点、切点、半径(T)]：from↙

基点：<偏移>：@-58,0↙(拾取小圆 3 圆心为基点，确定小圆 4 的圆心)

指定圆的半径或 [直径(D)]<4.0000>：↙(默认半径值为 4，结果如图 3-37(b)所示)

(3) 绘制两组同心圆。

命令：↙(重复【circle】命令)

指定圆的圆心或 [三点(3P)/两点(2P)/切点、切点、半径(T)]：from↙

基点：＜偏移＞：@-20,25↙(拾取 C 点为基点，确定圆 5 的圆心位置)

指定圆的半径或 [直径(D)]＜4.0000＞：10↙(输入圆 5 的半径值)

命令：↙(重复【circle】命令)

指定圆的圆心或 [三点(3P)/两点(2P)/切点、切点、半径(T)]：捕捉圆 5 的圆心作为圆 6 的圆心

指定圆的半径或 [直径(D)]＜10.0000＞：6.5↙(输入圆 6 的半径值 6.5)

命令：↙(重复【circle】命令)

指定圆的圆心或 [三点(3P)/两点(2P)/切点、切点、半径(T)]：from↙

基点：＜偏移＞：@-35,0↙(拾取圆 6 圆心为基点，确定圆 7 的圆心)

指定圆的半径或 [直径(D)]＜6.5000＞：6↙(输入圆 7 的半径值 6)

命令：

CIRCLE 指定圆的圆心或 [三点(3P)/两点(2P)/切点、切点、半径(T)]：(重复【circle】命令，捕捉圆 7 的圆心作为圆 8 的圆心)

指定圆的半径或 [直径(D)]＜6.0000＞：3.5↙(输入圆 8 的半径值 3.5，结果如图 3-37(c)所示)

(4) 绘制两条切线。

命令：line↙(输入直线命令)

指定第一点：_tan 到 捕捉【对象捕捉】工具条中的【捕捉到切点】图标，在圆 7 上拾取切点

指定下一点或 [放弃(U)]：_tan 到 捕捉【对象捕捉】工具条中的【捕捉到切点】图标，在圆 5 上拾取切点

指定下一点或 [放弃(U)]：↙(回车，结束命令)

命令：_line 指定第一点：_tan 到 重复直线命令，捕捉【对象捕捉】工具条中的【捕捉到切点】图标，在圆 7 上拾取切点

指定下一点或 [放弃(U)]：_tan 到 捕捉【对象捕捉】工具条中的【捕捉到切点】图标，在圆 5 上拾取切点

指定下一点或 [放弃(U)]：↙(回车，结束命令，结果如图 3-36 所示)

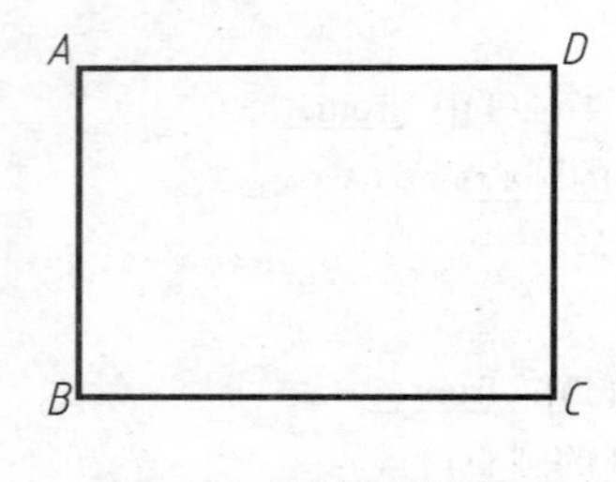

(a) 绘制矩形

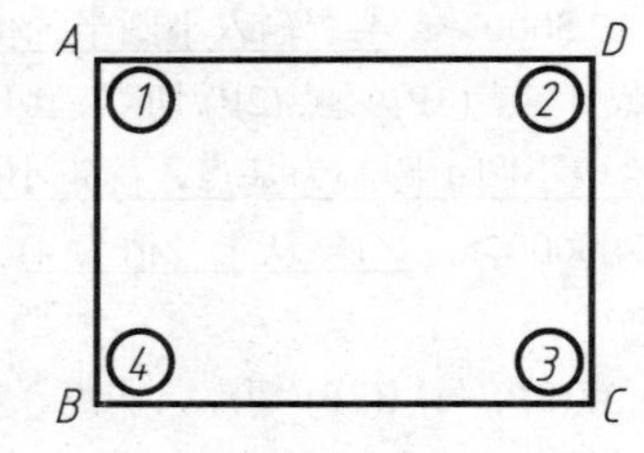

(b) 绘制四个小圆

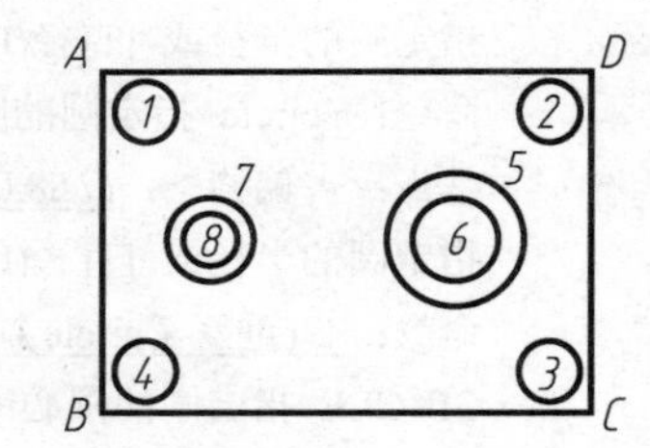

(c) 绘制两组同心圆

图 3-37 各步骤结果

第4章 图形的编辑

知识要点	掌握程度	相关知识
绘制相同图形对象	掌握复制、镜像、阵列、偏移命令。	区别手工绘图与计算机辅助绘图的思维方式。
对图形形状、位置修改	掌握对图形形状的编辑命令：缩放、修剪、打断、延伸、拉长、拉伸、合并、分解、倒角、圆角； 掌握对图形位置的编辑命令：移动、旋转、对齐。	与基本图元绘制命令配合使用。
其他编辑技巧	掌握夹点编辑的技巧； 熟悉并正确应用对象特性和对象匹配工具。	夹点编辑与常用编辑命令的区别和互补。

在使用基本绘图命令绘制二维图形后，通常需要利用编辑命令对其进行修改和编辑，从而得到各种复杂的图形。

4.1 删除命令

【删除】命令用来删除指定的一个或多个图形。可以先选择对象再调用命令，也可以先调用命令再选择对象。

【运行方式】

- 菜单：【修改】→【删除】。
- 工具栏：单击【修改】工具栏中的图标按钮。
- 快捷键：Delete。
- 快捷菜单：选择要删除的对象，在绘图区域单击鼠标右键，在弹出的快捷菜单中选择【删除】。
- 命令行：ERASE 或 E。

按命令行提示选择要删除的对象，也可以输入一个选项，如输入 L 删除上一个绘制的对象；输入 P 删除上一个选择集，输入 ALL 删除所有对象。若误删了图形对象，可用 Undo(撤销)命令、Oops(恢复)命令或者单击【标准】工具栏中【放弃】按钮来恢复已删除的图形。

4.2 复制、镜像和阵列命令

4.2.1 复制命令

如果要绘制多个与原图形大小、方位相同的图形对象，可以用复制命令来完成。

【运行方式】

- 菜单：【修改】→【复制】。
- 工具栏：单击【修改】工具栏中的图标按钮。
- 命令行：COPY 或 CO、CP。

【操作示例】

已知如图 4-1(a)所示的图形，绘出如图 4-1(b)所示的形状。

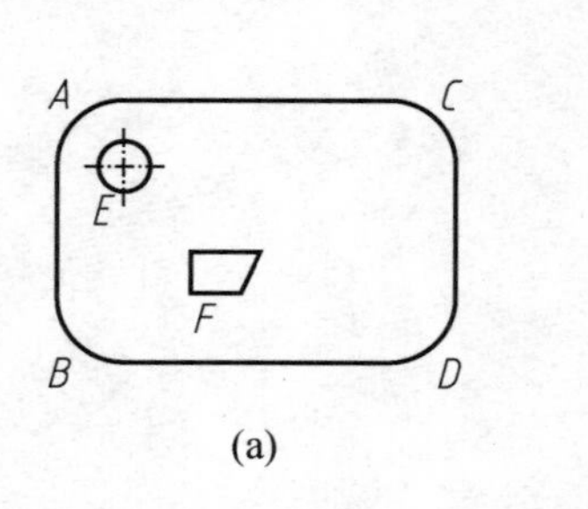

(a)

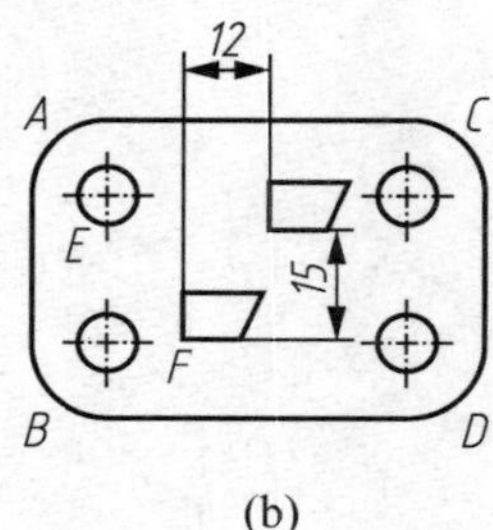

(b)

图 4-1　复制命令

(1) 复制三个小圆及其中心线。

命令：copy ↙(输入命令)
选择对象：找到 3 个(选择圆 E 及其中心线)
选择对象：↙(回车，结束对象选择)
当前设置：复制模式＝多个
指定基点或 [位移(D)/模式(O)]＜位移＞：拾取 E 圆的圆心点(打开【对象捕捉】)
指定第二个点或 [阵列(A)]＜使用第一个点作为位移＞：拾取 B 圆弧的圆心点
指定第二个点或 [阵列(A)/退出(E)/放弃(U)]＜退出＞：拾取 C 圆弧的圆心点
指定第二个点或 [阵列(A)/退出(E)/放弃(U)]＜退出＞：拾取 D 圆弧的圆心点
指定第二个点或 [阵列(A)/退出(E)/放弃(U)]＜退出＞：↙(回车，结束命令)

(2) 复制梯形。

命令：copy ↙(输入命令)
选择对象：找到 1 个(选择梯形 F)
选择对象：↙(回车，结束对象选择)
当前设置：复制模式＝多个
指定基点或 [位移(D)/模式(O)]＜位移＞：拾取屏幕上任一点
指定第二个点或 [阵列(A)]＜使用第一个点作为位移＞：@12，15(输入相对直角坐标)
指定第二个点或 [阵列(A)/退出(E)/放弃(U)]＜退出＞：↙(回车，结束命令)

【注意事项】

复制图形也可以通过快捷键 Ctrl+C 和 Ctrl+V 实现。COPY 命令只能在当前绘图区中复制图形，而使用快捷键操作可将图形复制到其他图纸上。

4.2.2 镜像命令

镜像命令用来复制与源对象轴对称的图形。

【运行方式】

- 菜单：【修改】→【镜像】。
- 工具栏：单击【修改】工具栏中的图标按钮。
- 命令行：MIRROR 或 MI。

【操作示例】

如图 4-2(a)所示，以 AB 为镜像线，作出镜像图形。

命令：mirror ↙(输入命令)
选择对象：指定对角点：找到 4 个(矩形窗选方式选中图 4-2(a)中的对象)
选择对象：↙(回车，结束对象选择)
指定镜像线的第一点：拾取点 A(打开【对象捕捉】模式)
指定镜像线的第二点：拾取点 B
要删除源对象吗？[是(Y)/否(N)]＜N＞：↙(回车，默认不删除源对象，结果如图 4-2(b)所示，若输入 Y↙，结果如图 4-2(c)所示)

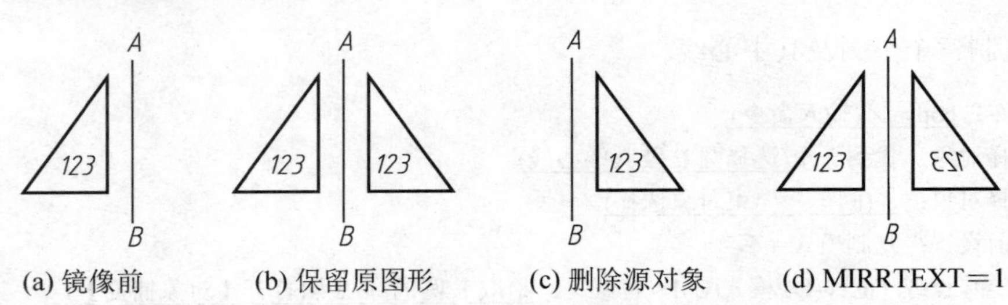

图 4-2　镜像命令

【注意事项】

(1) 镜像线是一条参考线，不必是图上绘制的线，可以通过指定两点来确定。

(2) 对文本镜像时，在调用镜像命令前，可以通过系统变量 MIRRTEXT 来控制文字是否参与镜像，MIRRTEXT＝1，文字完全镜像(图 4-2(d))；MIRRTEXT＝0 文字方向不做镜像(图 4-2(b))。

4.2.3　阵列命令

阵列命令是将指定的图形对象，按行列、环形规律或特定路径排列并复制出形状完全相同的对象，其中每个图形都可独立处理也可以相互关联。路径阵列方式是 AutoCAD2012 的新增功能。

【运行方式】

- 菜单：【修改】→【阵列】(图 4-3(a))。
- 工具栏：单击【修改】工具栏中的图标按钮(图 4-3(b))。
- 命令行：ARRAY 或 AR。

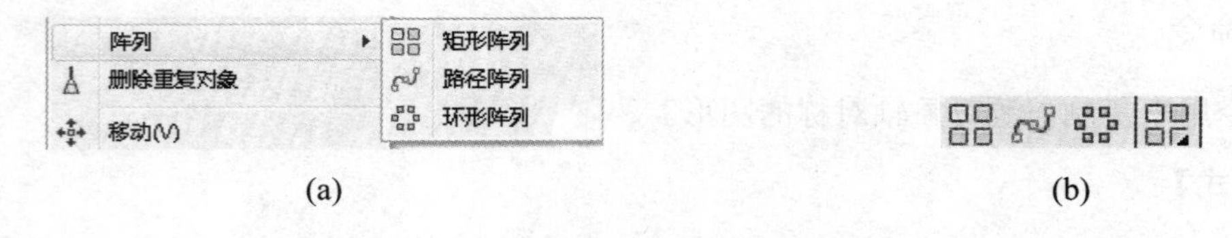

图 4-3　【阵列】

【操作示例】

(1) 矩形阵列。

选中图标按钮，可对指定图形对象按行和列方式排列成矩形阵列。

如图 4-4 所示，由对象 A 绘出右边图形。

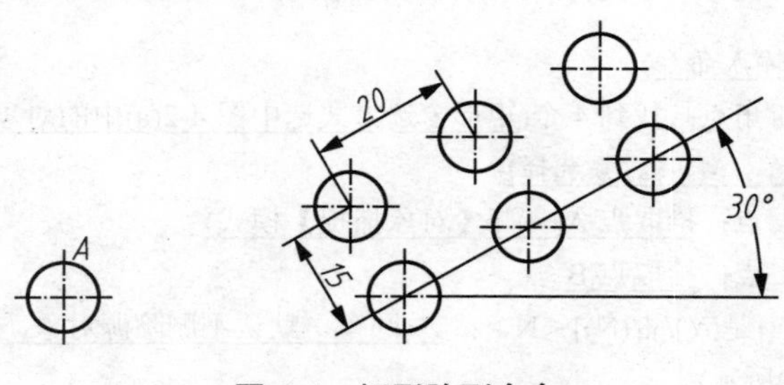

图 4-4　矩形阵列命令

命令：_arrayrect ↙(输入命令)

选择对象：指定对角点：找到 3 个(矩形窗选方式选中对象 A)

选择对象：↙(回车，结束对象选择)

类型＝矩形　关联＝否

为项目数指定对角点或 [基点(B)/角度(A)/计数(C)]＜计数＞：A↙(选择【角度】选项，设置行轴的角度)

指定行轴角度＜0＞：30↙(输入行轴的角度 30°)

为项目数指定对角点或 [基点(B)/角度(A)/计数(C)]＜计数＞：C↙(选择【计数】选项)

输入行数或 [表达式(E)]＜4＞：2↙(输入阵列行数)

输入列数或 [表达式(E)]＜4＞：3↙(输入阵列列数)

指定对角点以间隔项目或 [间距(S)]＜间距＞：S↙(选择【间距】选项，设置行间距和列间距)

指定行之间的距离或 [表达式(E)]＜20.265＞：15↙(输入行间距)

指定列之间的距离或 [表达式(E)]＜20.265＞：20↙(输入列间距)

按 Enter 键接受或 [关联(AS)/基点(B)/行(R)/列(C)/层(L)/退出(X)]＜退出＞：↙(退出)

(2) 环形阵列。

选中图标按钮，可将指定对象绕阵列中心等角度均匀分布。

如图 4-5 所示，使用“阵列”命令由图 4-5(a)画出图 4-5(b)。

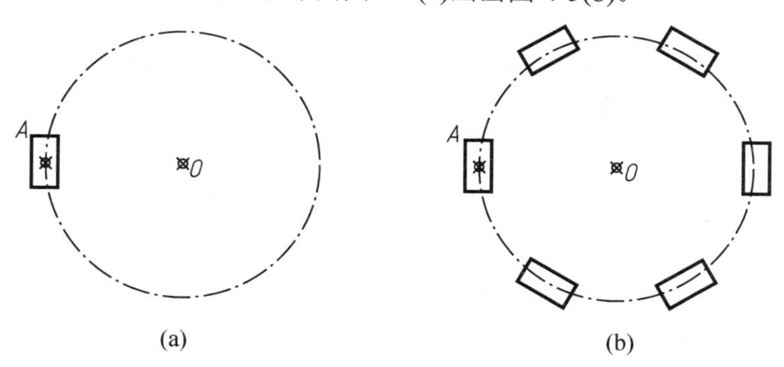

图 4-5　环形阵列命令

命令：_arraypolar↙(输入命令)

选择对象：找到 1 个(单击选中对象 A)

选择对象：↙(回车，结束对象选择)

类型＝极轴　关联＝否

指定阵列的中心点或 [基点(B)/旋转轴(A)]：(拾取图中圆心 O 点)

输入项目数或 [项目间角度(A)/表达式(E)]＜4＞：6↙(输入项目数)

指定填充角度(+＝逆时针、-＝顺时针)或 [表达式(EX)]＜360＞：↙(填充角度为 360°)

按 Enter 键接受或 [关联(AS)/基点(B)/项目(I)/项目间角度(A)/填充角度(F)/行(ROW)/层(L)/旋转项目(ROT)/退出(X)]：↙(退出)

(3) 路径阵列。

选中图标按钮，可将指定对象绕指定路径均匀分布，路径可以是直线、多段线、样条曲线、圆(弧)、椭圆(弧)、螺旋线等。

如图 4-6 所示，使用“阵列”命令由图 4-6(a)画出图 4-6(b)。

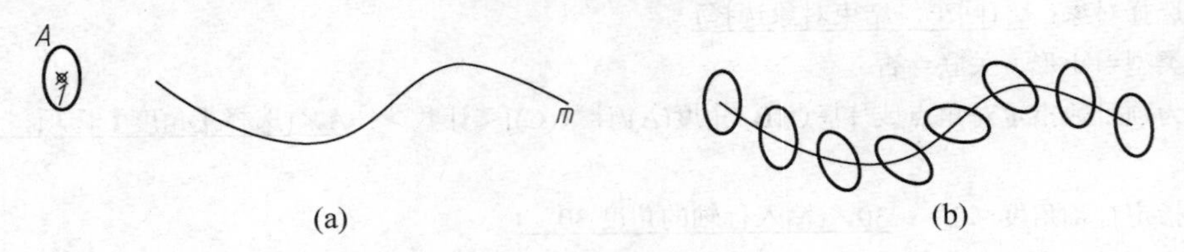

(a) (b)

图 4-6 路径阵列命令

命令：<u>arraypath↙(输入命令)</u>

选择对象：找到 1 个<u>(单击选中对象 A)</u>

选择对象：<u>↙(回车，结束对象选择)</u>

类型＝路径 关联＝是

选择路径曲线：<u>(单击选中样条曲线 m 作为路径曲线)</u>

输入沿路径的项数或 [方向(O)/表达式(E)]＜方向＞：<u>↙(设置选定对象是否需要相对于路径起始方向重新定向)</u>

指定基点或 [关键点(K)]＜路径曲线的终点＞：<u>(拾取图中椭圆中心 1 点为基点)</u>

指定与路径一致的方向或 [两点(2P)/法线(NOR)]＜当前＞：<u>↙(按当前方向阵列)</u>

输入沿路径的项目数或 [表达式(E)]＜4＞：<u>8↙(输入项目数)</u>

指定沿路径的项目之间的距离或 [定数等分(D)/总距离(T)/表达式(E)]＜沿路径平均定数等分(D)＞：<u>↙(在路径曲线上定数等分复制对象)</u>

按 Enter 键接受或 [关联(AS)/基点(B)/项目(I)/行(R)/层(L)/对齐项目(A)/Z 方向(Z)/退出(X)]＜退出＞：<u>↙(退出)</u>

【注意事项】

(1) 矩形阵列中，行间距、列间距为正时，阵列方向向上、向右排列，反之则方向相反。行轴角度取阵列方向与 X 轴的夹角为 0°，逆时针方向为正。

(2) 环形阵列中，【旋转轴】复选框表示由两个指定点确定的自定义旋转轴，对象绕该轴阵列。【填充角度】取阵列方向与 X 轴的夹角为 0°，逆时针方向为正。【行】可用于编辑阵列中的行数和行间距，使项目对象向外(行间距必须为正)层叠，如图 4-7(a)所示。【层】可用于编辑阵列中的层数和层间距，使项目对象沿 Z 轴方向层叠，向上取正值，向下取负值，如图 4-7(b)所示。

(3) 路径阵列中，选择【基点】阵列时基点将与路径曲线的起点重合。【2P】复选项表示指定两个点来定义与路径的起始方向一致的方向。【法线】表示对象对齐垂直于路径的起始方向，若选择该选项，则图 4-6 结果将变为图 4-7(c)所示。

(4) 环形阵列中【旋转项目】和路径阵列中【对齐项目】选择“否”时，效果如图 4-7(d)、(e)所示，即在阵列的同时，生成的对象仅平移到阵列的相应位置。

(5) 【关联】复选项用于指定创建的阵列项目是否独立，选择“关联”，则该阵列对象相互联系，不独立，可同时编辑修改。

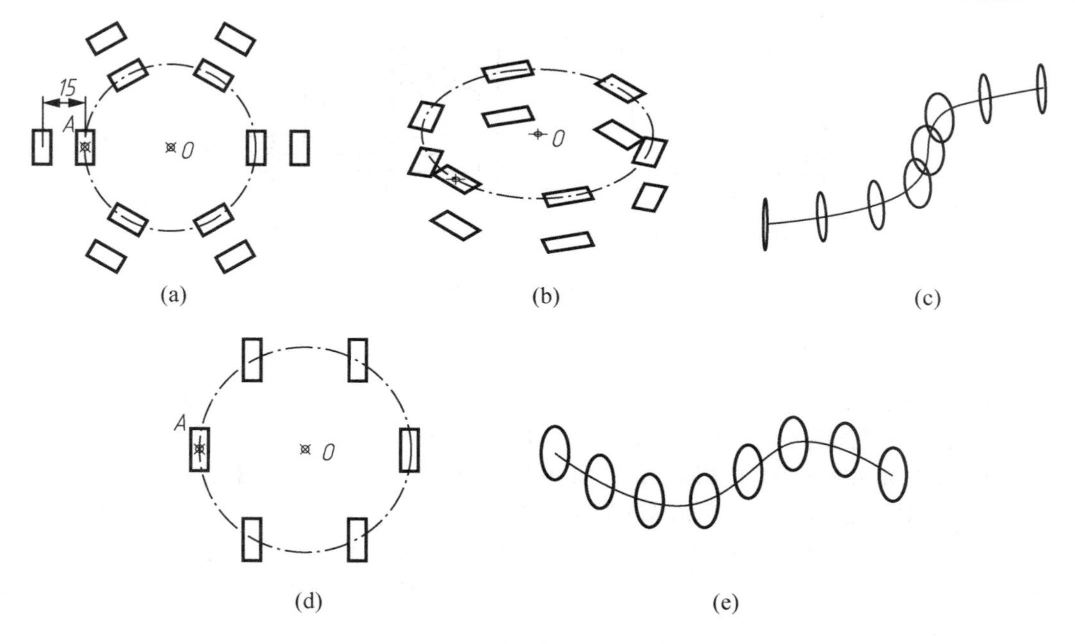

图 4-7 【阵列】命令注意事项

4.3 偏移、移动和旋转命令

4.3.1 偏移命令

偏移命令是在已有图形的一侧等距(平行或同心)复制该图形对象(线段、圆弧或多段线等)。

【运行方式】

- 菜单：【修改】→【偏移】。
- 工具栏：单击【修改】工具栏中的图标按钮。
- 命令行：OFFSET 或 O。

【操作过程】

命令：offset↙(输入命令)

当前设置：删除源＝否 图层＝源 OFFSETGAPTYPE＝0

指定偏移距离或 [通过(T)/删除(E)/图层(L)]＜通过＞：输入偏移距离或选择其他方式

选择要偏移的对象，或 [退出(E)/放弃(U)]＜退出＞：选择要偏移的对象

指定要偏移的那一侧上的点，或 [退出(E)/多个(M)/放弃(U)]＜退出＞：在要偏移的那一侧任意拾取一点

选择要偏移的对象，或 [退出(E)/放弃(U)]＜退出＞：↙(回车，结束命令)

【操作示例】

如图 4-8 所示，使用“偏移”命令由图 4-8(a)画出图 4-8(b)。

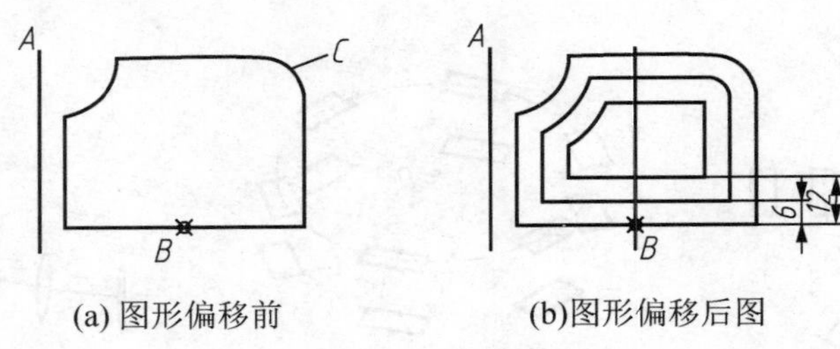

(a) 图形偏移前　　(b)图形偏移后图

图 4-8　偏移命令

(1) 偏移直线 A 过点 B。

命令：OFFSET ↙
当前设置：删除源＝否　图层＝源　OFFSETGAPTYPE＝0
指定偏移距离或 [通过(T)/删除(E)/图层(L)]＜通过＞：T ↙(选择【通过】选项)
选择要偏移的对象，或 [退出(E)/放弃(U)]＜退出＞：选择直线 A
指定通过点或 [退出(E)/多个(M)/放弃(U)]＜退出＞：捕捉点 B
选择要偏移的对象，或 [退出(E)/放弃(U)]＜退出＞：↙(回车，结束命令)

(2) 偏移多段线 C。

命令：↙(直接回车，重复上一次命令)
OFFSET
当前设置：删除源＝否　图层＝源　OFFSETGAPTYPE＝0
指定偏移距离或 [通过(T)/删除(E)/图层(L)]＜通过＞：6↙
选择要偏移的对象，或 [退出(E)/放弃(U)]＜退出＞：选择多段线 C
指定要偏移的那一侧上的点，或 [退出(E)/多个(M)/放弃(U)]＜退出＞：在多段线 C 内部任意位置点一下，表示向内偏移，此时，在多段线 C 内侧得到一个等距线
选择要偏移的对象，或 [退出(E)/放弃(U)]＜退出＞：选择刚刚生成的等距线
指定要偏移的那一侧上的点，或 [退出(E)/多个(M)/放弃(U)]＜退出＞：在等距线内部任意位置点一下，此时，内侧又得到一个新的等距线
选择要偏移的对象，或 [退出(E)/放弃(U)]＜退出＞：↙(回车，结束命令)

【注意事项】

直线偏移后是平行等长的线段；圆弧、矩形、多段线或样条曲线，偏移后对象的长度和形状会发生变化。如果多段线中的圆弧无法复制则被忽略，如图 4-8(b)中的多段线进行第二次偏移时，形状没有发生变化，但因圆角圆弧半径小于偏移距离，偏移后则不再出现圆弧。

4.3.2　移动命令

使用移动命令可以将图形对象移动到新的位置，与【复制】命令类似，只是不保留源对象。

【运行方式】

- 菜单：【修改】→【移动】。
- 工具栏：单击【修改】工具栏中的✥图标按钮。

- 命令行：MOVE 或 M。

【操作过程】

命令：move ↙(输入命令)
选择对象：选择要移动的对象(按回车键结束选择)
指定基点或 [位移(D)]＜位移＞：指定移动基点
指定第二个点或＜使用第一个点作为位移＞：指定移动目标点

4.3.3 旋转命令

旋转命令是将一个或一组图形对象绕着某一个基点旋转，从而改变图形对象的方向。

【运行方式】

- 菜单：【修改】→【旋转】。
- 工具栏：单击【修改】工具栏中的○图标按钮。
- 命令行：ROTATE 或 RO。

【操作示例】

将图 4-9(a)中的图形编辑成图 4-9(b)所示的图形。其中 1 为多段线。

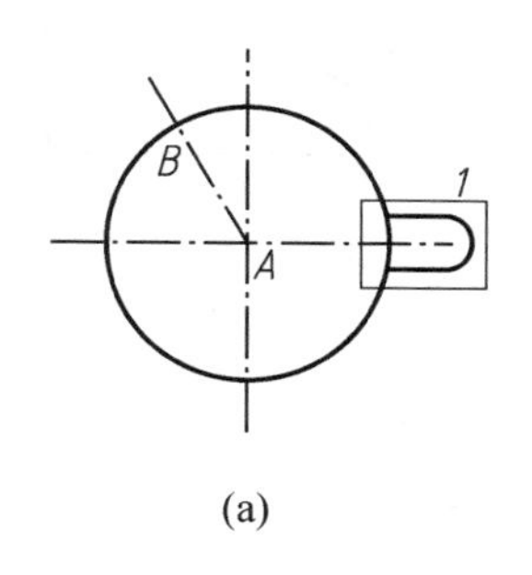

(a)

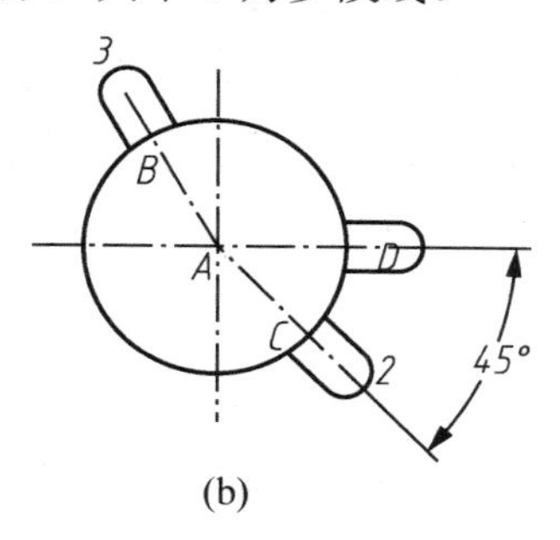

(b)

图 4-9 旋转命令

(1) 已知旋转角度，得到旋转对象(如图 4-9(b)中的 2 对象)。

命令：rotate ↙(输入命令)
UCS 当前的正角方向：ANGDIR＝逆时针 ANGBASE＝0
选择对象：指定对角点：找到 1 个(选择多段线 1)
选择对象：↙(结束对象选择)
指定基点：指定旋转中心点 A(打开【对象捕捉】，拾取圆心点 A)
指定旋转角度，或 [复制(C)/参照(R)]＜120＞：C ↙(选择【复制】选项，旋转后保留原图形)
旋转一组选定对象。
指定旋转角度，或 [复制(C)/参照(R)]＜120＞：−45 ↙(输入选择角度，顺时针为负，得到 2 处图形)

(2) 已知目标位置，得到旋转对象(如图 4-9(b)中 AB 线上的对象)。
在执行【旋转】命令时，命令行提示：

指定旋转角度，或 [复制(C)/参照(R)]＜-45＞：R ↙(没有旋转角度但知道旋转后的位置，可选择【参照】选项)
指定参照角＜45＞：指定第二点：分别拾取点 A 和点 D(即以 AD 线为参照)

指定新角度或 [点(P)]<135>：在 AB 线上任意拾取一点(此时 D 处对象被旋转到 AB 线上，同时结束命令)

4.4 对齐和缩放命令

4.4.1 对齐命令

对齐命令可对选定的图形作移动、旋转及缩放，使之与指定的对象对齐。

【运行方式】

- 菜单：【修改】→【三维操作】→【对齐】。
- 命令行：ALIGN 或 AL。

【操作示例】

将图 4-10(a)中的图形编辑成图 4-10(b)所示的图形。

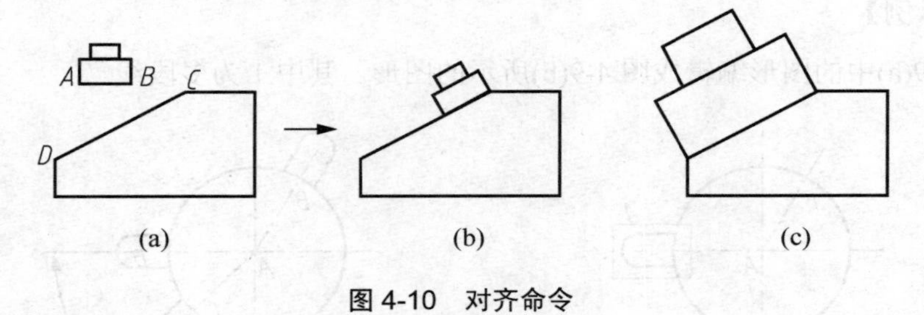

图 4-10 对齐命令

命令：align ↙(输入命令)

选择对象：找到 2 个(选择源对象，如图 4-10(a)中的两个矩形)

选择对象：↙(结束对象选择)

指定第一个源点：捕捉图 4-10(a)中的 B 点 (打开【对象捕捉】模式)

指定第一个目标点：捕捉图 4-10(a)中的 C 点

指定第二个源点：捕捉图 4-10(a)中的 A 点

指定第二个目标点：捕捉图 4-10(a)中的 D 点

指定第三个源点或<继续>：↙(结束指定对象。在三维对齐中，需要指定第三源点与第三目标点对齐。)

是否基于对齐点缩放对象？[是(Y)/否(N)]<否>：↙(默认不缩放源对象，结果如图 4-10(b)所示。若输入“Y”，则系统缩放对象并对齐点对齐，结果如图 4-10(c)所示。)

4.4.2 缩放命令

缩放命令可将图形对象按指定的比例因子改变大小，但不改变它的结构比例。

【运行方式】

- 菜单：【修改】→【缩放】。
- 工具栏：单击【修改】工具栏中的□图标按钮。
- 命令行：SCALE 或 SC。

【操作过程】

将图4-11(a)中的图形编辑成图4-11(b)所示的图形。

(1) 放大圆1。

命令：scale ↙(输入命令)
选择对象：找到1个(选择圆1及其尺寸标注)
选择对象：↙(结束对象选择)
指定基点：拾取圆心点D(打开【对象捕捉】模式)
指定比例因子或 [复制(C)/参照(R)]<1.0000>：2↙(输入缩放倍数，结果如图4-11(b))

(2) 放大矩形2。

命令：↙(直接回车，重复上一次命令)
SCALE
选择对象：找到1个(选择矩形2)
指定基点：捕捉图4-11(a)中的A点(打开【对象捕捉】模式)
指定比例因子或 [复制(C)/参照(R)]：r↙(选择【参照】模式)
指定参照长度<8.8846>：捕捉图4-11(a)中的A点
指定第二点：捕捉图4-11(a)中的B点
指定新的长度或 [点(P)]<19.4887>：捕捉图4-11(a)中的C点(结束命令，结果如图4-11(b))

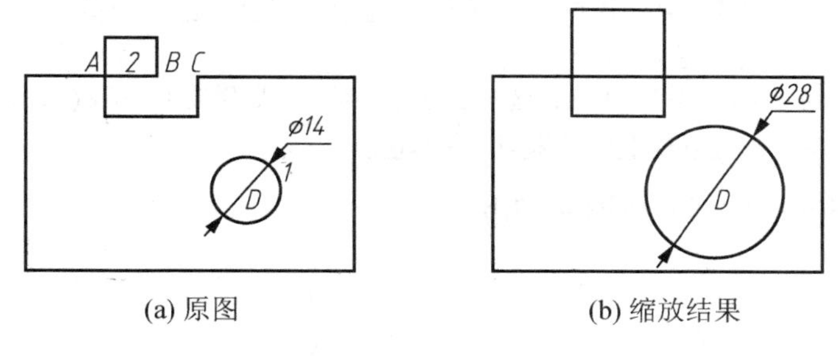

(a) 原图　　(b) 缩放结果

图4-11　缩放命令

【注意事项】

(1) 比例因子大于1则放大图形，否则缩小图形。

(2) 【复制(C)】选项可以在缩放对象的同时保留原对象。

(3) 【参照(R)】选项是用户无法确定对象缩放的比例时采用的方式，可指定参照长度确定最后缩放的结果。

(4) 基点位置的选择十分重要，相同的原对象和比例因子，基点位置不同对缩放结果有很大的影响。

4.5　修剪、打断和延伸命令

4.5.1　修剪命令

修剪命令是绘图编辑中最常用的命令之一，它根据指定的边界裁剪对象，将超出边界的部分去除。

【运行方式】

- 菜单：【修改】→【修剪】。
- 工具栏：单击【修改】工具栏中的图标按钮。
- 命令行：TRIM 或 TR。

【操作示例】

(1) 将图 4-12(a)编辑修剪成图 4-12(b)。

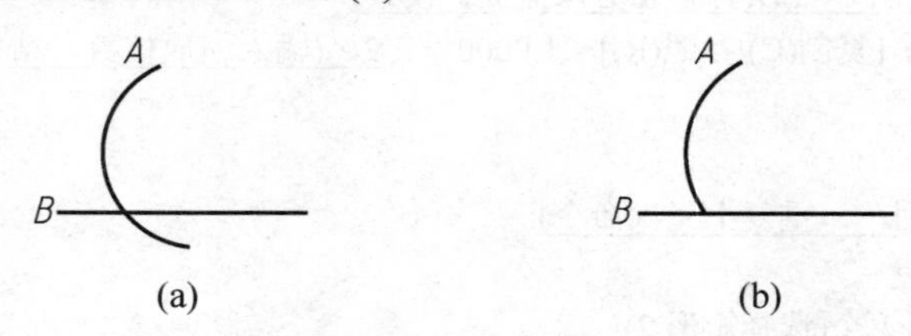

图 4-12　修剪命令(相交)

命令：trim ↙(输入命令)
当前设置：投影＝UCS，边＝延伸
选择剪切边...
选择对象或＜全部选择＞：找到 2 个(选中图中圆弧 A 和直线 B，被选中的对象互为剪切边界)
选择对象：↙(结束边界对象选择)
选择要修剪的对象，或按住 Shift 键选择要延伸的对象，或[栏选(F)/窗交(C)/投影(P)/边(E)/删除(R)/放弃(U)]：拾取圆弧 A 中要剪切的部分(结果如图 4-12(b))

(2) 将图 4-13(a)编辑修剪成图 4-13(b)。

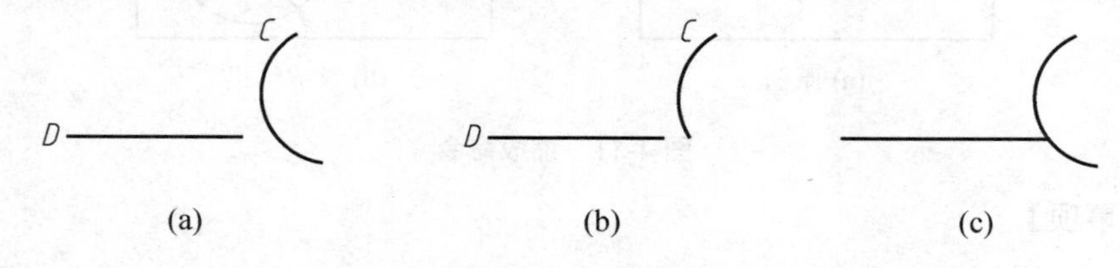

图 4-13　修剪命令(不相交)

因为 C、D 线没有相交，在执行【修剪】操作时，命令行提示：

选择要修剪的对象，或按住 Shift 键选择要延伸的对象，或[栏选(F)/窗交(C)/投影(P)/边(E)/删除(R)/放弃(U)]：e↙(选择【边】选项，并回车)
输入隐含边延伸模式 [延伸(E)/不延伸(N)]＜不延伸＞：e↙(选择【延伸】选项，并回车)
选择要修剪的对象，或按住 Shift 键选择要延伸的对象，或[栏选(F)/窗交(C)/投影(P)/边(E)/删除(R)/放弃(U)]：拾取圆弧 C 中要剪切的部分(结果如图 4-13(b))

【注意事项】

(1) 在执行【修剪】命令时，命令提示两次对象选择，第一次选择的是修剪边界，第二次选择的是要被修剪的对象。修剪边界互为边界和被修剪对象，系统会在选择的对象中自动判断边界；被修剪的对象可以与修剪对象相交，也可以不相交。选择结束应按回车键。

(2) 在执行【修剪】命令时按住【shift】键，系统会自动将【修剪】命令转换为【延伸】命令。如在选择被修剪对象时，若某条线没有与修剪边界相交，则按住【shift】键后单击该线段，可将其延伸到最近的边界，如图 4-13(c)所示。

4.5.2 打断命令

使用【打断】命令可以去除选定对象的一部分或在指定点处断开选定对象。

【运行方式】

- 菜单：【修改】→【打断】。
- 工具栏：单击【修改】工具栏中的▭图标按钮。
- 命令行：BREAK 或 BR。

【操作过程】

命令：break ↙(输入命令)
选择对象：拾取 A 点(图 4-14(a)、(b))
指定第二个打断点 或 [第一点(F)]：拾取 B 点(则 AB 间断开)

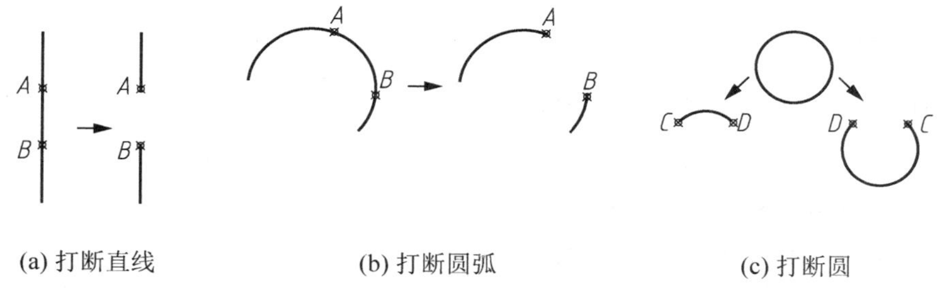

(a) 打断直线　　(b) 打断圆弧　　(c) 打断圆

图 4-14 打断命令

【注意事项】

(1) 指定第二点时，可在对象之外单击选取，此时第二断点为从单击处向对象所作垂线的垂足。

(2) 打断对象为圆时，按逆时针打断，如图 4-14(c)所示，拾取点的方向是 C→D，C、D 点相对位置不同结果不同。

(3) 若在打断点将对象一分为二，中间没有间隙，可在命令提示“指定第二个打断点或[第一点(F)]：”时，选择“F”，然后拾取第一点，要求指定第二点时输入“@0,0”。另外，也可使用【打断于点】⊏命令。

4.5.3 延伸命令

延伸命令可将选定直线、圆弧等对象延伸到指定边界，使其与指定边界相交。

【运行方式】

- 菜单：【修改】→【延伸】。
- 工具栏：单击【修改】工具栏中的--/图标按钮。
- 命令行：EXTEND 或 EX。

【操作过程】

命令：extend↙(输入命令)
当前设置：投影＝UCS，边＝无
选择边界的边...
选择对象或＜全部选择＞：选择指定边界
选择对象：↙(回车，结束对象选择)
选择要延伸的对象，或[栏选(F)/窗交(C)/投影(P)/边(E)/放弃(U)]：指定对角点：选择要延伸的对象
选择要延伸的对象，或[栏选(F)/窗交(C)/投影(P)/边(E)/放弃(U)]：↙(回车结束命令)

【注意事项】

(1) 被延伸的对象与延伸边界如果没有延伸交点则该命令无效，闭式多段线也无法延伸。
(2) 该命令的提示选项与【修剪】命令的含义类似。
(3) 使用【延伸】命令时同时按住【shift】键进行选择，系统将转化为执行【修剪】命令。

4.6 拉长和拉伸命令

4.6.1 拉长命令

对已画好的直线、圆弧等对象调整长度或角度可用拉长命令。

【运行方式】

- 菜单：【修改】→【拉长】。
- 命令行：LENGTHEN 或 LEN。

【操作过程】

命令：lengthen ↙(输入命令)
选择对象或 [增量(DE)/百分数(P)/全部(T)/动态(DY)]：输入选项

【选项说明】

(1) 【增量(DE)】：按指定增量值控制修改对象的伸缩。正值为拉长，负值为缩短。

(2) 【百分数(P)】：以原对象值的百分数控制对象的伸缩。大于 100%为拉长，反之为缩短。

(3) 【全部(T)】：用总长或总张角来控制对象伸缩。

(4) 【动态(DY)】：进入动态拖动模式，通过拖动指定对象的一端来控制伸缩。

4.6.2 拉伸命令

拉伸命令可以调整所选对象的大小、位移和形状。

【运行方式】

- 菜单：【修改】→【拉伸】。
- 工具栏：单击【修改】工具栏中的图标按钮。
- 命令行：STRETCH 或 S。

【操作示例】

将图 4-15(a)中的图形拉伸到图 4-15(b)所示尺寸。

命令：stretch↙(输入命令)
以交叉窗口或交叉多边形选择要拉伸的对象...
选择对象：指定对角点：找到 4 个(用从右往左的交叉窗口选择对象，如图 4-15(c)所示)
选择对象：↙(回车，结束选择)
指定基点或 [位移(D)]<位移>：任取一点
指定第二个点或<使用第一个点作为位移>：20↙(开启【正交】，光标右移，输入拉伸距离 20，结果如图 4-15(b)所示)

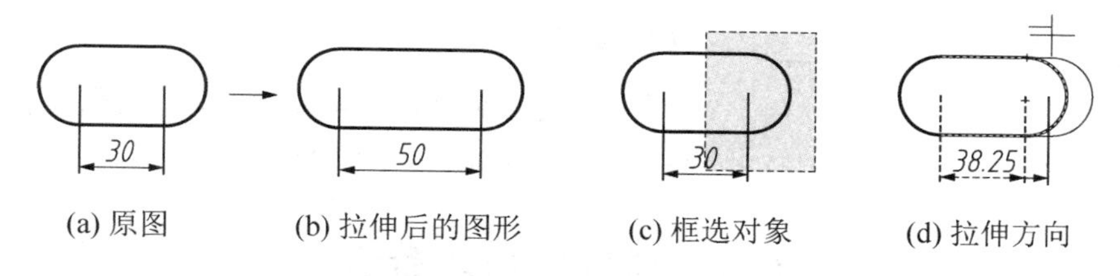

(a) 原图　(b) 拉伸后的图形　(c) 框选对象　(d) 拉伸方向

图 4-15　拉伸命令

【注意事项】

(1) 该命令只能通过交叉窗口或交叉多边形来选择对象。
(2) 完全处于选择框内的图形，仅仅执行移动命令。
(3) 圆不能被拉伸变形，只能被移动。

4.7　合并和分解命令

4.7.1　合并命令

合并命令可以使同一平面内相似的对象合并为一个对象，也可以利用圆弧和椭圆弧创建完整的圆和椭圆。

【运行方式】

- 菜单：【修改】→【合并】。
- 工具栏：单击【修改】工具栏中的⁺⁺图标按钮。
- 命令行：JOIN 或 J。

【操作示例】

将图 4-16 中的椭圆弧合并为完整的椭圆。

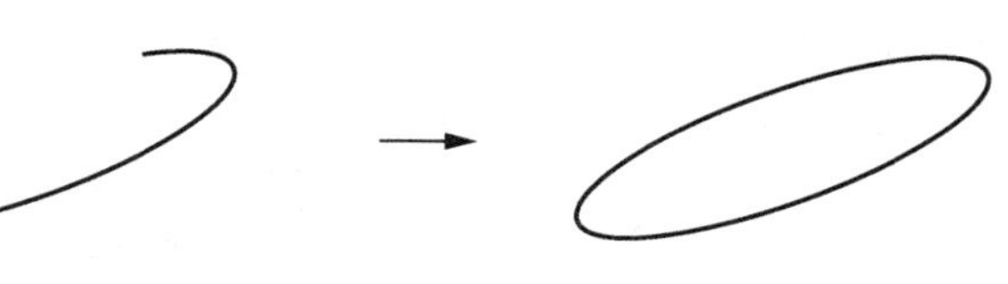

图 4-16　合并命令

命令：join ↙(输入命令)
选择源对象或要一次合并的多个对象：选择椭圆弧
选择要合并的对象：↙(回车，结束选择)

选择圆弧，以合并到源或进行 [闭合(L)]：L↙(选择【闭合】选项)

已将椭圆弧转换为椭圆。

4.7.2 分解命令

分解命令可将整体对象(如块、多段线、面域或尺寸标注等)分解成多个单一对象。

【运行方式】

- 菜单：【修改】→【分解】。
- 工具栏：单击【修改】工具栏中的图标按钮。
- 命令行：EXPLODE 或 X。

图 4-17 分解命令

【注意事项】

对于不同的对象，分解后有时会丢失信息。如图 4-17 所示，多段线分解后丢失了线宽。

4.8 倒角和圆角命令

4.8.1 倒角命令

倒角命令用于对两条直线边倒棱角，可通过指定距离或角度控制倒角的大小。

【运行方式】

- 菜单：【修改】→【倒角】。
- 工具栏：单击【修改】工具栏中的图标按钮。
- 命令行：CHAMFER 或 C。

【操作示例】

将图 4-18(a)编辑为图 4-18(b)所示。其操作过程如下：

(1) 作 A 与 B 线之间的等距倒角。

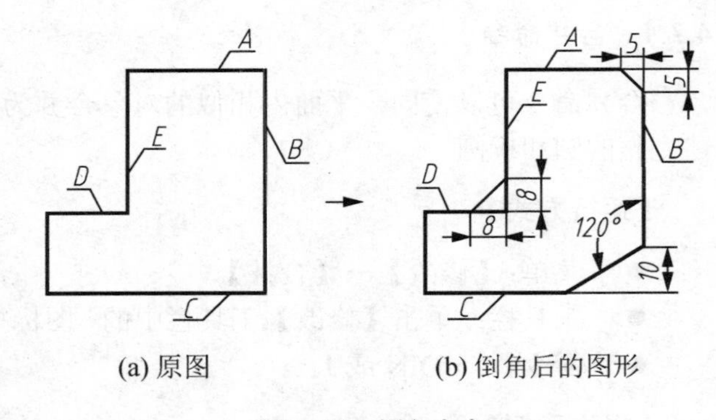

(a) 原图　　(b) 倒角后的图形

图 4-18 倒角命令

命令：chamfer ↙(输入命令)

(“修剪”模式)当前倒角距离 1＝0.0000，距离 2＝0.0000

选择第一条直线或 [放弃(U)/多段线(P)/距离(D)/角度(A)/修剪(T)/方式(E)/多个(M)]：d↙(选择【距离】模式，即设置倒角距离)

指定第一个倒角距离<0.0000>：5↙(输入倒角距离，回车)

指定第二个倒角距离<5.0000>：↙(回车，默认倒角为等距)

选择第一条直线或 [放弃(U)/多段线(P)/距离(D)/角度(A)/修剪(T)/方式(E)/多个(M)]：拾取 A 线上任意点

选择第二条直线，或按住 Shift 键选择直线以应用角点或 [距离(D)/角度(A)/方法(M)]：拾取 B 线上任意点以上操作在所选图线间作出了等距倒角，且同时删除了多余图线。

(2) 作 D 与 E 线之间的等距倒角。

命令：↙(重复 chamfer 命令)

(“修剪”模式) 当前倒角距离 1＝5.0000，距离 2＝5.0000

选择第一条直线或 [放弃(U)/多段线(P)/距离(D)/角度(A)/修剪(T)/方式(E)/多个(M)]：d ↙

指定第一个倒角距离＜5.0000＞：8↙(输入倒角距离，回车)

指定 第二个 倒角距离＜8.0000＞：↙

选择第一条直线或 [放弃(U)/多段线(P)/距离(D)/角度(A)/修剪(T)/方式(E)/多个(M)]：t↙(选择【修剪】模式，即设置是否删除多余图线)

输入修剪模式选项 [修剪(T)/不修剪(N)]＜修剪＞：n↙(不删除多余图线)

选择第一条直线或 [放弃(U)/多段线(P)/距离(D)/角度(A)/修剪(T)/方式(E)/多个(M)]：拾取 D 线上任意点

选择第二条直线，或按住 Shift 键选择直线以应用角点或 [距离(D)/角度(A)/方法(M)]：拾取 E 线上任意点

以上操作在所选图线间作出了等距倒角，同时保留其余图线。

(3) 根据已知距离和角度，作 C 与 B 线之间的倒角。

命令：↙(重复 chamfer 命令)

(“不修剪”模式)当前倒角距离 1＝8.0000，距离 2＝8.0000

选择第一条直线或 [放弃(U)/多段线(P)/距离(D)/角度(A)/修剪(T)/方式(E)/多个(M)]：a↙(选择【角度】模式，即设置倒角角度、距离)

指定第一条直线的倒角长度＜0.0000＞：10↙(该距离为 B 线上欲剪切的距离)

指定第一条直线的倒角角度＜0＞：60↙(输入角度)

选择第一条直线或 [放弃(U)/多段线(P)/距离(D)/角度(A)/修剪(T)/方式(E)/多个(M)]：t↙(选择【修剪】，设置修剪模式)

输入修剪模式选项 [修剪(T)/不修剪(N)]＜修剪＞：t↙(选择【修剪】，即删除多余图线)

选择第一条直线或 [放弃(U)/多段线(P)/距离(D)/角度(A)/修剪(T)/方式(E)/多个(M)]：拾取 B 线上任意点

选择第二条直线，或按住 Shift 键选择直线以应用角点或 [距离(D)/角度(A)/方法(M)]：拾取 C 线上任意点

以上操作结果如图 4-18(b)所示。

4.8.2 圆角命令

【圆角】命令可以实现在直线、圆弧和圆之间以指定半径作圆角。

【运行方式】

- 菜单：【修改】→【圆角】。
- 工具栏：单击【修改】工具栏中的▢图标按钮。
- 命令行：FILLET 或 F。

【操作过程】

命令：fillet↙(输入命令)

当前设置：模式＝修剪，半径＝0.0000

选择第一个对象或 [放弃(U)/多段线(P)/半径(R)/修剪(T)/多个(M)]：R ↙(选择【半径】，即进行半径设置)

指定圆角半径<0.0000>：20 ↙(指定圆角半径为 20)

选择第一个对象或 [放弃(U)/多段线(P)/半径(R)/修剪(T)/多个(M)]：选择第一条边

选择第二个对象，或按住 Shift 键选择对象以应用角点或 [半径(R)]：选择第二条边(结果如图 4-19(b)所示)

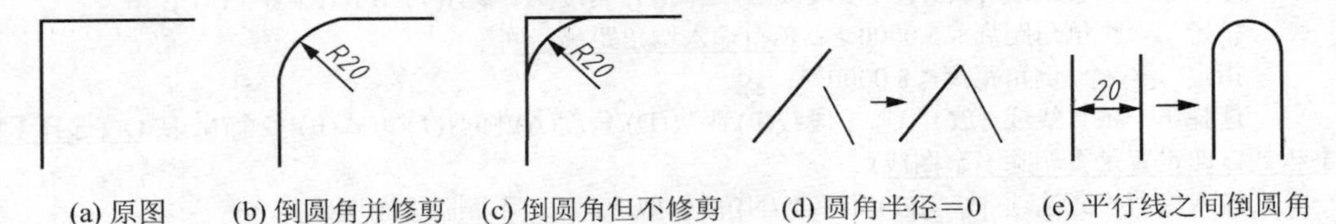

(a) 原图　(b) 倒圆角并修剪　(c) 倒圆角但不修剪　(d) 圆角半径=0　(e) 平行线之间倒圆角

图 4-19　圆角命令(直线间倒圆)

【注意事项】

(1) 设置【修剪】选项时，选择【不修剪】，则得到如图 4-19(c)所示结果。

(2) 在修剪模式下，圆角半径设为 0，可以将两不平行直线自动相交，如图 4-19(d)所示。

(3) 对两条平行直线倒圆角，则圆角半径设为平行直线距离的一半，如图 4-19(e)所示。

(4) 在圆之间作圆角，不修剪圆，如图 4-20 所示，拾取点的位置不同，所得的圆角也不同。系统将根据拾取点和切点最近原则来判断圆角位置。

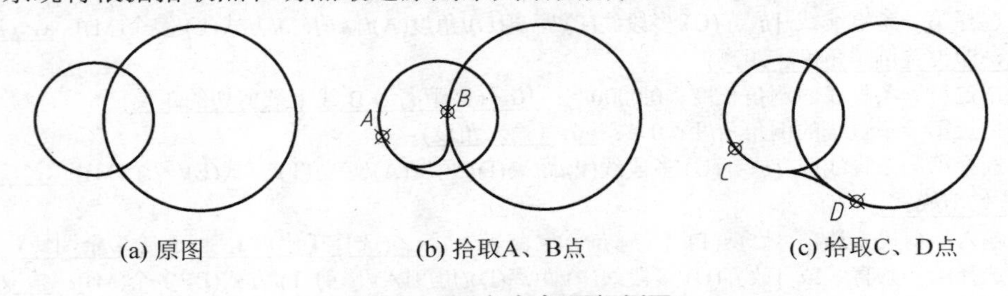

(a) 原图　(b) 拾取A、B点　(c) 拾取C、D点

图 4-20　圆角命令(圆间倒圆)

4.9　对象特性和特性匹配

4.9.1　对象特性

每个对象都具有特性，即一般特性和专用特性。一般特性包括对象的图层、颜色、线型及打印样式等，专用特性是专用于某个对象的，例如圆的特性包括半径、面积和周长等。可以利用【特性】命令，在打开的【特性】选项板中直接编辑对象特性。

【运行方式】

- 菜单：【修改】→【特性】。
- 工具栏：单击 【标准】工具栏中的图标按钮。
- 命令行：PROPERTIES 或 PR。

【操作过程】

以上操作弹出如图 4-21(a)所示的【特性】选项板。

修改图4-21(b)所示中心线的特性，具体操作过程为：选择原图中的两条中心线，图4-21(c)所示的【特性】选项板的【基本】选项中显示【线型比例】为1，将1改为0.2，如图4-21(d)所示，按【Esc】键或按右键，退出对象选择，此时中心线更新，在图中以点划线显性显示。

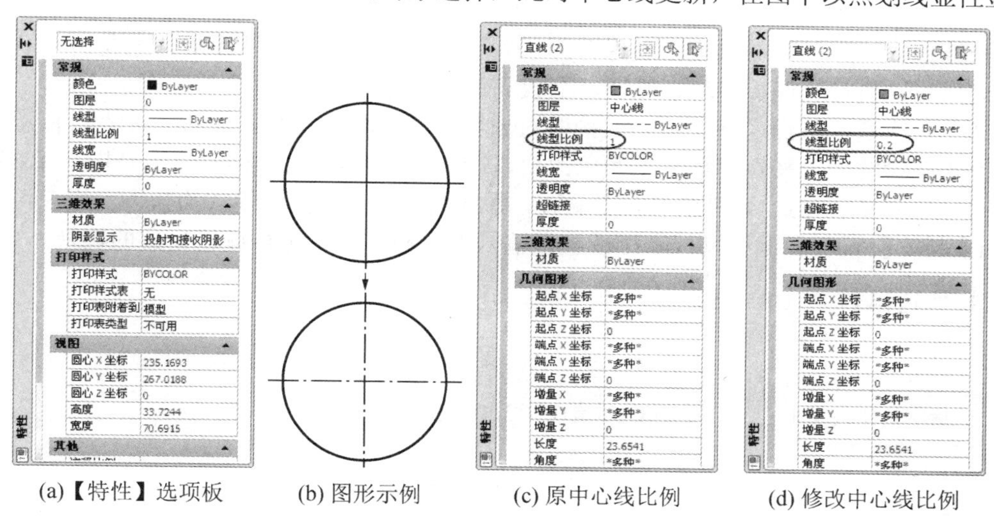

(a)【特性】选项板　(b) 图形示例　(c) 原中心线比例　(d) 修改中心线比例

图4-21　特性命令

4.9.2　特性匹配

【特性匹配】俗称“格式刷”，是一个非常有用的编辑工具，可以应用此命令将源对象的特性(包括图层、颜色、线型、打印样式等)复制到目标对象。默认情况下，所有可应用的特性自动从选定的第一个对象复制到其他对象，如果不希望复制某些特性，可使用【设置】选项禁止复制该特性。在执行该命令的过程中，可以随时选择【设置】选项。

【运行方式】

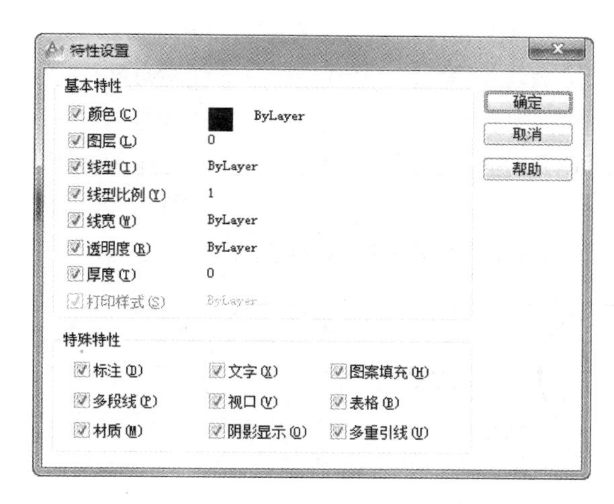

图4-22　【特性设置】对话框

- 菜单：【修改】→【特性匹配】。
- 工具栏：单击【标准】工具栏中的图标按钮。
- 命令行：MATCHPROP、PAINTER或MA。

【操作示例】

命令：matchprop↙(输入命令)

选择源对象：选择要复制其特性的对象

当前活动设置：颜色 图层 线型 线型比例 线宽 厚度 打印样式 标注 文字 填充图案 多段线 视口 表格材质 阴影显示 多重引线

选择目标对象或 [设置(S)]：此时光标呈刷子状显示，选择一个或多个目标对象(如果输入S，回车，将弹出如图4-22所示【特性设置】对话框，在该对话框中可以设置欲复制的特性类型)

选择目标对象或 [设置(S)]：↙(回车，结束命令)

4.10 使用夹点编辑图形

光标拾取对象时，对象变为虚像并显示若干彩色小方块，这些小方块就是夹点。通过编辑夹点可以执行拉伸、移动、旋转、缩放和镜像操作。

夹点有冷点、热点之分。第一次拾取对象后，夹点颜色相同，此时为冷点，任意拾取对象上要编辑的一个夹点，该夹点颜色改变，冷点被激活，即为热点(点击时按住【shift】可以同时选取多个热点)，则进入夹点编辑。系统默认的夹点编辑模式为拉伸。用户可以用【Enter】键、【Space】键、鼠标右键或直接输入编辑模式名，进行编辑模式的切换。

【操作过程】

命令：
** 拉伸 **
指定拉伸点或 [基点(B)/复制(C)/放弃(U)/退出(X)]：↙(回车)
** 移动 **
指定移动点或 [基点(B)/复制(C)/放弃(U)/退出(X)]：↙(回车)
** 旋转 **
指定旋转角度或 [基点(B)/复制(C)/放弃(U)/参照(R)/退出(X)]：↙(回车)
** 缩放 **
指定比例因子或 [基点(B)/复制(C)/放弃(U)/参照(R)/退出(X)]：↙(回车)
** 镜像 **
指定第二点或 [基点(B)/复制(C)/放弃(U)/退出(X)]：

【操作示例】

示例 1：整理图 4-23 中的中心线。

操作过程为：

拾取水平中心线，此时该线上出现三个蓝色夹点，再拾取右端夹点，该点变成红色热点，同时命令行提示：

命令：
** 拉伸 **
指定拉伸点或 [基点(B)/复制(C)/放弃(U)/退出(X)]：5↙(开启【正交】并右移光标，输入拉伸数值 5，回车，结果所选水平中心线右端被拉伸 5mm)

重复执行上述操作，分别将中心线端点拉伸 5mm，结果如图 4-23 所示。

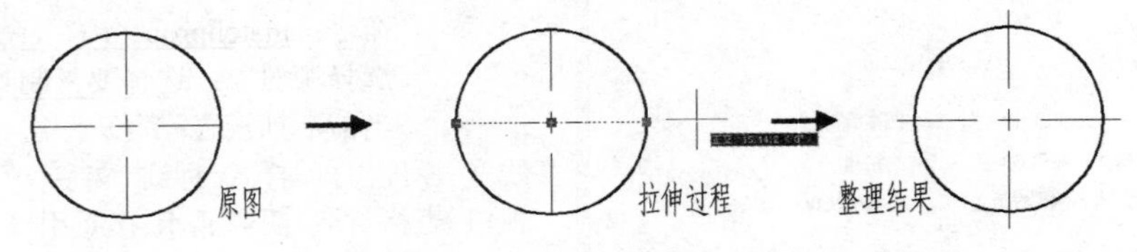

图 4-23 夹点操作整理中心线

示例 2：运用夹点编辑功能，绘制图 4-24(a)中的图形。

操作过程为：

作正六边形并拾取，此时图形上出现六个蓝色夹点，再拾取左端夹点，该点变成红色热点，如图4-24(c)所示，同时命令行提示：

命令：
** 拉伸 **
指定拉伸点或 [基点(B)/复制(C)/放弃(U)/退出(X)]：scale↙(输入【缩放】命令)
** 比例缩放 **
指定比例因子或 [基点(B)/复制(C)/放弃(U)/参照(R)/退出(X)]：c↙(选择【复制】模式，即不删除原对象)
** 比例缩放 (多重) **
指定比例因子或 [基点(B)/复制(C)/放弃(U)/参照(R)/退出(X)]：2↙(输入比例因子)
** 比例缩放 (多重) **
指定比例因子或 [基点(B)/复制(C)/放弃(U)/参照(R)/退出(X)]：3↙(输入比例因子)
** 比例缩放 (多重) **
指定比例因子或 [基点(B)/复制(C)/放弃(U)/参照(R)/退出(X)]：↙(回车，结束命令)

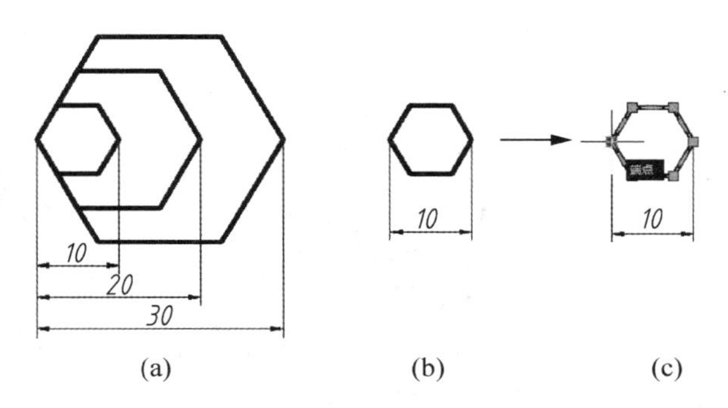

图 4-24 夹点编辑——缩放并复制

示例 3：利用夹点编辑功能，将图 4-25(a)中的图形编辑成 4-25(c)所示。

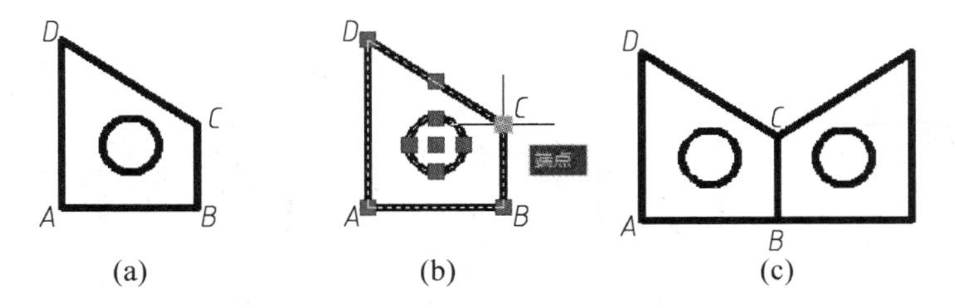

图 4-25 夹点编辑——镜像并复制

操作过程为：

拾取图 4-25(a)所示图形，此时图形上若干蓝色夹点，再拾取夹点 C，该点变成红色热点，如图4-25(b)所示，同时命令行提示：

命令：
** 拉伸 **
指定拉伸点或 [基点(B)/复制(C)/放弃(U)/退出(X)]：mirror↙(输入【镜像】命令)
** 镜像 **
指定第二点或 [基点(B)/复制(C)/放弃(U)/退出(X)]：C↙(选择【复制】模式，使镜像后原对象保留)
** 镜像 (多重) **
指定第二点或 [基点(B)/复制(C)/放弃(U)/退出(X)]：拾取 B 点↙(即以 BC 线为镜像线，回车结束命令，结果如图 4-25(c)所示)

4.11 习　　题

按图中尺寸抄画下列图形：

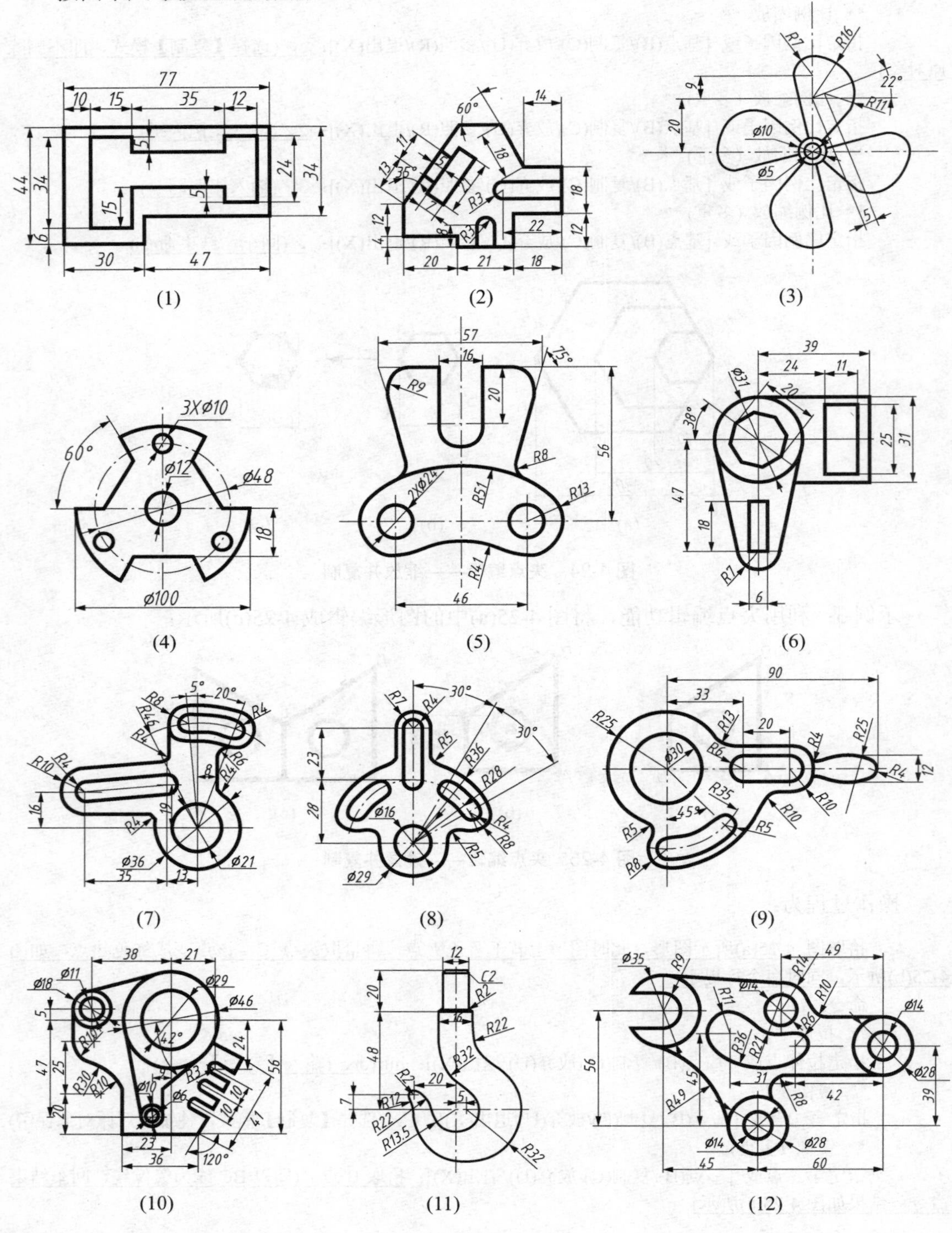

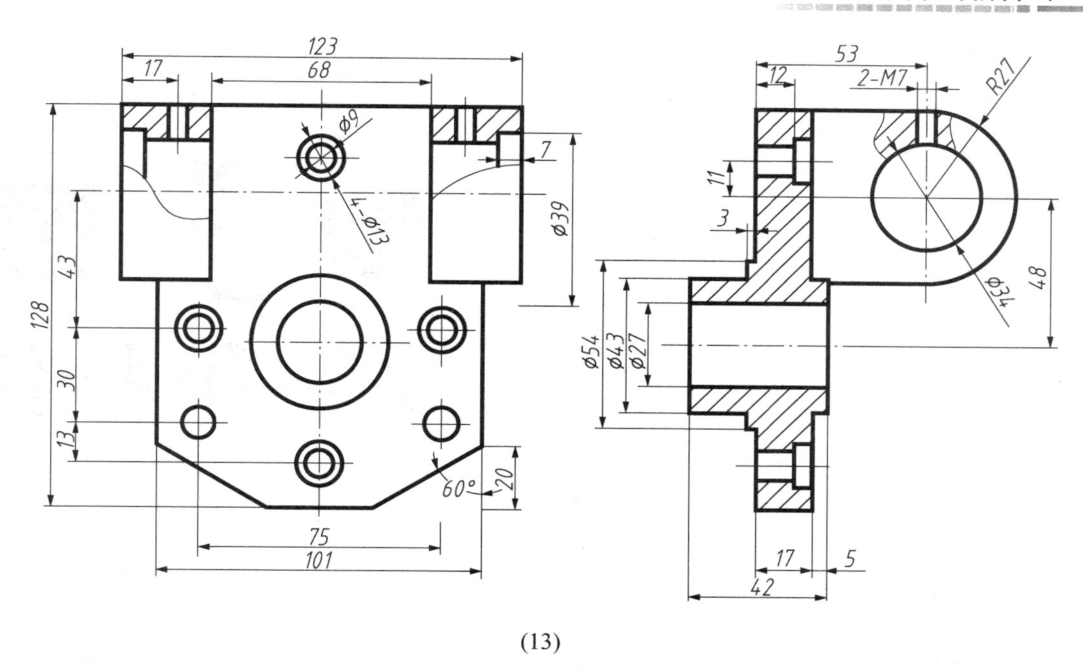
123
17
68
Ø9
4-Ø13
7
Ø39
128
43
30
13
60°
20
75
101
53
12
2-M7
R27
11
3
Ø54
Ø43
Ø27
48
Ø34
17
5
42

(13)

第 5 章 文字和表格

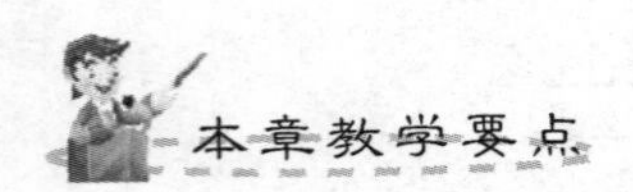

知识要点	掌握程度	相关知识
书写文字	掌握各种文字样式的创建方法、熟悉文字样式管理器中各选项的功能； 掌握创建文本的操作命令以及文本编辑的方法。	利用文字样式管理器创建文字样式； 基本文字以及特殊符号的书写。
绘制表格	掌握表格样式的创建方法、熟悉表格样式对话框中各选项的功能； 掌握绘制与编辑表格的方法。	绘制典型表格的操作流程。

一幅完整的工程图，不仅要有图形，还应有必要的文字说明，如技术要求、标题栏和明细表等内容。另外，有些特性还需要使用表格以简化表达，如齿轮零件图中齿轮参数的表达以及化工设备图中的各种管口特性等。本章主要介绍 AutoCAD2012 中的文字和表格的各种使用功能：包括文字样式、文字书写与编辑以及表格的创建过程。

5.1 设置文字样式

文字样式是一组可随图形保存的文字设置的集合，这些设置可包括字体、文字高度以及特殊效果等。为满足工程图面的要求，在书写文本之前，应建立相应的文字样式。

【运行方式】

- 菜单：【格式】→【文字样式】。
- 工具栏：单击【样式】或【文字】工具栏中的A图标按钮。
- 命令行：STYLE 或 ST、DDSTYLE。

【操作过程】

以上操作弹出【文字样式】对话框，如图 5-1 所示，在该对话框中，用户可以创建、修改或设置命名文字样式。

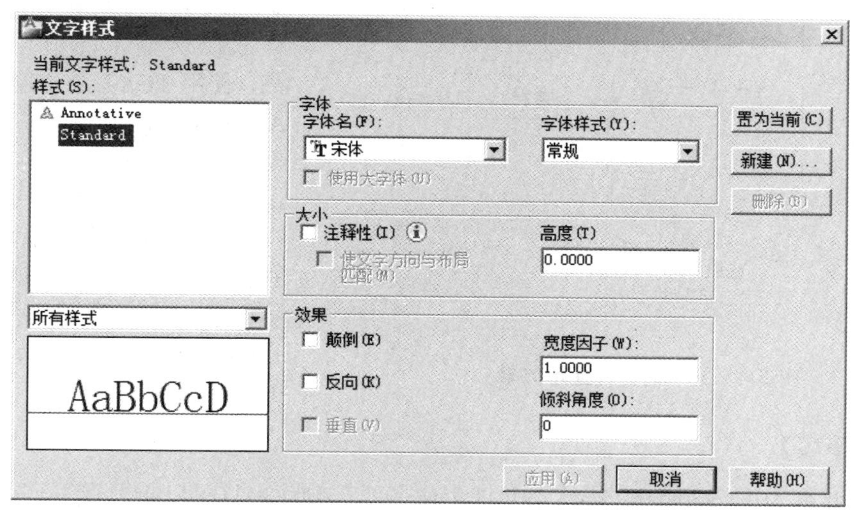

图 5-1 【文字样式】对话框

【选项说明】

(1) 【样式】列表框：显示图形中的样式列表，系统默认文字样式为 Standard。

① 建立样式：单击【新建】按钮，系统打开【新建文字样式】对话框(图 5-2)，此时，用户可以输入新的字体样式名称，单击【确定】按钮，新文字样式名将显示在样式列表中，如图 5-3 所示。

② 删除样式：单击【删除】按钮，在样式列表中选择一个样式，即可删除该样式。

③ 重命名样式：选择一个样式并按右键，在弹出的快捷菜单中选择【重命名】，可以修改样式名，如图 5-3 所示。

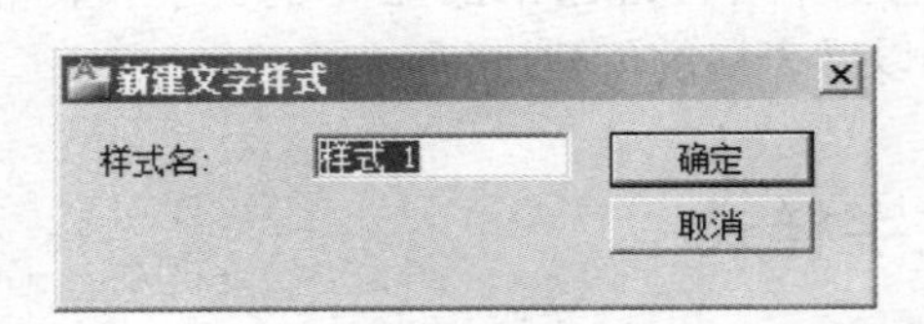

图 5-2 【新建文字样式】对话框

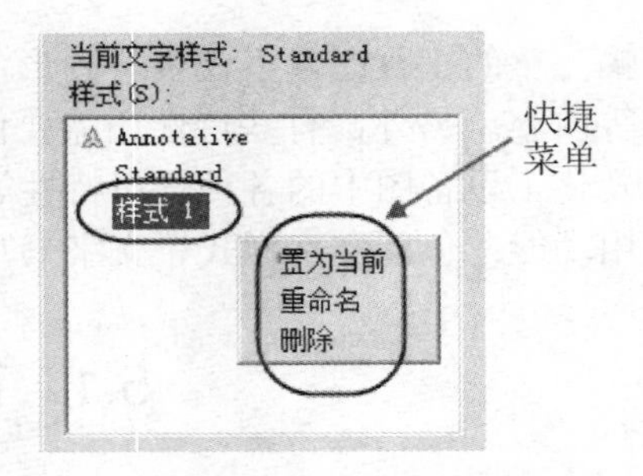

图 5-3 新样式的显示与操作

(2) 【字体】选项组：用于设置文字样式使用的字体名、字体格式等属性。其中，【字体名】下拉列表中显示了所有注册的 True Type 字体(如宋体、楷体等)和所有编译的形字体(SHX)的字体族名，并分别在其名称前以“T”和“A”加以区别。当选择 True Type 字体时，【文字样式】显示“常规”样式；当选用 SHX 字体时，复选框【使用大字体】被激活，勾选后，【字体样式】框变为【大字体】框，其中只有 SHX 字体可供选择，如 chineset.shx 为繁体中文字体，gbcbig.shx 为简体中文字体。

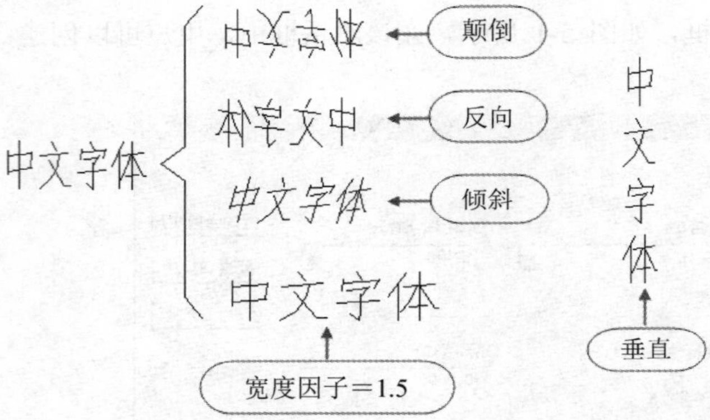

图 5-4 文字的各种显示效果

(3) 【大小】选项组：用于设置文字的高度。若在【高度】栏中输入了非零值，则表示该字体样式以所输入的值作为固定字高，使用 TEXT 命令输入文字时，AutoCAD 不再提示输入字高；若将【高度】设为“0”，则表示该字体样式的文字高度可以变动。

(4) 【效果】选项组：用于设置文字的显示效果，如图 5-4 所示。其中，文字倾斜角的输入值在-85～85 有效；True Type 字体的垂直定位不可用。

【注意事项】

(1) 样式列表中 Standard 样式不允许重命名或被删除，只可以重新设置。如果要使用不同于系统默认的字体样式，最好自己重新创建，不建议对默认样式修改使用。

(2) gbenor.shx 或 gbeitc.shx 搭配大字体 gbcbig.shx(简体中文)，基本上能兼容机械设计中所有常见的字体和符号。gbenor.shx 和 gbeitc.shx 文件分别用于标注直体和斜体字母与数字。且文字高度一般使用默认值 0，使文字高度可变。

(3) 前缀“T@”标记的字体，为旋转 270° 横躺着的字体。

【操作示例】

打开第 2 章中“我的样板.dwt”文件，分别设置两种新文字样式：“标注”选用 gbeitc.shx 字体，及 gbcbig.shx 大字体，宽度因子为 1；“文字注释”选用“仿宋”字体，宽度比例为 0.7，以完善该文件。

操作过程如下：

(1) 打开“我的样板.dwt”文件。单击【样式】工具栏中的A图标按钮，打开【文字样式】对话框。

(2) 单击对话框中【新建】按钮，打开【新建文字样式】对话框，并在【样式名】右侧编辑框中输入“标注”，然后单击【确定】返回【文字样式】对话框。

(3) 在【字体名】下拉列表框中选择“gbeitc.shx”字体，并选择【使用大字体】复选框，然后在【大字体】下方列表中选择“gbcbig.shx”，默认“宽度因子”(=1)，结果如图5-5(a)所示；

(4) 再次单击【新建】按钮，重复上述步骤，创建“文字注释”样式，结果如图5-5(b)所示。

(5) 最后单击【应用】完成设置，关闭【文字样式】对话框。

(6) 重新保存样板文件。

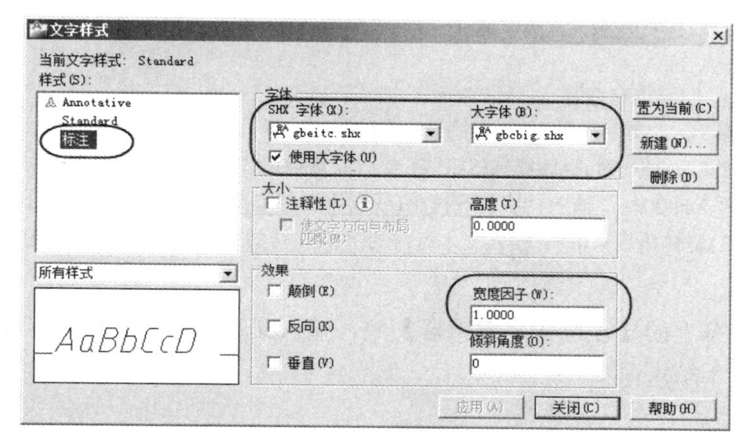

(a) 建立“标注”文字样式

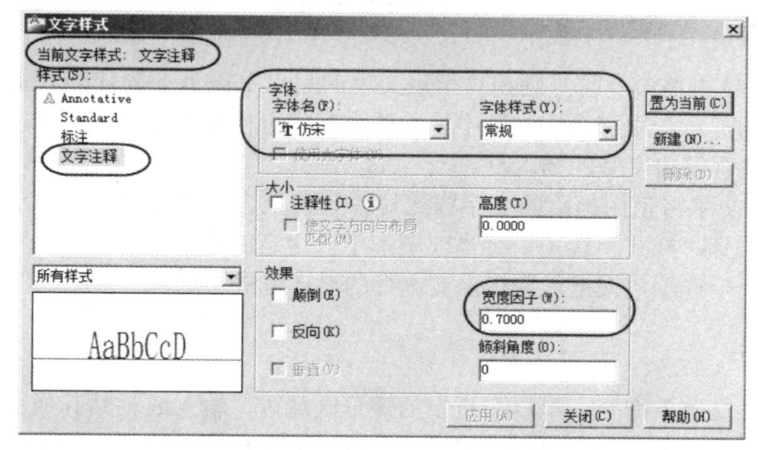

(b) 建立“文字注释”文字样式

图5-5 建立了新的文字样式

5.2 创建和编辑文本

AutoCAD提供了创建文本的两种方式：单行文字和多行文字，用户可以根据需要选择恰当的输入方式。

5.2.1 单行文字

使用【单行文字】(text 或 dtext)可以创建一行或多行文字，其中，每行文字都是独立的对象，可对其进行移动、格式设置或其他修改。

【运行方式】

- 菜单：【绘图】→【文字】→【单行文字】。
- 工具栏：单击【文字】工具栏中的A图标按钮。
- 命令行：DTEXT 或 TEXT、DT。

【操作过程】

命令：text ↙(输入命令)

当前文字样式："文字注释" 文字高度：2.5000 注释性：否

指定文字的起点或 [对正(J)/样式(S)]：在合适位置指定注写单行文字的起点

指定高度<2.5000>：输入文字的高度值(或利用极轴追踪确定文字高度)，回车

指定文字的旋转角度<0>：输入文本行绕对齐点旋转的角度值(或利用极轴追踪确定文字行旋转角度)，回车。

此时，在屏幕上的【在位文字编辑器】中，输入文字，回车。可以继续输入第二行文字，连续两次回车结束命令。

【注意事项】

(1) 仅在当前文字样式不是注释性且没有固定高度时，命令提示行才出现"指定高度"提示。

(2) 当再次使用该命令时，则在"指定文字的起点"提示下按 Enter 键将跳过图纸高度和旋转角度的提示。用户在文本框中输入的文字将直接放置在前一行文字下，在该提示下指定的点也被存储为文字的插入点。

(3) 创建的文字将使用当前的文字样式，并且默认为左对齐方式。用户可以在指定文字的起点前，选择"样式"选项，将当前图形中已定义的某种文字样式设置为当前文字样式；选择"对正"选项，根据需要指定文本行的对齐方式。

5.2.2 多行文字

使用【多行文字】命令，可以在指定的矩形区域内，输入或粘贴其他文件中的文字以创建多行文本段落对象。该对象布满边界，可进行文字样式、字高、调整段落和行距、对齐等设置。使用该命令书写的多行文本是一个整体对象。

【运行方式】

- 菜单：【绘图】→【文字】→【多行文字】。
- 工具栏：单击【绘图】或【文字】工具栏中的A图标按钮。
- 命令行：MTEXT 或 MT。

【操作过程】

命令： mt↙(输入命令)

MTEXT 当前文字样式："Standard" 文字高度：0.2000 注释性：否

指定第一角点：在适当位置指定多行文字矩形边界的一个角点(此时拉出一个矩形窗口)

指定对角点或[高度(H)/对正(J)/行距(L)/旋转(R)/样式(S)/宽度(W)/栏(C)]：在适当位置指定文本窗口的另一个角点(该点与第一角点构成了文本输入矩形边界)

此时弹出如图 5-6 所示的【文字格式】编辑器，可在其中进行文本输入、编辑及文本段落外观设置等操作。

【注意事项】

(1) 【文字格式】编辑器与 Microsoft Word 界面相似，文本排版操作也与其一致。

(2) 单击【选项】图标按钮，打开如图 5-7 所示的【选项】快捷菜单，使用该菜单可以对多行文字进行更多的设置。

(3) 矩形的第一个角点决定多行文字默认的附着位置点，矩形的宽度决定一行文字的长度，超过此长度后文字会自动换行。按住右侧的◇符号左右拖动，可以调整矩形窗口宽度；按住下方的符号上下拖动，可以调整矩形窗口高度。

(4) 使用【堆叠】和【符号】@▾，能够输入特殊文本及符号。

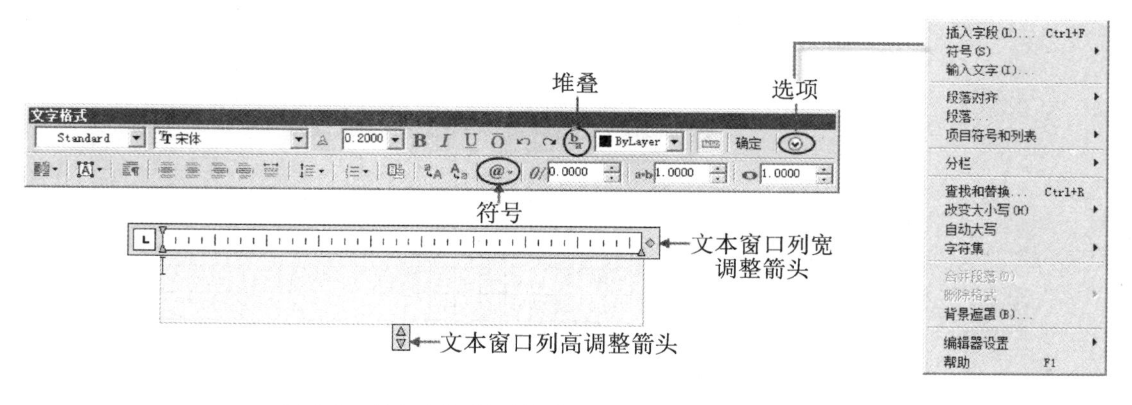

图 5-6 【文字格式】编辑器

图 5-7 【选项】快捷菜单

5.2.3 特殊符号的输入

在绘图过程中，需要输入一些特殊字符，如(度)、±(正负)、φ(直径)、∠(角度)等符号。在 AutoCAD 中，可以通过以下方式输入。

(1) 使用键盘输入对应的控制代码或 Unicode 字符串。

AutoCAD 提供了相应的控制代码或 Unicode 字符串输入这些特殊符号，见表 5-1、表 5-2。在"输入文字:"提示下，使用键盘输入对应的控制代码或字符串，所输入的这些控制代码或字符串会临时显示在屏幕上，当结束文本创建命令时，则出现相应的特殊符号。

表 5-1　常用控制代码及字符串

符号	控制代码	Unicode 字符串
度(°)	%%D	\U+00B0
公差(±)	%%P	\U+00B1
直径(Φ)	%%C	\U+2205

表 5-2　常用特殊字符与 Unicode 字符串

名称	符号	Unicode	名称	符号	Unicode
角度	∠	\U+2220	平方	2	\U+00B2
几乎相等	≈	\U+2248	立方		\U+00B3
不相等	≠	\U+2260	恒等于	≡	\U+2261
欧米加	Ω	\U+03A9	差值	△	\U+0394
下标 2	2	\U+2082			

(2) 通过【文字格式】编辑器输入。

在多行文字的【文字格式】编辑器中(图 5-6)，单击【符号】按钮@▾或在【选项】快捷菜单中单击【符号】(图 5-7)，调出符号列表，如图 5-8 所示，可以从中选择符号输入到文本中；另外单击【其他】选项，系统将打开 Windows 中的“字符映射表”(图 5-9)，从中选择符号，并分别单击【选择】、【复制】按钮，回到 CAD 的文本窗口后，再使用【粘贴】命令，将其添加到文本中。

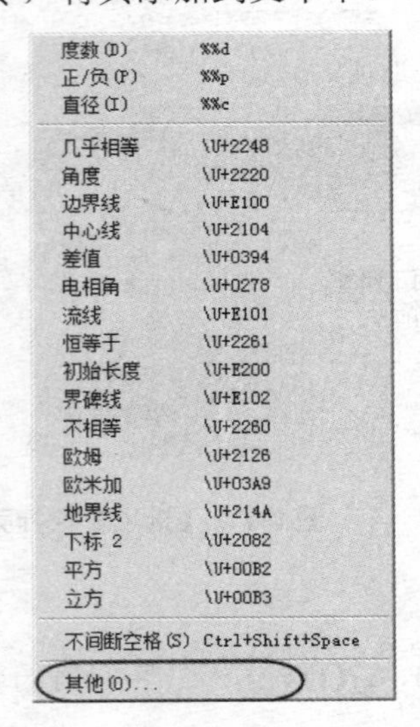

图 5-8　【符号】列表

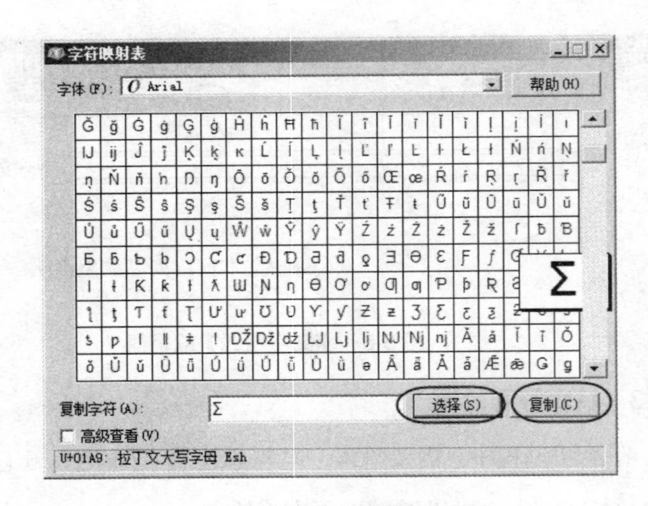

图 5-9　【字符映射表】

5.2.4　创建堆叠文字

在图形中经常需要书写公差、分数、上下标等形式的注释，这类文字可以使用多行文字中的堆叠按钮实现。其操作过程为：输入要堆叠的文字，并用斜杠(/)、磅字符(#)、插入符号(^)作为分隔符，然后选择要堆叠的文字(包括分隔符)，最后在工具栏上单击【堆叠】按钮。

各分隔符功能如下：

(1) 斜杠(/)：以垂直方式堆叠文字，分子与分母间由水平线分隔，如图5-10(a)所示；

(2) 磅字符(#)：以对角形式堆叠文字，分子与分母间由对角线分隔，如图5-10(b)所示；

(3) 插入符号(^)：创建公差堆叠(垂直堆叠，且不用直线分隔)以及上下标，如图5-10(c)所示。

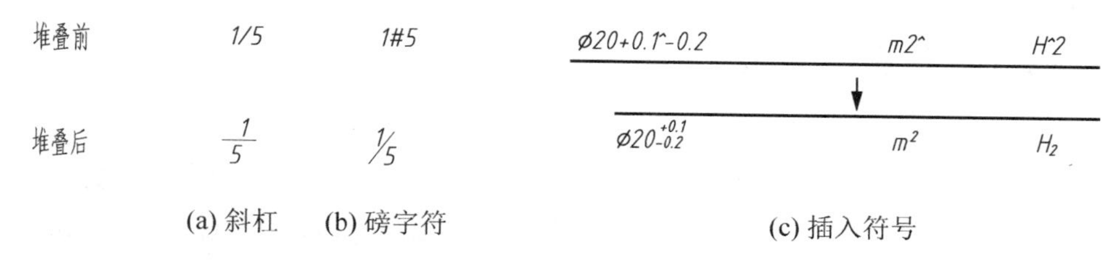

图5-10 堆叠文字

【注意事项】

如果输入由堆叠字符分隔的数字，然后按空格键，将弹出【自动堆叠特性】对话框，如图5-11所示。可以选择自动堆叠数字(不包括非数字文字)并删除前导空格；也可以指定用斜杠(/)字符创建斜分数还是水平分数。如果不想改变原有的堆叠特性，请单击【取消】退出该对话框。

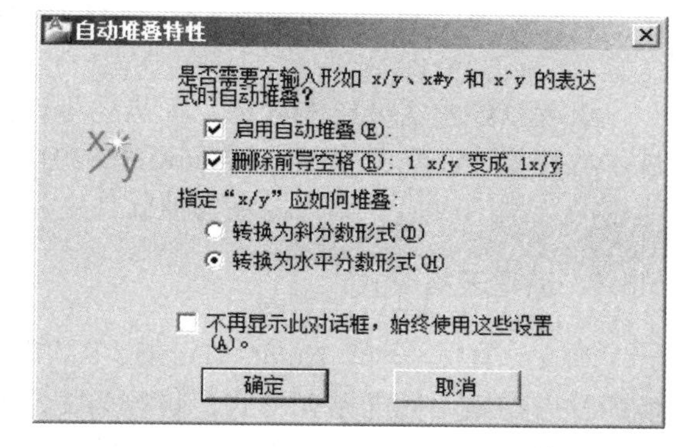

图5-11 【自动堆叠特性】对话框

5.2.5 编辑文字

对于已经存在的文字，可以更改其文字内容、格式或特性(如比例和对齐)，即可以对文字进行编辑。

【运行方式】

- 菜单：【修改】→【对象】→【文字】→【编辑】。
- 工具栏：【文字】→编辑图标。
- 命令行：DDEDIT或ED。
- 双击所要编辑的文字内容。
- 单击文字→按右键→选择快捷菜单中的【编辑】或【编辑多行文字】。
- 单击文字→按右键→选择快捷菜单中的【特性】→调出【特性】选项板，如图5-12所示。

通过以上任一方式都可进行文本编辑。

另外可以【移动】、【旋转】、【删除】和【复制】等命令对文字进行修改；使用【镜像】命令时，通过MIRRTEXT系统变量控制镜像文字是否同时反转，如图5-13所示，当MIRRTEXT=0时，所镜像的文字不反转；当MIRRTEXT=1时，所镜像的文字反转。

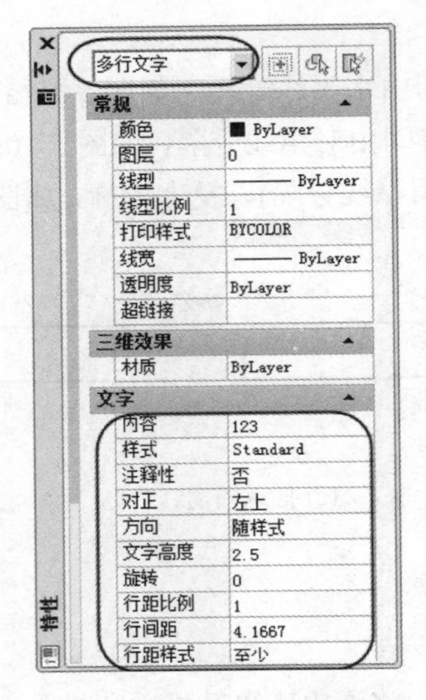

图 5-12 【特性】选项板编辑文字

图 5-13 【MIRRTEXT】变量控制文字镜像效果

5.3 表　格

工程图经常需要绘制表格，如齿轮零件图需要附上齿轮参数表，化工设备图需要配置技术特性表、管口表等表格。AutoCAD 2012 提供了自动创建表格的功能，可以根据需要创建不同类型的表格，还可以在其他软件中复制表格，以简化制图操作。

5.3.1 新建表格样式

和文字样式一样，AutoCAD 图形中的表格都有与其相对应的表格样式，可以在每个类型的行中指定不同的单元样式，可以为文字和网格线显示不同的对正方式和外观。用户可以使用默认的表格样式，也可以根据需要自定义表格样式。

【运行方式】

- 菜单：【格式】→【表格样式】。
- 工具栏：单击【文字】工具栏中的图标按钮。
- 命令行：TABLESTYLE 或 TS。

以上操作弹出如图 5-14 所示的【表格样式】对话框，可以在其中进行样式修改与创建等操作。

【选项说明】

(1) 【新建】按钮：单击该按钮，弹出如图 5-15 所示的【创建新的表格样式】对话框，在【新样式名】下，键入新样式名称(默认“Standard 副本”)，然后单击【继续】按钮，在弹出的【新建表格样式：Standard 副本】对话框中(图 5-16)，可以定义新的表格样式。

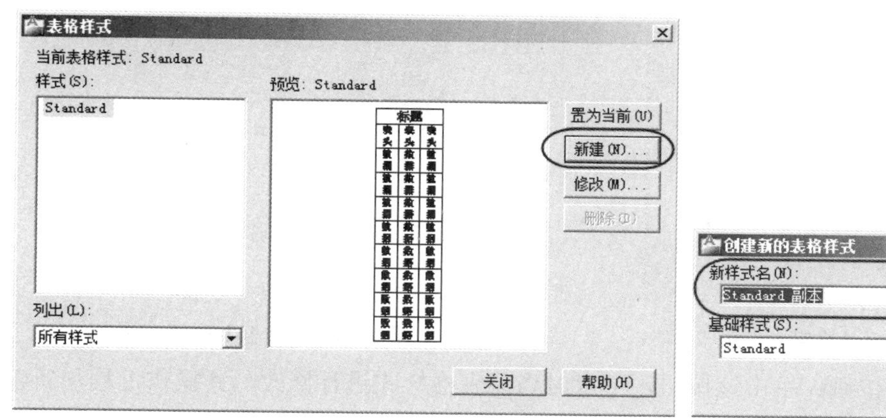

图 5-14 【表格样式】对话框

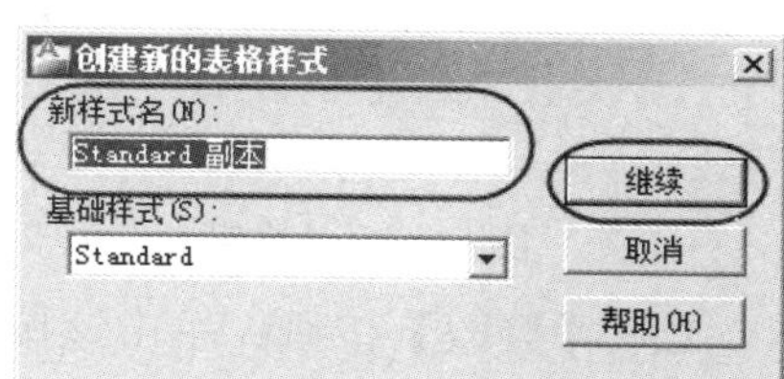

图 5-15 【创建新的表格样式】对话框

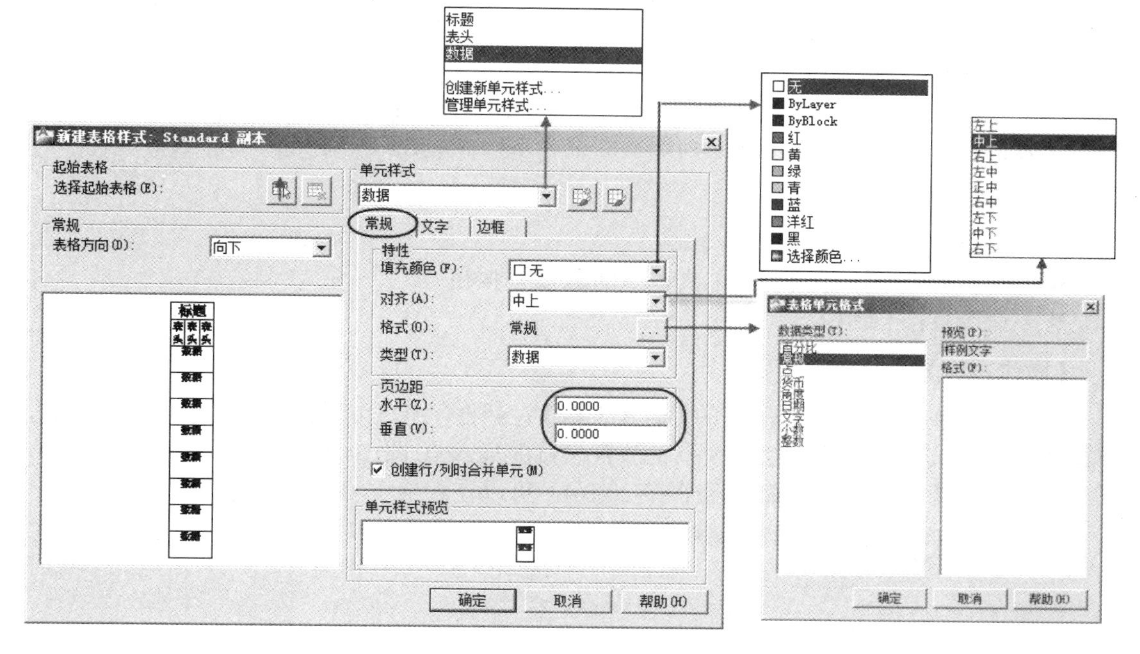

图 5-16 【新建表格样式】对话框

【新建表格样式】对话框中【常规】、【文字】和【边框】三个选项，分别用于控制表格中【数据】、【表头】和【标题】的相关参数。

① 【常规】选项卡：用于设置表格特性，如填充颜色、文字对齐以及文字与表格边框距离等参数，可以通过单击下拉列表，做各种设置，如图 5-16 所示。通常将页边距设为“0”，便于按指定高度修改表格行高；

② 【文字】选项卡：用于设置表格中的文字属性，如文字样式、高度、颜色以及角度，如图 5-17 所示；

③ 【边框】选项卡：用于设置表格的框线特性，如线宽、线型以及颜色等。如图 5-18 所示。

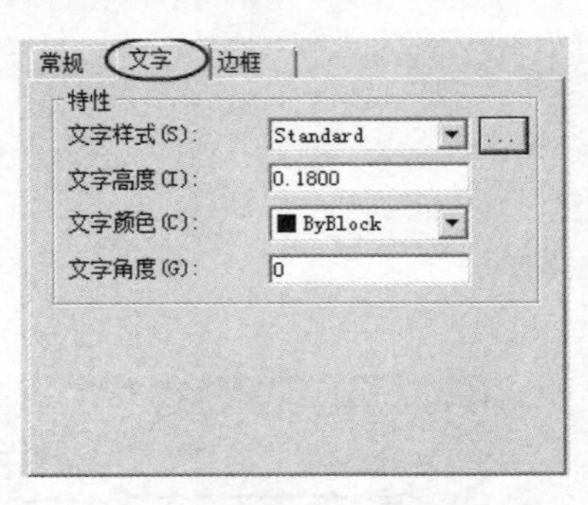

图 5-17 【文字】选项卡

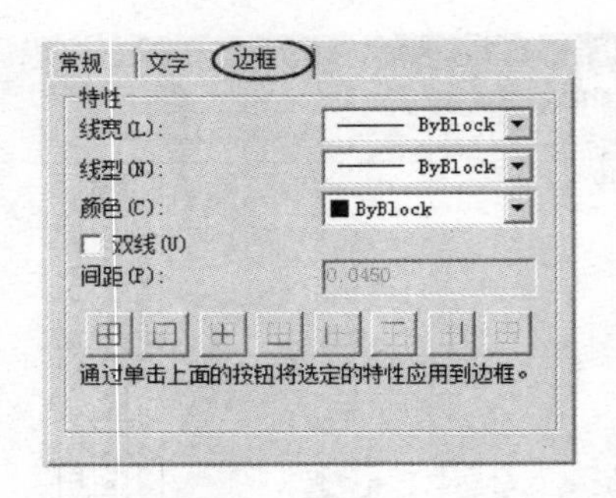

图 5-18 【边框】选项卡

(2) 【修改】按钮：单击该按钮，可以对当前表格样式进行修改，其操作过程与新建表格样式相同。

(3) 【置为当前】按钮：单击该按钮，可以将选中的表格样式设置为当前。

(4) 【删除】按钮：单击该按钮，可以删除选中的表格样式。

5.3.2 绘制表格

如果设置了几种表格样式，绘制表格之前，应将对应的表格样式置为当前样式，然后使用【表格】命令，绘制指定行、列数量的空表格，然后在其中添加对应的表格内容。

【运行方式】

- 菜单：【绘图】→【表格】。
- 工具栏：单击【绘图】工具栏中的▦图标按钮。
- 命令行：TABLE。

【操作过程】

以上操作弹出如图 5-19 所示的【插入表格】对话框，用户可以根据需要设置表格外观，单击【确定】按钮，然后在绘图区指定放置表格的插入点(图 5-20(a))，插入表格的同时，系统自动打开【文字格式】编辑器(图 5-20(b))，可以在表格中填写对应内容。

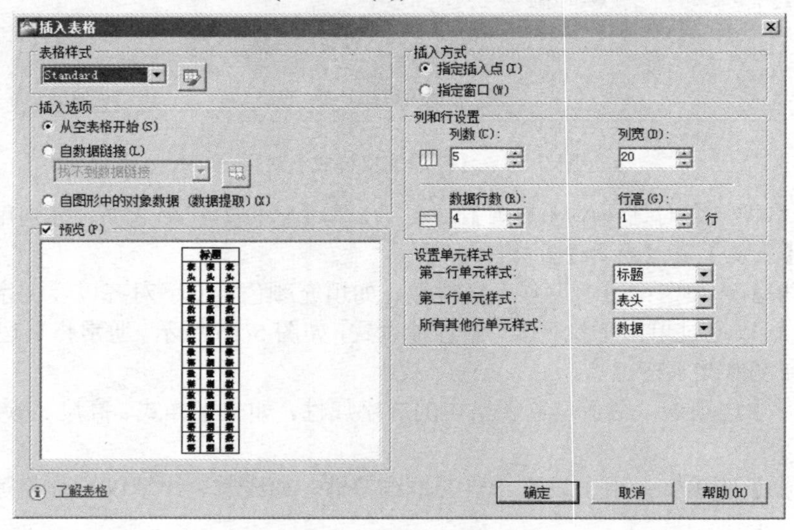

图 5-19 【插入表格】对话框

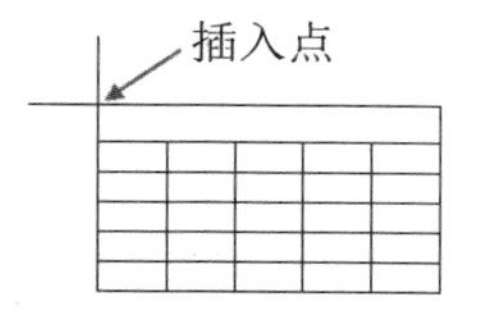

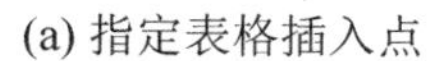
(a) 指定表格插入点

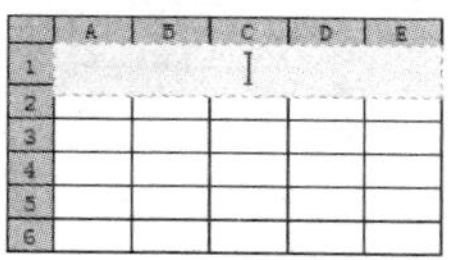

(b) 插入图中的表格显示

图 5-20 插入表格过程

【操作示例】

利用【表格】命令，创建如图 5-21 所示的“钻模”表格。

钻　模				
序号	名称	数量	材料	备注
1	底座	1	HT150	
2	钻模板	1	40	
3	钻套	3	40	
4	轴	1	40	
5	开口垫片	1	40	
6	六角螺母	3	35	GB6170-85

8X7=56

15　20　15　20　20

图 5-21 管口表内容及格式

其操作步骤如下。

(1) 创建新的表格样式：根据机械制图规则，建立符合国标要求的表格样式，样式名为“新表格”。其过程为：单击【文字】工具栏中的图标按钮，弹出如图 5-14 所示的【表格样式】对话框，单击【新建】按钮，在弹出的【创建新的表格样式】中输入“新表格”样式名；单击【继续】按钮，又弹出【创建表格样式】对话框，在其中分别按照表 5-3 对应参数设置表格的【标题】、【表头】和【数据】。如图 5-22 为单元样式【标题】的【文字】设置。

表 5-3 表格样式参数设置

<table>
<tr><th rowspan="2">单元样式
设置内容</th><th colspan="2">常规</th><th colspan="2">文字</th><th rowspan="2">边框</th></tr>
<tr><th>对齐</th><th>页边距</th><th>文字样式</th><th>文字字高</th></tr>
<tr><td>标题</td><td rowspan="3">正中</td><td rowspan="3">0</td><td rowspan="3">“标注”(设置字体：gbenor.shx 和 gbcbig.shx)</td><td>5</td><td rowspan="3">默认</td></tr>
<tr><td>表头</td><td>3.5</td></tr>
<tr><td>数据</td><td>3.5</td></tr>
</table>

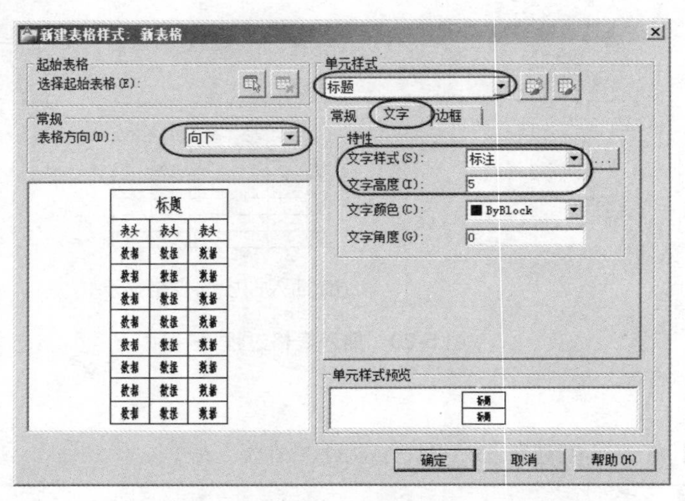

图 5-22 【新建表格样式】中【标题】的【文字】设置

(2) 执行【表格】TABLE 命令，在弹出的【插入表格】对话框中，根据图 5-21 的表格外观，设置表格列数为 5、数据行数为 6 以及列宽为 20、行高为 1，如图 5-23(a)所示，单击【确定】按钮，并在绘图界面插入表格，在表格中填写相应内容，如图 5-23(b)所示。

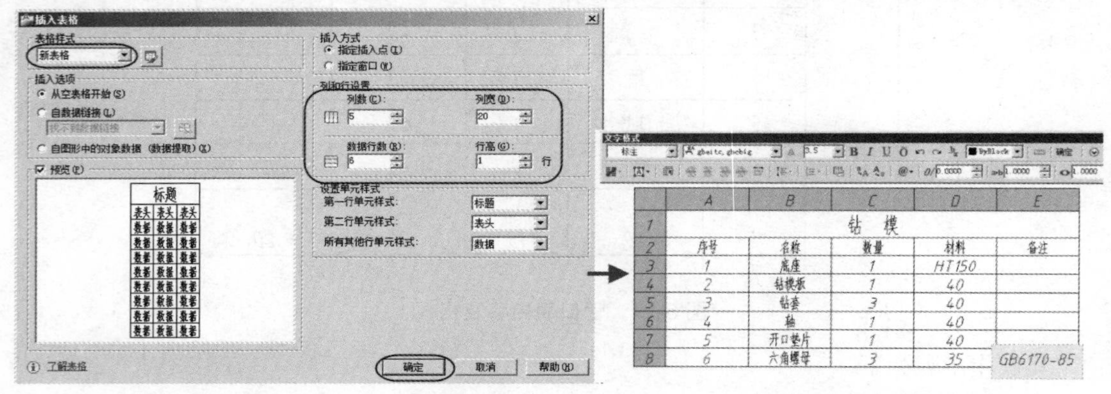

(a) 在【插入表格】对话框中设置行列数　　(b) 填写表格内容

图 5-23 创建表格过程

(3) 单击【文字格式】工具栏中的【确定】按钮，返回 CAD 图面，填写了内容的表格如图 5-24 所示。

钻　模				
序号	名称	数量	材料	备注
1	底座	1	HT150	
2	钻模板	1	40	
3	钻套	3	40	
4	轴	1	40	
5	开口垫片	1	40	
6	六角螺母	3	35	GB6170-85

（行高标注：6.7，4.7，4.7，4.7，4.7，4.7，4.7，4.7；列宽标注：20，20，20，20，20）

图 5-24 填写内容后的表格

5.3.3　修改表格

与 Excle 等其他处理软件类似，用户可以通过 AutoCAD 方便地编辑已有的表格，如进行改变列宽、行高及合并单元格等操作。

(1) 修改行高。

如图 5-24 所绘制的表格，其行高、列宽与图 5-21 要求不一致，可以通过单击或双击该表格，选用【特性】选项板进行对应操作。如图 5-21 所示，表格行高皆为 7，其设置过程为：

① 在表格任意位置单击鼠标，结果如图 5-25(a)所示；

② 再单击表格左上单元格，选中表格，同时弹出【表格】工具栏，此时按右键，在弹出的快捷菜单中选择【特性】(图 5-25(b))，调出【特性选项板】，修改【单元行高】为 7，如图 5-25(c)所示。

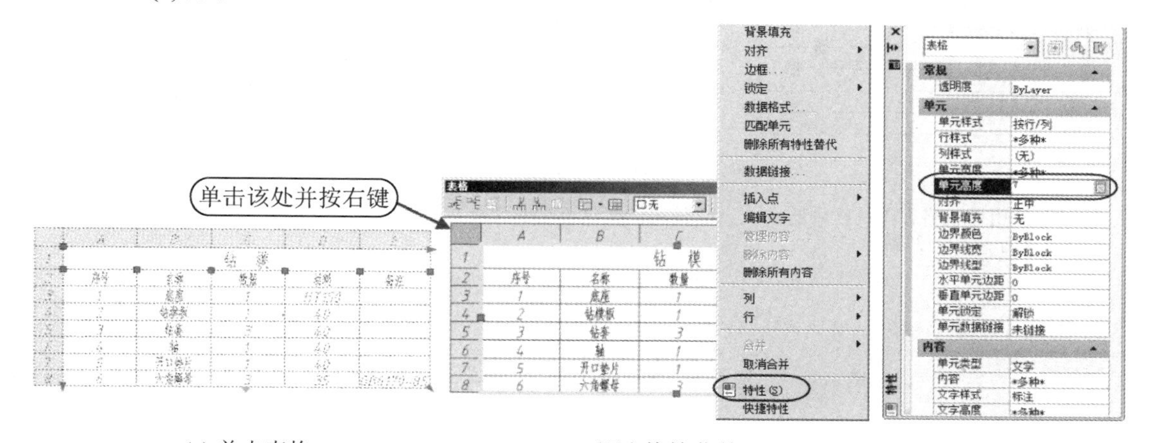

(a) 单击表格　　(b) 调出快捷菜单　　(c)【特性】选项板

图 5-25　修改行高过程

(2) 修改列宽。

选中单元格“序号”，用同样的方法打开【特性选项板】，设置【单元宽度】为 15，如图 5-26 所示；重复以上步骤，修改“数量”所在列宽。

表格

口无

	A	B	C
1			钻　模
2	序号	名称	数量
3	1	底座	1
4	2	钻模板	1
5	3	钻套	3
6	4	轴	1
7	5	开口垫片	1
8	6	六角螺母	3

表格

特性	值
常规	
透明度	ByLayer
单元	
单元样式	按行/列
行样式	表头
列样式	(无)
单元宽度	15
单元高度	7
对齐	正中
背景填充	无
边界颜色	ByBlock
边界线宽	ByBlock
边界线型	ByBlock
水平单元边距	0
垂直单元边距	0
单元锁定	解锁
单元数据链接	未链接
内容	
单元类型	文字
内容	序号
文字样式	标注
文字高度	3.5

特性

图 5-26　修改列宽

(3) 合并单元格。

选择要合并的两个单元格，单击【表格】工具栏中的【合并单元】图标按钮，如图 5-27(a)所示；或者按右键，在弹出的快捷菜单中选择【合并】，如图 5-27(b)所示，选择【全部】，则选中的多个单元格被合并成一个单元，结果如图 5-27(c)所示。

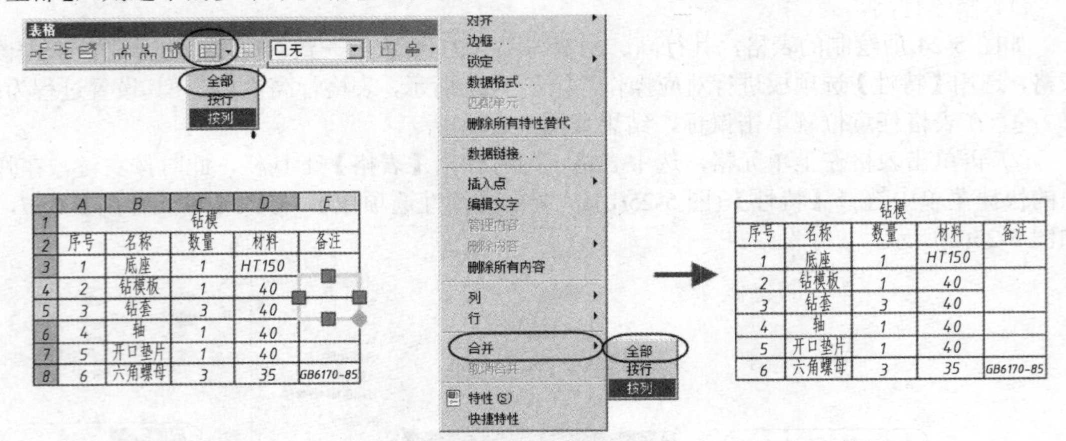

(a) 使用【表格】工具栏中的【合并单元】图标　(b) 使用快捷菜单中的【合并】　(c) 合并后的单元格

图 5-27　合并单元格过程

5.4　习　　题

1．设置文字样式，绘制并填写如图 5-28 所示的明细栏。

2	GB/T 5782-2000	螺栓M10X70	4	Q235A	0.1	0.4	
1		轴 1	1	Q235A			
序号	代号	名称	数量	材料	单位 重量	总计	备注

图 5-28　明细栏

2．使用【表格】命令，绘制如图 5-29 所示的标题栏。

(图名)			比例	数量	材料	(图号)
制图	(姓名)	(日期)	(学校)			
校核	(姓名)	(日期)				

图 5-29　标题栏

第6章 尺寸标注

知识要点	掌握程度	相关知识
尺寸标注样式及各种标注命令	掌握尺寸样式创建方法； 掌握各种标注命令的特点及操作方法。	利用标注样式管理器创建尺寸标注样式、利用制图知识进行参数设置； 标注命令的各种应用。
多重引线标注样式及标注命令	掌握创建各种多重引线样式的方法及参数设置。 掌握多重引线相关命令的应用。	利用多重引线样式管理器创建样式。 多重引线的典型应用。
各种公差的标注	掌握形位公差、公差基准、尺寸公差的各种标注方法。 熟悉利用快速引线标注形位公差和利用特性选项板标注尺寸公差的方法。	机械制图中形位公差、尺寸公差的基本知识； 公差标注的应用。
尺寸标注的编辑	掌握对尺寸标注各要素进行编辑的操作方法。	对已标注的尺寸进行各种修改。

在图形设计中，图形用以表达机件的形状，而机件的真实大小要由尺寸确定。尺寸标注是绘图设计中的一项重要内容，AutoCAD 包含了一套完整的尺寸标注命令和实用程序，可以轻松完成图纸中要求的尺寸标注。

6.1　尺寸样式设置

尺寸标注由尺寸界线、尺寸线(含箭头)和尺寸数字(含符号)组成(图 6-1)，其标注不同行业各有不同要求。在 AutoCAD 中，尺寸样式控制尺寸标注的格式和外观，在标注尺寸之前，用户应根据国家标准进行尺寸样式设置，以便快速指定标注格式，确保标注符合行业或工程标准。

如图 6-1 所示，机械制图中尺寸标注的基本要求如下。

(1) 尺寸界线：用细实线绘制，可由轮廓线、轴线或对称中心线处引出，也可利用轮廓线、轴线或对称中心线作尺寸界线。图 6-1 中代号 c＝0；

(2) 尺寸线和箭头：用细实线绘制，其终端有箭头和斜线两种形式，在机械图样中尺寸线终端主要采用箭头的形式；且尺寸界线超出尺寸线距离 b＝1～2mm。

(3) 尺寸数字：字高≥3.5、长仿宋字体。

(4) 两平行尺寸线间距 a≥7。

(5) 标注角度时，角度数字一律水平书写。

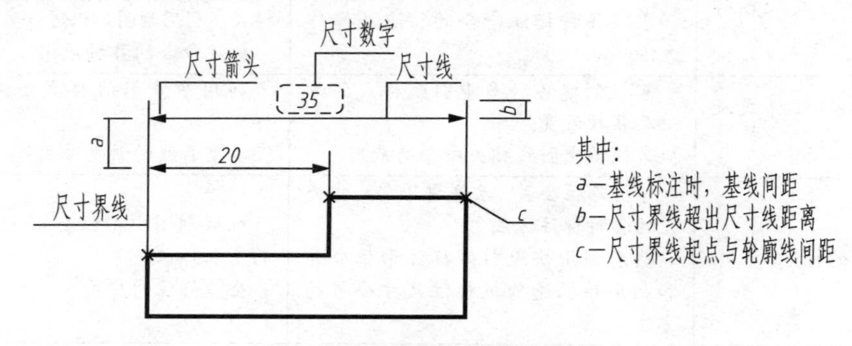

图 6-1　尺寸标注的组成

如图 6-2 所示为使用系统默认标注样式直接标注尺寸的效果，显然，图中所标尺寸不合我国机械制图规范，应该重新修改标注样式中的对应参数，使之满足使用要求。

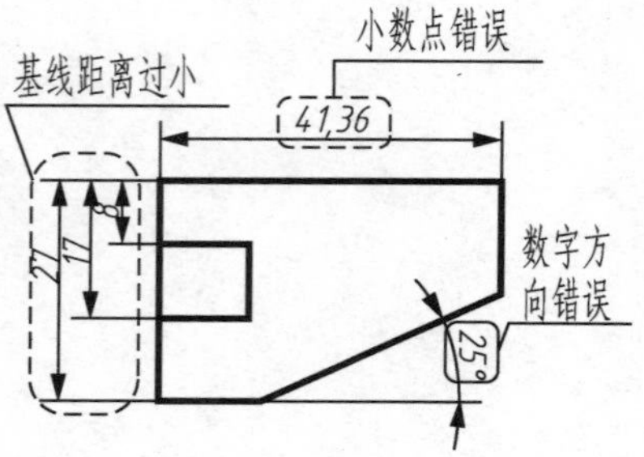

图 6-2　使用默认标注样式的标注效果

6.1.1　修改基础标注样式

修改或设置尺寸标注样式，必须调出【标注样式管理器】。

【运行方式】

- 菜单：【标注】→【标注样式】或【格式】→【标注样式】。
- 工具栏：单击【标注】工具栏中的图标按钮。
- 命令行：DIMSTYLE 或 D。

【操作过程】

以上操作弹出如图 6-3 所示的【标注样式管理器】对话框，单击【修改】按钮，系统打开【修改标注样式】对话框，单击对应按钮，分别打开【线】、【符号和箭头】、【文字】、【调整】、【主单位】、【换算单位】和【公差】等选项卡，如图 6-4 所示，可以进行各种参数设置。

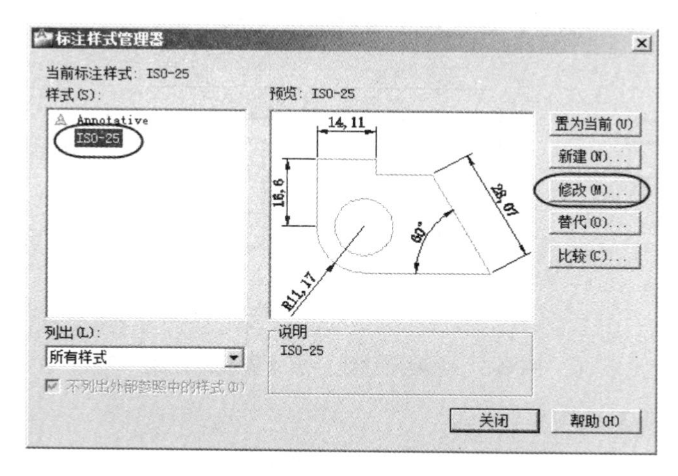

图 6-3 【标注样式管理器】对话框

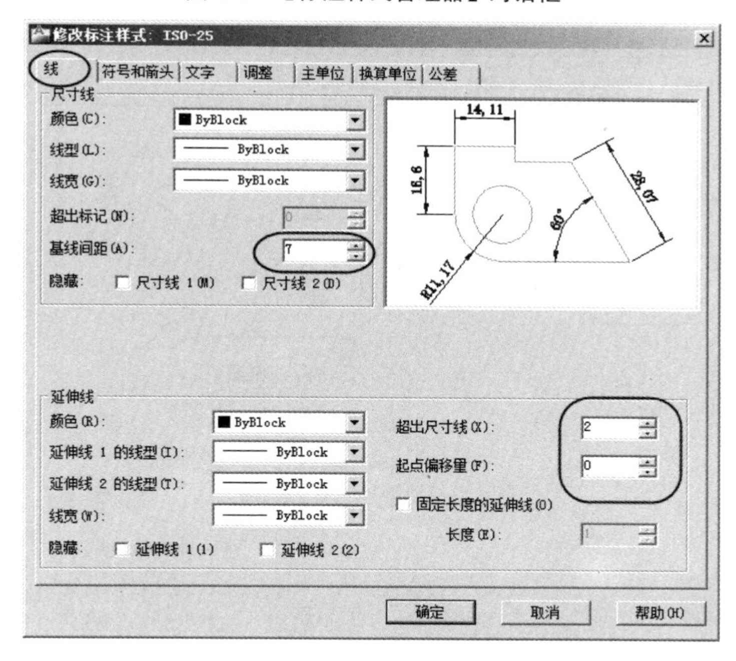

图 6-4 【线】选项卡

(1)【线】选项卡。

用于设置尺寸线、尺寸界线的格式、位置等特性，如图 6-4 所示。其中：

①【尺寸线】选项组：用于设置尺寸线的颜色、线型、线宽、超出标记、基线间距以及是否隐藏尺寸线等属性。

②【延伸线】选项组：用于设置尺寸界线的颜色、线型、线宽、尺寸界线超出尺寸线的距离、起点偏移量以及是否隐藏尺寸界线等属性。延伸线即尺寸界线。

根据机械制图国标要求，分别设置【基线间距】(=7)、【超出尺寸线】(=2)及【起点偏移量】(=0)三个参数，其他为默认值，如图 6-4 所示。

【尺寸线】和【延伸线】选项组中的【隐藏】设置效果如图 6-5 所示，其中，尺寸线、延伸线的顺序由标注顺序确定，该选项可根据需要灵活选用。

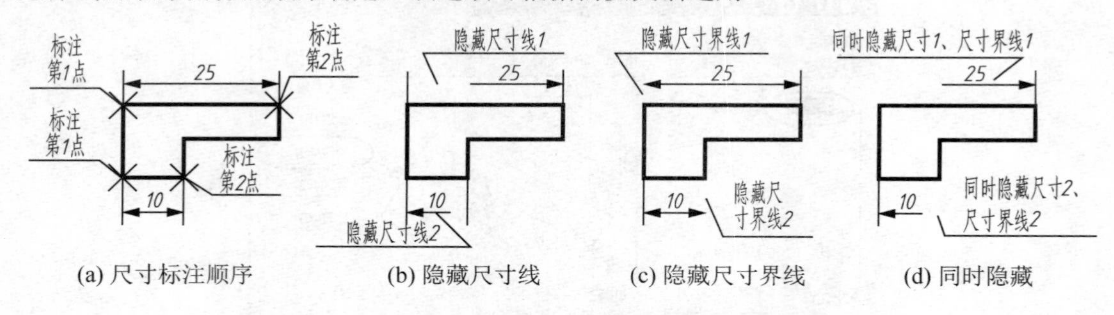

图 6-5　隐藏尺寸线、尺寸界线的效果

(2)【符号和箭头】选项卡。

用于设置箭头、圆心标记、弧长符号、折弯标注形式等特性，如图 6-6 所示。各选项功能如下。

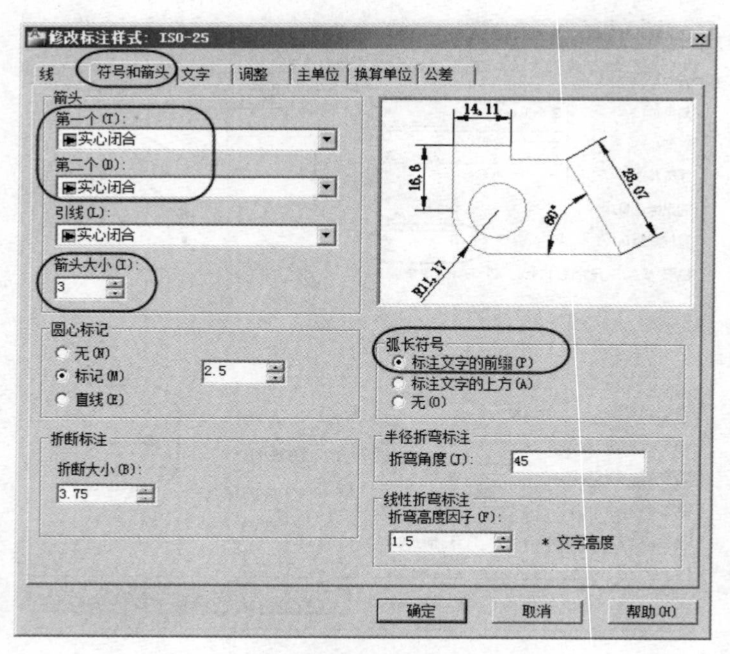

图 6-6　【符号和箭头】选项卡

①【箭头】选项组：用于设置箭头的形式与大小。AutoCAD 设置了多种箭头样式，可以从对应的下拉列表框中选择；其大小可以通过【箭头大小】文本框设置。

②【圆心标记】选项组：用于设置直径标注和半径标注的圆心标记和中心线的外观。

选择【无】单选按钮时，不创建任何标记；选择【标记】单选按钮时，创建圆心标记，如图 6-7(a)所示；选择【直线】单选按钮时，创建中心线，如图 6-7(b)所示，可以在大小文本框中设置设定圆心标记或中心线的大小。

③【弧长符号】选项组：用于设置弧长标注中圆弧符号的显示。如图 6-8 为三种显示效果。

④【折断标注】：用于设置折断标注的间隙宽度，如图 6-9 所示。

⑤【半径折弯标注】：控制折弯(Z 字形)半径标注时折弯角度的大小。其标注显示效果如图 6-10 所示。

⑥【折弯高度因子】：控制线性标注折弯的显示，如图 6-11 所示，折弯高度由尺寸标注文字字高和折弯高度因子确定。

根据机械制图国标要求，本选项卡所做设置如图 6-6 所圈位置，其他皆为默认。

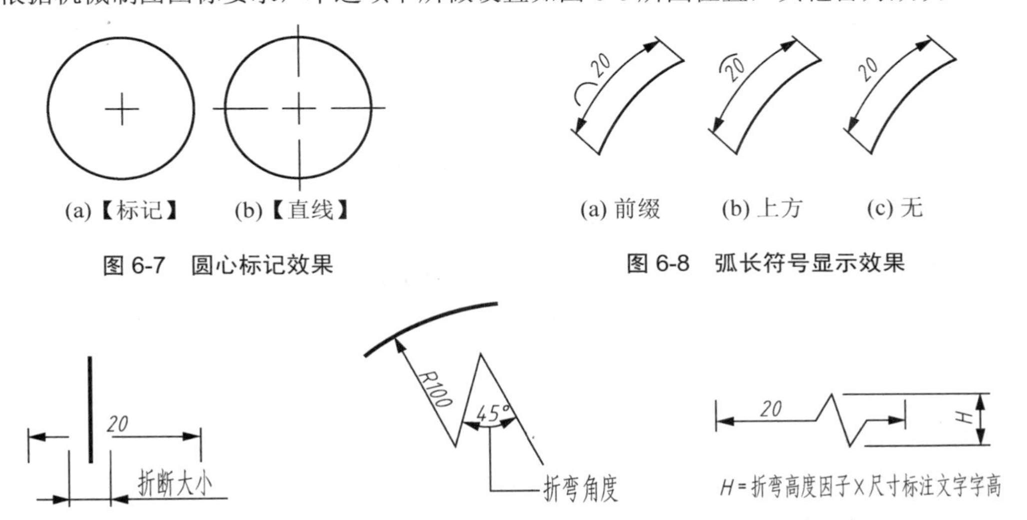

图 6-7　圆心标记效果　　图 6-8　弧长符号显示效果

图 6-9　折断标注中的间隙　　图 6-10　【半径折弯标注】效果　　图 6-11　【线性折弯标注】效果

(3)【文字】选项卡。

用于设置标注文字的外观、位置、对齐方式等特性，如图 6-12 所示。各选项说明如下。

①【文字外观】选项组：用于设置标注文字的格式和大小。

【文字样式】：用于设置标注文字采用的文字样式。单击下拉列表，可以从中选择一种文字样式，或者单击右侧的…按钮，可以打开【文字样式】对话框，从中定义或修改文字样式。

【文字颜色】：用于设置标注文字的颜色。

【填充颜色】：用于设置标注文字的背景颜色。

【文字高度】：用于设置标注文字的字高。

【分数高度比例】：用于设置标注文字中的分数比例。仅当在【主单位】选项卡中，【单位格式】选择【分数】时，此选项才可用。

【绘制文字边框】：选中此复选框，AutoCAD 在尺寸文本的周围加上边框。

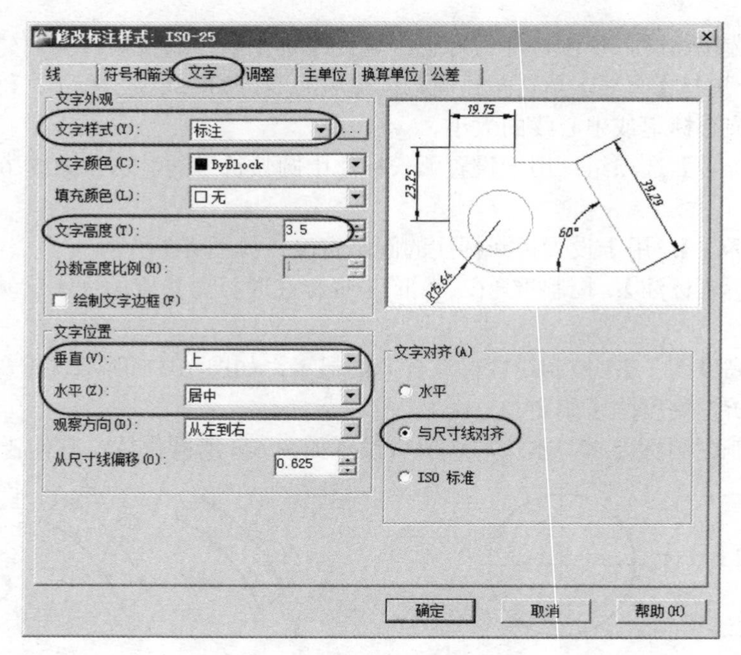

图 6-12 【文字】选项卡

②【文字位置】选项组：用于设置标注文字的安放位置。

【垂直】：用于设置标注文字相对尺寸线的垂直位置，各种设置效果如图 6-13 所示。

【水平】：用于设置标注文字在尺寸线上相对于尺寸界线的水平位置，各种设置效果如图 6-14 所示。

【观察方向】：用于设置标注文字的观察方向。

【从尺寸线偏移】：用于设置尺寸文字与尺寸线之间的间距。

③【文字对齐】选项组：用来控制尺寸文本排列的方向。

【水平】：使标注文字水平放置，如图 6-15(a)所示。

【与尺寸线对齐】：使标注文字沿尺寸线方向放置，如图 6-15(b)所示。

【ISO 标准】：使标注文字按 ISO 标准放置，即当标注文字在尺寸界线之内时，沿尺寸线方向放置；在尺寸界线之外时将水平放置，如图 6-15(c)所示。

根据机械制图国标要求，本选项卡所做设置如图 6-12 所圈位置，其他皆为默认。

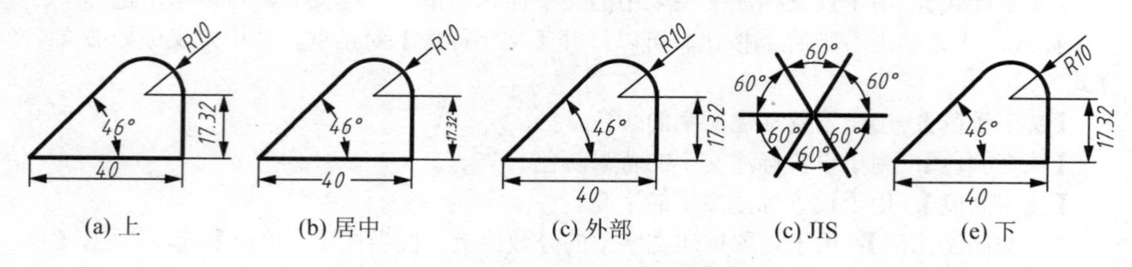

图 6-13 标注文字与尺寸线垂直时的各种位置

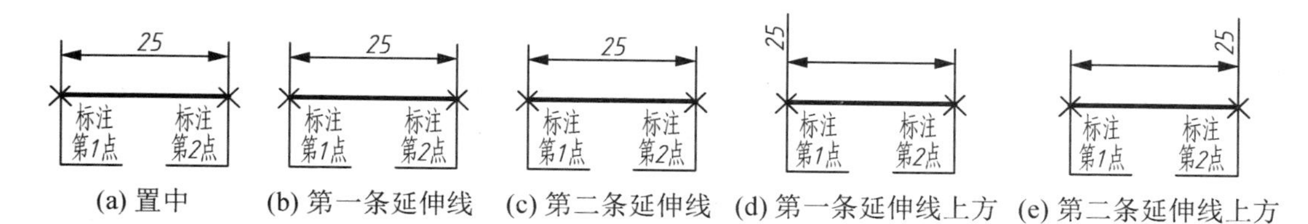

图 6-14　标注文字与尺寸线水平时的各种位置

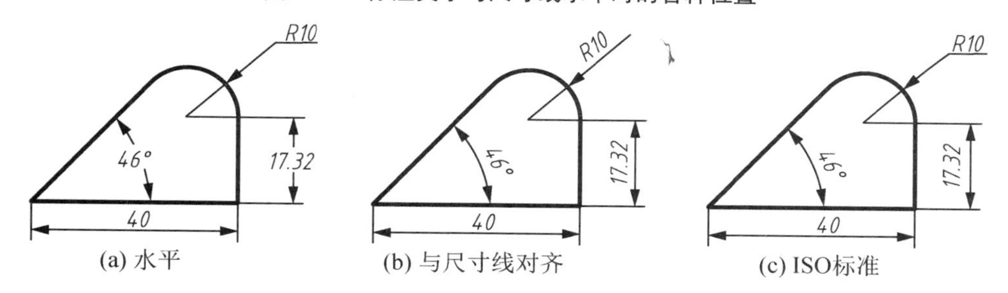

图 6-15　文字对齐的三种位置

(4)【调整】选项卡。

用于设置尺寸标注文字、箭头的放置位置，是否添加引线，以及全局比例因子等特性，如图 6-16 所示。各选项说明如下。

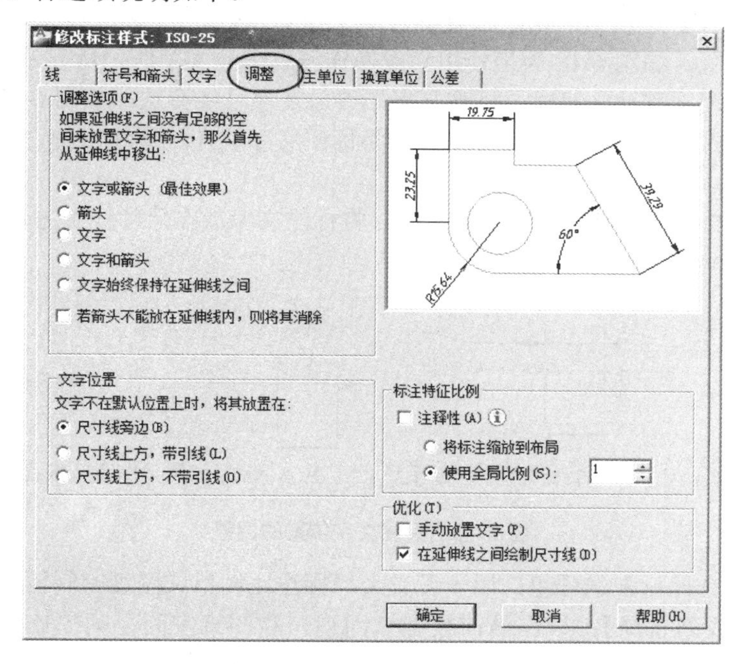

图 6-16 【调整】选项卡

①【调整选项】选项组：用于设置如果尺寸界线之间没有足够空间来放置文字和箭头时，首先从尺寸界线中移出的对象。即根据尺寸界线之间的空间来控制尺寸文字和箭头的位置。

【文字或箭头(最佳效果)】：当尺寸界线间的距离足够放置文字和箭头时，文字和箭头都放在尺寸界线内，否则，将按照最佳效果移动文字或箭头，如图 6-17(a)所示。

【箭头】：当尺寸界线间的距离不够时，先将箭头移到尺寸界线外，如图 6-17(b)所示。

【文字】：当尺寸界线间的距离不够时，先将文字移到尺寸界线外，如图 6-17(c)所示。

【文字和箭头】：当尺寸界线间的距离不够，将文字和箭头同时移到尺寸界线外，如图 6-17(d)所示。

【文字始终保持在延伸线之间】：始终将文字放在尺寸界线之间，如图 6-17(e)所示。

【若箭头不能放在延伸线内，则将其消除】：尺寸界线间的距离不够时省略尺寸箭头，图 6-17(f)所示。

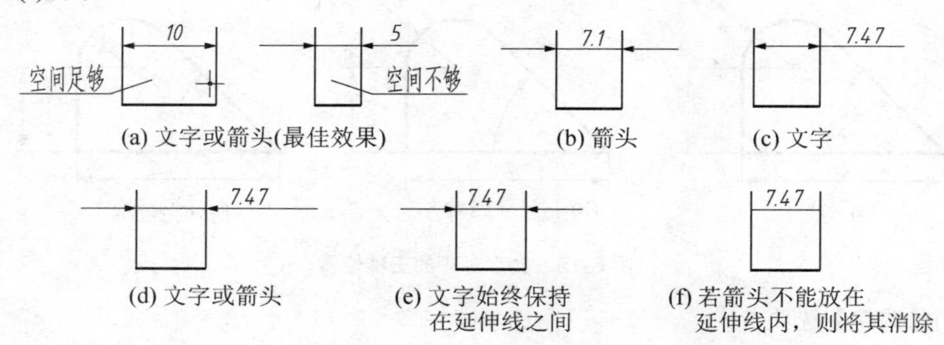

(a) 文字或箭头(最佳效果)　(b) 箭头　(c) 文字

(d) 文字或箭头　(e) 文字始终保持在延伸线之间　(f) 若箭头不能放在延伸线内，则将其消除

图 6-17　根据尺寸界线空间调整文字和箭头位置

②【文字位置】选项组：用于设置标注文字从默认位置(由标注样式定义的位置)移动时标注文字的位置，如图 6-18 为当使用夹点操作移动标注文字时，所显示的文字位置。

【尺寸线旁边】：移动文字时，标注文字始终放在尺寸线旁边，如图 6-18(b)所示。

【尺寸线上方，带引线】：移动文字时，将标注文字放在尺寸线上方，并用引线相连，如图 6-18(c)所示。

【尺寸线上方，不带引线】：移动文字时，将标注文字放在尺寸线上方，不用引线相连，如图 6-18(c)所示。

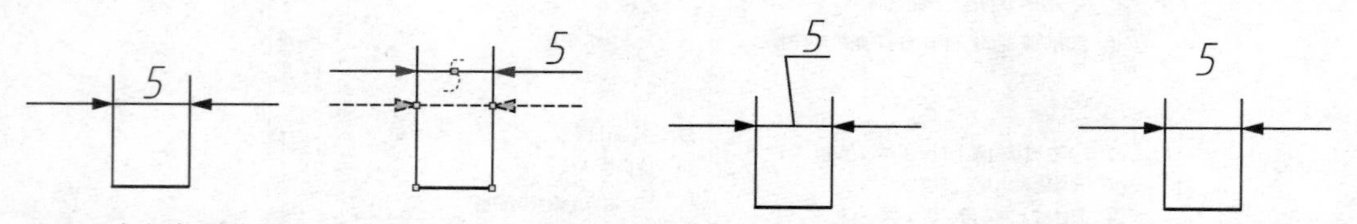

(a) 尺寸文字原位置　(b)【尺寸线旁边】　(c)【尺寸线上方，带引线】　(d)【尺寸线上方，不带引线】

图 6-18　标注文字位置的调整

③【标注特征比例】选项组：用于设置全局标注比例值或图纸空间比例。

【将标注缩放到布局】：根据当前模型空间视口和图纸空间之间的比例确定比例因子(DIMSCALE 系统变量)。

使用全局比例：为所有标注样式设置设定一个比例(DIMSCALE 系统变量)，这些设置指定了大小、距离或间距，包括文字和箭头大小。该缩放比例并不更改标注的测量值。该选项是标注样式设置中最重要，也是出图时优先考虑的一个设置。

④【优化】选项组：提供用于放置标注文字的其他选项。

【手动放置文字】：忽略所有水平对正设置，创建标注时，尺寸文字按光标指定位置放置。

【在延伸线之间绘制尺寸线】：即使箭头放在尺寸界线之外，也在尺寸界线之间绘制尺寸线。该复选框为优先选项。

本选项卡一般不作修改，均采用默认设置，如图 6-16 所示。

(5)【主单位】选项卡。

用于设置主标注单位的格式和精度，并设定标注文字的前缀和后缀，如图 6-19 所示。本选项卡包含【线性标注】和【角度标注】两个选项组，分别对长度和角度标注进行设置，其对应功能说明如下。

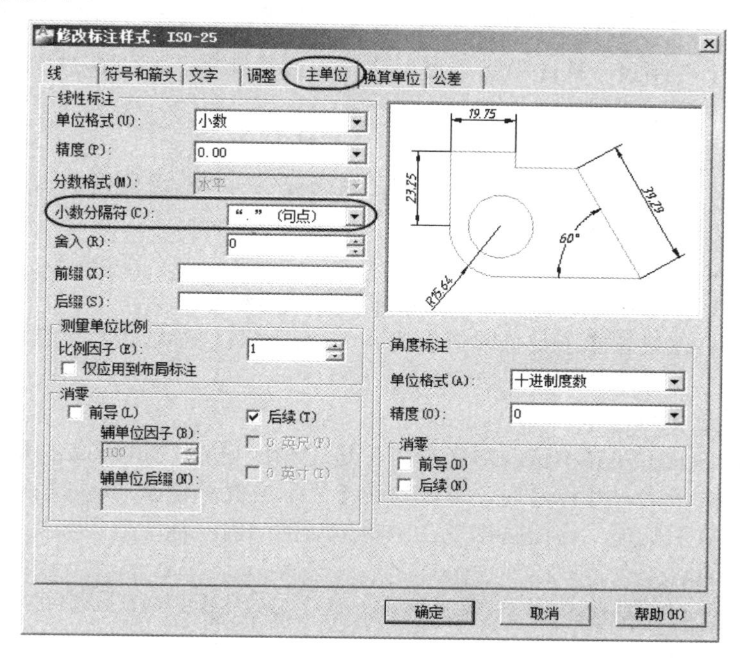

图 6-19 【主单位】选项卡

①【线性标注】：用于设置线性标注的格式和精度。

【单位格式】：即单位制，用于设置除角度之外的所有标注类型的当前单位格式。对于机械制图，使用“小数”格式。

【精度】：显示和设置标注文字中的小数位数。

【分数格式】：用于设置分数的堆叠形式(包括水平、对角和非堆叠三种)。仅当单位格式为“分数”时，该选项才被激活。

【小数分隔符】：用于设置小数点的样式。系统默认小数点为逗号，应选择“句点”。

【舍入】：用于设置除角度之外的尺寸测量圆整规则。一般该选项使用值“0”，即不采用舍入规则。

【前缀】、【后缀】：指在标注尺寸前或后添加一些字符，如图 6-20 所示。该选项一般不在标注样式中设置。

【测量单位比例】：用于定义线性比例选项。【比例因子】：设置线性标注测量值的比例因子(DIMLFAC 系统变量)，所标尺寸等于测量值与该比例的乘积。例如，如果比例因子输入 2，则系统会将 1 个单位的尺寸显示成 2 个单位。该值不应用到角度标注。【仅应用到布局标注】：

若勾选复选框，仅将测量单位比例因子应用于布局视口中创建的标注。该设置应保持取消复选状态。

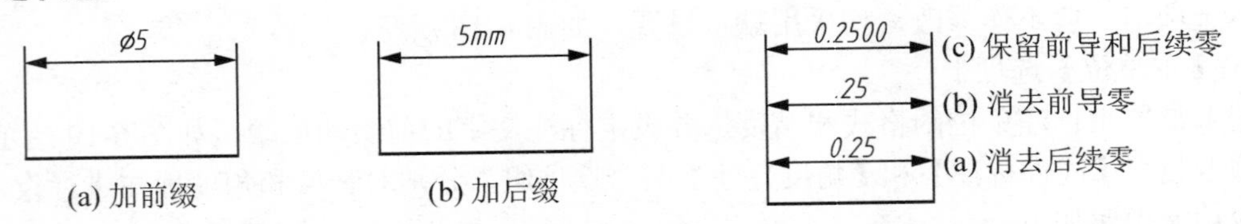

(a) 加前缀　　(b) 加后缀

图 6-20　标注前后缀的尺寸显示　　图 6-21　设置不同消零方式的标注效果

【消零】：用于控制尺寸标注中是否显示前导零或后续零。如图 6-21 为设置不同消零设置后对应的标注文字形式。

②【角度标注】：用于设置角度标注的格式和精度。

【单位格式】：用于设置角度的单位格式。系统提供了“十进制度数”、“度/分/秒”、“百分度”、和“弧度”四种角度单位。

【精度】：用于设置角度标注的小数位数。

【消零】：用于设置角度标注中是否显示前导零或后续零。

本选项卡中，仅设置【小数分隔符】为句号“.”，其他参数皆为默认。结果如图 6-19 所示。

(6)【换算单位】选项卡。

用于设置是否显示换算单位及对换算单位进行相应设置，如图 6-22 所示。若需要同时显示公制与英制对应的尺寸标注时，可以勾选【显示换算单位】，其中【换算单位倍数】乘以测量值即为换算后的值，该值将出现在主单位后的[ ]内，标注效果如图 6-23 所示。本选项卡一般不作设置。

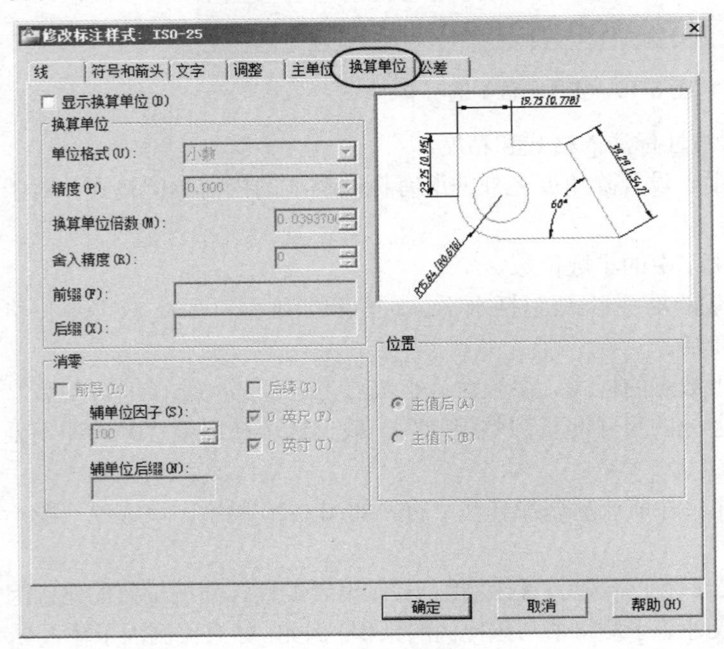

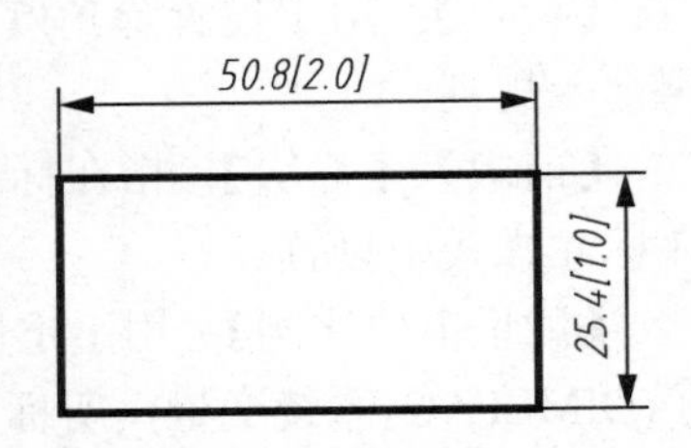

图 6-22　【换算单位】选项卡　　图 6-23　显示换算单位的标注

(7)【公差】选项卡。

用于设置尺寸公差的格式及尺寸公差大小，如图 6-24 所示。

①【公差格式】选项组：用于设置公差的标注方式。

【方式】：用于设置标注公差的方式，共有 5 种标注方式，分别是"无"、"对称"、"极限偏差"、"极限尺寸"和"基本尺寸"，其中"无"表示不标注公差，其余对应标注方式如图 6-25 所示。

【精度】：用于设置公差的小数位数。

【上偏差】：用于设置上偏差，系统默认为正值，即标注时会在该值前加"+"号。

【下偏差】：用于设置下偏差，系统默认为负值，即标注时会在该值前加"-"号。

【高度比例】：用于设置公差尺寸与基本尺寸的文字高度比例。机械图中，采用极限偏差标注时，该值取 0.7。

【垂直位置】：用于设置对称公差和极限公差的文字与基本尺寸的对齐方式，如图 6-26 所示，机械制图中，国标规定极限公差与基本尺寸以"下"的方式对齐。

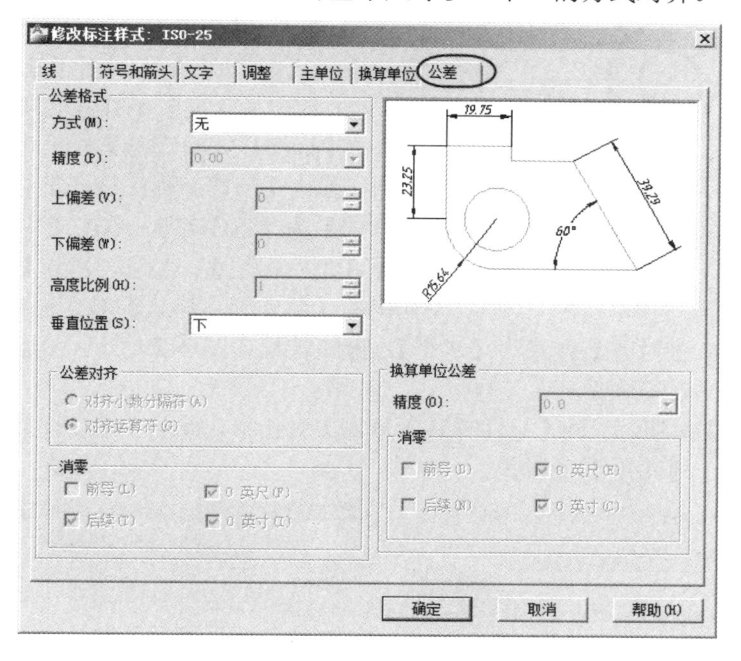

图 6-24 【公差】选项卡

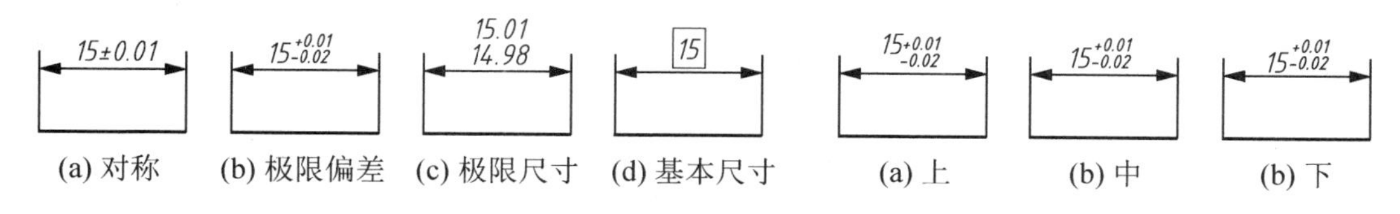

图 6-25 公差标注的各种方式　　图 6-26 公差文本与基本尺寸对齐方式

②【公差对齐】选项组：用于设置堆叠时，上偏差值和下偏差值的对齐方式。

【对齐小数分隔符】：通过值的小数分割符对齐上下偏差值，如图 6-27(a)所示。机械制图中，国标规定上下偏差的小数点必须对齐。

【对齐运算符】：通过值的运算符对齐上下偏差值，如图 6-27(b)所示。

③【消零】选项组：用于设置是否消除公差值的前导或后续零。

④【换算单位公差】选项组：用于设置换算单位公差精度及是否消零。本选项卡一般不作设置。

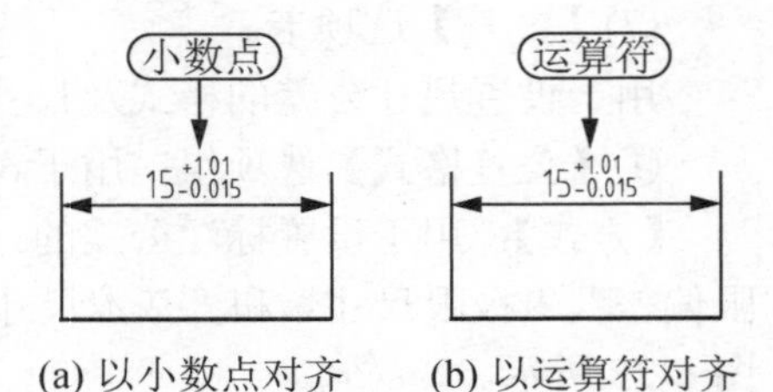

图 6-27　上下偏差值的对齐方式

6.1.2　创建新的标注样式

工程图中通常需要标注线性、直径、半径、角度等尺寸，如图 6-28 所示。AutoCAD 可以在一个基础标注样式下，根据不同标注类型建立对应的标注子样式，便于分别设置，以满足国家标准规定的标注形式。

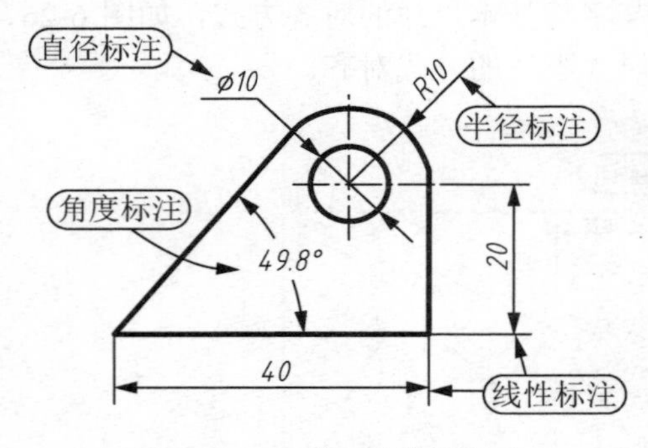

图 6-28　尺寸标注常用类型

之前已对基础样式【ISO-25】进行了相应的参数设置，在此基础上分别创建【线性】、【角度】、【半径】、【直径】等标注子样式(公差标注通常不建立对应样式)。以下介绍其创建过程。

(1) 创建【角度】子样式。

在【标注样式管理器】对话框中，单击【新建】按钮，弹出【创建新标注样式】对话框，选择【基础样式】为【ISO-25】，单击【用于】下拉列表，选择【角度标注】；然后，单击【继续】按钮，在弹出的【新建标注样式】对话框中，打开【文字】选项卡，设置【文字对齐】方式为【水平】，操作过程如图 6-29 所示。其他选项卡参数为默认。

单击【确定】按钮，返回【标注样式管理器】对话框，此时【标注样式管理器】的【样式】列表中出现了【角度】子样式。

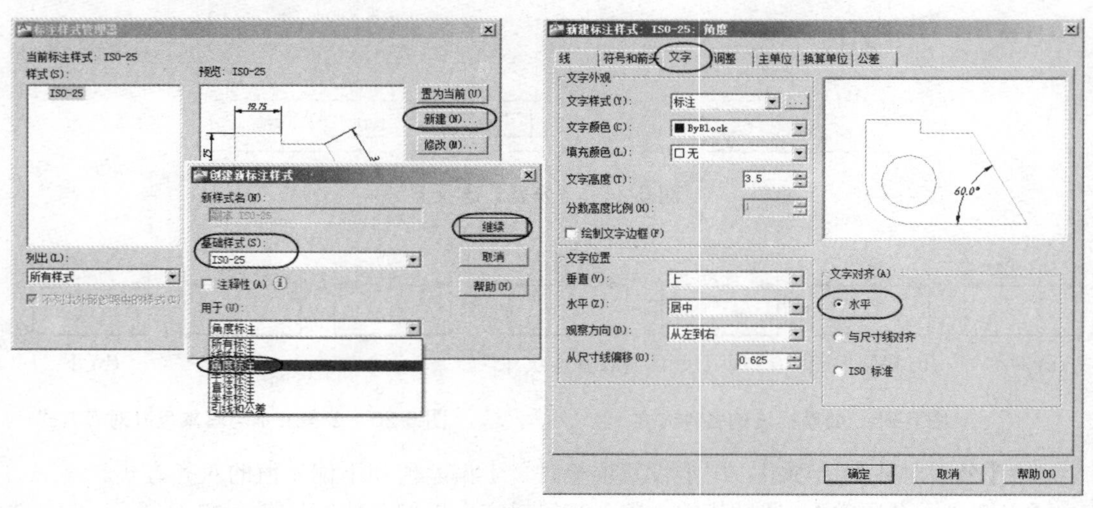

图 6-29　创建新标注样式的过程

(2) 分别创建【线性】、【直径】、【半径】子样式。

重复以上步骤，分别建立【线性】、【直径】、【半径】等标注式样。各选项卡默认基础样式【ISO-25】的参数设置，结果显示如图 6-30 所示。

6.1.3 修改标注样式名称

系统默认的样式名称为“ISO-25”，为了在调用图形过程中，防止同名的尺寸样式相互替代，通常应对已做设置的基础样式重新命名。

其操作过程为：选中【ISO-25】样式名并按鼠标右键，在弹出的快捷菜单中选择【重命名】；然后键入新的名称(如“机械图”)结果如图 6-31 所示。

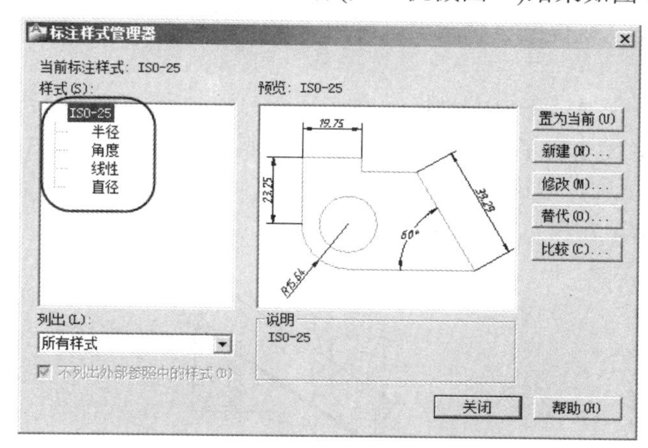

图 6-30 建立新样式后的【标注式样管理器】

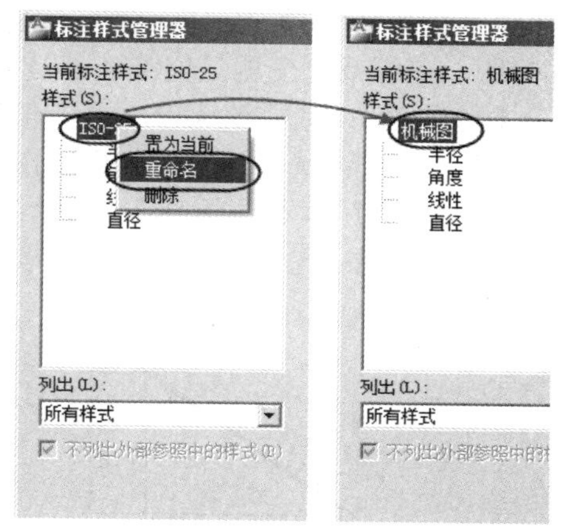

图 6-31 修改样式名称

6.2 标 注 尺 寸

AutoCAD 所提供的标注命令能满足各种标注要求，使用时可以从【标注】主菜单或【标注】工具栏(图 6-32)中选取对应命令，也可以通过命令行键入对应命令。

另外，根据制图标准，各尺寸要素应使用细实线，因此在标注尺寸前，应将“尺寸标注”层设置为当前层，并将【标注】工具栏调出，本节主要介绍各种标注命令的使用方法。

图 6-32 【标注】工具栏

6.2.1 线性标注

使用【线性】标注命令可以标注两点之间的水平或垂直距离尺寸，也可以标注旋转一定角度的直线尺寸，如图 6-33 所示。

【运行方式】

- 菜单：【标注】→【线性】。
- 工具栏：【标注】→线性⊢⊣图标。

● 命令行：Dimlinear 或 Dimlin 或 KLI。

【操作过程】

命令：dimlinear ↙(输入命令)
指定第一个延伸线原点或<选择对象>：拾取线段上一点，确定第一条尺寸界线位置
指定第二条延伸线原点：拾取线段另一端点，确定第二条尺寸界线位置
指定尺寸线位置或
[多行文字(M)/文字(T)/角度(A)/水平(H)/垂直(V)/旋转(R)]：移动光标指定尺寸线位置

【选项说明】

【多行文字(M)】：选择该选项，将显示在位文字编辑器，可用它来编辑标注文字，如添加后缀、前缀或改变测量值等。

【文字(T)】：选择该选项，可以在命令提示下自定义标注文字。

【角度(A)】：选择该选项，可以指定尺寸文字的倾斜角度，标出倾斜的尺寸文字。

【水平(H)】和【垂直(V)】：选择该选项，只能创建水平或垂直标注。

【旋转(R)】：选择该选项，标注按指定角度，旋转标注尺寸。

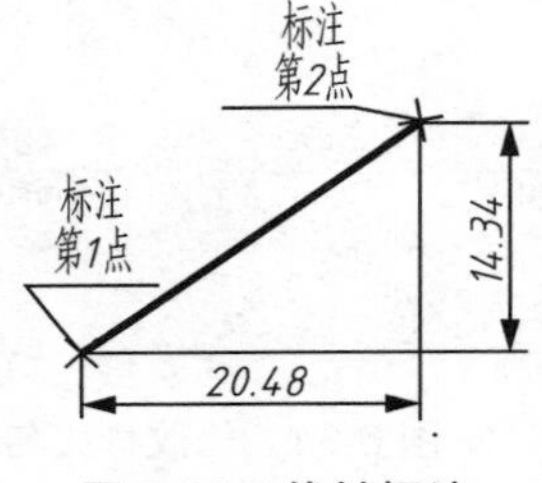

图 6-33 线性标注

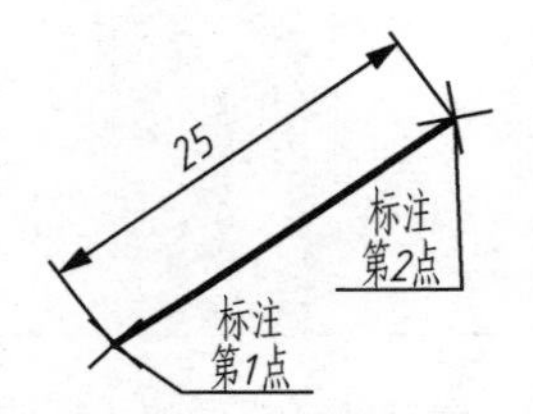

图 6-34 对齐标注

6.2.2 对齐标注

使用【对齐】标注命令可以标注倾斜直线的长度，其尺寸线与两个尺寸界线原点连成的直线平行，如图 6-34 所示。

【运行方式】

● 菜单：【标注】→【对齐】。
● 工具栏：单击【标注】工具栏中的图标按钮。
● 命令行：DIMALIGNED 或 DIMALI 或 DAL。

其操作过程与【线性】标注完全相同。

6.2.3 弧长标注

使用【弧长】标注命令可以标注圆弧的长度，如图 6-35 所示。

【运行方式】

● 菜单：【标注】→【弧长】。
● 工具栏：单击【标注】工具栏中的图标按钮。
● 命令行：DIMARC。

【操作过程】

命令：_dimarc ↙(输入命令)
选择弧线段或多段线圆弧段：选择需要标注的圆弧
指定弧长标注位置或 [多行文字(M)/文字(T)/角度(A)/部分(P)/]：移动光标指定尺寸线位置

6.2.4 半径标注

使用【半径】命令可以用来标注圆和圆弧的半径，且自动在标注文字前添加符号 R，如图 6-36 所示。

【运行方式】

- 菜单：【标注】→【半径】。
- 工具栏：单击【标注】工具栏中的图标按钮。
- 命令行：DIMRADIUS 或 DIMRAD。

【操作过程】

命令：_dimradius(输入命令)
选择圆弧或圆：选择需要标注的圆弧或圆
标注文字＝15 (系统提示测量值)
指定尺寸线位置或 [多行文字(M)/文字(T)/角度(A)]：移动光标指定尺寸线位置

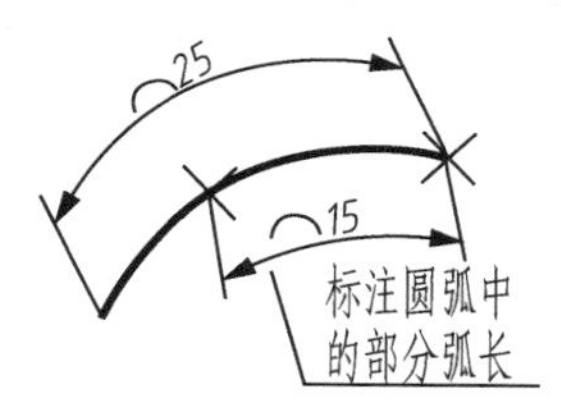

图 6-35 弧长标注

图 6-36 半径标注

6.2.5 直径标注

使用【直径】标注命令可以标注圆和圆弧的直径尺寸，且自动在标注文字前添加直径符号“Φ”，如图 6-37 所示。

【运行方式】

- 菜单：【标注】→【直径】。
- 工具栏：单击【标注】工具栏中的图标按钮。
- 命令行：DIMDIAMETER 或 DIMDIA。

其操作过程与【半径】标注完全相同。

6.2.6 折弯半径标注

当圆弧或圆的中心位于布局之外并且无法在其实际位置显示时，可以使用【折弯】命令标注对象的半径，并在任意合适的位置指定尺寸线的原点(这称为中心位置替代)。如图 6-38 所示。

【运行方式】

- 菜单：【标注】→【折弯】。
- 工具栏：单击【标注】工具栏中的图标按钮。
- 命令行：DIMJOGGED。

【操作过程】

命令：_dimjogged(输入命令)
选择圆弧或圆：选择需要标注的圆弧或圆对象
指定图示中心位置：指定点作为折弯半径标注的新圆心，用于替代圆弧或圆的实际圆心
指定尺寸线位置或 [多行文字(M)/文字(T)/角度(A)]：指定点用于确定尺寸线的角度和标注文字的位置
指定折弯位置：指定连接尺寸界线和尺寸线的横向直线的中点，系统将按折弯角度标注折弯半径

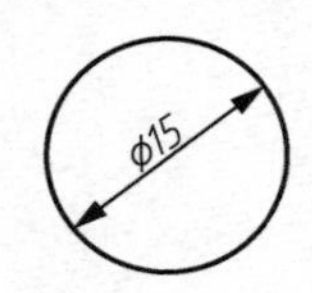

图 6-37　直径标注

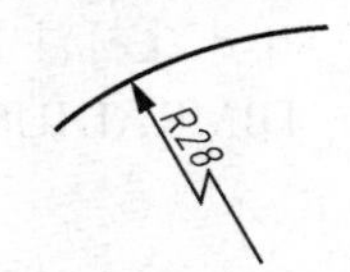

图 6-38　折弯标注

6.2.7　角度标注

使用【角度】标注命令可以标注圆、圆弧的中心角以及两条非平行直线或三个点之间的夹角。AutoCAD 可在标注文字后自动添加符号“°”。

【运行方式】

- 菜单：【标注】→【角度】。
- 工具栏：单击【标注】工具栏中的图标按钮。
- 命令行：DIMANGULAR 或 DIMANG 或 DAN。

【操作过程】

命令：Dimangular 或 Dimang
选择圆弧、圆、直线或<指定顶点>：

【选项说明】

(1) 选择圆弧时，可以标注圆弧的中心角。所选圆弧的圆心是角度的顶点，圆弧端点为尺寸界线的原点，如图 6-39(a)所示。

(2) 选择圆时，可以标注圆上某段圆弧的中心角。所选圆的圆心是角度的顶点，选择点(如图 6-39(b)中的点 1)作为第一条尺寸界线的原点，第二个点(该点无需位于圆上)是第二条尺寸界线的原点，如图 6-39(b)所示。

(3) 选择直线时，可以标注两直线的夹角，两直线的交点为角度顶点，如图 6-39(c)所示。

(4) 指定顶点时，即指定三点标注角度，如图 6-39(d)所示。

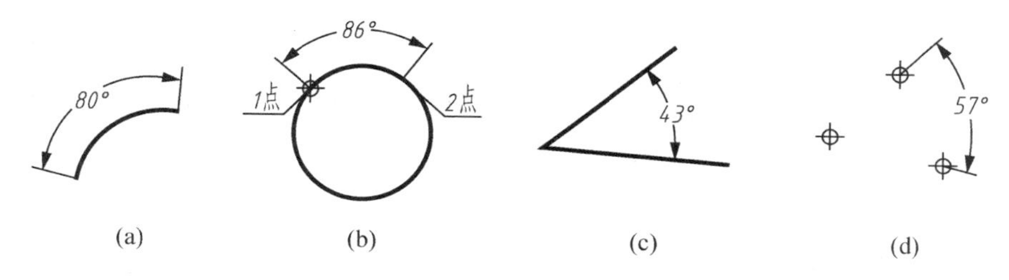

(a) (b) (c) (d)

图 6-39 角度标注

6.2.8 坐标标注

使用【坐标】标注命令可以标注每个点相对于坐标原点的坐标。其标注形式是由 X 或 Y 值和引线组成，其中，X 基准坐标标注沿 X 轴测量特征点与基准点的距离，Y 基准坐标标注沿 Y 轴测量距离。在使用【坐标】标注之前，通常应先建立用户坐标(UCS)，指定新的原点(即基准点)。

【运行方式】

- 菜单：【标注】→【坐标】。
- 工具栏：单击【标注】工具栏中的图标按钮。
- 命令行：DIMORDINATE 或 DIMORD。

【操作过程】

命令：ucs↙(输入 UCS 命令，以建立新的坐标原点)
当前 UCS 名称：*没有名称*
指定 UCS 的原点或 [面(F)/命名(NA)/对象(OB)/上一个(P)/视图(V)/世界(W)/X/Y/Z/Z 轴(ZA)]<世界>：指定点作为新的坐标原点(如指定图 6-40(a)中的左下角度)
指定 X 轴上的点或<接受>：↙(回车，表示接受，结果如图 6-40(b)所示，建立了新的坐标系)
命令：dimordinate↙(输入坐标标注命令)
指定点坐标：拾取要标注坐标的点
指定引线端点或 [X 基准(X)/Y 基准(Y)/多行文字(M)/文字(T)/角度(A)]:

【选项说明】

(1)【指定引线端点】：指定另外一点，由这两点之间的坐标差确定标注的是 X 坐标还是 Y 坐标；若 Y 坐标的坐标差较大，就标注 X 坐标，否则就标注 Y 坐标。

(2)【X 基准(X)】：指定生成该点的 X 坐标；

(3)【Y 基准(Y)】：指定生成该点的 Y 坐标。

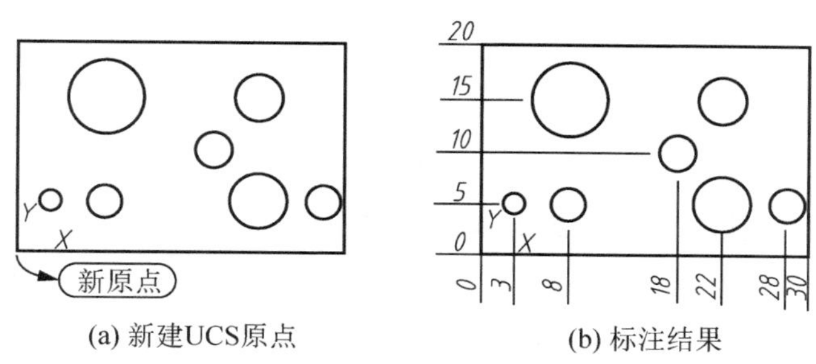

(a) 新建UCS原点　　(b) 标注结果

图 6-40 坐标标注

6.2.9　基线标注

使用【基线】标注命令可以创建共用同一基线的多个标注。在创建基线标注之前，必须已经创建了可以作为基准尺寸的线性、对齐或角度标注，如图 6-41 所示。

【运行方式】

- 菜单：【标注】→【基线】。
- 工具栏：单击【标注】工具栏中的图标按钮。
- 命令行：DIMBASELINE 或 DIMBASE。

【操作过程】

命令：_dimbaseline(输入命令)

指定第二条尺寸界线原点或 [放弃(U)/选择(S)]<选择>：s↙(选择 S，并回车)

选择基准标注：选择图 6-41(a)中的线性尺寸 7 的作为基准标注，则该尺寸第一条尺寸界线默认为基线。

指定第二条尺寸界线原点或 [放弃(U)/选择(S)]<选择>：选择图 6-41(a)中 B 点

标注文字＝12

指定第二条尺寸界线原点或 [放弃(U)/选择(S)]<选择>：选择图 6-41(a)C 点

标注文字＝20

以对齐标注或角度标注为基线标注的基准时，操作过程同上，其标注结果如图6-41(b)、6-41(c)所示。

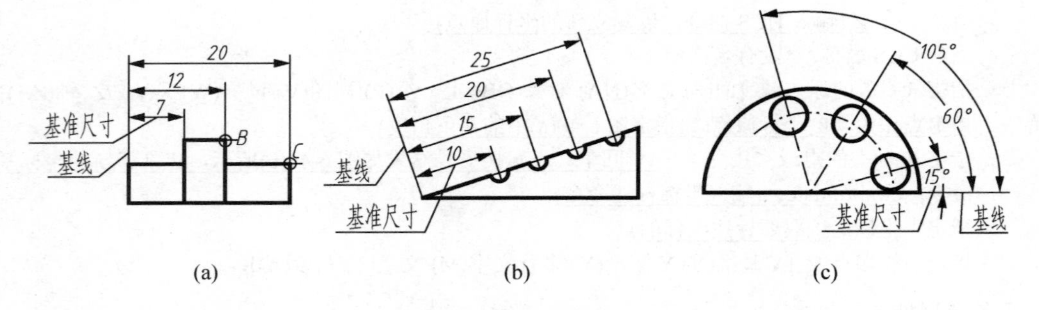

图 6-41　基线标注

6.2.10　连续标注

【连续】标注命令用来创建一系列首尾相连的尺寸标注，每个连续标注都从前一个标注的第二个尺寸界线处开始。在创建连续标注之前，必须已经创建了线性、对齐或角度标注。如果当前任务中未创建任何标注，将提示用户选择相应尺寸，以用作连续标注的基准。

【运行方式】

- 菜单：【标注】→【连续】。
- 工具栏：单击【标注】工具栏中的图标按钮。
- 命令行：DIMCONTINUE 或 DIMCONT。

【操作过程】

命令：_dimcontinue(输入命令)

指定第二条尺寸界线原点或 [放弃(U)/选择(S)]<选择>：

操作过程与【基线标注】相同，只是选择基准时，应选择已标注对象的第二尺寸界线，如图 6-42 所示。

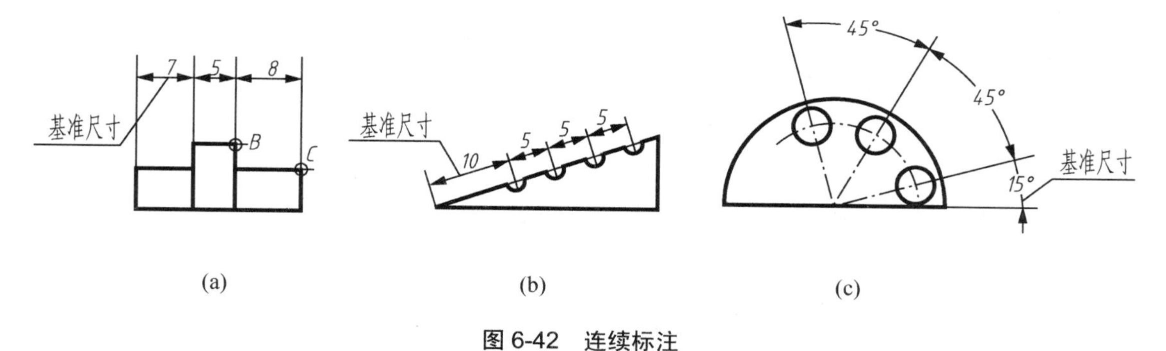

图 6-42 连续标注

6.2.11 快速标注

使用【快速标注】命令可以创建系列基线、连续或坐标标注。其优点是选择一次即可完成多个标注，当为一系列圆或圆弧创建标注时，此命令特别有用，如图 6-43 所示。

【运行方式】

- 菜单：【标注】→【快速标注】。
- 工具栏：单击【标注】工具栏中的图标按钮。
- 命令行：QDIM。

【操作过程】

命令：_qdim

选择要标注的几何图形：选择要标注的几何对象

选择要标注的几何图形：↙(回车结束对象选择)

指定尺寸线位置或 [连续(C)/并列(S)/基线(B)/坐标(O)/半径(R)/直径(D)/基准点(P)/编辑(E)/设置(T)]<连续>：指定尺寸位置或输入选项

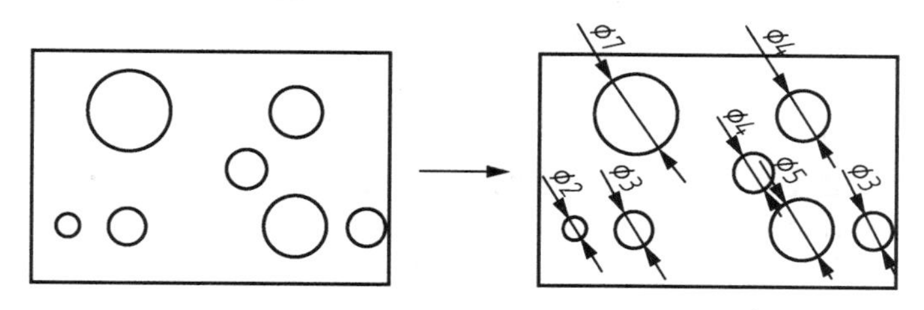

图 6-43 快速标注图中的多个直径

6.2.12 等距标注

使用【等距标注】命令可以调整线性标注或角度标注之间的间距。调整后的平行尺寸线之间的间距将设为相等；也可以通过使用间距值 0 使一系列线性标注或角度标注的尺寸线齐平，其效果如图 6-44 所示。

【运行方式】

- 菜单：【标注】→【标注间距】。
- 工具栏：单击【标注】工具栏中的图标按钮。
- 命令行：DIMSPACE。

【操作过程】

命令：DIMSPACE↙(输入命令)
选择基准标注：选择作为基准的标注(如图 6-44(a)，选择尺寸“7”)
选择要产生间距的标注：选择要与基准标注均匀隔开的标注(如图 6-44(a)，选另两个尺寸)
选择要产生间距的标注：↙(回车，结束对象选择)
输入值或 [自动(A)]＜自动＞：指定间距(键入 5↙，结果如图 6-44(b)所示)

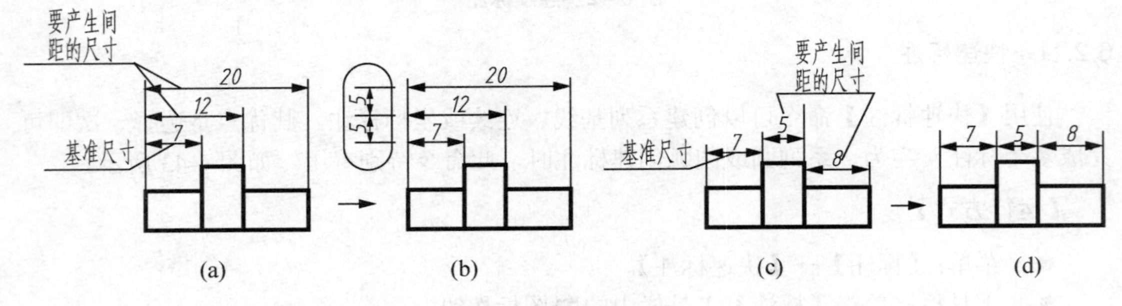

图 6-44　标注间距

如图 6-44(c)图中尺寸没有对齐，若输入间距值为 0，则尺寸线相互对齐，如图 6-44(d)所示。

6.2.13　打断标注

使用【标注打断】命令可以将与其他对象相交的尺寸标注中的尺寸线或尺寸界线在相交处打断，也可以将已打断的尺寸标注恢复。可以打断的标注有线性、角度、径向(半径、直径和折弯)、弧长、坐标、多重引线(仅限直线类型)等标注对象。

【运行方式】

- 菜单：【标注】→【标注打断】。
- 工具栏：单击【标注】工具栏中的图标按钮。
- 命令行：DIMBREAK。

【操作过程】

命令：DIMBREAK↙(输入命令)
选择要添加/删除折断的标注或 [多个(M)]：选择需要被打断的标注对象或输入 m 并按 Enter 键
选择要折断标注的对象或 [自动(A)/手动(M)/删除(R)]＜自动＞：选择与选定标注对象尺寸线或尺寸界线相交的几何对象或标注对象，或输入选项，或按 Enter 键

【选项说明】

(1) 【自动(A)】：系统自动将选定的标注对象在每个与其相交对象的所有交点处打断。

图 6-45(a)中的尺寸 12，采用【自动】选项打断后的效果如图 6-45(b)所示，其过程如下。

命令：DIMBREAK↙(输入命令)
选择要添加/删除折断的标注或 [多个(M)]：选择图 6-45(a)中的尺寸 12
选择要折断标注的对象或 [自动(A)/手动(M)/删除(R)]＜自动＞：↙(回车，执行“自动”选项)
1 个对象已修改

(2) 【手动(M)】：根据指定两点位置折断尺寸标注中的尺寸线或尺寸界线。图 6-45(a)中的尺寸 12，采用【手动】选项打断后的效果如图 6-45(c)所示，其过程如下。

命令：DIMBREAK↙(输入命令)
选择要添加/删除折断的标注或 [多个(M)]：选择图 6-45(a)中的尺寸 12
选择要折断标注的对象或 [自动(A)/手动(M)/删除(R)]＜自动＞：M↙(选择“手动”选项，回车)
指定第一个打断点：在选定对象上或对象外适当位置指定一点，作为打断标注的第一个点，如图 6-45(c)所示。
指定第二个打断点：在选定对象上或对象外适当位置指定一点，作为打断标注的第一个点，如图 6-45(c)所示。
1 个对象已修改

(3) 【删除(R)】：从选定的标注中删除所有折断标注。

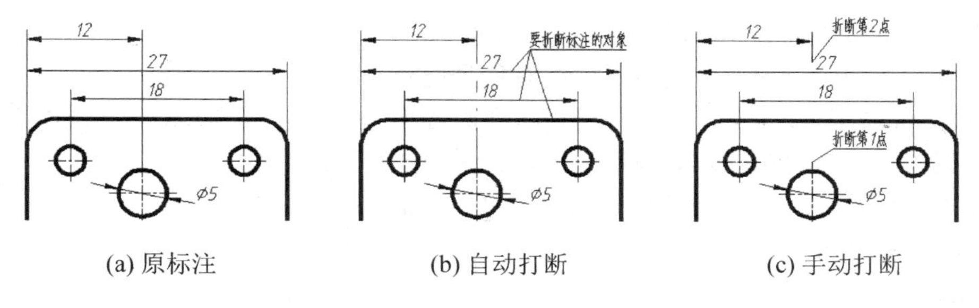

(a) 原标注　(b) 自动打断　(c) 手动打断

图 6-45　打断标注效果

6.2.14　圆心标记

使用【圆心标记】命令可以创建圆和圆弧的圆心标记或中心线。

【运行方式】

- 菜单：【标注】→【圆心标记】。
- 工具栏：单击【标注】工具栏中的⊙图标按钮。
- 命令行：DIMCENTER。

【操作过程】

命令：_dimcenter
选择圆弧或圆：选择要作标记的圆或圆弧

可以通过【标注样式管理器】中的【符号和箭头】选项卡设定圆心标记组件的默认大小，也可以通过 DIMCEN 系统变量进行设置。

6.2.15 折弯线性标注

使用【折弯线性】标注命令可以对已存在的线性或对齐标注添加或删除折弯线，效果如图 6-46 所示。

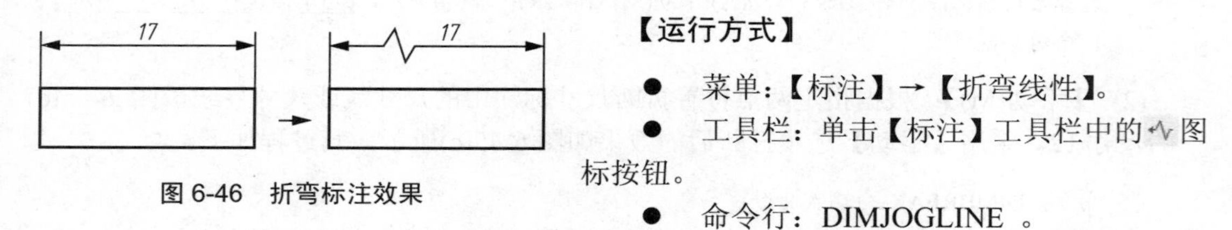

图 6-46 折弯标注效果

【运行方式】

- 菜单：【标注】→【折弯线性】。
- 工具栏：单击【标注】工具栏中的图标按钮。
- 命令行：DIMJOGLINE 。

【操作过程】

命令：_DIMJOGLINE
选择要添加折弯的标注或 [删除(R)]：<u>选择线性标注或对齐标注</u>
指定折弯位置 (或按 ENTER 键)：<u>↙(回车)</u>

6.3 多重引线标注

使用【多重引线】命令可以标注图形中的倒角、零件序号以及在图中添加注释说明。引线对象是由一条或多条(可带箭头)的直线或样条曲线和注释内容构成。其外观由【多重引线样式】控制，可以实现引线对象按比例同时缩放。AutoCAD 提供的【多重引线】工具栏如图 6-47 所示。

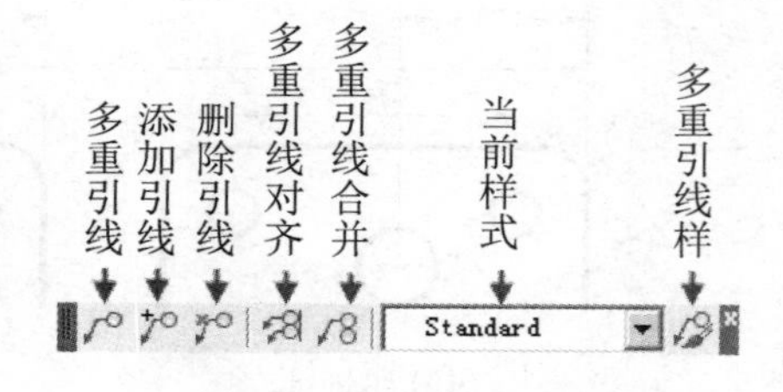

图 6-47 【多重引线】工具栏

6.3.1 创建多重引线样式

【多重引线样式】可以指定基线、引线、箭头和内容的格式(图 6-48)，与尺寸标注一样，在进行多重引线标注之前，应根据标注类型建立对应的样式，保证多重引线标注满足绘图标准。如图 6-49 为机械图中倒角标注形式，以此为例，介绍建立对应的引线标注样式过程。

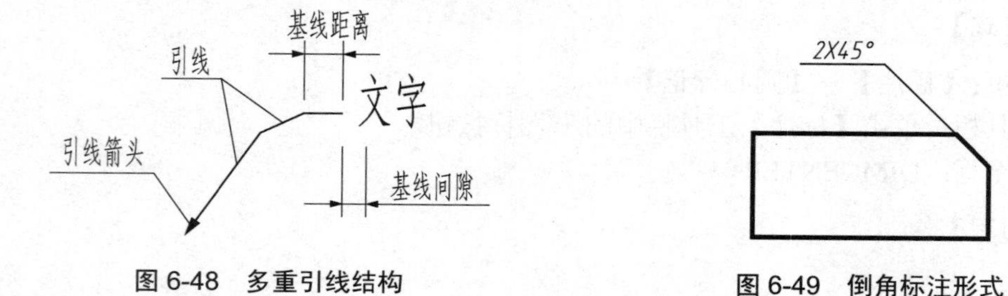

图 6-48 多重引线结构

图 6-49 倒角标注形式

【运行方式】

- 菜单：【格式】→【多重引线样式】。
- 工具栏：单击【多重引线】或【样式】工具栏中的图标按钮。

● 命令行：MLEADERSTYLE 或 MLS。

【操作过程】

以上操作弹出【多重引线样式管理器】对话框，如图 6-50 所示。在该对话框中可以创建各种多重引线样式，其操作步骤为：

(1) 命名样式：单击【多重引线样式管理器】对话框中的【新建】按钮，在弹出的【创建新多重样式】对话框的【新样式名】下方，输入“倒角标注”(图 6-51)，并单击【继续】按钮，调出【修改多重引线样式：倒角标注】对话框，分别打开【引线格式】、【引线结构】和【内容】选项卡，如图 6-52 所示，可以进行各种参数设置。

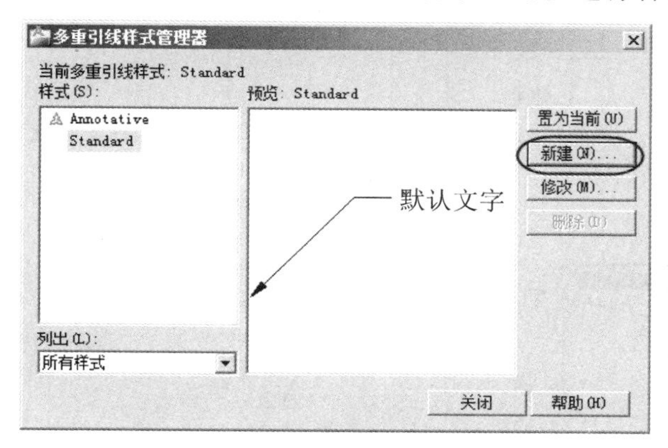

图 6-50 【多重引线样式管理器】对话框

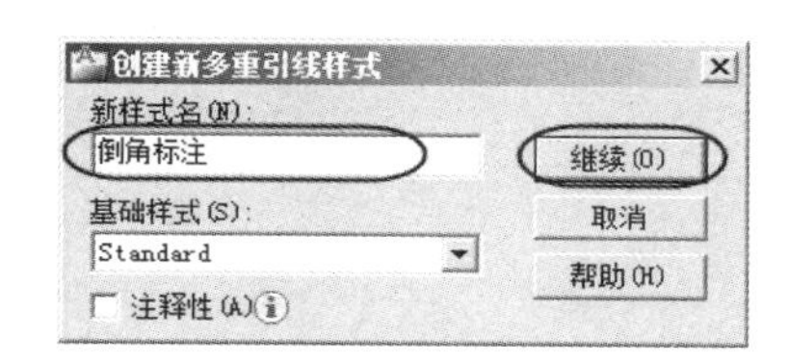

图 6-51 【创建新多重样式】对话框

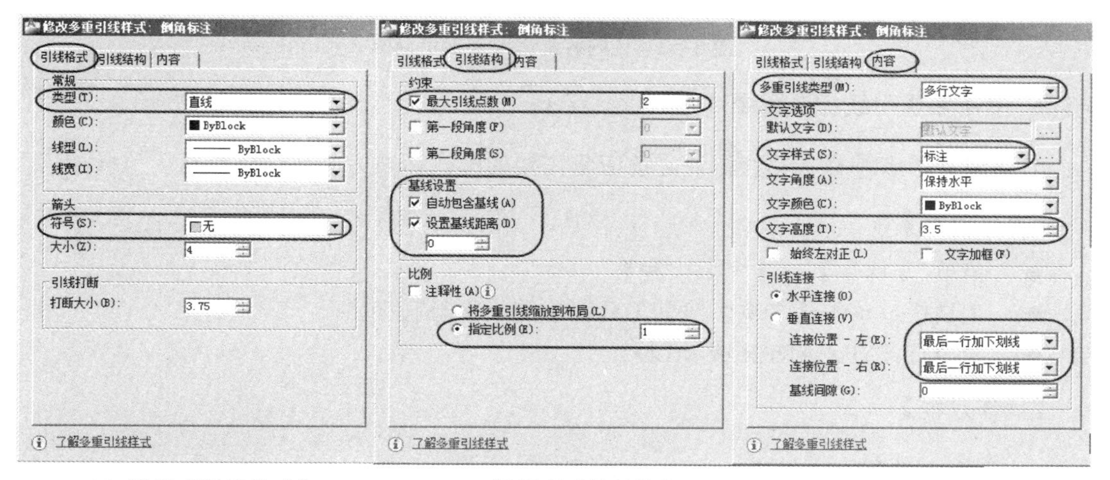

(a) 设置【引线格式】 (b) 设置【引线结构】 (c) 设置【内容】

图 6-52 设置“倒角标注”多重引线标注样式过程

(2) 【引线格式】选项卡：用于设置引线类型、颜色、线型、线宽；箭头形式和大小；并在【打断大小】文本框中输入打断引线标注时的折断间距值，“倒角标注”样式的引线格式设置如图 6-52(a)所示。其中【类型】下拉列表中有“直线”、“样条曲线”和“无”三种引线类型，系统默认为“直线”。

(3) 【引线结构】选项卡：用于设置引线点数、角度、基线距离以及多重引线标注关联要素缩放比例等。“倒角标注”样式的引线结构设置如图 6-52(b)所示。其中【最大引线点数】决定了引线的段数，最小值为 2，也为默认值。

(4) 【内容】选项卡：用于设置多重引线中的注释类型、文字选项(包括文字样式、角度、颜色、高度等)，以及引线连接方式等内容，“倒角标注”样式的内容设置如图 6-52(c)所示。其中【多重引线类型】下拉列表中有“多行文字”、“块”和“无”三种类型，当选择“块”时，【内容】选项卡显示界面如图 6-53 所示，通过选择不同的块源，可以标注机械图中的零件序号及粗糙度符号。

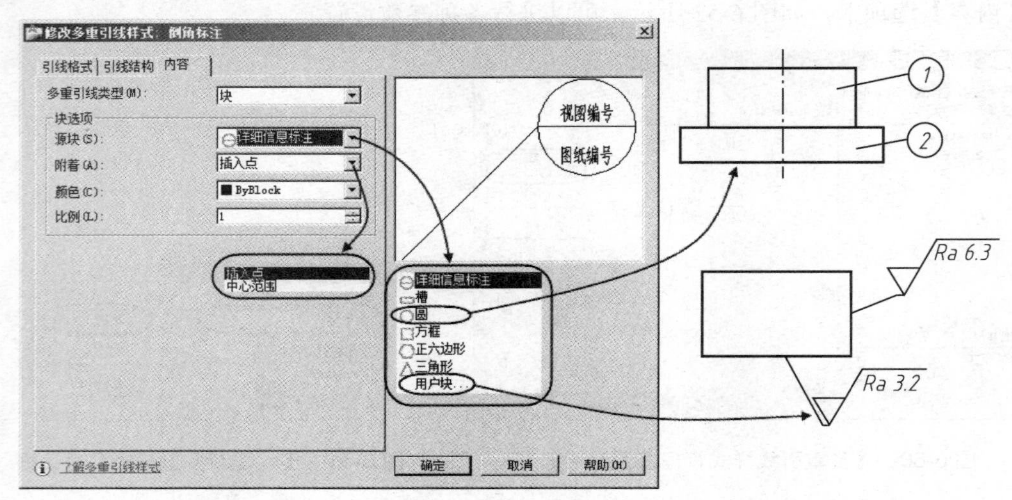

图 6-53　【内容】选项卡显示界面

6.3.2　使用多重引线标注命令

若已建立了多种样式，在标注之前应将需要的样式切换为当前样式，然后再标注。

【运行方式】

- 菜单：【标注】→【多重引线】。
- 工具栏：单击【多重引线】工具栏中的 图标按钮。
- 命令行：MLEADER 或 MLD 。

【操作过程】

命令：_mleader

指定引线箭头的位置或 [引线基线优先(L)/内容优先(C)/选项(O)]<选项>：指定引线的起始点位置。

指定下一点：指定引线的第二点位置(【最大引线点数】≥3 才有该项提示)。

指定引线基线的位置：光标指定引线基线的位置，此时弹出【在位文字编辑器】，在其中填写注释内容。

【选项说明】

【引线箭头优先(H)】：先指定多重引线对象箭头的位置。

【引线基线优先(L)】：先指定多重引线对象的基线的位置。

【内容优先(C)】：先指定与多重引线对象相关联的文字或块的位置。

【选项(O)】：选择该选项后，即可以重新设置引线样式。此时命令行提示如下：

输入选项 [引线类型(L)/引线基线(A)/内容类型(C)/最大节点数(M)/第一个角度(F)/第二个角度(S)/退出选项(X)]<退出选项>：

6.3.3 操作示例

例 1：使用“倒角标注”样式，利用【多重引线】命令，标注如图 6-54(b)所示轴的倒角。

其操作过程为：

(1) 切换多重引线标注样式，使“倒角标注”为当前样式。

(2) 启动【多重引线】命令。

命令：_mleader

指定引线箭头的位置或 [引线基线优先(L)/内容优先(C)/选项(O)]<选项>：指定图 6-54(a)中的点 1。

指定引线基线的位置：关闭【正交】模式，启动【极轴追踪】，光标沿 45° 追踪线指定图 6-54(a)中的点 2 为基线位置，

指定基线距离<0.0000>：↙(回车，默认)。在弹出的【在位文字编辑器】中输入 2x45%%d，按【确定】按钮，结果如图 6-54(b)所示。

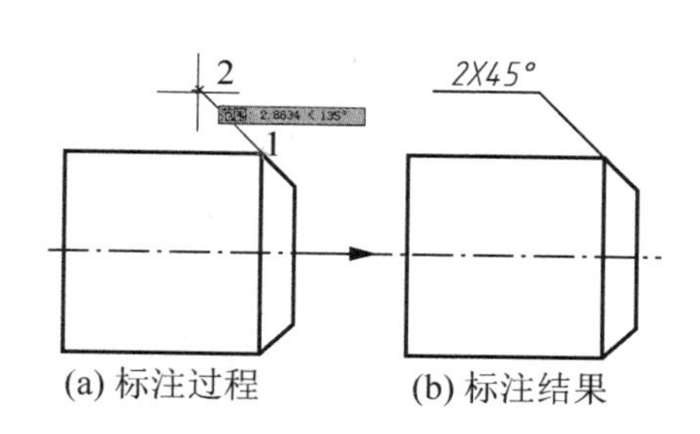

图 6-54 标注倒角

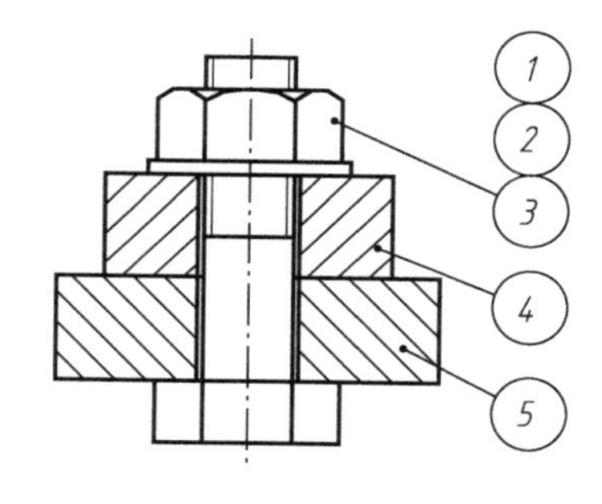

图 6-55 标注零件序号

例 2：利用【多重引线】命令，标注图 6-55 所示的零件序号。

其操作过程为：

(1) 建立“零件序号”多重引线样式。

过程如图 6-56 所示，其中【箭头】设置为“小点”；【基线设置】不选“自动包含基线”；【多重引线类型】设置为“块”，【源块】选择“圆”，【附着】选择“插入点”。

(2) 使用【多重引线】命令标注序号。

命令：_mleader

指定引线箭头的位置或 [引线基线优先(L)/内容优先(C)/选项(O)]<选项>：指定第一点

指定引线基线的位置：指定第二点

输入属性值

输入标记编号<TAGNUMBER>：1↙(输入序号，回车)

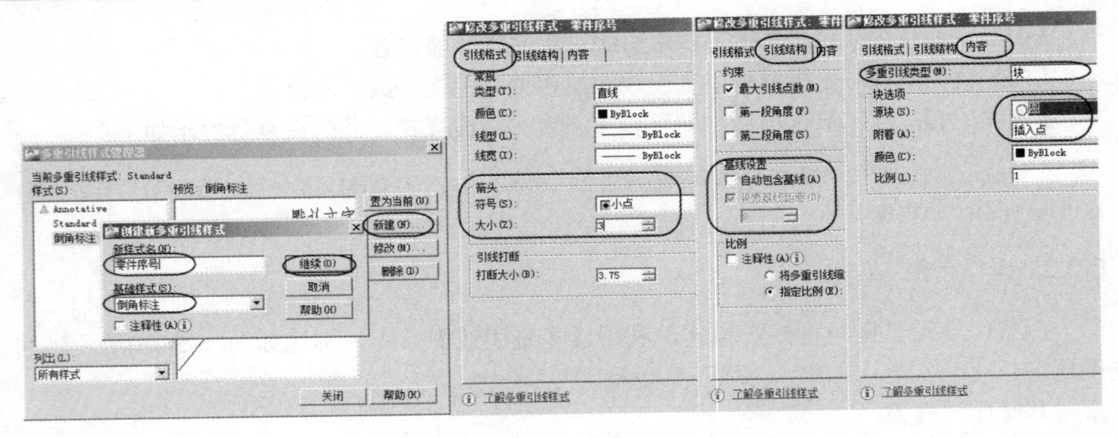

图 6-56　建立“零件序号”多重引线样式过程

重复执行【多重引线】命令，标出所有序号，结果如图 6-57(a)所示。

(3) 使用【多重引线合并】命令合并序号。

【多重引线合并】命令能将包含块的多重引线整理成行或列，并通过单引线显示结果。

【运行方式】

- 工具栏：单击【多重引线】工具栏中的图标按钮。
- 命令行：MLEADERCOLLECT。

【操作过程】

命令：_mleadercollect

选择多重引线：(选择图 6-57(a)中的序号“1”)找到 1 个

选择多重引线：(选择图 6-57(a)中的序号“2”)找到 1 个，总计 2 个

选择多重引线：(选择图 6-57(a)中的序号“3”)找到 1 个，总计 3 个

选择多重引线：↙(回车，结束选择)

指定收集的多重引线位置或 [垂直(V)/水平(H)/缠绕(W)]<水平>：V↙(选择“垂直”排列，回车)，并指定放置位置，结果如图 6-57(b)所示。

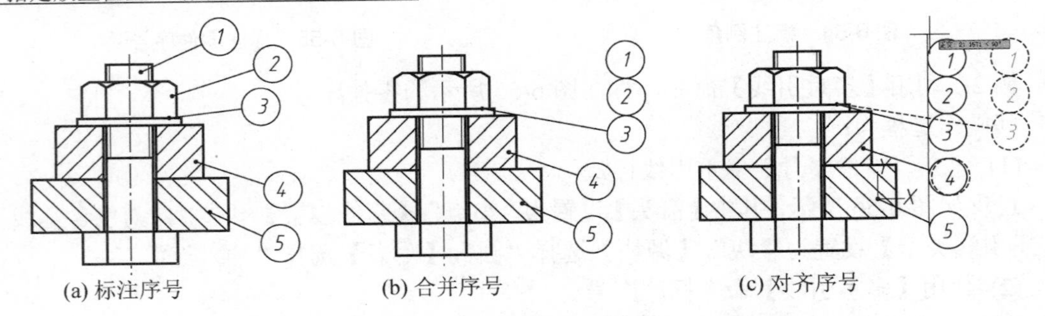

(a) 标注序号　(b) 合并序号　(c) 对齐序号

图 6-57　建立“零件序号”多重引线样式过程

(4) 使用【多重引线对齐】命令，将序号排列对齐。

【多重引线对齐】命令能将选定的多重引线对象对齐并按一定间距排列。

【运行方式】

- 工具栏：单击【多重引线】工具栏中的图标按钮。

- 命令行：MLEADERALIGN。

【操作过程】

命令：_mleaderalign
选择多重引线：(使用交叉窗口选择图 6-57(b)中的所有序号) 指定对角点：找到 5 个
选择多重引线：↙(回车，结束选择)
当前模式：使用当前间距
选择要对齐到的多重引线或 [选项(O)]：选择图 6-57(b)中的序号“5”作为要对齐的对象
指定方向：打开【正交】模式，指定对齐方向，如图 6-57(c)所示。

6.4 形位公差标注

形位公差表示在机械加工过程中允许的形状和位置误差，其代号形式如图 6-58 所示，包括指引线、形位公差特征符号、公差值以及用一个或多个字母表示的基准要素。

AutoCAD 中可以使用【公差】TOLERANCE 或【快速引线】QLEADER 创建带有或不带引线的形位公差标注。

6.4.1 使用【公差】TOLERANCE 标注

使用【公差】TOLERANCE 仅能标注不带引线的形位公差，指引线需另行添加。

【运行方式】

- 菜单：【标注】→【公差】。
- 工具栏：单击【标注】工具栏中的图标按钮。
- 命令行：TOLERANCE 或 TOL。

【操作过程】

以上操作弹出【形位公差】对话框，如图 6-59 所示，从中可以对形位公差进行设置。

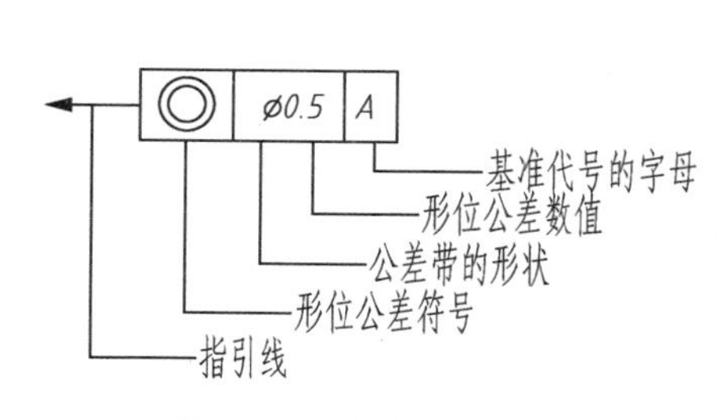

图 6-58 形位公差代号

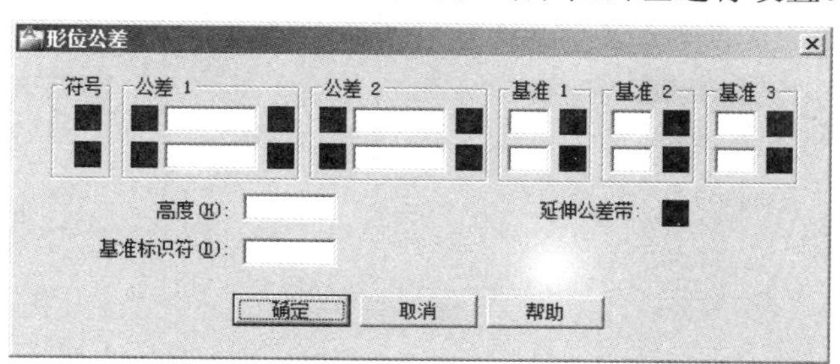

图 6-59 【形位公差】对话框

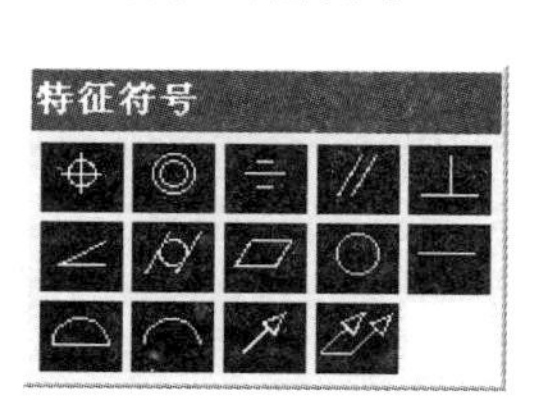

图 6-60 特征符号

图 6-61 附加符号

【选项说明】

(1) 【符号】：单击下面的黑框，系统打开如图6-60所示的【特征符号】列表框，可以从中选择需要的公差符号。

(2) 【公差 1/2】：单击白色文本框左侧黑框，将插入一个直径符号；白色文本框用于输入具体的公差值；单击其右侧的黑框，系统打开如图6-61所示的【附加符号】列表框，可以为公差选择包容条件符号。

(3) 【基准 1/2/3】：可以在白色方框中输入一个基准代号，单击其右侧黑框，可以打开【附加符号】列表框，可以为基准选择包容条件符号。

(4) 【高度】文本框：用于创建特征控制框中的投影公差零值。

(5) 【延伸公差带】：单击该黑框，可在【高度】文本框所输数值的后面插入延伸公差带符号。

(6) 【基准标识符】：用于创建由参照字母组成的基准标识符号。

6.4.2 使用【快速引线】QLEADER标注

使用【快速引线】QLEADER 命令可以标注带引线的形位公差。标注形位公差时建议使用该命令。

【运行方式】

- 命令行：QLEADER 或 LE。

【操作过程】

命令：_qleader↙(键入命令)

指定第一个引线点或 [设置(S)]<设置>：↙(回车，即对引线进行设置)

以上操作弹出如图6-62所示的【引线设置】对话框，分别单击【注释】(图6-62(a))和【引线和箭头】(图6-62(b))选项卡进行相应设置。其中【注释类型】选择【公差】，【引线】选择【直线】，【箭头】选择【实心闭合】，其他设置如图6-62所示。

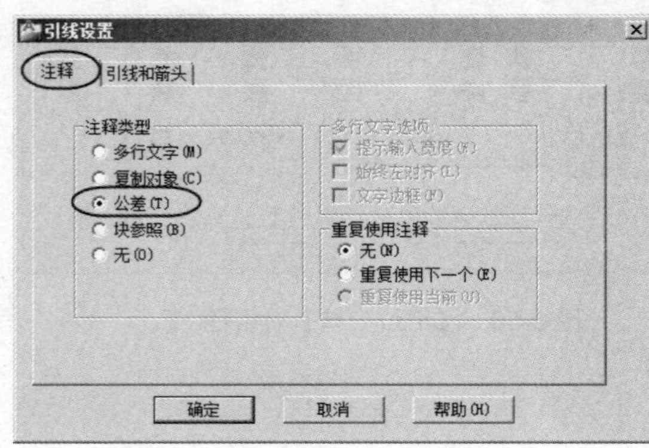

(a) 【注释】选项卡

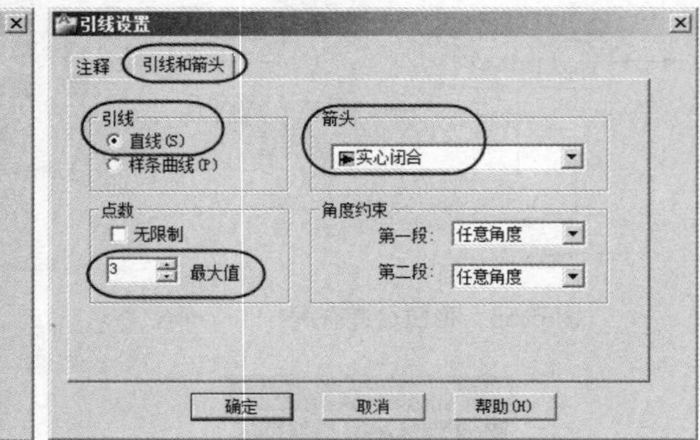

(b) 【引线和箭头】选项卡

图6-62 【引线设置】对话框

设置完成后，单击【确定】按钮返回绘图区域。命令行继续提示：

指定第一个引线点或 [设置(S)]＜设置＞：指定引线的第一点位置

指定下一点：指定引线的第二点

指定下一点：指定引线的第三点或↙(回车)

此时系统弹出如图 6-59 所示的【形位公差】对话框，在其中填写相应内容即可一次标注出如图 6-58 所示的带引线的形位公差。

6.4.3 使用【快速引线】QLEADER 标注形位公差基准

可以使用【快速引线】QLEADER 命令标注新国标中的基准符号。其操作过程与标注形位公差相同，只是进行引线设置时，引线【箭头】选择【实心基准三角形】或【基准三角形】。

6.4.4 操作示例

例：利用“快速引线”命令标注图 6-63 所示的形位公差。

其操作过程如下：

(1) 标注形位公差。

命令：_qleader↙(键入命令)

指定第一个引线点或 [设置(S)]＜设置＞：↙(回车，即对引线进行设置，设置内容如图 6-59 所示)

指定第一个引线点或 [设置(S)]＜设置＞：指定图 6-63 中的 1 点

指定下一点：指定图 6-63 中的 2 点

指定下一点：↙(回车)此时弹出【形位公差】对话框，其设置如图 6-64 所示，单击【确定】按钮，完成标注。

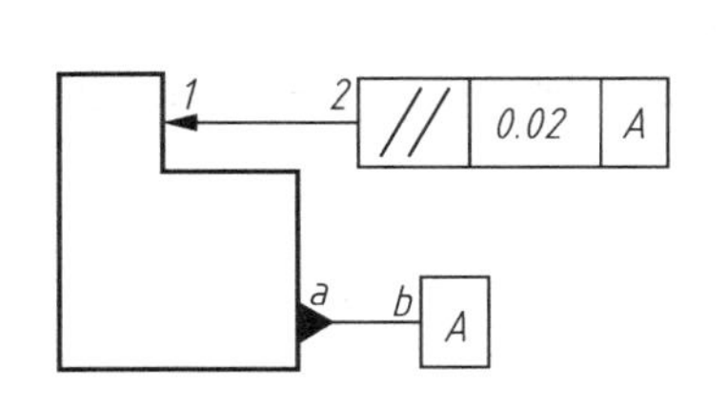

图 6-63 形位公差图例

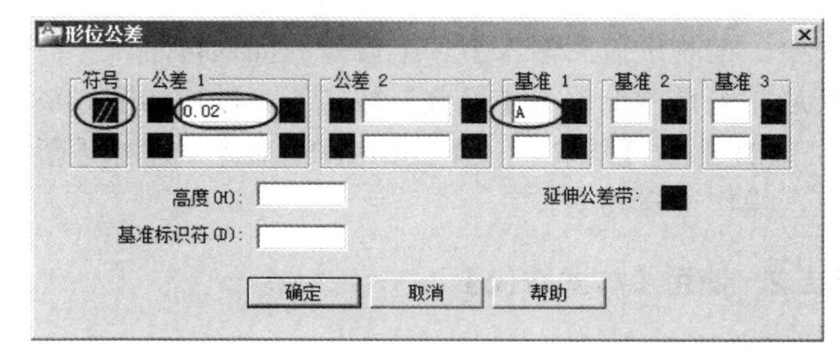

图 6-64 填写了内容的【形位公差】对话框

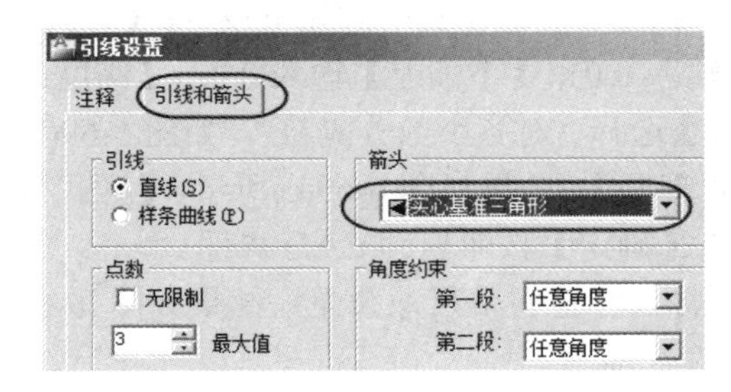

图 6-65 设置基准的引线箭头

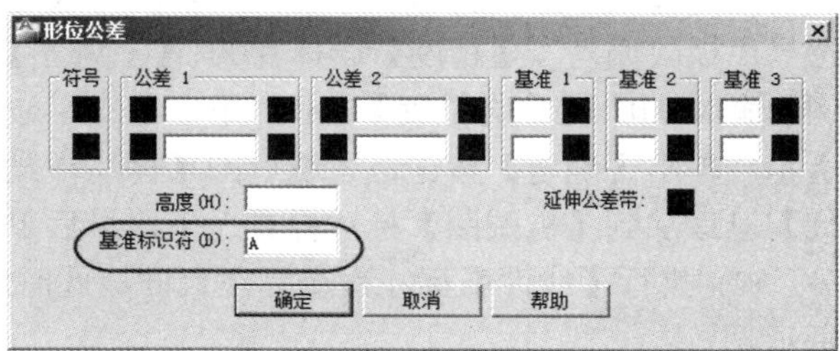

图 6-66 在【形位公差】对话框中填写基准

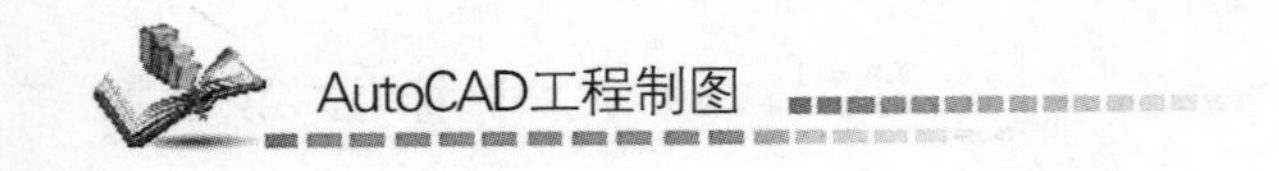

(2) 标注基准。

命令：_qleader↙(键入命令)

指定第一个引线点或 [设置(S)]＜设置＞：↙(回车，即对引线进行设置，设置内容如图 6-65 所示)

指定第一个引线点或 [设置(S)]＜设置＞：指定图 6-63 中的 a 点

指定下一点：指定图 6-63 中的 b 点

指定下一点：↙(回车)此时弹出【形位公差】对话框，仅在【基准标识符】后填写基准“A”，如图 6-66 所示，单击【确定】按钮，完成标注。

6.5 尺寸公差标注

在机械工程图形中，零件图中的重要尺寸常常需要标注尺寸公差，如图 6-67 所示，AutoCAD 提供了多种尺寸公差的标注方法。

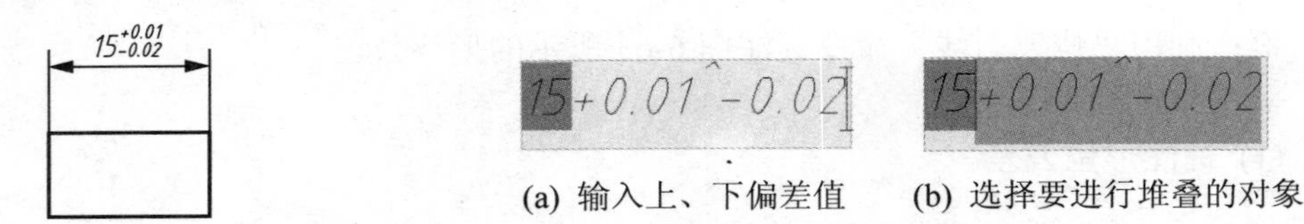

(a) 输入上、下偏差值　(b) 选择要进行堆叠的对象

图 6-67　尺寸公差标注

图 6-68　使用多行文字进行尺寸公差标注

6.5.1 使用多行文字的堆叠功能

使用多行文字堆叠功能的方法有两种：

(1) 在标注过程中，从尺寸标注提示中选择多行文字(M)，在弹出的【文字格式】对话框中，在测量值后输入上、下偏差并插入符号“^”，然后选择要堆叠的文字(包括分隔符)，最后在工具栏上单击【堆叠】按钮。过程如图 6-68 所示。

(2) 使用【编辑标注】DIMEDIT 命令，选择【新建(N)】选项，打开【文字格式】对话框，操作过程同上。

6.5.2 使用【样式替代】

以标注如图 6-67 所示尺寸公差为例，其操作过程如下。

(1) 建立【样式替代】标注样式：调出【标注样式管理器】，单击【替代】按钮(图 6-69(a))，在弹出的【替代当前样式】对话框中，选择【公差】选项卡，在其中做如下设置：【方式】选择“极限偏差”、【精度】选择 0.00、【上偏差】输入 0.01、【下偏差】输入 0.02、【高度比例】输入 0.07、【垂直位置】选择“下”、【公差对齐】选择“对齐小数分隔符”，如图 6-69(b)所示。单击【确定】按钮，系统返回【标注样式管理器】，效果如图 6-69(c)所示，【样式替代】已添加到【机械图】标注样式之下，最后单击【确定】按钮返回 CAD 界面。

(2) 执行【线性】标注命令标注尺寸，此时所标尺寸皆自带尺寸公差，结果如图 6-67 所示。

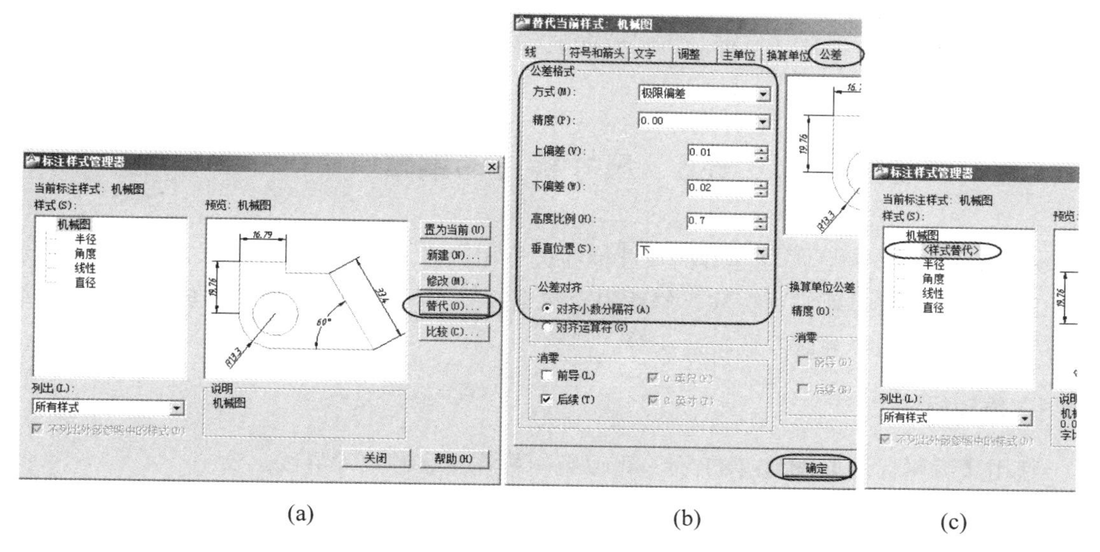

(a) (b) (c)

图 6-69 建立【样式替代】标注样式

6.5.3 使用【特性】选项板

在【特性】选项板的【公差】选项中进行相应设置，可以对已经标注的尺寸添加或修改尺寸公差标注，其操作过程如下：

(1) 打开【特性】选项板：选中图中需标注公差的尺寸(如图 6-70(a)中的尺寸“15”)，按鼠标右键，在弹出的快捷菜单中，单击【特性】，如图 6-70(b)所示。

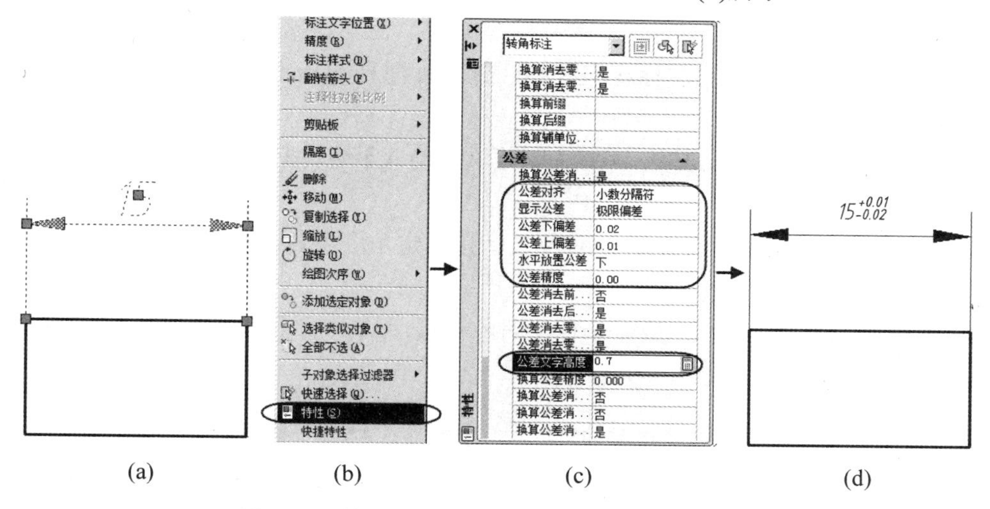

(a) (b) (c) (d)

图 6-70 使用【特性】选项板标注尺寸公差过程

(2) 设置公差：在弹出的【特性】选项板中，找到【公差】选项，作如下设置：【公差对齐】选择“小数分隔符”、【显示公差】选择“极限偏差”、【公差上偏差】输入 0.01、【公差下偏差】输入 0.02、【水平放置公差】选择“下”、【公差精度】选择“0.00”、【公差文字高度】输入 0.7，如图 6-70(c)所示。

(3) 按【Esc】键或按住右键，图中被选中对象的“夹点”消失，显示尺寸标注了公差，如图 6-70(d)所示。

6.6 尺寸标注的编辑

AutoCAD 允许对已经创建好的尺寸标注进行相应修改以满足标注要求，而不必删除所标注的尺寸对象再重新进行标注。修改内容包括：修改尺寸文字的内容和位置、尺寸界线的方向、尺寸线的位置以及翻转箭头等。

6.6.1 编辑标注

使用【编辑标注】DIMEDIT 命令可以编辑标注文字和尺寸界线。

【运行方式】

- 菜单：【标注】→【倾斜】。
- 工具栏：单击【标注】工具栏中的图标按钮。
- 命令行：DIMEDIT 或 DED。

【操作过程】

命令：_dimedit
输入标注编辑类型 [默认(H)/新建(N)/旋转(R)/倾斜(O)]＜默认＞：<u>输入编辑选项</u>

【选项说明】

(1) 【默认(H)】：将选定的标注文字移回到由标注样式指定的默认位置和旋转角。如图 6-71(b)所示

(2) 【新建(N)】：选择该选项，系统打开【文字格式】编辑器，可以编辑标注文字内容。图 6-71(c)为标注文字前添加了前缀“ϕ”。

(3) 【旋转(R)】：可将选定的标注对象文字按指定角度旋转。操作时先设置角度值，然后选择尺寸对象，如图 6-71(d)所示。

(4) 【倾斜(O)】：选择一个或多个标注对象，最后输入尺寸界线倾斜角度(尺寸界线相对于 X 轴正方向的角度)，如图 6-71(e)所示。

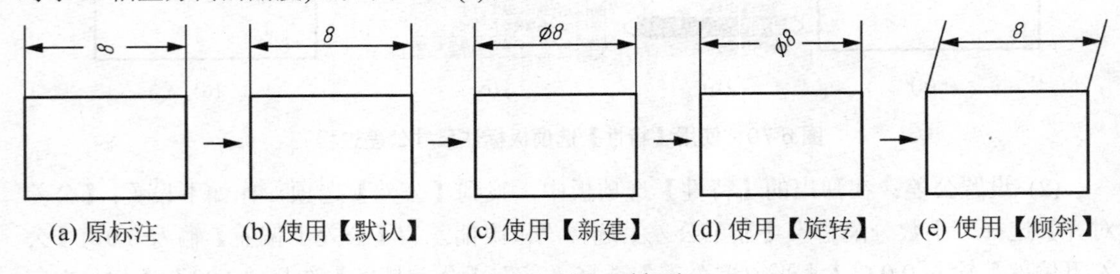

图 6-71 编辑尺寸标注

6.6.2 编辑标注文字

使用【编辑标注文字】DIMTEDIT 命令可以移动和旋转标注文字并重新定位尺寸线。

【运行方式】

- 菜单：【标注】→【对齐文字】。
- 工具栏：单击【标注】工具栏中的图标按钮。
- 命令行：DIMTEDIT 或 DIMTED。

【操作过程】

命令：_dimtedit
选择标注：选择需要编辑的标注对象
为标注文字指定新位置或 [左对齐(L)/右对齐(R)/居中(C)/默认(H)/角度(A)]：选择相应的选项

【选项说明】

(1) 【左对齐(L)】、【右对齐(R)】和【居中(C)】：将标注文字左移、右移和放置在尺寸线的中间，如图 6-72(a)、6-72(b)、6-72(c)所示。

(2) 【默认(H)】：将标注文字的位置放在系统默认的位置上。

(3) 【角度(A)】：将标注文字旋转给定角度，如图 6-72(d)所示。

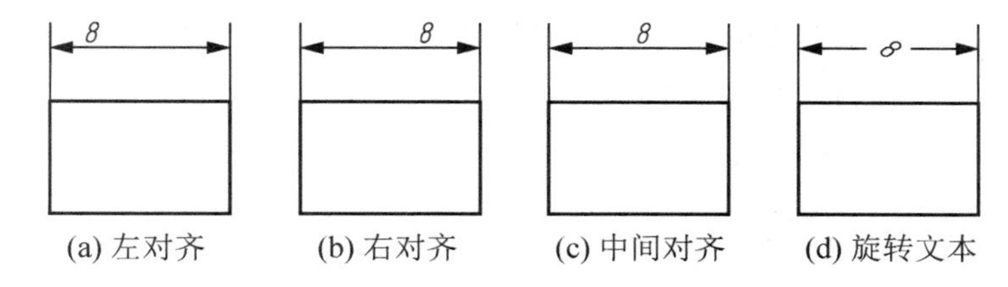

图 6-72 编辑标注文字

6.6.3 标注更新

使用【更新标注】DIMSTYLE 命令可以将图形中已标注的尺寸的标注样式更新为当前尺寸标注样式。

【运行方式】

- 菜单：【标注】→【更新】。
- 工具栏：单击【标注】工具栏中的图标按钮。
- 命令行：DIMSTYLE。

【操作过程】

命令：_-dimstyle
当前标注样式：机械图 注释性：否
……
输入标注样式选项

[注释性(AN)/保存(S)/恢复(R)/状态(ST)/变量(V)/应用(A)/?]<恢复>：_apply

选择对象：选择需要更新的标注对象

选择对象：再选择其他需要更新的标注对象，或回车，结束命令，所选标注对象按当前标注样式重新显示。

6.6.4 翻转箭头

利用【翻转箭头】AIDIMFLIPARROW 命令，可以将所选箭头翻转 180°，以满足标注的需要。

【运行方式】

- 命令行：AIDIMFLIPARROW。
- 快捷菜单：选中尺寸标注，按右键，在弹出的快捷菜单中选择【翻转箭头】。

【操作示例】

使用【翻转箭头】命令，将图 6-73(a)中的尺寸箭头修改成图 6-73(d)所示方向。

操作步骤如下：

(1) 鼠标选择尺寸标注，如图 6-73(a)所示；然后，按右键，此时弹出如图 6-73(b)所示的快捷菜单。

(2) 选择【翻转箭头】快捷命令，结果如图 6-73(c)所示，靠近选择点一侧的箭头翻转 180°，(一次只能翻转一个箭头)。

(3) 重复上述步骤，翻转另一侧箭头，结果如图 6-73(d)所示。

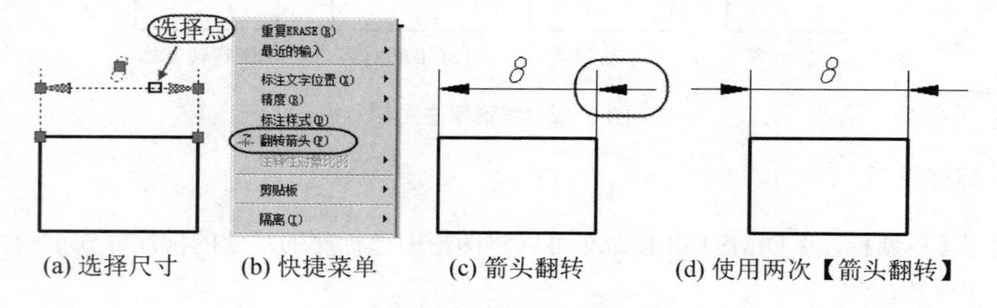

(a) 选择尺寸　(b) 快捷菜单　(c) 箭头翻转　(d) 使用两次【箭头翻转】

图 6-73　翻转箭头过程

6.6.5 使用【特性】选项板编辑尺寸标注

选中尺寸标注后按鼠标右键，在弹出的快捷菜单中选择【特性】，将弹出【特性】选项板，如图 6-74 所示，其中列出了选定标注的所有特性和内容。包括：常规(线型、颜色、图层等)、其他(标注样式)以及由标注样式定义的特性：直线和箭头、文字、调整、主单位、换算单位、公差等。用户根据需要打开某一项，快捷地进行编辑。

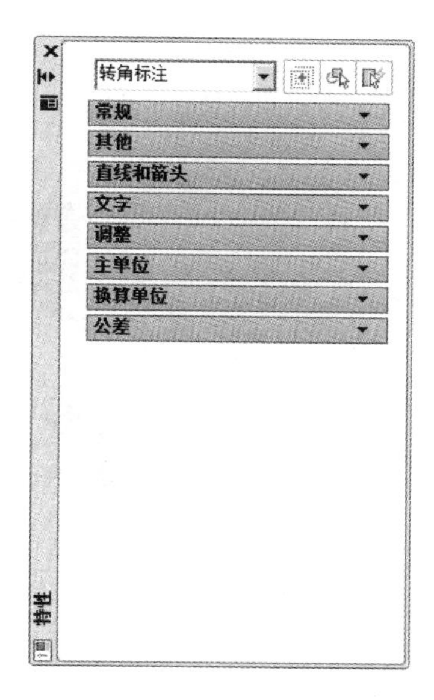

图 6-74　使用【特性】选项板编辑标注

6.7　习　　题

绘制并标注如图 6-75 所示图形，要求：

(1) 参照 6.1 节建立尺寸标注样式。

(2) 参照 6.3 节建立多重引线样式。

(3) 使用各种标注尺寸命令。

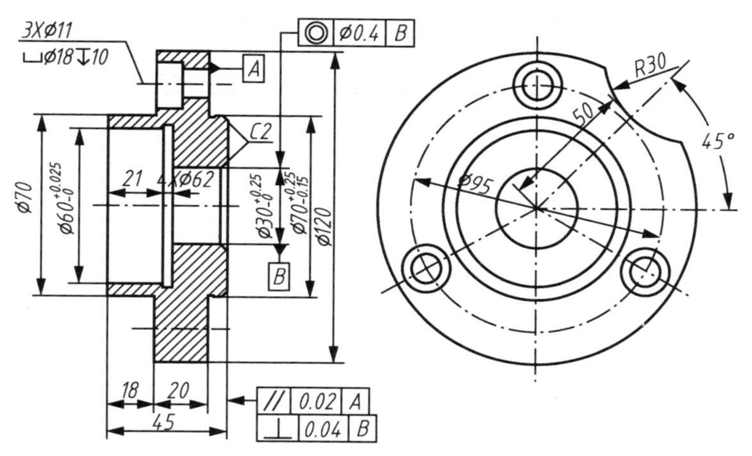

图 6-75　尺寸标注综合练习

第7章 图块与属性

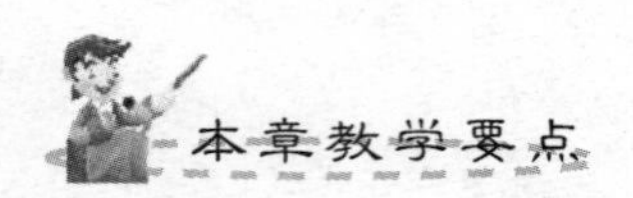

知识要点	掌握程度	相关知识
图块的创建与编辑	了解图块的性质； 熟悉创建与编辑图块的方法； 掌握插入图块的操作； 了解为已有图块重新设置原点的方法。	利用内部块、外部块创建图块； 利用插入命令调用图块。
属性块的创建和编辑	了解属性块的定义； 掌握制作属性块的方法； 熟悉修改属性块的操作。	利用属性定义对话框定义属性； 属性块的制作、使用与修改流程。
常用图块的制作	熟悉各种常用图块的制作方法。	图块、属性块的具体应用。

在绘图过程中，经常将需要反复使用的图形制作成图块，或者将图块赋予属性，在需要时直接插入，这样不仅避免了大量的重复工作，提高了绘图效率，而且图块自身占用存储空间小，可以大大节省磁盘空间。

块是一个或多个对象组成的对象集合，集合在一起的对象是一个整体，可以对其编辑修改，也可以使用【分解】命令将块分解，使其变成若干独立对象。本章主要介绍图块的创建、插入，属性块的创建、应用和编辑等。

7.1 图块的创建与编辑

AutoCAD 中的图块分为内部块和外部块，内部块保存在当前图形中，并且只能在当前图形中通过块插入命令被引用，而外部块以外部文件的形式保存在磁盘中，在任何 CAD 图形中均可以被调用。

7.1.1 内部块

使用【创建】BLOCK 命令可以将已绘制的对象创建为块，该块也称为内部块。使用【分解】EXPLOD 命令可以分解该图块。

【运行方式】

- 菜单：【绘图】→【块】→【创建】。
- 工具栏：单击【绘图】工具栏中的图标按钮。
- 命令行：BLOCK 或 B、BMAKE。

以上操作弹出如图 7-1 所示的【块定义】对话框。在该对话框中可以命名图块及设置块的插入点。

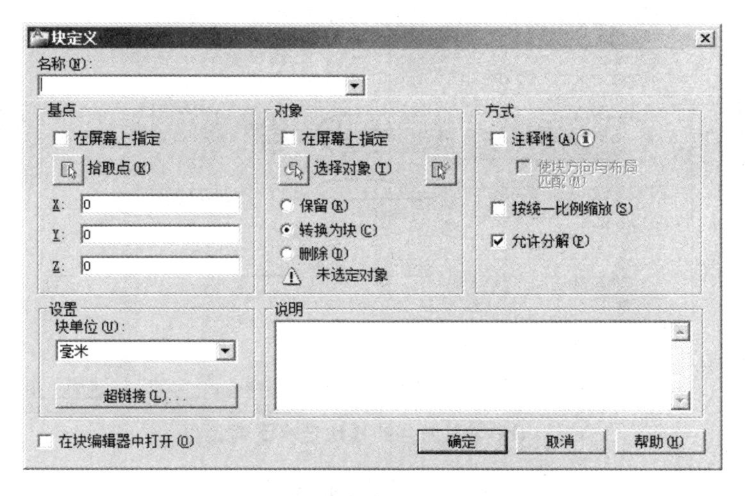

图 7-1 【块定义】对话框

【选项说明】

(1)【名称】：在该文本框中输入要创建图块的名称。

(2)【基点】选项组：指定块的插入基点，默认值是 (0，0，0)。该点是图块插入过程中旋转或移动的参照点。可以通过输入坐标来确定基点，也可以单击【拾取点】按钮暂时关闭对话框返回到图形中拾取插入基点。

(3)【对象】选项组：指定新块中要包含的对象，以及创建块之后如何处理这些对象，是保留还是删除选定的对象或者是将它们转换成块实例。

单击【选择对象】按钮，暂时关闭【块定义】对话框，系统返回绘图区拾取构成块的对象，完成对象选择后，按 Enter 键重新显示【块定义】对话框。

(4)【方式】选项组：指定块的性质。通常勾选【允许分解】，将来可以使用【分解】命令，否则块无法分解。

【操作示例】

按图 7-2(a)所示尺寸绘制六角头螺栓，使用 BLOCK 命令将其制作成图块，块名为"M10 螺栓"。

其操作过程如下。

(1) 绘制图形：过程略。

(2) 使用【BLOCK】命令，制作图块。

① 命令行输入 BLOCK 或 B，回车，弹出如图 7-2(b)所示【块定义】对话框，在【名称】列表框内填写"M10 螺栓"；

② 单击【拾取点】按钮，返回绘图界面，拾取螺栓头中点为块插入点，如图 7-2(c)所示；

③ 单击【选择对象】按钮，选择已经绘制的螺栓图形，回车，返回对话框，选择【转换为块】单选框；

④ 单击【允许分解】复选框，并按【确定】按钮，结束命令。

结果如图 7-2(c)所示，所选图形变成一个整体。

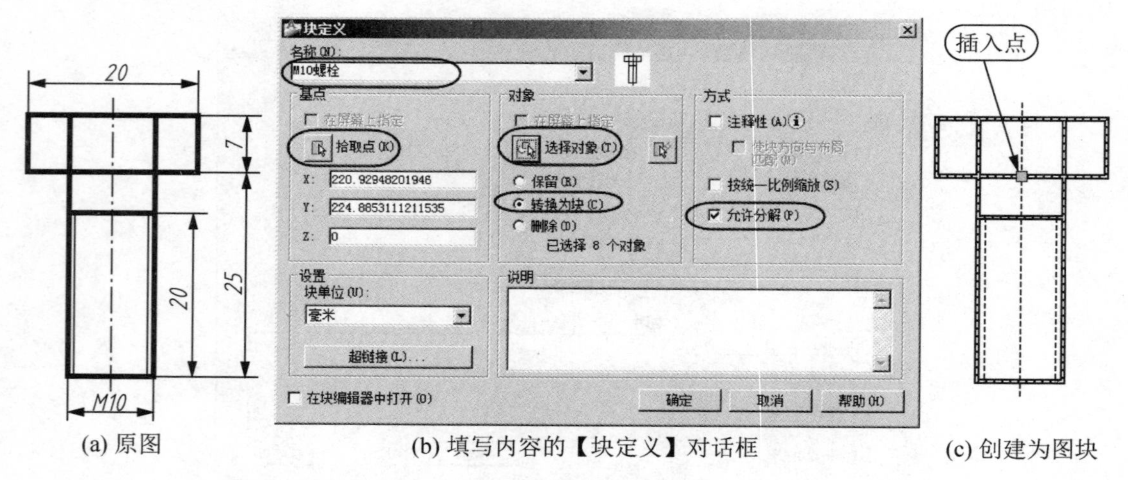

(a) 原图　　(b) 填写内容的【块定义】对话框　　(c) 创建为图块

图 7-2　创建图块过程

7.1.2　外部块

使用 WBLOCK 命令制作的图块能够以文件的形式写入磁盘，该图块可以插入到其他 CAD 图形中，也称外部块。使用【分解】EXPLOD 命令可以分解该图块。

【运行方式】

命令行：WBLOCK 或 W。

以上操作弹出如图 7-3 所示【写块】对话框。在对话框中可以指定图块的插入点、名称及保存路径。

【选项说明】

(1)【源】选项组：用于指定要写入图形文件的图块或图形对象。其中，选中【块】：可以将当前图形中已创建的图块保存为外部块；选中【整个图形】：可以将当前的整个图形进行写块存储；选中【对象】：可以选择当前图形中的部分对象进行存储保存。

(2)【目标】选项组：用于设置外部块保存的文件名、路径和插入单位。

【操作示例】

将 7.1.1 节操作示例中创建的块名为“M10 螺栓”的图块，使用 WBLOCK 命令以相同块名存储到 D 盘根目录下。

其操作过程如下。

(1) 命令行键入 WBLOCK 或 W，回车，系统打开如图 7-3 所示的【写块】对话框，在【源】选项组中点选【块】单选框，单击右侧下拉列表框，从中选择“M10 螺栓”图块；

(2) 单击【文件名和路径】右侧的[...]按钮，打开【浏览图形文件】对话框，选择 D 盘，按【确定】按钮，结果如图 7-3 所示，【文件名和路径】下出现存储路径及文件名称。单击【确定】按钮，结束命令。

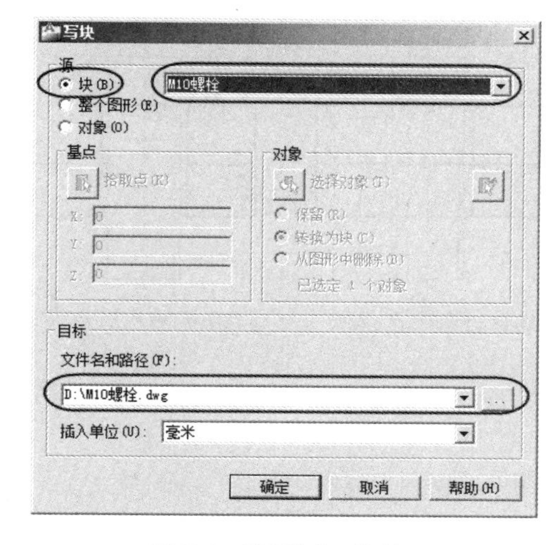

图 7-3 【写块】对话框

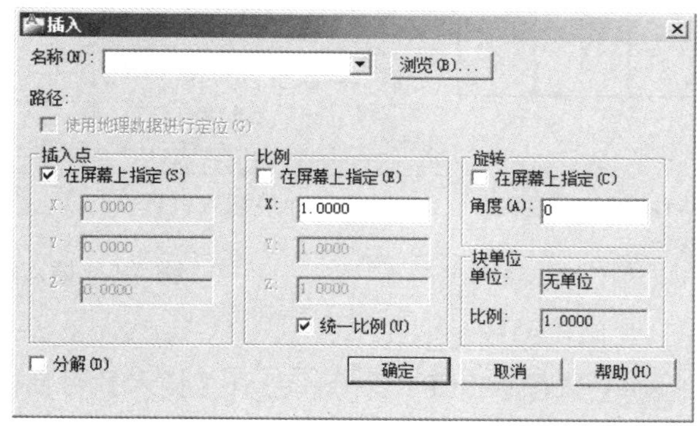

图 7-4 【插入】对话框

7.1.3 插入块

使用【插入块】INSERT 命令能将已定义的图块插入到当前图形中。在插入的同时还可以改变所插入图形的比例与旋转角度。插入到图形中的块称为块参照。

【运行方式】

- 菜单：【插入】→【块】。

- 工具栏：单击【绘图】工具栏中的图标按钮。
- 命令行：INSERT或I。

以上操作弹出【插入】对话框，如图7-4所示。

【选项说明】

(1)【名称】：用于指定要插入的图块名称。单击下拉列表，从所列出的图块中选取所需的图块；或单击【浏览】，打开【选择图形文件】对话框，选择保存的图块和外部图形。

(2)【插入点】：用于指定块的插入点位置。插入图块时该点与图块的基点重合；选择【在屏幕上指定】可以在绘图区指定插入点。

(3)【比例】：用于设置块插入时的缩放比例。在X、Y、Z轴方向上可以采用不同的缩放比例，也可以采用相同的缩放比例。

(4)【旋转】：指定块插入时的旋转角度。

(5)【块单位】：文本框显示插入到图形中的块进行自动缩放所用的图形单位值，如毫米、英寸等。“比例”文本框显示单位比例因子。

(6)【分解】：勾选该复选框，则在插入图块的同时将块进行分解，插入到图形中的对象不再是一个整体而是单独的图形对象。

【操作示例】

将已创建的“M10螺栓”图块插入到图7-5(a)所示的两连接板的孔中，最后结果要求如图7-5(d)所示。

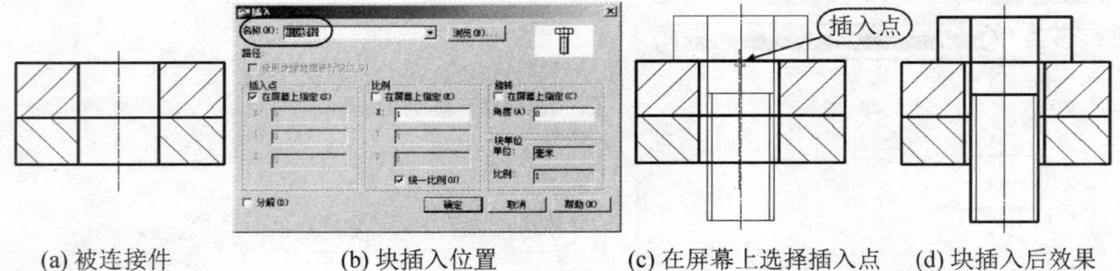

(a) 被连接件　(b) 块插入位置　(c) 在屏幕上选择插入点　(d) 块插入后效果

图7-5　插入块过程

其操作过程如下。

(1) 执行INSERT命令，打开【插入】对话框(图7-5(b))。

(2) 单击【名称】右侧的下拉列表，选择“M10螺栓”图块。

(3) 勾选插入点【在屏幕上选定】、【统一比例】单选框，设置【X】＝1，按【确定】按钮。

(4) 系统返回绘图界面，指定插入点，如图7-5(c)所示，为拾取插入点过程，定点后结束命令，对多余图线进行修剪，结果如图7-5(d)所示。

【注意事项】

(1) 任何一个CAD文件都可以使用插入块命令将其以块的形式插入到当前图形文件中，被插入的图形文件中所创建的块同时带入当前图形文件的块列表中。

(2) 使用【设计中心】可以插入其他图形文件中已创建的块。

(3) 如果插入的块使用的图形单位不同，则块将自动按照两种单位相比的等价比例因子进行缩放。使用 INSUNITS(＝1(英寸)、＝4(毫米))参数进行单位设置。

7.1.4 插入矩形阵列块

使用 MINSERT 命令可以在当前图形中按矩形阵列一次插入一个块的多个块参照。不能分解使用 MINSERT 命令插入的块，因为整个阵列就是一个块。

【运行方式】

- 命令行：MINSERT。

【操作示例】

制作“M10 螺栓-俯视图”图块，结构如图 7-6(a)所示；将其按尺寸要求插入到图 7-6(b)中。操作过程如下。

(1) 绘制“M10 螺栓-俯视图”图形，并制作图块，图块命名“M10 螺栓-俯视图”，插入点为图中 A 点(过程略)。

(2) 绘制如图 7-6(c)所示图形，并按尺寸确定点 B 位置(过程略)。

(3)使用 MINSERT 命令将“M10 螺栓-俯视图”图块一次插入 3 行 2 列。

命令：minsert↙
输入块名或 [?]＜M10 螺栓＞：M10 螺栓-俯视图↙
单位：毫米　　转换：　　1.0000
指定插入点或 [基点(B)/比例(S)/X/Y/Z/旋转(R)]：指定图 7-7(a)中的点 B
输入 X 比例因子，指定对角点，或 [角点(C)/XYZ(XYZ)]＜1＞：↙
输入 Y 比例因子或＜使用 X 比例因子＞：↙
指定旋转角度＜0＞：↙
输入行数 (---)＜1＞：3↙
输入列数 (|||)＜1＞：2↙
输入行间距或指定单位单元 (---)：30↙
指定列间距 (|||)：30↙

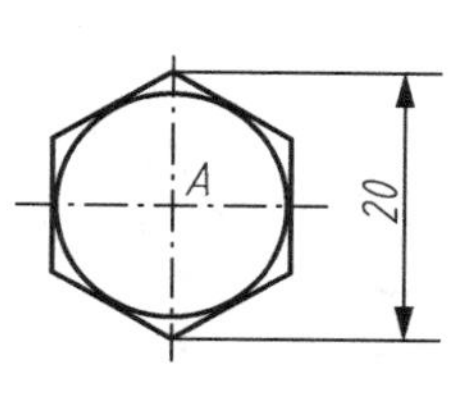

(a) M10螺栓-俯视图

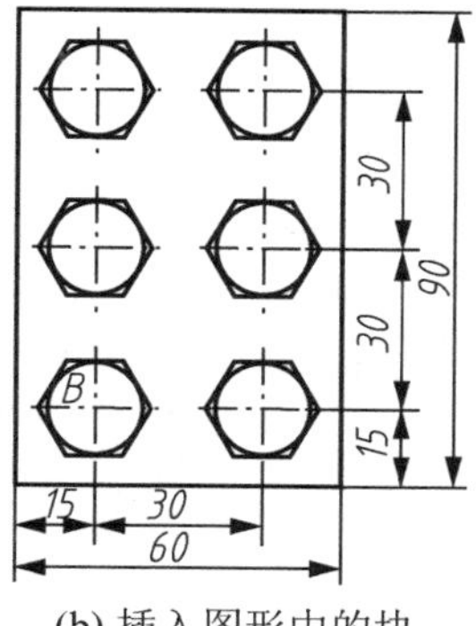

(b) 插入图形中的块

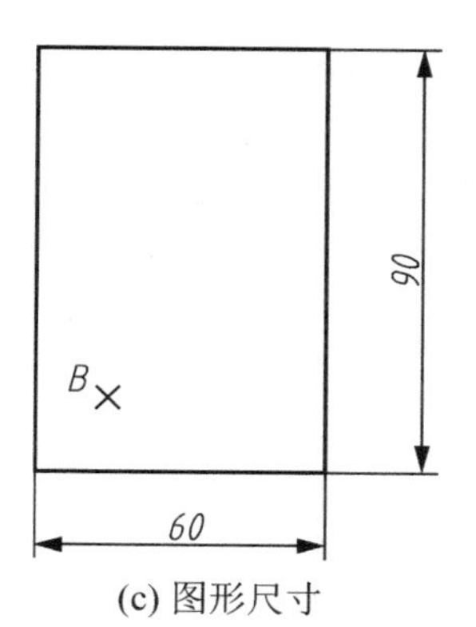

(c) 图形尺寸

图 7-6 使用 MINSERT 插入块过程

7.1.5 设置插入基点

当把某一图形文件作为块插入时，系统默认将该图的坐标原点作为插入点，这样往往会给绘图带来不便。这时就可以使用【基点】BASE 命令，对图形文件指定新的插入基点。

【运行方式】

- 菜单：【绘图】→【块】→【基点】。
- 命令行：BASE(或 'BASE 以透明使用)。

【操作过程】

命令：base↙

输入基点<0.0000,0.0000,0.0000>：在图中指定点，将来使用插入块命令时，则以指定点为插入点

7.1.6 编辑图块

如果要对已插入到当前图形中的块进行修改，使用【块编辑器】是最快捷的方式。

【运行方式】

- 菜单：【工具】→【块编辑器】。
- 工具栏：单击【标准】工具栏中的图标按钮。
- 命令行：BEDIT 或 BE。
- 快捷方式：双击图块。

【操作过程】

以上操作弹出【编辑块定义】对话框，如图 7-7(a)所示，在该对话框中选择要编辑的图块(如选择“M10 螺栓-俯视图”)，单击【确定】按钮后，弹出【块编辑器】窗口，如图 7-7(b)所示，在该窗口可以编辑构成块的图形对象。如将图 7-7(b)中插入的“M10 螺栓-俯视”图块，添加一个垫片，此时，在【块编辑器】绘图窗口绘制，并单击【关闭块编辑器】按钮，出现【未保存更改】警示，选择【将更改保存到 M10 螺栓-俯视图】，结果图中所插入的“螺栓头-M10”图块都发生了变化，如图 7-7(d)所示。

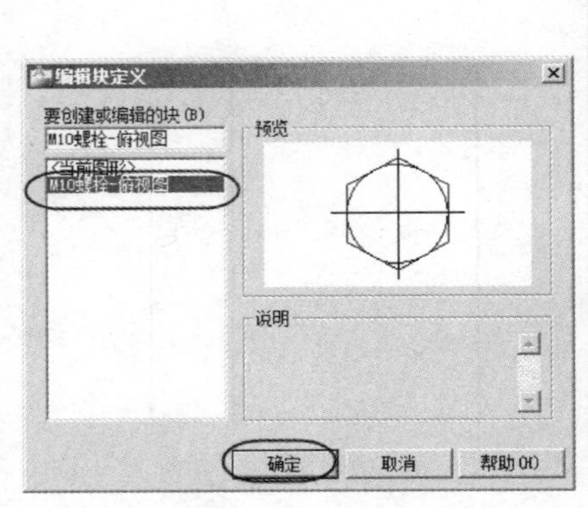

(a)【编辑块定义】对话框

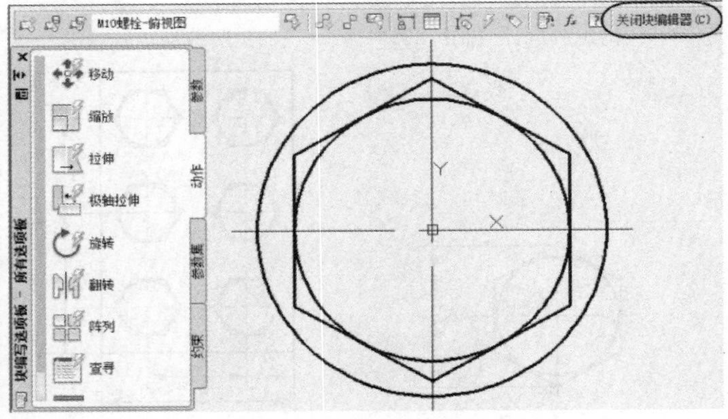

(b)【块编辑器】窗口

图 7-7 图块编辑过程

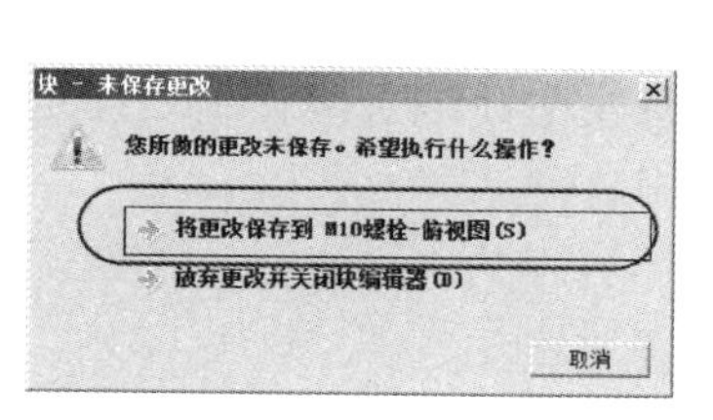

(c)【未保存更改】对话框

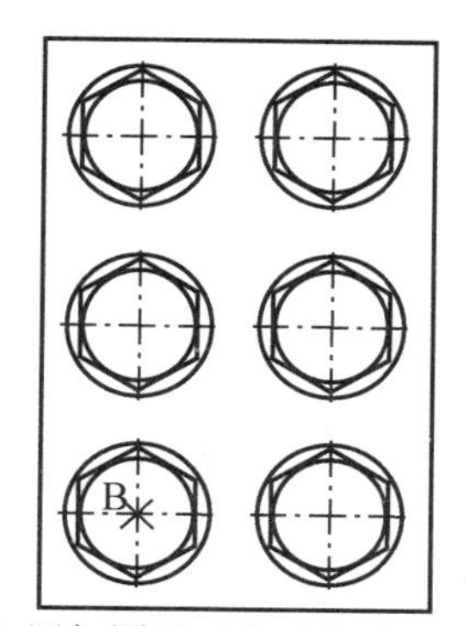

(d) 添加图形元素后的块的显示

图 7-7 图块编辑过程(续)

7.2 属性块的创建和编辑

属性是将数据附着到块上的标签或标记上，是图块中的非图形信息，带有属性的块称为属性块；对于图形不变但图上所附的文字经常变化的对象，通常将其做成属性块，可根据需要插入到图形中；赋予了属性的对象在块的插入过程中可以自动注释，也可以进行编辑修改。

属性块的制作过程分为三步：

(1) 绘制图形。

(2) 定义属性。

(3) 使用 BLOCK 或 WBLOCK 命令将图形及定义了属性的文字一起作块。

第(1)和(3)条目前都已经掌握，下面主要介绍如何定义与编辑属性。

7.2.1 定义属性

属性块中的属性使用【定义属性】ATTDEF 命令定义。

【运行方式】

- 菜单：【绘图】→【块】→【定义属性】。
- 命令行：ATTDEF 或 DDATTDEF、ATT。

以上操作弹出【属性定义】对话框，如图 7-8 所示。

【选项说明】

(1)【模式】选项组：用于设置属性的模式。实际使用时，该选项组默认如图 7-8 所示的设置。

(2)【属性】选项组：用于设置属性数据。

①【标记】文本框：输入属性标记。系统自动将小写字母转换为大写字母。

②【提示】文本框：输入插入包含该属性定义的块时系统在命令行中将显示的提示内容；如果不输入提示，属性标记将用作提示。

③【默认】文本框：输入默认属性值，也可以不输入。

(3)【文字设置】区选项组：用于设置属性文字的对齐方式、样式、高度、注释性和旋转角度。

(4)【插入点】选项组：用于指定属性位置。通常选择“在屏幕上指定”复选框。

(5)【在上一个属性定义下对齐】：勾选此复选框可以将属性标记直接置于之前定义的属性的下面。如果之前没有创建属性定义，则此选项不可用。

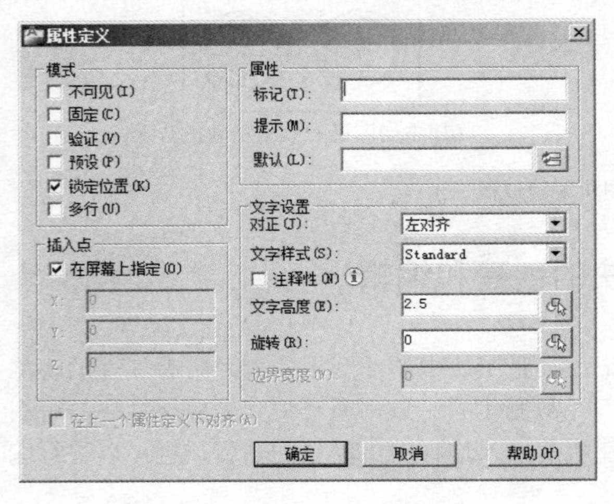

图 7-8 【属性定义】对话框

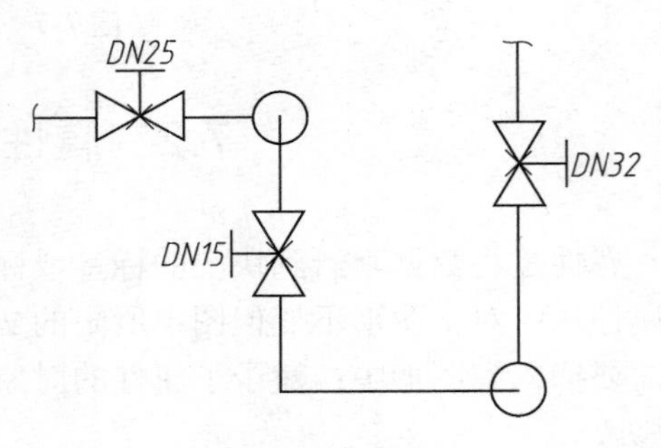

图 7-9 管路图

【操作示例】

绘制如图 7-9 所示管路图，其中闸阀符号制作成属性块。

操作步骤如下。

(1) 绘制闸阀外形图，如图 7-10(a)所示(过程略)。

(2) 定义属性：执行 ATTDEF 命令，打开【属性定义】对话框，所做设置如图 7-11 所示；其中插入点为离图形留有一定距离的左方，单击【确定】按钮，结果如图 7-10(b)所示，所显示的“直径”被定义了属性。

(3) 使用 BLOCK 或 WBLOCK，将图形连同属性“直径”一起作成图块，图块命名为“阀门”，插入点为阀门图形中点，如图 7-10(c)所示。

(4) 绘制管道，如图 7-12 所示(过程略)。

(5) 使用 INSERT，将属性块“阀门”分别插入到指定点 A、B、C 处。如插入到 A 时，操作过程为：

命令：INSERT↙(输入命令，弹出【插入】对话框，默认设置，按【确定】按钮)
指定插入点或 [基点(B)/比例(S)/旋转(R)]：R(选择【旋转】)
指定旋转角度＜0＞：−90(输入旋转角，顺时针为负)
指定插入点或 [基点(B)/比例(S)/旋转(R)]：拾取图 7-12 上的点 A 处
输入属性值
输入直径＜DN＞：↙(回车默认)

重复使用 INSERT 命令，分别在 B、C 处插入“阀门”属性块，结果如图 7-13 所示。

(6) 使用【修剪】TRIM 命令，修改通过“阀门”属性块中的多余线条，结果如图 7-14 所示。

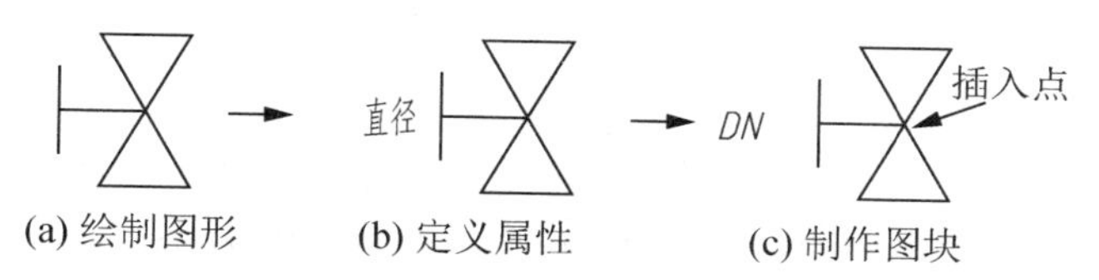

(a) 绘制图形　　(b) 定义属性　　(c) 制作图块

图 7-10　闸门属性块制作过程

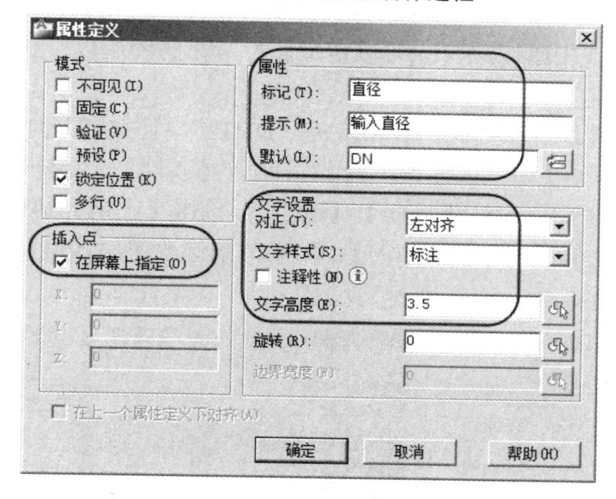

图 7-11　闸门属性设置

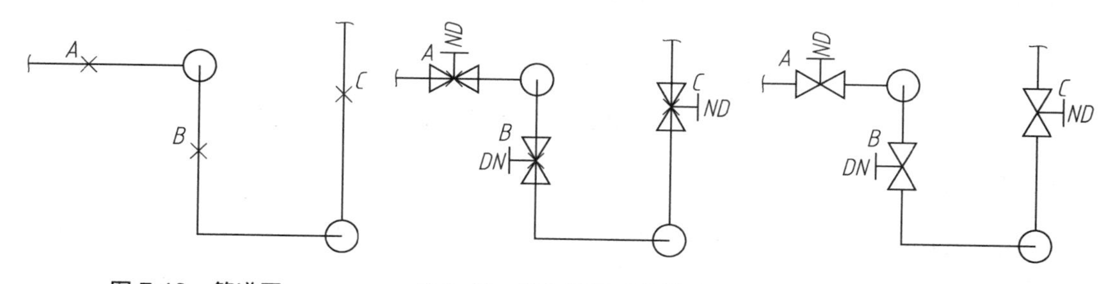

图 7-12　管道图　　图 7-13　插入闸门后的管路　　图 7-14　修剪多余线条后的管路

与图 7-9 比较，图 7-14 中所插入的阀门表示公称直径的 DN 后面缺少数据，而且 A、C 处显示的属性“DN”文字方向不正确，因此，还需要对属性进行进一步修改补充。

7.2.2　修改属性块中的属性

如果属性已经附加到图块中(如图 7-14 中的“阀门”属性块被插入到图形中)，但块中的属性位置及方向不符合要求，需要调用【增强属性编辑器】进行修改。

【运行方式】

- 菜单：【修改】→【对象】→【属性】→【单选】。
- 工具栏：单击【修改 II】工具栏中的图标按钮。

- 命令行：EATTEDIT。
- 快捷方式：双击属性块。

【操作过程】

(1) 修改 A 处属性块：该处阀门规格应为“DN25”，且文字方向应该水平书写。

双击 A 处属性块，弹出如图 7-15 所示【增强属性编辑器】对话框，在【属性】选项卡中(图 7-15(a))可以修改属性值，如在【值】后输入“DN25”；在【文字选项】选项卡中(图 7-15(b))可以定义图形中属性文字的显示方式，如设置【旋转角】为“0”，属性文字水平显示；在【特性】选项卡中(图 7-15(c))可以定义属性所在的图层以及属性文字的线宽、线型和颜色等；单击【确定】结束编辑。

(2) 修改 C 处属性块：该处阀门规格应为“DN32”，且文字方向应为水平书写。

双击 C 处属性块，在【增强属性编辑器】对话框的【属性】选项卡中，输入【值】“DN32”、在【文字选项】选项卡中，勾选【反向】、【颠倒】；单击【确定】结束编辑。

(3) 用同样的方法修改 B 处属性块值，结果分别修改了属性值及显示方位，最后整理图形结果如图 7-9 所示。

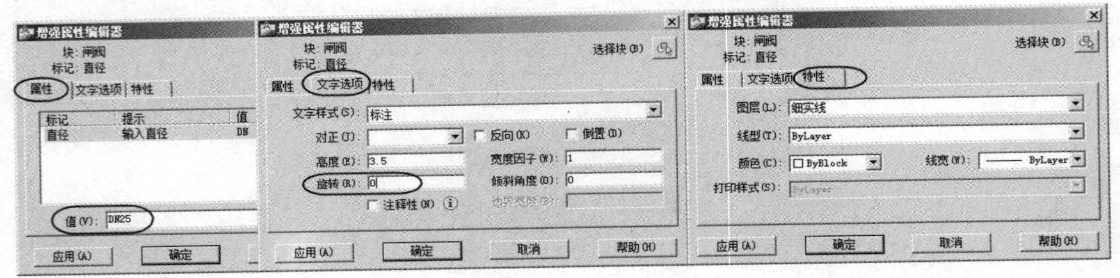

(a)【属性】选项卡　　(b)【文字选项】选项卡　　(c)【特性】选项卡

图 7-15　【增强属性编辑器】对话框

7.2.3　修改属性定义

如图 7-10(b)所示，若要修改已定义的“直径”属性，可以使用【编辑属性定义】命令。

【运行方式】

- 菜单：【修改】→【对象】→【文字】→【编辑】。
- 工具栏：单击【文字】工具栏中的A图标按钮。
- 命令行：DDEDIT 或 ED。
- 快捷方式：双击属性文字。

【操作过程】

以上操作命名行显示如下：

命令：ddedit↙(输入命令)

选择注释对象或 [放弃(U)]：选择要修改的属性(如选择图 7-10(b)中的“直径”，弹出如图 7-16 所示【编辑属性定义】对话框，可以在此编辑属性，单击【确定】结束编辑)

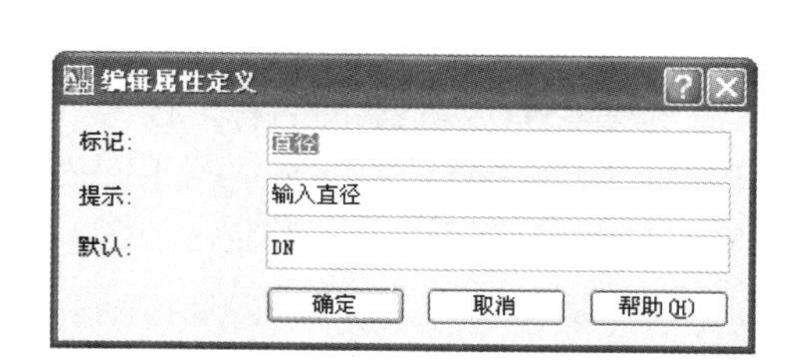

图 7-16 【编辑属性定义】对话框

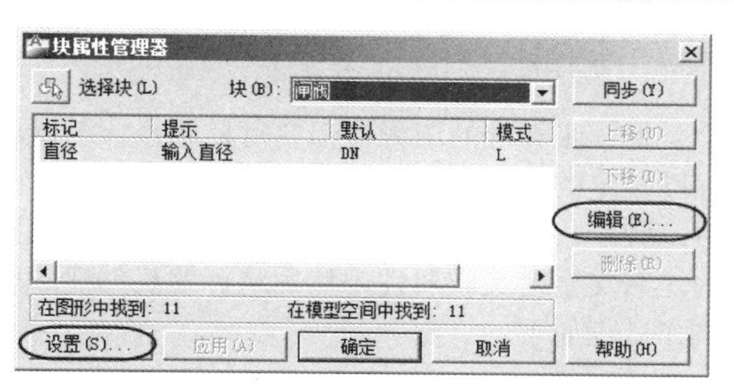

图 7-17 【块属性管理器】对话框

7.2.4 块属性管理器

使用【块属性管理器】命令可以编辑图形文件中多个图块的属性定义。在块属性管理器中可以编辑在块中的属性定义、从块中删除属性以及更改插入块时系统提示用户输入属性值的顺序。

【运行方式】

- 菜单:【修改】→【对象】→【属性】→【块属性管理器】。
- 工具栏:单击【修改 II】工具栏中的图标按钮。
- 命令行:BATTMAN。

【操作过程】

以上操作弹出【块属性管理器】对话框,如图 7-17 所示。在该对话框中单击【编辑】按钮,打开【编辑属性】对话框,如图 7-18 所示,从中可以修改属性特性;单击【设置】按钮,打开【块属性设置】对话框,如图 7-19 所示,从中可以自定义"块属性管理器"中属性信息的列出方式。

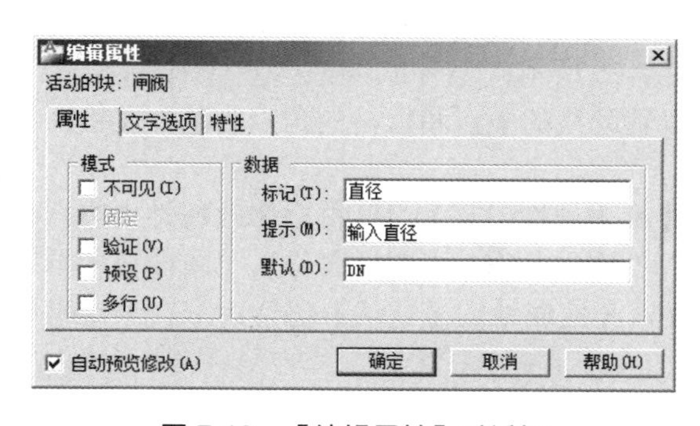

图 7-18 【编辑属性】对话框

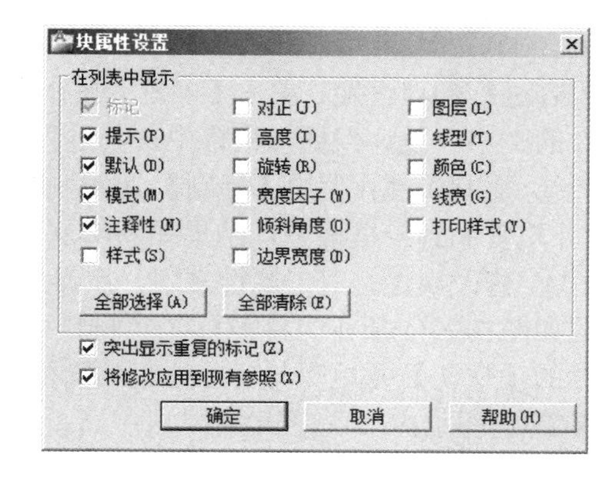

图 7-19 【块属性设置】对话框

7.3 制作常用图块

根据工程图的类别,将需要经常使用的图形制成图块保存起来,可以提高绘图效率。建议将常用图块保存在一个指定文件夹中,日积月累,建立自己的图库。

7.3.1 制作标题栏属性块

每一张标准的工程图都要有标题栏，用以填写图形的相关信息。以机械图为例，国家标准规定的标题栏格式与内容如图 7-20 所示，其中需填写零件(或机器)的名称，图号，材料，数量，比例，设计、审核人员的姓名，日期等内容，因此，将需要经常填写不同内容的这些文字定义成属性，然后将标题栏创建成属性块，使标题栏的填写变得非常便捷。其制作过程如下。

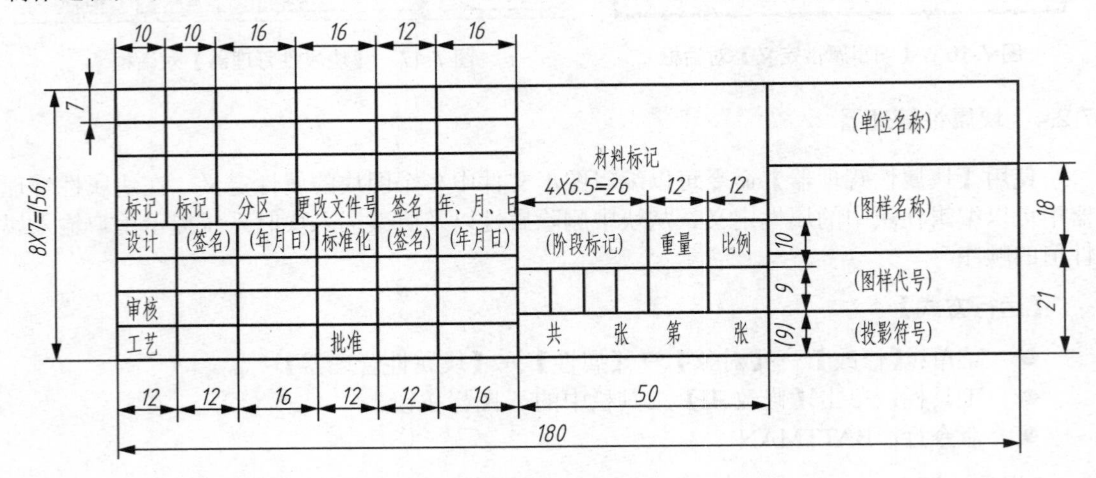

图 7-20　标题栏格式与内容

(1) 绘制标题栏框格：按照图 7-20 所示的尺寸规格及线型，绘制如图 7-21 所示框格。

(2) 文字注写：使用【多行文字】注写标题栏中不需变动内容的文字，如图 7-22 所示。

(3) 定义属性：可按如下步骤进行：

① 绘制辅助线：按图 7-23 所示在需要定义属性的框格中绘制辅助线；

② 定义属性：使用【定义属性】命令在弹出的【属性定义】对话框中按如图 7-24 所圈内容进行各项设置，单击【确定】按钮，返回 CAD 界面，光标选中辅助线中点，此时带属性的文字“设计”插入框格中，其过程如图 7-25 所示；

③ 复制属性：使用【复制】命令，分别以辅助线的中点和框格的角点为基点，将属性“设计”复制到各框格中，结果如图 7-26 所示；

④ 修改属性：双击属性文字，在弹出的【编辑属性定义】对话框中修改属性内容，其过程如图 7-27(a)所示，注意除了“材料标记”、“单位名称”、“图样名称”、“图样代号”等属性的【默认】要填写与对应标记相同内容外，其他属性的【默认】值皆为空白，结果如图 7-27(b)所示；

⑤ 修改属性字高：单击“材料标记”、“单位名称”、“图样名称”、“图样代号”等文字，按右键，在弹出的快捷菜单中选择【特性】，打开【特性】选项板，从中设置文字字高为“5”，结果如图 7-28 所示；

⑥ 插入投影符号：如图 7-28 所示，在投影符号栏放入第一角投影符号标识。

(4) 制作图块：使用 WBLOCK(外部块)命令，以标题栏右下角点为插入点、块名称为“标题栏”，制作了标题栏属性块(如该图块储存路径及文件名为 D：\我的图库\标题栏)，结果如图 7-29 所示。

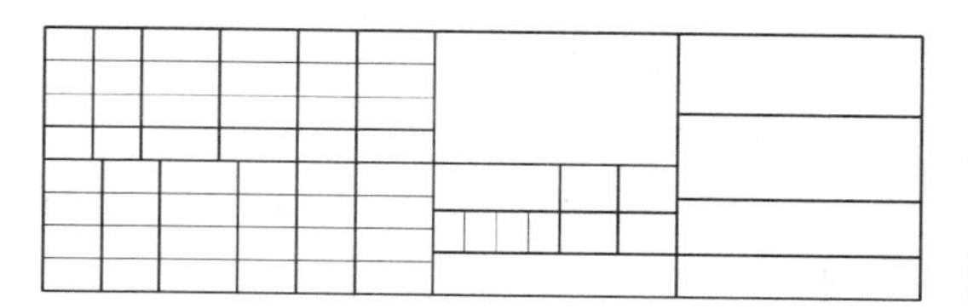

图 7-21　标题栏框格

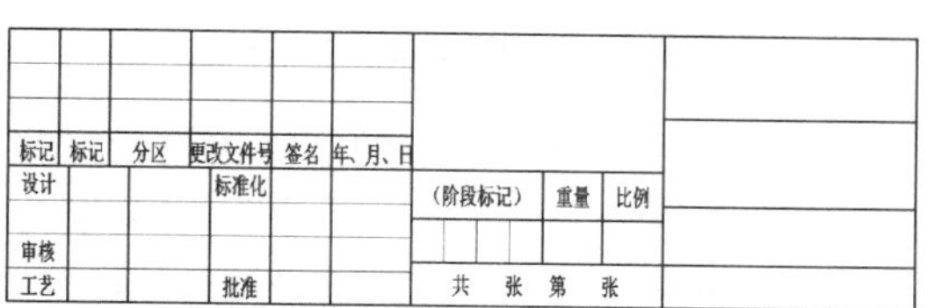

图 7-22　标题栏中注写文字

图 7-23　绘制标题栏框格辅助线

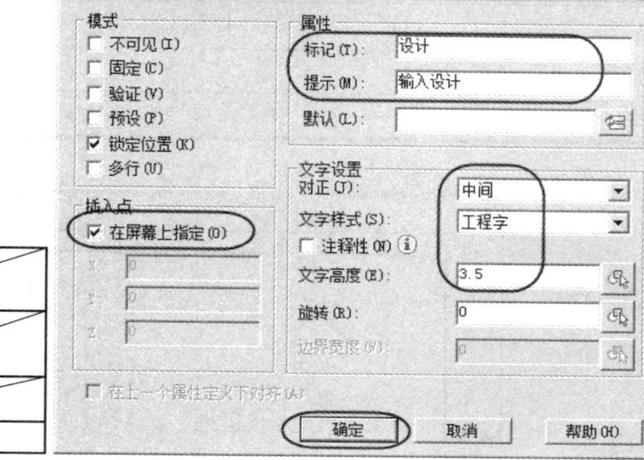

图 7-24　定义属性

图 7-25　插入属性过程

图 7-26　复制属性

(a) 在【编辑属性定义】对话框中修改属性

(b) 修改后的标题栏

图 7-27　修改属性内容

图 7-28　修改字高并添加投影符号

图 7-29　作成属性块后的标题栏

7.3.2 制作各类标准图幅属性块

以机械图为例，常用的图纸幅面及规格见表 7-1，图框格式如图 7-30 所示。将常用的五种标准图幅分别制成图块，图块名分别为“A0”、“A1”、“A2”、“A3”、“A4”，使用时根据选用的图纸规格，插入对应图框。现以“A3”图块为例，介绍其制作过程。

表 7-1 图框规格

幅面代号	A0	A1	A2	A3	A4
尺寸 B×L	841×1189	594×841	420×594	297×420	210×297
a	25				
c	10			5	

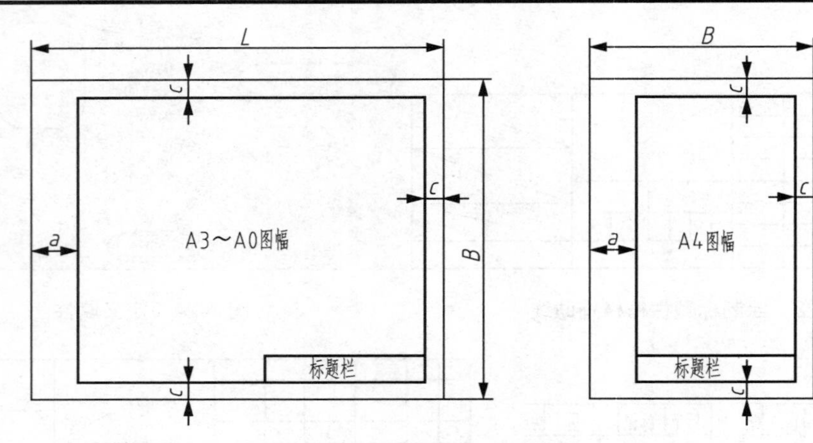

图 7-30 各类图纸图框格式

(1) 绘制 A3 图框：根据表 7-1 绘制 A3 图框，如图 7-31 所示，外框为细实线，内框为粗实线。

(2) 插入标题栏：使用【插入】命令，将“标题栏”图块插入到图框右下角，同时使用【分解】命令将其分解(为了避免块中嵌块)，结果如图 7-32 所示。

(3) 使用 WBLOCK(外部块)命令，以图框左下角点为插入点、“A3”为文件名或块名，制作了“A3”图幅属性块(该图块储存路径及文件名为 D：\我的图库\A3)，结果如图 7-33 所示。

图 7-31 绘制 A3 图框

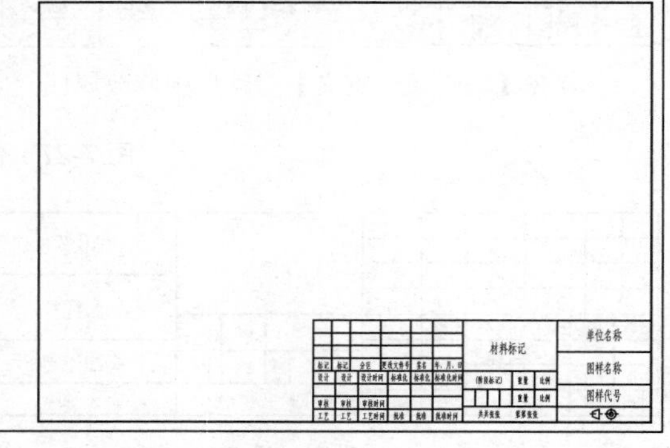

图 7-32 插入标题栏

重复上述步骤分别创建“A0”、“A1”、“A2”、“A4”标准图纸。注意 A4 图框的使用方向，如图 7-34 所示。

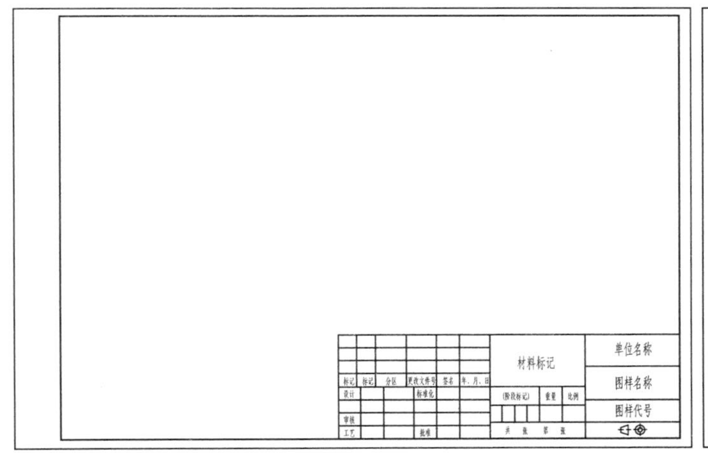

图 7-33　A3 图纸

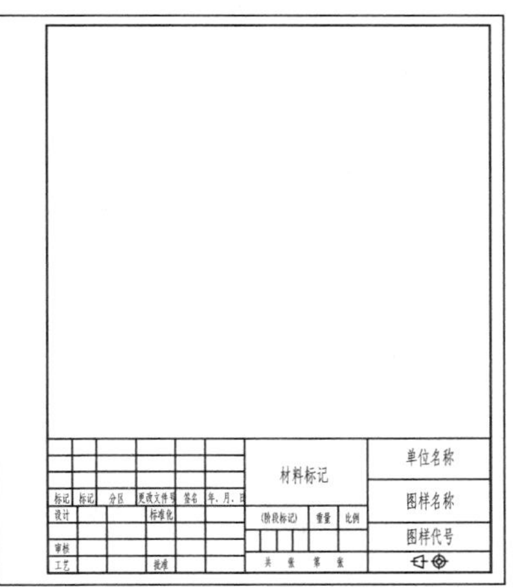

图 7-34　A4 图纸

7.3.3　制作明细栏

明细栏一般包括序号、代号、名称、数量、材料以及备注等项目，配置在装配图中标题栏的上方，按自下而上的顺序填写。明细栏分为明细栏表头与明细栏表格两个部分，格式如图 7-35 所示。其中，明细栏表头内容固定不变，仅将其做成普通图块；而明细栏表格的每一空格处，将来都要填写与表头相对应的内容，是变化的，因此需将其制作成属性块。

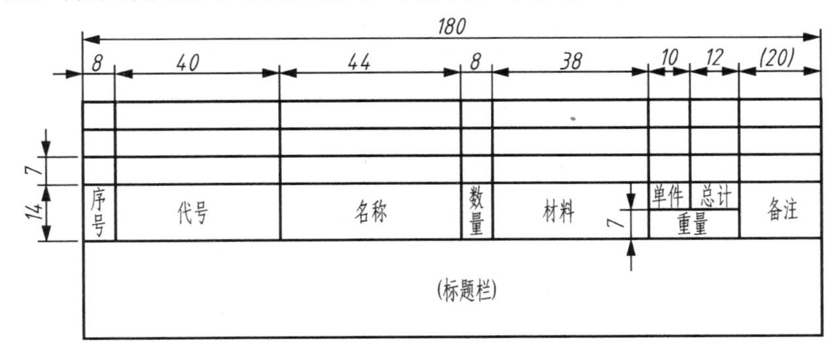

图 7-35　装配图中明细栏格式

(1) 制作明细栏表头图块。

参照图 7-35 绘制框格，同时注意图框线型要正确；使用【多行文字】Mtext 命令注写相应内容，结果如图 7-36 所示；使用 WBLOCK(外部块)，以明细栏表头的左下角点为插入点、“明细栏表头”为文件名，制作了“明细栏表头”图块。

<table>
<tr><td rowspan="2">序号</td><td rowspan="2">代号</td><td rowspan="2">名称</td><td rowspan="2">数量</td><td rowspan="2">材料</td><td>单件</td><td>总计</td><td rowspan="2">备注</td></tr>
<tr><td colspan="2">重量</td></tr>
</table>

图 7-36　明细栏表头

(2) 制作明细栏表格属性块。

其操作步骤与“标题栏”的制作相同，过程如图 7-37 所示，需要特别说明的是，在定义属性时，【默认】后不填写任何内容，这样做成的属性块显示为空格。该图块以明细栏表格的左下角点为插入点、“明细栏”为文件名保存到指定文件夹。

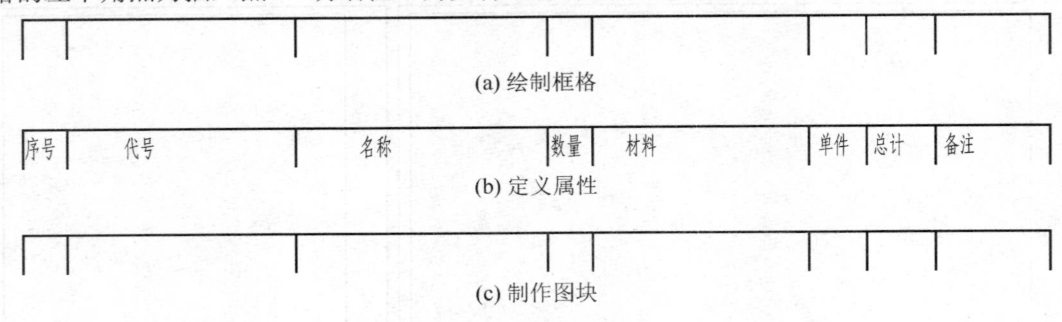

图 7-37　明细栏表头

7.3.4　制作单位粗糙度属性块

图 7-38(a)为制图标准规定的表面粗糙度样式，其中 H＝1.4h(h 为尺寸标注“字体高度”)。

所谓单位属性块，即以字高 h＝1mm 制作的属性块。实际绘制图时，由于输出比例的不同，模型空间中尺寸标注的实际字高也不同，将粗糙度符号制作成单位属性块进行粗糙度标注时，图中尺寸标注的实际字高就是单位属性块的插入比例，这样使得图中粗糙度符号满足制图标准。其制作步骤如下：

(1) 绘制粗糙度符号图形：当字高 h＝1mm 时，H＝1.4mm，按图 7-38 所示的比例关系绘制图形，结果如图 7-38(b)所示；

(2) 定义属性：粗糙度中的代号包括 Ra、Rz、Rp，即代号是经常变化的；另外参数也是变化的。因此应将代号及参数使用【定义属性】命令赋予属性，其设置如图 7-38(c)所示(见所圈内容)。其中【默认值】后填写使用频率较高的 Ra 3.2(注意代号与参数间要空一格)，文字高度应为“1”、文字对正应为“左对齐”。单击【确定】按钮返回 CAD 界面，指定属性插入点，结果如图 7-38(d)所示。

(3) 使用 WBLOCK(外部块)命令，以图形的最下角点为插入点、“粗糙度”为文件名或块名，完成了粗糙度单位属性块的制作(该图块储存路径及文件名为 D: \我的图库\粗糙度)，结果如图 7-38(e)所示。

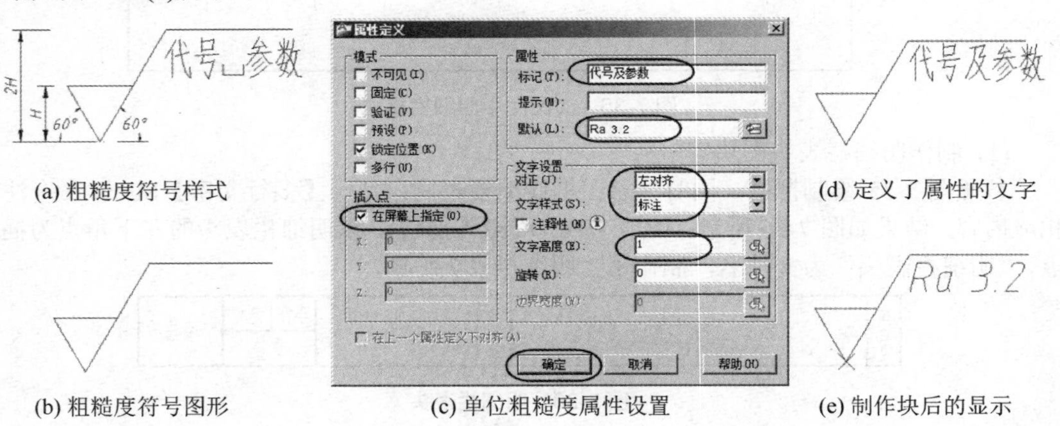

图 7-38　单位粗糙度制作过程

7.4 习　　题

1．绘制如图 7-39 所示标题栏，要求将需要经常填写不同内容的对象定义属性，该标题栏为属性块。

提示：

(1) 绘制图形，如图 7-40 所示；

(2) 填写固定内容的文字对象，如图 7-41 所示；

(3) 定义属性，如图 7-42 所示；

(4) 创建图块，结果应与图 7-39 一致。

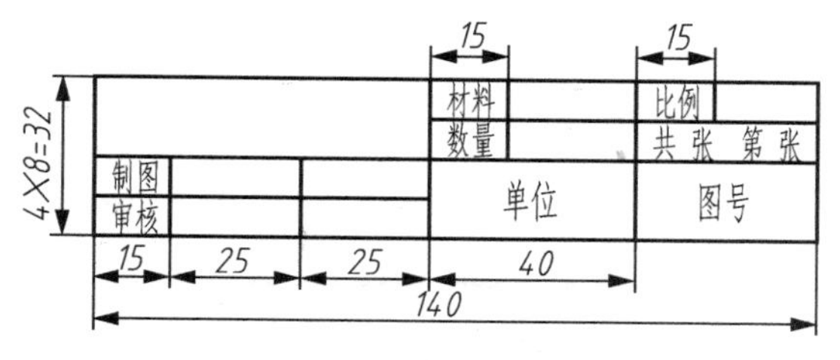

15
15
材料
数量
比例
共 张 第 张
制图
审核
单位
图号
4X8=32
15
25
25
40
140

图 7-39　标题栏

15
15
4X8=32
15
25
25
40
140

图 7-40　绘制图形

材料
数量
比例
共 张 第 张
制图
审核

图 7-41　输入文字

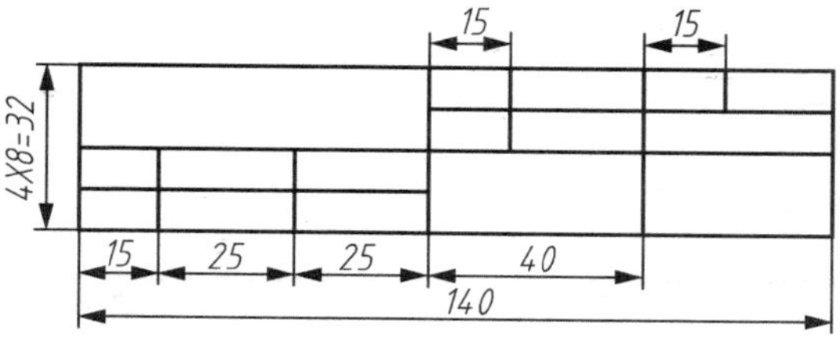

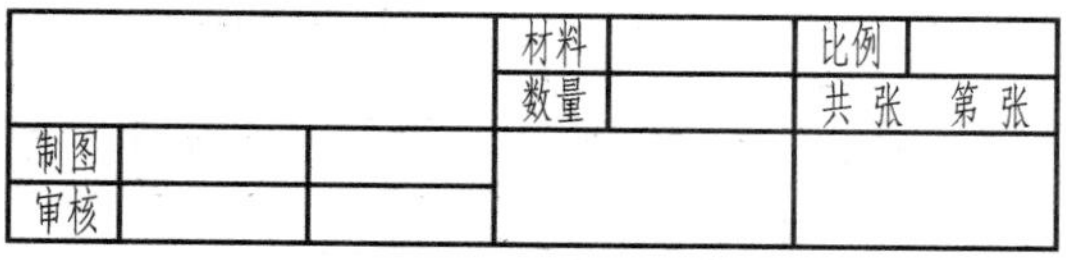

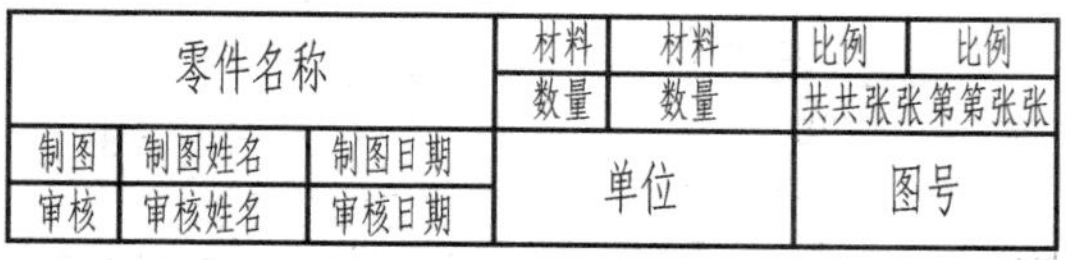

零件名称
材料
材料
数量
数量
比例
比例
共共张张第第张张
制图
制图姓名
制图日期
审核
审核姓名
审核日期
单位
图号

图 7-42　定义属性

2．绘制如图 7-43 所示的标高符号，并将其制作成属性块，命名为“标高”，显示效果如图 7-44 所示。

20
参考3
参考2
参考1
3
45°
45°

图 7-43　输入文字

±0.000

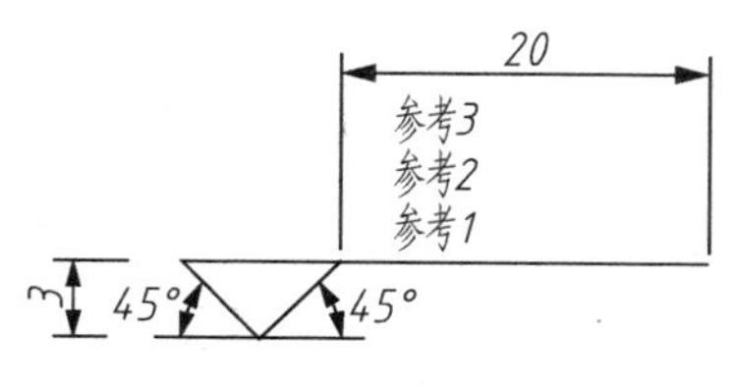

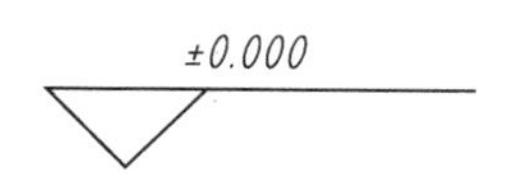

图 7-44　定义属性

第 8 章 图形打印

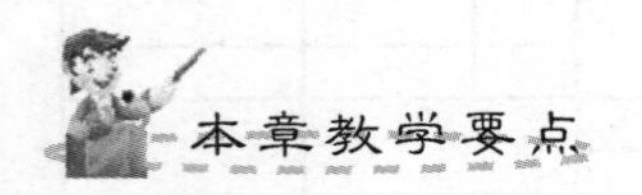

知识要点	掌握程度	相关知识
模型与布局	了解模型、布局的含义； 掌握模型与布局的切换方法。	模型空间用于绘图； 布局用于打印出图。
在布局中打印图形	掌握在布局中打印图形的各种设置及操作步骤。	以图例介绍布局打印出图过程。
在模型中打印图形	了解在模型中打印图形的各种设置及操作步骤。	以图例介绍在模型中打印出图过程。

手工绘图过程为：先选图幅、定比例，最后绘图。而使用 AutoCAD 绘图过程则相反：先按 1∶1 的比例以实际尺寸绘图，最后选图幅、定比例输出打印。CAD 绘图共分为以上两大步骤。前面各个章节所讲述的内容实际上都归列为第一步，本章主要介绍绘图过程的第二步：图形输出打印。

AutoCAD 为用户提供了完善的图形打印功能，用户可以直接在【模型】中打印单一视口视图，也可以在【布局】中，用不同比例在一张图纸上打印图形的多视口视图。通常草图的打印采用前一种方法，而正式图纸都应在图纸空间的布局中输出打印。

8.1 模型与布局

8.1.1 模型、布局释义

【模型】环境是 AutoCAD 图形处理的主要环境，带有三维的可用坐标系，能创建和编辑二维、三维的对象，是没有界限的坐标空间。在模型空间，无论实体大小，都应采用 1∶1 比例绘图，这样便于发现尺寸设置不合理的地方以及满足图形的直接装配关系，避免图形之间进行烦琐的比例缩小和放大计算，防止出现换算过程中可能出现的差错。

【布局】环境是一种用于打印的特殊工具。它模拟一张用户的打印纸，可在其上创建并放置视口对象，还可以添加标题栏或其他几何图形。也可以创建多个布局以显示不同视图，每个布局可以包含不同的打印比例和图纸尺寸。布局显示的图形与图纸页面上打印出来的图形完全一样。

总之，【模型】空间的主要用途是创建图形，【布局】的用途是设置二维打印空间。

8.1.2 模型与布局环境的切换

模型与布局的切换可以通过以下方式实现：

(1) 选项卡：单击 AutoCAD 绘图区域底部的【模型】、【布局】选项卡，如图 8-1 所示。

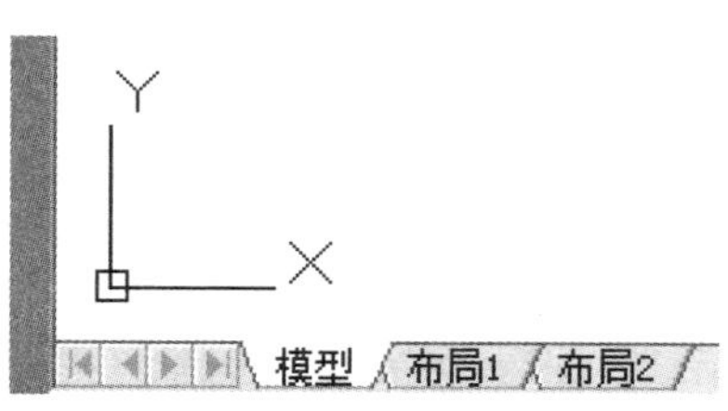

图 8-1 【模型】、【布局】选项卡

(2) 使用 TILEMODE(TM 或 TI)系统命令：当 TILEMODE＝1 时，切换到模型空间；当 TILEMODE＝0 时，切换到图纸空间。图 8-2 为模型空间的图形界面，当切换至图纸空间时，默认的图形界面如图 8-3 所示，其中，白色区域相当于一张空白图纸，虚线是默认的可打印区域的边界线，实线窗口为自动形成的浮动视口。

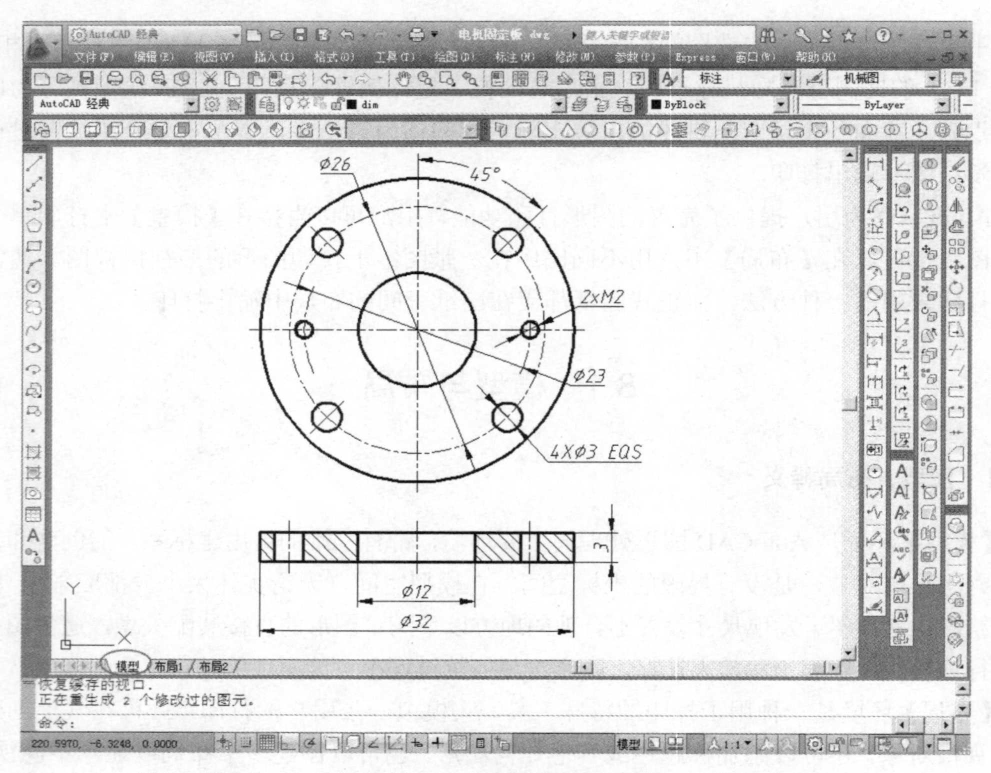

图 8-2 【模型】环境的图形界面

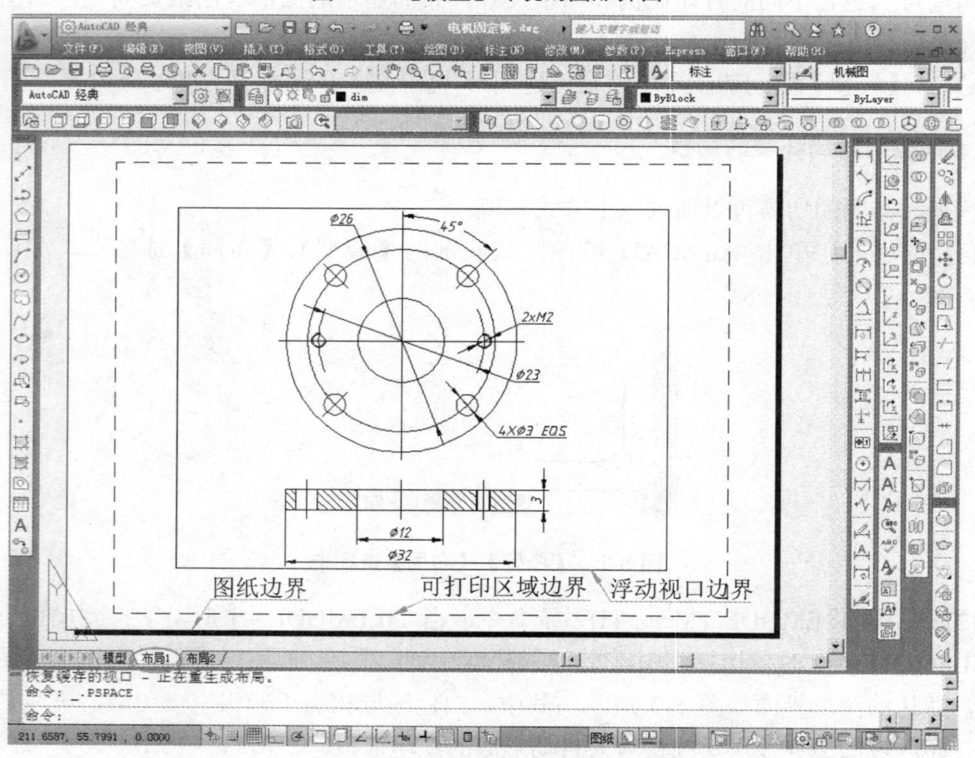

图 8-3 【布局】环境的图形界面

8.1.3 布局中的模型空间与图纸空间

在【布局】中，若图形处于【图纸空间】，系统坐标标识显示为三角形，如图 8-4(a)所示，此时，无法编辑或选择在模型环境中所绘制的对象；若图形处于【模型空间】，系统坐标标识则显示为通常的二维坐标形式，如图 8-4(b)所示，此时，图中浮动视口边界颜色变深，如图 8-5 所示，即视口被激活，视口内图形能被编辑。

图 8-4 图纸模型空间与图纸空间坐标标识

布局中的【模型空间】与【图纸空间】的切换，可以通过以下途径实现：

(1) 状态栏：单击【模型或图纸空间】的模型图标按钮，如图 8-5 所示。

(2) 命令行：MSPACE(MS)(模型空间)或 PSPACE(PS)(图纸空间)。

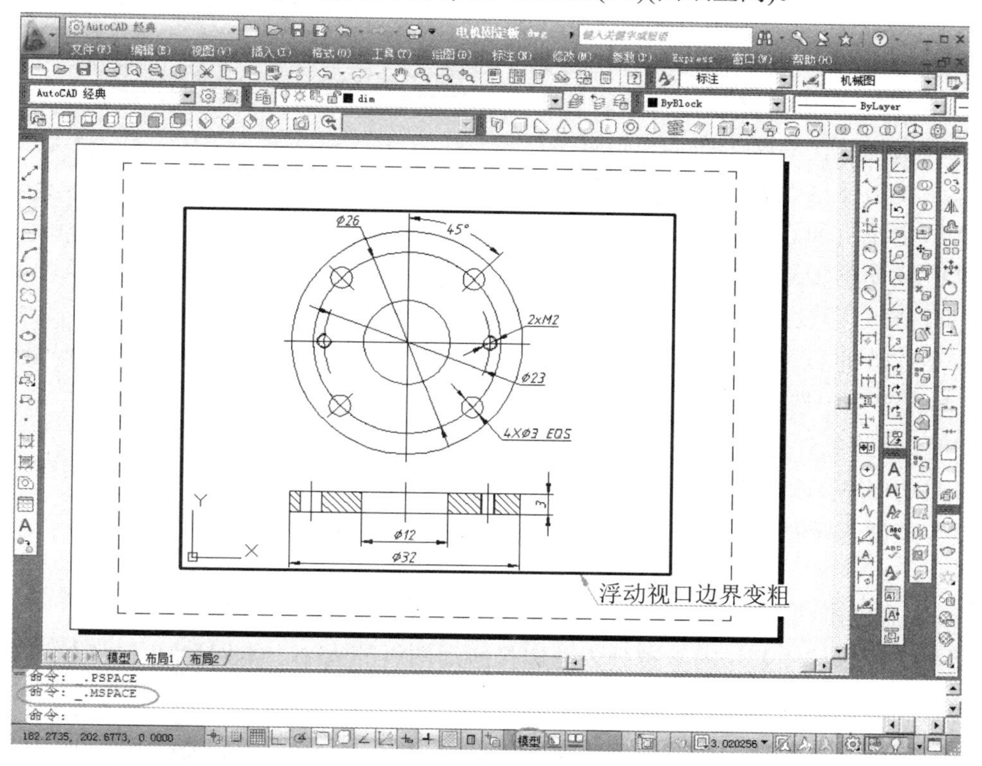

图 8-5 【布局】中处于【模型空间】的图形显示

8.2 在布局中打印图形

以图 8-2 中的图形为例，介绍在【布局】中打印图形的一般步骤。

8.2.1 在【模型】空间绘制图形并标注尺寸

单击【模型】选项卡，切换至模型空间，绘制如图 8-2 所示图形，并标注尺寸。

8.2.2 页面设置

单击【布局 1】，如图 8-3 所示，打开【页面设置管理器】，为当前布局或图纸进行页面设置。

图 8-6 【布局】工具栏

【运行方式】

- 菜单：【文件】→【页面设置管理器】。
- 工具栏：单击【布局】工具栏(图 8-6)的【页面设置管理器】图标。
- 快捷菜单：在布局选项卡上单击右键，选择【页面设置管理器】。
- 命令行：PAGESETUP。

【操作过程】

以上操作弹出了【页面设置管理器】对话框，如图 8-7 所示，【当前页面设置】栏列出了系统默认的两个布局，选择【布局 1】并单击【修改】按钮，弹出了如图 8-8 所示【页面设置】对话框，在该对话框中按如下步骤进行各项设置。

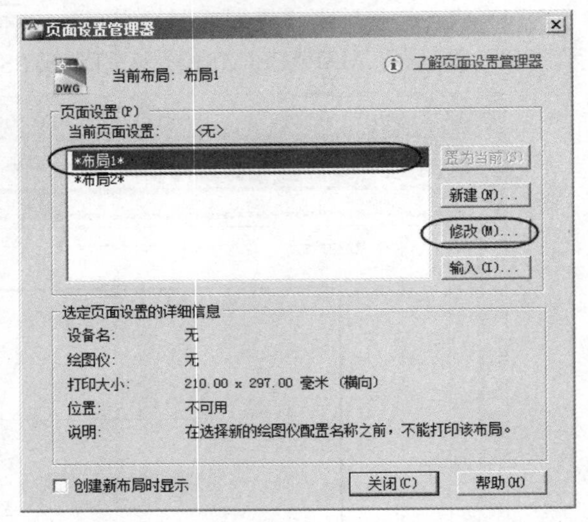

图 8-7 【页面设置管理器】对话框

(1) 选择打印设备。

在【打印机/绘图仪】选项组的【名称】下拉列表框中选择打印设备。选择打印设备时，用户的计算机必须正确安装了打印机驱动程序，否则【名称】下拉列表框中没有可供选择的打印设备名称。如图 8-8 所示，本例选择 HP LaserJet 1020 (副本 1) 打印机。

(2) 选择图纸幅面。

单击【图纸尺寸】栏的下拉列表，选择所需图纸的大小，本例选择【A4】，如图 8-8 所示。

注意：若先选定了打印机，此时，下拉列表中给出了该打印设备可用的标准图纸尺寸；如果没有选定打印机，则显示全部标准图纸尺寸。

(3) 设置图纸方向。

指定图形在图纸上的打印方向。本例选择【纵向】使用图纸。

注意：机械图中 A4 图幅一般纵向使用。

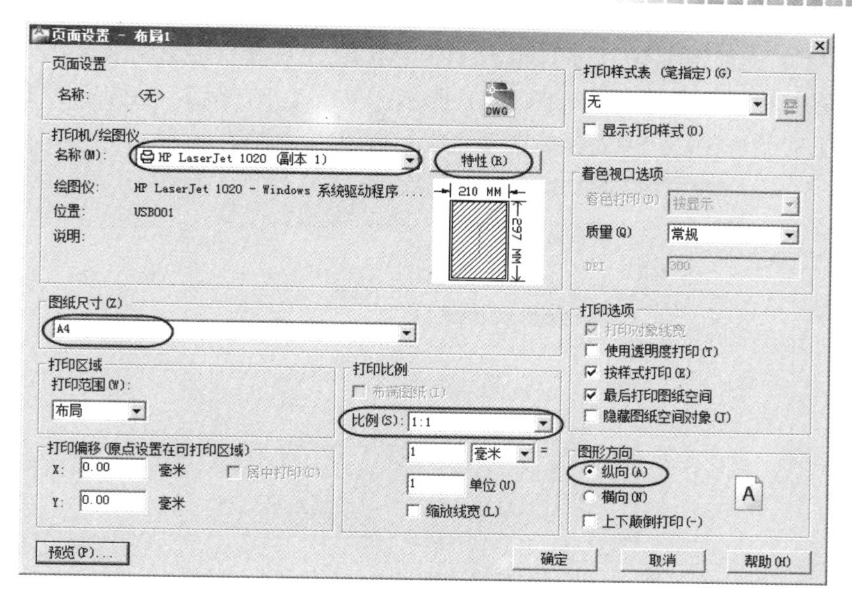

图 8-8 【页面设置】对话框

(4) 修改标准图纸可打印区域。

从【模型】切换至【布局】时，图纸界面上有一虚线窗口(图 8-3)，虚线内为可打印区域，虚线外则无法打印。为了使整张图纸都能被打印，必须重新设置可打印区域范围。过程如下：

① 单击【打印机/绘图仪】后的【特性】按钮，弹出如图 8-9 所示的【绘图仪配置编辑器】对话框，在【设备和文档设置】选项卡中，选择【修改标准图纸尺寸(可打印区域)】，在【修改标准图纸尺寸】下拉列表中，选择图纸尺寸【A4】，然后单击【修改】按钮。

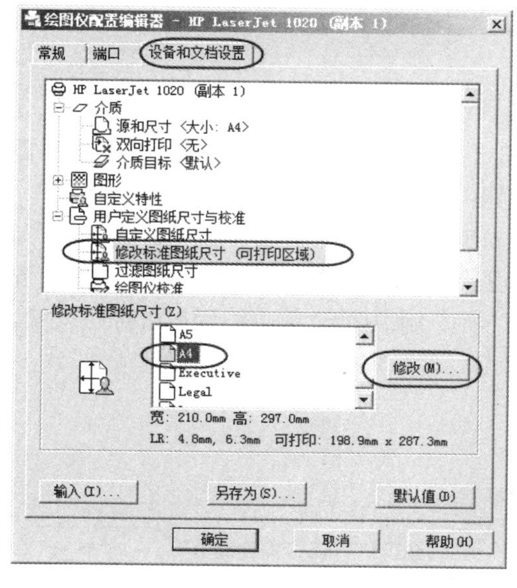

图 8-9 【绘图仪配置编辑器】对话框

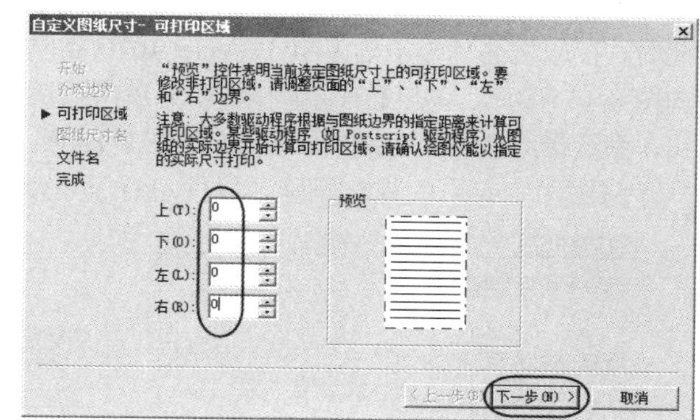

图 8-10 【自定义图纸尺寸】对话框

② 在弹出的【自定义图纸尺寸－可打印区域】对话框中，设置【上】、【下】、【左】、

【右】全部为“0”，如图 8-10 所示；单击【下一步】，出现【自定义图纸尺寸－文件名】对话框，默认系统提示的文件名，如图 8-11 所示；单击【下一步】，在弹出的【自定义图纸尺寸－完成】对话框中(图 8-12)，单击【完成】按钮。

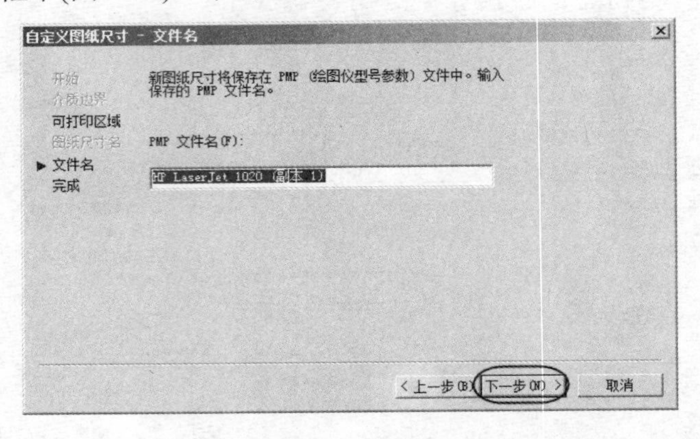

图 8-11 【自定义图纸尺寸－文件名】对话框

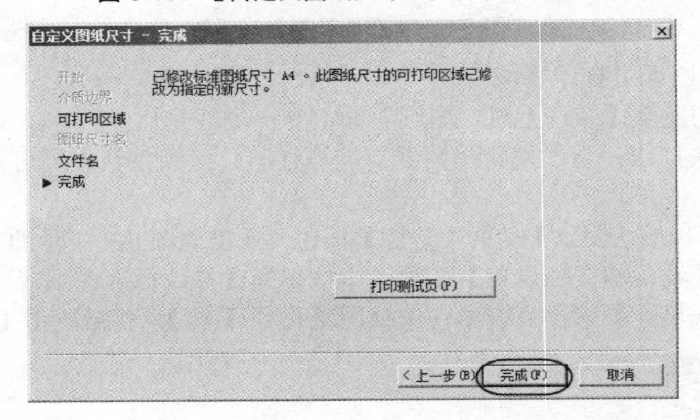

图 8-12 【自定义图纸尺寸－完成】对话框

③ 系统返回【绘图仪配置编辑器】页面，单击【确定】按钮，弹出【修改打印机配置文件】信息框，如图 8-13 所示，再单击【确定】按钮；系统又返回到【页面设置】对话框。此时，打印机名称显示为【HP LaserJet 1020(副本 1).pc3】，即原打印机名称加了后缀“.pc3”，如图 8-14 所示。单击【确定】按钮，并单击随后出现的【页面设置管理器】中的【关闭】按钮，系统最终返回 CAD 界面，结果如图 8-15 所示，整张 A4 图纸全部范围皆在可打印区域。

将图面中自带的视口删除，以便进行下一步操作。

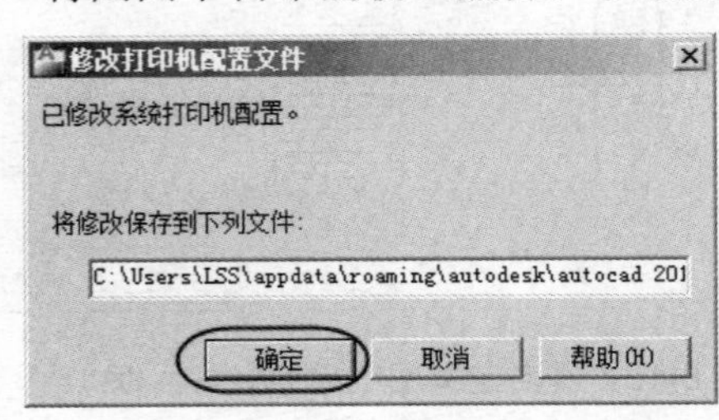

图 8-13 【修改打印机配置文件】信息框

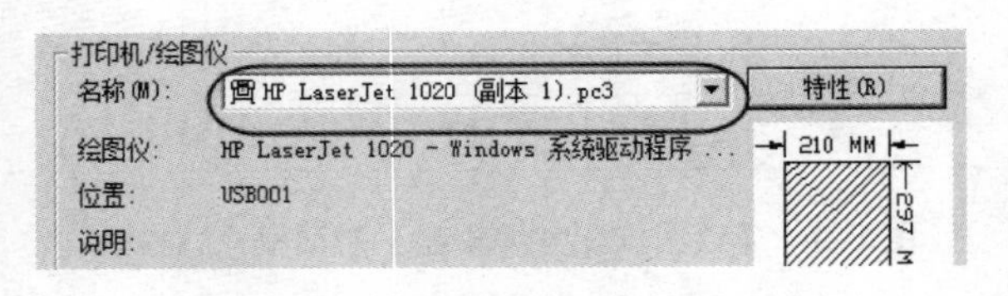

图 8-14 完成可打印区域后的打印机名称

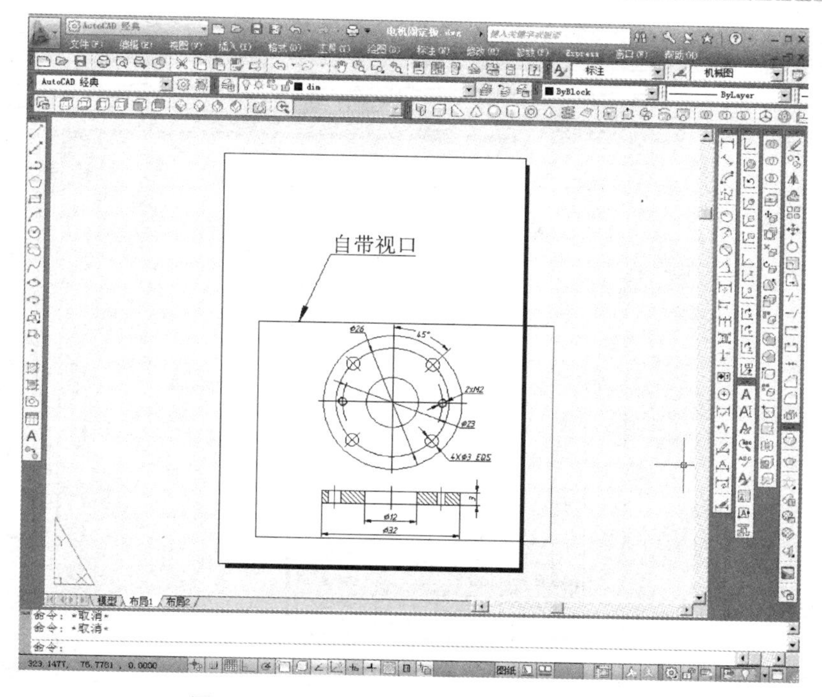

图 8-15 修改了可打印区域后的图形显示

8.2.3 在布局中插入图框

在第 7 章中已将国标规定的 5 种图幅分别做成对应的属性块，在此可根据选用的图纸规格，插入对应的图框。如本例选用 A4 图纸，因此插入 A4 图框。使用【插入】命令打开【插入】对话框，可做如下操作：

(1) 选择欲插入的对象文件：单击【浏览】按钮，找到要插入的对象(D：\我的图库\A4)。此时，【名称】后出现被插入的对象名称，并在其下方同时显示该文件的所在路径，如图 8-16 所示。

(2) 设置【插入点】、【比例】：去掉【在屏幕上指定】复选框前的勾，设置【X】、【Y】、【Z】值皆为“0”；单击【统一比例】复选框，设置【X】＝1，如图 8-16 所示。

(3) 单击【确定】按钮，系统返回 CAD 界面，在随后出现的【编辑属性】对话框(图 8-17)中单击【确定】按钮，结果所选图框被插入到图纸界面，如图 8-18 所示。

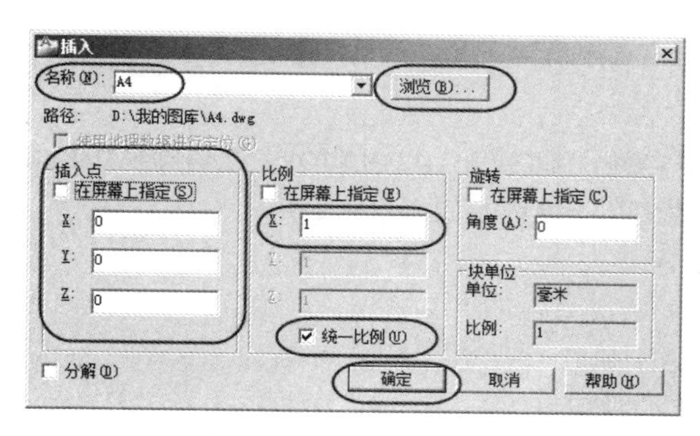

图 8-16 【插入】对话框

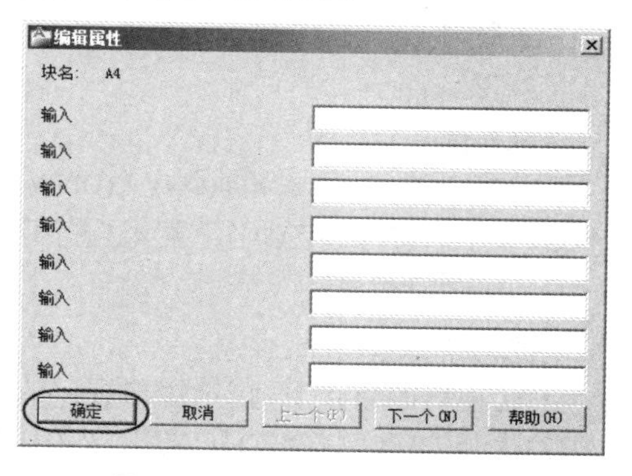

图 8-17 【编辑属性】对话框

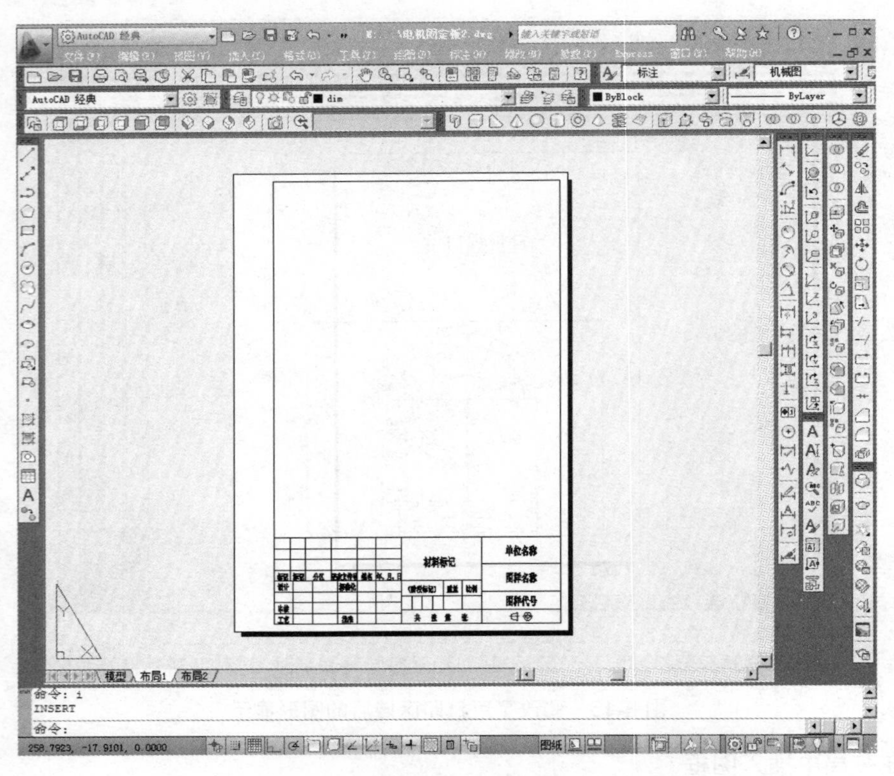

图 8-18　插入图框后的图形显示

8.2.4　将图形调入布局

使用 MVIEW 命令将在【模型】环境绘制的图形调入布局。

【运行方式】

- 菜单：【视图】→【视口】→【一个视口】。
- 工具栏：单击【视口】工具栏中的【单个视口】图标。
- 命令行：MVIEW (MV)或—VPORTS。

【操作过程】

以上操作命令显示如下：

命令：mv↙

MVIEW

指定视口的角点或 [开(ON)/关(OFF)/布满(F)/着色打印(S)/锁定(L)/对象(O)/多边形(P)/恢复(R)/图层(LA)/2/3/4]＜布满＞：↙(回车，默认“布满”，结果如图 8-19 所示。)

正在重生成模型。

各选项含义如下：

(1)【视口的角点】：指定矩形视口的第一个角点。

(2)【开(ON) /关(OFF)】：打开或关闭选定的视口。

活动视口在模型空间中显示对象。若某一视口被关闭，则视口中显示的图像会随之消失，且该视口将不再参加重新生成视图(regen)的操作，从而提高了绘图速度。

(3)【布满(F)】：选择该选项，则所创建的视口充满了当前图纸的可打印区域。

(4)【着色打印(S)】：该选项指定如何打印布局中的视口，主要用于三维图形。

(5)【锁定(L)】：该选项用于锁定和解锁被选定视口中的视图，包括视图的大小和方向。随后提示：

视口视图锁定 [开(ON)/关(OFF)]：(输入 on 或 off)
选择对象：选择一个或多个视口

(6)【对象(O)】：该选项将指定的实体目标转变为一个视口。该实体目标可以是多段线、椭圆、样条曲线、区域或圆，但必须封闭。

(7)【多边形(P)】：该选项可以由直线段和圆弧线段、多段线等组成的边界生产一个浮动视口。此时，命令行将出现与 Pline(多段线)相似的命令提示：

指定起点：
指定下一个点或 [圆弧(A)/长度(L)/放弃(U)]：指定一点
指定下一个点或 [圆弧(A)/闭合(C)/长度(L)/放弃(U)]：指定另一点

(8)【恢复(R)】：该选项把模型空间的平铺视口配置转换成图纸空间的浮动视口，且浮动视口的数目、布置及视图与模型空间的内容完全一致。随后提示：

输入视口配置名或 [?]<*Active>：↙(回车)
指定第一个角点或 [布满(F)]<布满>：↙(回车)

(9)【图层(LA)】：将选定视口的图层特性替代重置为它们的全局图层特性。

(10)【2/3/4】：这三项分别表示视口数量，操作过程相似，读者可以自己练习。

本例使用 MVIEW 中的【布满】选项，结果如图 8-19 所示，图形充满图纸窗口。

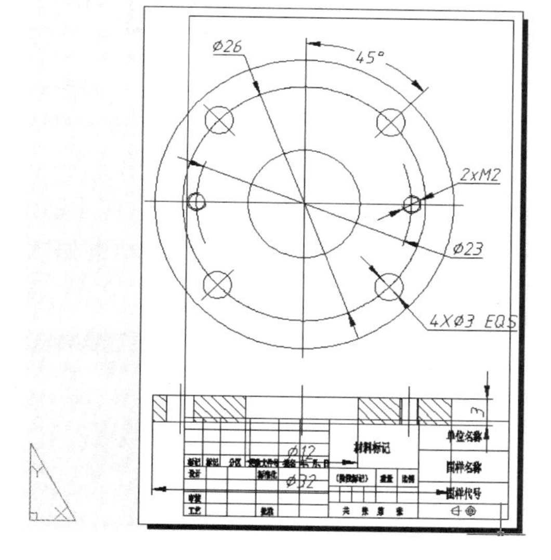

图 8-19 调入图形后的页面

8.2.5 确定输出比例

要将模型空间的图形恰当置入所选定的图幅，需选用合适的比例。调整比例之前要保证布局的视口被激活。设置比例有两种途径。

(1) 使用【缩放】ZOOM 命令。

在布局中，切换到模型空间状态，然后使用【ZOOM】命令，其操作过程如下：

命令：ms↙(输入命令，并回车，激活视口)
MSPACE
命令：z↙(输入命令，并回车)
ZOOM
指定窗口的角点，输入比例因子 (nX 或 nXP)，或者

[全部(A)/中心(C)/动态(D)/范围(E)/上一个(P)/比例(S)/窗口(W)/对象(O)]<实时>：4xp↙(输入比例，并回车，表示采用4：1比例将图形显示到选定的图纸上，注意此时数字后要加XP，表示相对于图纸空间单位的比例)

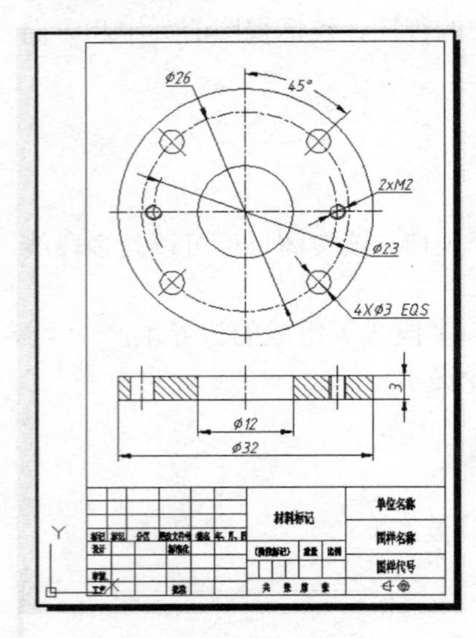

图8-20　输入比例后的页面

结果如图8-20所示，使用4：1的比例将模型空间图形对象放置到A4图纸上(需要配合PAN命令移动屏幕，将图形放置到图框内)。

(2) 使用【视口】工具栏。

在布局中，切换到模型空间状态，在【视口】浮动工具条的下拉列表中，选择比例，如图8-21所示，本例选择4：1。

(3) 编辑比例列表。

若列表中没有自己使用的比例，可以在比例窗口直接键入，也可以编辑比例列表，添加相应比例，编辑比例列表过程如下。

① 打开【选项】对话框中的【用户系统配置】选项卡，如图8-22所示；

② 单击【默认比例列表】按钮，弹出【编辑比例列表】对话框，如图8-23所示，显示了当前已定义的比例，与【视口】的比例列表内容一致，如图8-21所示；

③ 单击【添加】按钮，弹出如图8-24所示的【添加比例】对话框，在【比例名称】选项下添加比例(如输入5：1)，在【图纸单位】和【图形单位】分别填写与添加的比例对应的数值。单击【确定】按钮，结果如图8-25所示，新比例出现在列表中(还可以通过【上移】或【下移】按钮，调整比例显示位置)，此时【视口】中的此例列表，如图8-26所示。

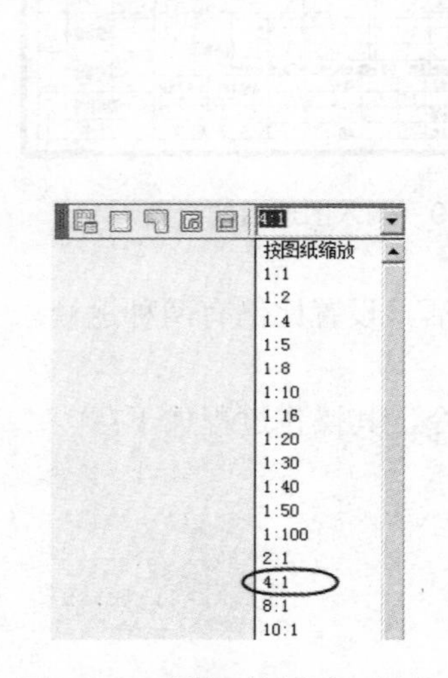

图8-21　【视口】浮动工具条

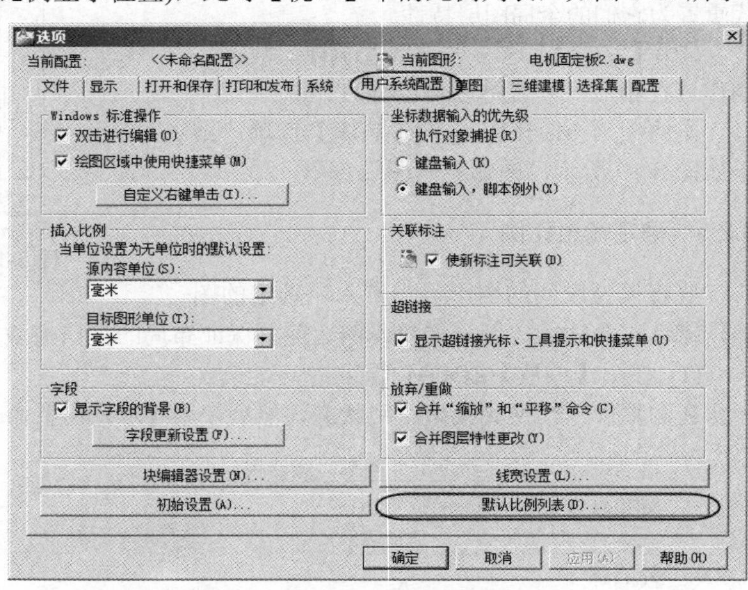

图8-22　【用户系统配置】选项卡

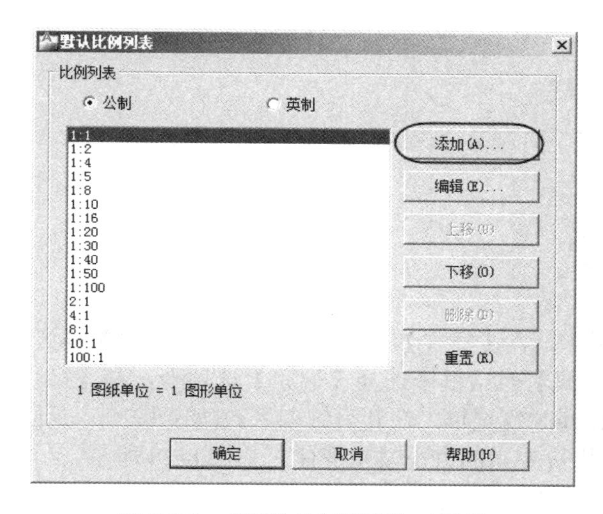

图 8-23　【默认比例列表】对话框

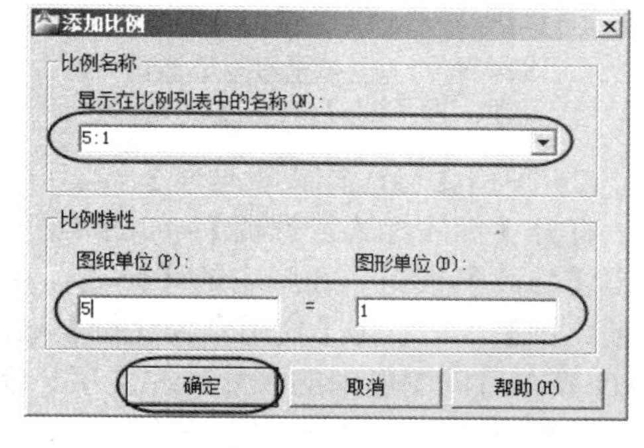

图 8-24　【添加比例】对话框

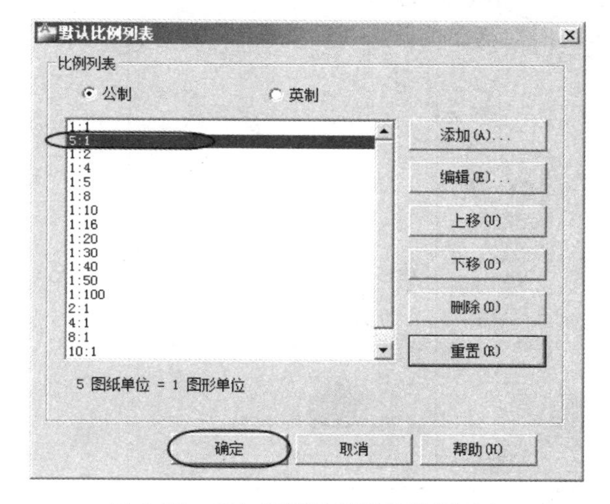

图 8-25　添加了新比例后的比例列表

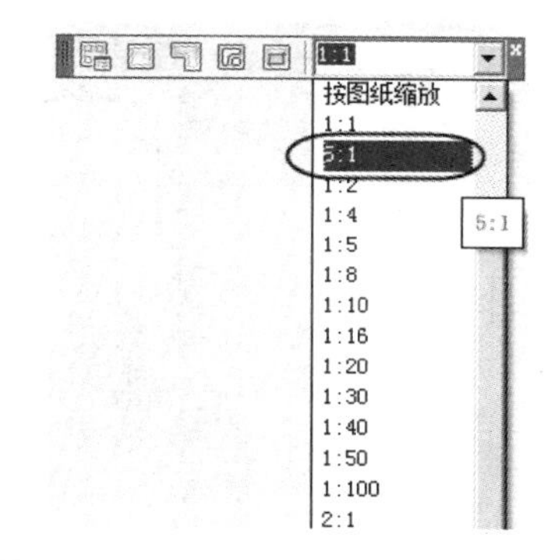

图 8-26　添加了新比例后的视口列表

8.2.6　设置【标注全局比例】参数

上一步操作确定了输出比例(本例输出比例为 4∶1)，此时，图形的实际尺寸没有改变，但尺寸标注的文字高度及尺寸箭头都放大了 4 倍，为了保证打印在图纸的文字及箭头为原来的设定值(在尺寸标注样式中设置的尺寸文字高＝3.5，箭头大小＝3)，必须使用【标注全局比例】DIMSCALE 命令进行还原。可以通过以下两种方式：

(1) 命令行输入【标注全局比例】DIMSCALE 命令。

【标注全局比例】DIMSCALE 是系统变量，其系数等于图形输出比例的倒数。例如，本例输出比例为 4∶1，则 DIMSCALE 系数＝1/4(＝0.25)。

命令：DIMSCALE↙(输入命令)
输入 DIMSCALE 的新值<1.0000>：1/4↙(输入参数，该参数为输出比例倒数)

此时 DIMSCALE 参数＝0.25，但图形中的尺寸标注文字外形大小仍没有变化，还需进入标注模式，使用【更新】UPDATE 命令进行修改。

命令：DIM↙(访问标注模式命令)
标注：UP↙(输入更新 UPDATE 命令的简称)
选择对象：ALL↙(输入 all，表示更新所有标注对象)
找到 49 个
9 个不在当前空间中。
选择对象：↙(结束对象选择)
标注：按【Esc】键退出标注

(2) 使用【标注样式管理器】。

打开【标注样式管理器】，如图 8-27 所示，在【样式】列表中，选中【机械图】样式，单击【修改】按钮，在弹出的【修改标注样式】对话框中选择【调整】选项卡，在【标注特征比例】下，单击【使用全局比例】(dimscale)复选框，在其后键入系数(如：0.25)。返回 CAD 界面后，图形中的尺寸标注文字、箭头等要素的大小发生变化，如图 8-28 所示。

该种方式操作简单，建议初学者采用。

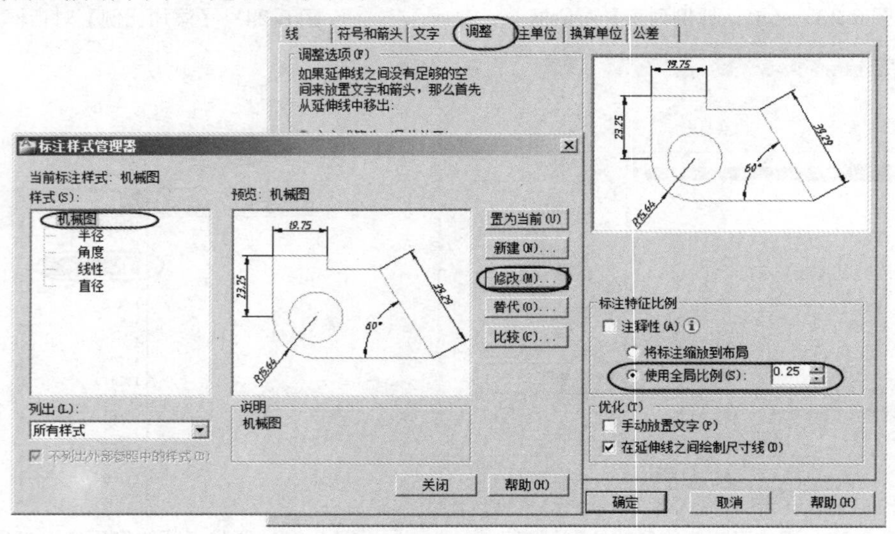

图 8-27　使用标注样式管理器修改过程

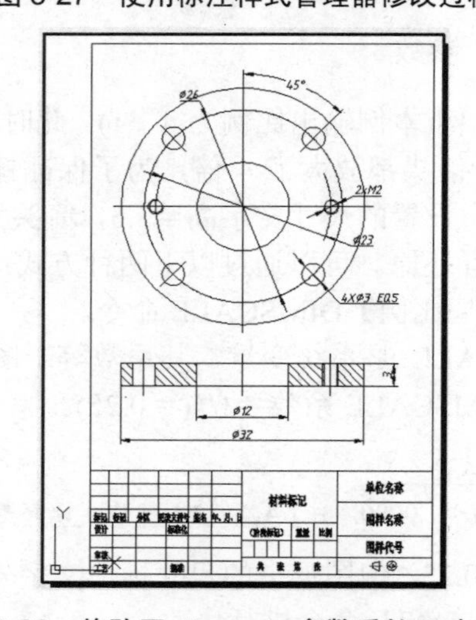

图 8-28　修改了 dimscale 参数后的尺寸外形

8.2.7 整理图面

此时，图形若有加工要求，如粗糙度符号、形位公差等，应该在修改了【使用全局比例】参数后标注。建议图形中的技术要求在图纸空间注写，这样指定的文字高度即为打印在图纸的一致。

切换至图纸空间，书写技术要求；并双击图框，填写标题栏。整理后的图形如图 8-29 所示。

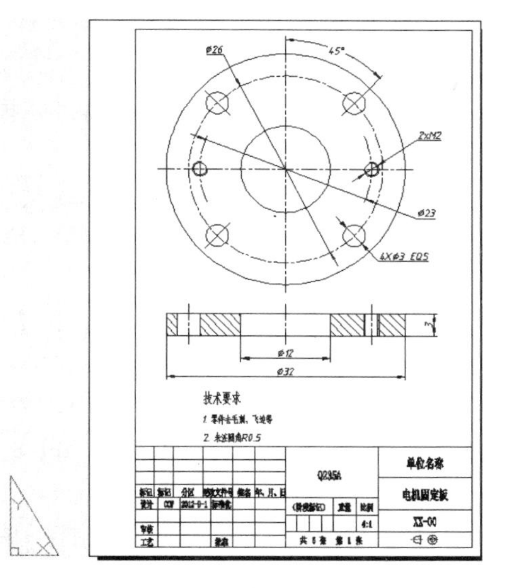

图 8-29 整理了图面后的图形显示

8.2.8 打印图形

【运行方式】

- 菜单：【文件】→【打印】。
- 工具栏：单击【标准】工具栏中的【打印】图标。
- 命令行：PLOT。

【操作过程】

以上操作弹出【打印】对话框，如图 8-30 所示，在此可以进行打印的各项设置。

图 8-30 【打印】对话框

(1) 设置打印区域。

指定要打印的图形部分。在【打印范围】下，可以选择要打印的图形区域。单击下拉列表，从中选择当前图形的打印区域。列表中各参数项的含义如下。

①【布局】：打印布局时，将打印指定图纸尺寸的可打印区域内的所有内容，其原点从布局中的 0，0 点计算得出。本例打印区域选择该选项。

②【范围】：选中该选项，将打印当前空间内的所有对象。在打印之前，AutoCAD 可能会重生成图形以便重新计算图形范围。

③【显示】：选中该选项，将打印模型空间的当前视口中的视图或布局中的当前图纸空间视图的对象。

④【窗口】：选中该选项，系统会返回绘图区要求指定一个打印区域，以打印该区域中的图形对象，此时，【窗口】按钮被激活。

(2) 设置打印偏移。

①【X】、【Y】：通过在【X】和【Y】偏移框中输入正值或负值，控制几何图形在图纸上的偏移。通常皆默认“0”。

②【居中打印】：选择该选项，系统自动计算 X 偏移和 Y 偏移值，在图纸上居中打印。当【打印范围】设置为【布局】时，此选项不可用。

(3) 设置打印比例。

打印比例，是指图形单位与打印单位之间的比值。打印布局时，默认缩放比例设置为 1∶1。从【模型】选项卡打印时，默认设置为【布满图纸】。

①【布满图纸】：缩放打印图形以布满所选图纸尺寸。当【打印范围】设置为【布局】时，此选项不可用。

②【比例】：定义打印的精确比例，可以从比例的下拉列表中选取；其中，【自定义】是指用户定义的比例，可以通过输入与图形单位数等价的英寸(或毫米)数来创建自定义比例。

③【英寸=/毫米=/像素=】：指定与指定的单位数等价的英寸数、毫米数或像素数。在此对话框中所显示的单位，默认设置为图纸尺寸，并会在每次选择新的图纸尺寸时更改。【像素】仅在选择了光栅输出时才可用。

④【缩放线宽】：与打印比例成正比缩放线宽，通常不选择该项。

(4) 选择打印样式表。

在 AutoCAD 制图时，为区分不同图层而为不同的图层分配了不同的颜色，但进行打印时，大多情况下都要求以黑白的图形输出(不是彩色，也不是灰度级)。AutoCAD 的打印样式表分颜色相关打印样式表 (CTB) 或命名打印样式表 (STB)。在颜色相关打印样式表中，每种颜色都有自己独立的打印格式，总共要有 255 种打印格式；命名的打印样式表中，用户可自定义新的打印格式，并分配给不同的图层，多个图层可共享同一种打印格式，这样就节省了部分资源。

为了打印黑白图形，在【打印样式表】的下拉列表中，选择【monochrome.ctb】样式。

(5) 设定打印选项。

该项通常按图 8-30 所示的默认方式设置。

(6) 设置打印方向。

指定图形在图纸上的打印方向，通常与【页面设置】中的要一致。在该栏中选中某个单选项或复选框后，将在右侧的图示中显示打印方向。打印方向有以下几种：

①【纵向】：将图纸的短边作为图形页面的顶部进行打印。

②【横向】：将图纸的长边作为图形页面的顶部进行打印。

③【上下颠倒打印】：选中该复选框，将图形在图纸上倒置进行打印，相当于将图形旋转 180° 后再进行打印。

打印设置完成后，单击【预览】按钮，系统返回到 CAD 界面，出现如图 8-31 所示的预览窗口，可以预览图形打印效果；如果输出符合要求，单击右键，在弹出的快捷菜单中，选择【打印】，反之选择【退出】则可再返回【打印】对话框修改相应的参数。

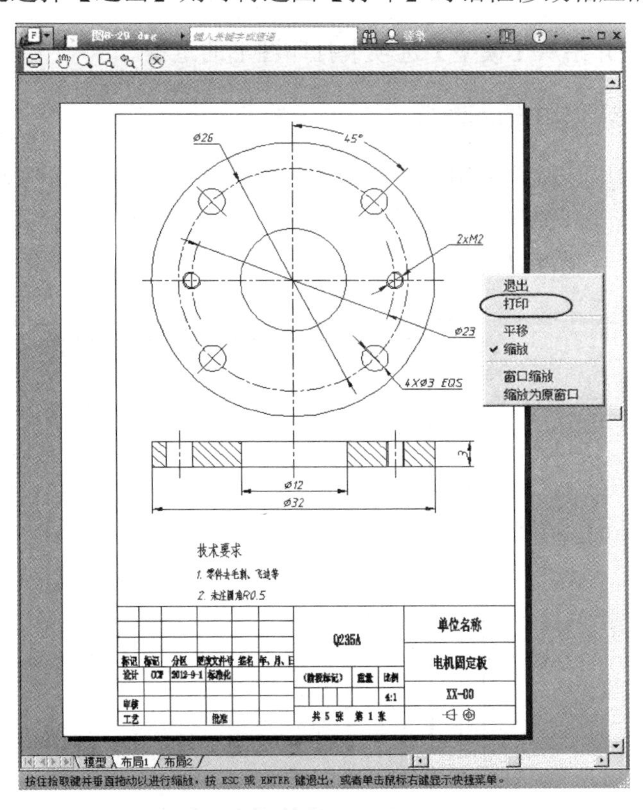

图 8-31　预览图形输出后的效果

8.2.9　保存打印设置

在 AutoCAD 中，如果大多数时候打印的参数设置都相同或相近，可以只设置一次，然后将设置的打印参数随文件一并保存，当以后需要打印其他图形时再将其调入，对参数稍作调整即可打印出图。保存打印设置的具体操作如下：

(1) 选择菜单【文件】→【打印】命令，打开【打印】对话框，如图 8-30 所示；

(2) 在该对话框的【页面设置】栏中的【名称】后，单击【添加】按钮，打开如图 8-32 所示的【添加页面设置】对话框；

(3) 在【新页面设置名】文本框中输入要保存打印设置名称，如【A4】；

(4) 单击“确定”按钮关闭对话框。

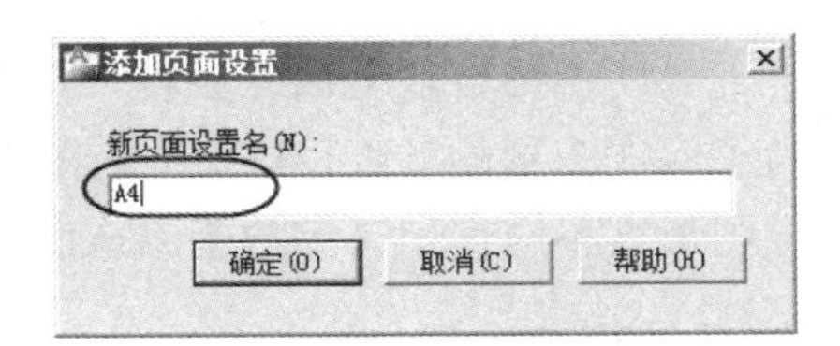

图 8-32　【添加页面设置】对话框

经过上述设置，当保存图形时，打印参数就会随图形一并保存起来。

若当前图形文件中定义了多个页面设置，可以直接在【打印】对话框【页面设置】名称中的下拉列表框中选择所需的页面设置。

8.3　在模型中打印图形

以图 8-2 为例，介绍从【模型】选项卡打印图形的过程。

8.3.1　在【模型】选项卡中插入图框

根据图形复杂程度，确定使用的图纸幅面。这里使用 A4 图幅，因此将【A4】属性块使用【插入】命令插入到图形中，其过程参照 8.2.3 节。结果如图 8-33 所示，图形与图框同在【模型】空间，且全部以 1∶1 显示。

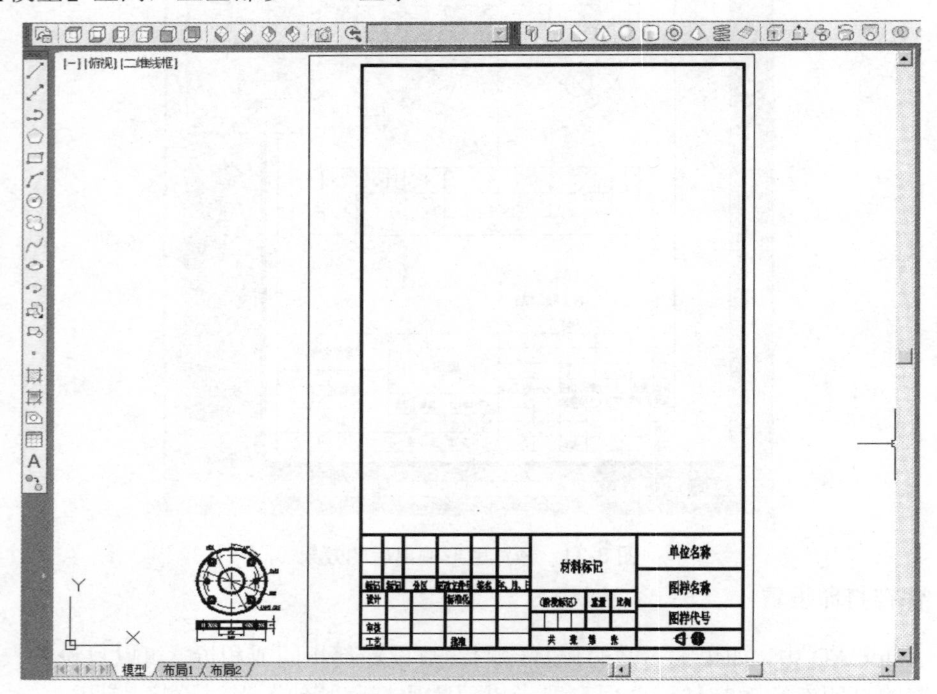

图 8-33　在【模型】空间插入 A4 图框后的图面显示

8.3.2　确定图框缩放比例

要使图形合适地放入图框，从图 8-33 可以看出，要么将图形放大，要么将图框缩小。为了保证图形的实形性(1∶1 的图形)，因此，通常采用后者，即缩小图框以适应图形。缩放图形大小应使用【缩放】SCALE 命令。

【运行方式】

- 菜单：【修改】→【缩放】。
- 工具栏：单击【修改】工具栏中的【缩放】图标。
- 命令行：SCALE(SC)。

【操作过程】

以上操作命令行显示如下：

命令：sc↙(输入命令，并回车)
SCALE
选择对象：(选择图框)找到 1 个
选择对象：↙(回车，结束对象选择)
指定基点：选择图框左下角点
指定比例因子或 [复制(C)/参照(R)]<1.0000>：0.25↙(输入缩放比例，即将图框缩小 4 倍)

结果如图 8-34 所示，图框被缩小了 4 倍。

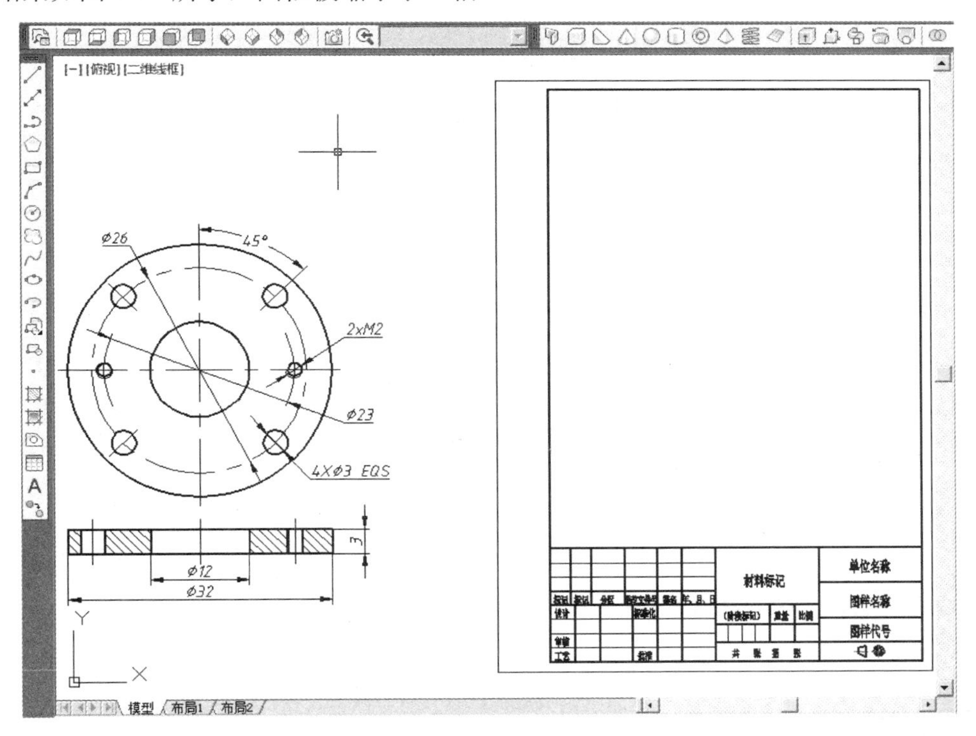

图 8-34　使用【缩放】后的 A4 图框

8.3.3　设置【标注全局比例】参数并整理图面

使用【移动】命令将图形放置在图框内，并调出【标注样式管理器】修改【标注全局比例】参数，该参数＝图框缩放倍数(本例为 0.25，其过程参照 8.2.6 节(图 8-27)。

在插入粗糙度符号、注写技术要求时，要保证文字字高与尺寸标注的一致性。填写标题栏时，比例一栏填写“4∶1”。结果如图 8-35 所示。

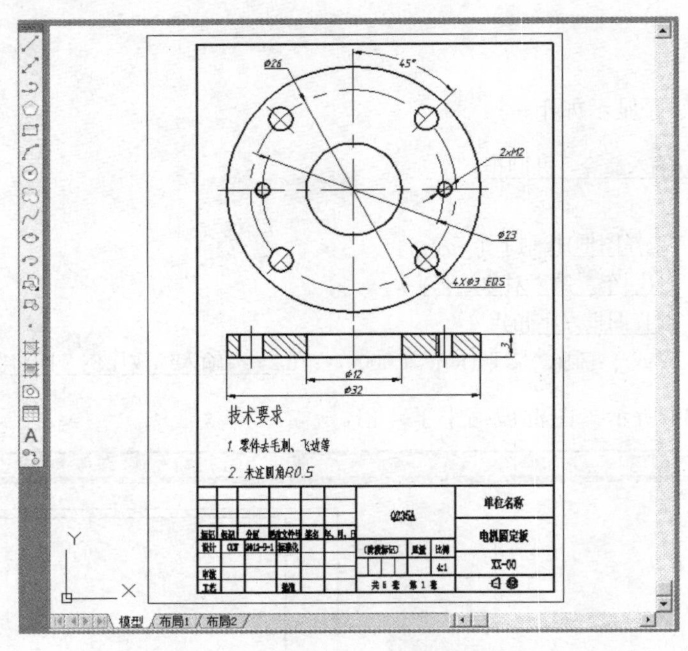

图 8-35　修改了 dimscale 参数及整理图面后的图形

8.3.4　打印图形

发布【打印】命令后，在弹出的【打印一模型】对话框中，按照图 8-36 中所作的标识进行设置。此时，选择【可打印范围】为【窗口】后，单击随后出现的【窗口】按钮，返回 CAD 绘图界面后，指定打印图形区域；若【打印比例】选择【布满图纸】时，【打印偏移】应选择【居中打印】；若要求打印到图纸上的图形与所选用的打印比例精确一致，则应在【打印比例】中的【比例】列表中选用对应比例，此时的设置如图 8-36 所示。

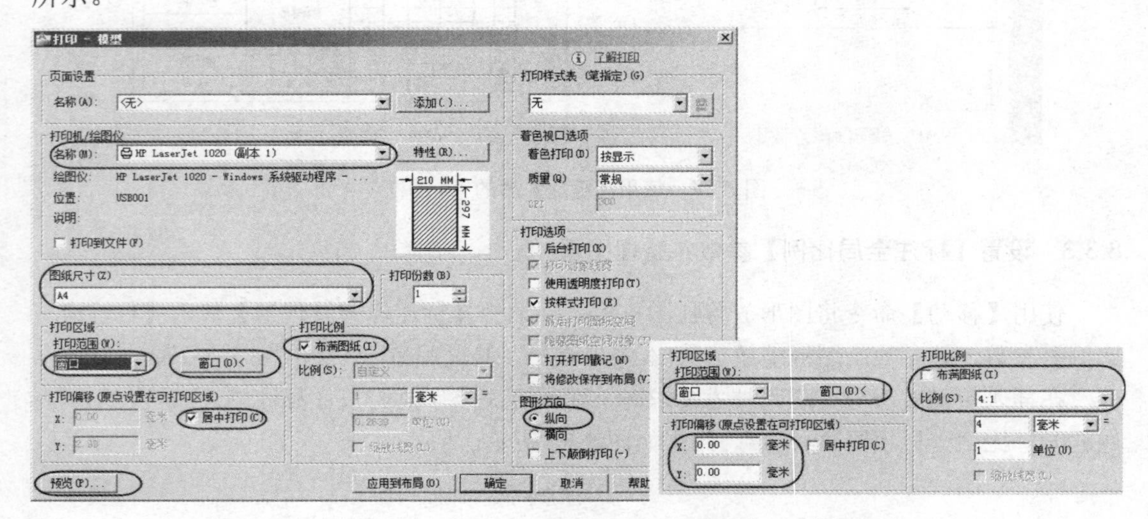

图 8-36　【打印一模型】对话框中的两种打印设置

8.4 习　　题

1．简述图纸空间打印输出的方法及特点。

2．简述模型空间打印输出的方法及特点。

3．绘制如图 8-37 所示图形，分别在布局和模型中打印出图，使用 A3 图框，输出比例为 2∶1。

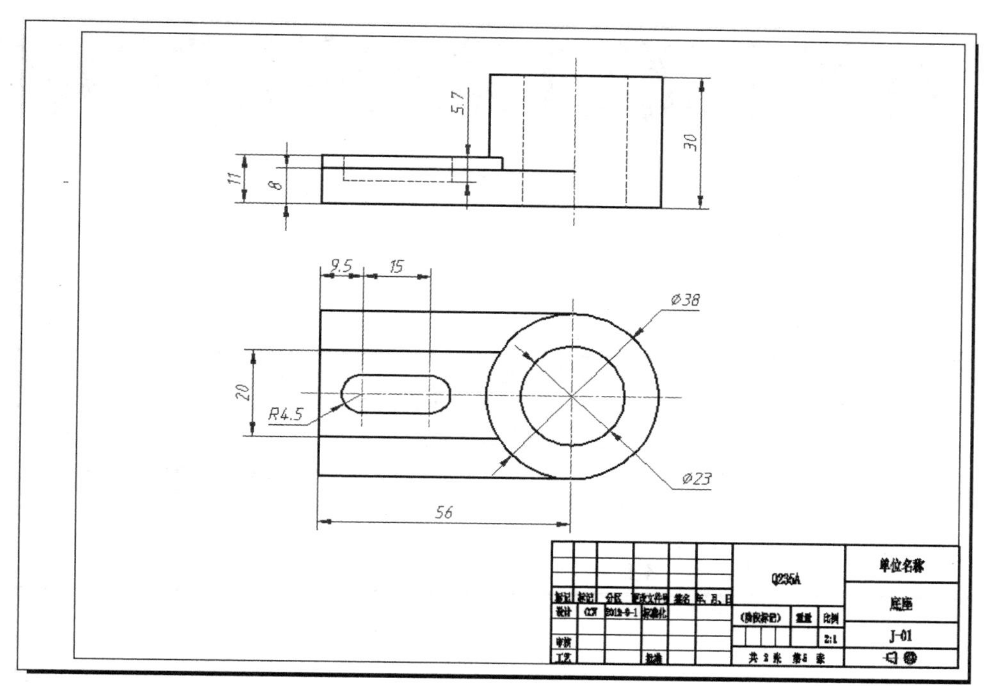

图 8-37　打印出图练习

第9章 各类标准工程图绘制实例

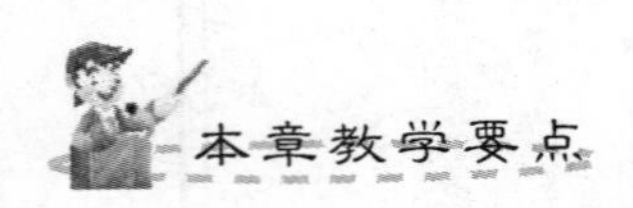

知识要点	掌握程度	相关知识
工程图的绘制	掌握机械、土木、给排水以及环境等专业工程图的绘图思路；了解其制图标准； 掌握各工程图样板文件的内容及制定； 熟悉各种命令的应用场合。	AutoCAD 知识的综合应用以及工程图绘图的总体思路。

前面几章内容学习了绘制二维图形的各种命令与设置，本章以几类典型工程图为例，介绍工程图的绘图过程。

9.1 机械工程图—零件图的绘制

如图 9-1 所示为直齿圆柱齿轮零件图，该图中既有图形、尺寸，又有表格、尺寸公差、粗糙度及形位公差、技术要求等，涵盖了零件图的所有内容，图例非常典型，以下详细介绍该零件图的绘图过程。

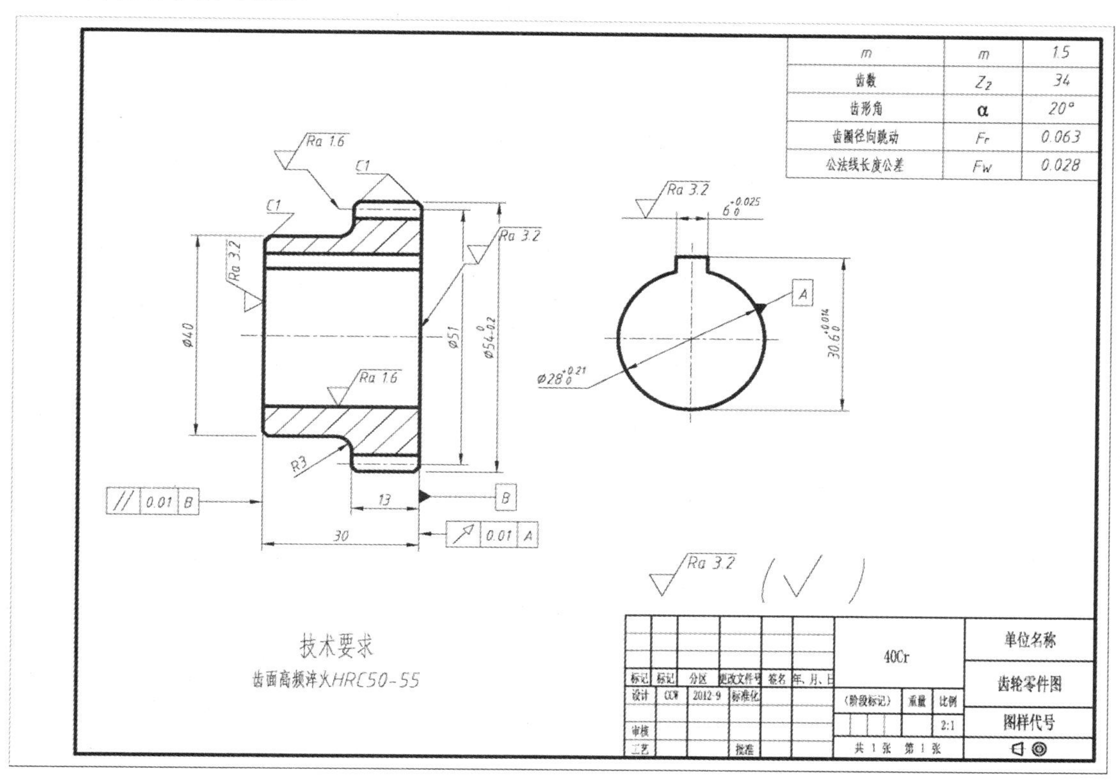

图 9-1 直齿圆柱齿轮零件图

9.1.1 完善样本文件

在第 2 章中我们制作了最基础的样板文件，现在应将文字、表格、尺寸标注以及多重引线等样式补充进去，以完善该样板文件。其操作过程如下。

(1) 打开“我的样板.dwt”文件。

(2) 建立文字样式：如本书 5.1 节中分别建立样式名为“标注”、“文字注释”两种样式。

(3) 建立表格样式：如本书 5.3 节的【操作示例】所建立的“新表格”样式。

(4) 建立尺寸标注样式：如本书 6.1 节中所建立的“机械图”样式。

(5) 建立多重引线样式：如本书6.3节中所建立的“倒角标注”、“零件序号”样式。另外再建立一种用于标注注释的带箭头的引线样式，命名为“注释”，该样式设置【箭头】为“实心闭合”、大小为“3”，其他设置与“倒角标注”样式一致。

(6) 保存样板文件：完善后的样式如图9-2所示，分别单击【样式】工具栏中的样式列表，可以清楚显示所建立的样式，最后保存样板并关闭文件。

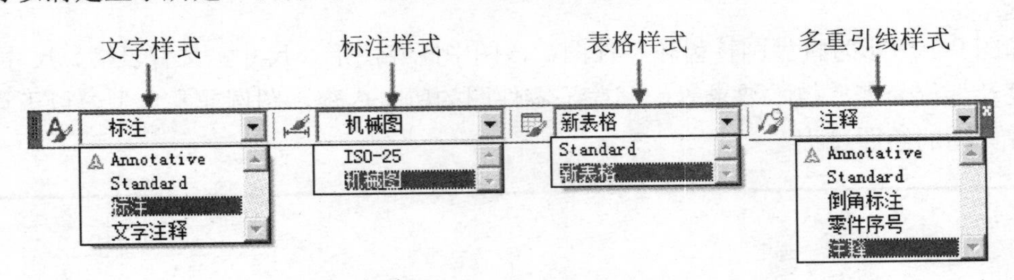

图9-2　完善样板后的样式工具条

9.1.2　绘制圆柱齿轮图形

(1) 新建图形。

选择主菜单【文件】→【新建】命令或单击工具栏上的按钮新建一个文件，此时，样板文件被调用，新文件中的绘图环境、文字和表格样式、尺寸标注样式都被自动加载。将该文件以名称“圆柱齿轮”保存在对应文件夹中，开始绘制图形。

(2) 绘制齿轮局部视图。

按照图9-1所示尺寸，使用【圆】、【直线】、【偏移】、【延伸】、【修剪】、【删除】等命令，绘制过程如图9-3所示。注意绘图过程中图层的切换。

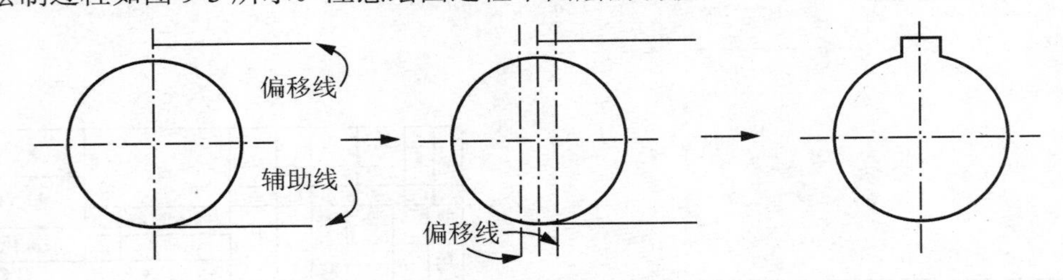

图9-3　齿轮局部视图绘制过程

(3) 绘制齿轮主视图。

① 设置【粗实线】层为当前层，使用【矩形】命令分别绘制13×54、17×40两个矩形；使用【移动】命令将其与左视图对齐，如图9-4(a)所示。

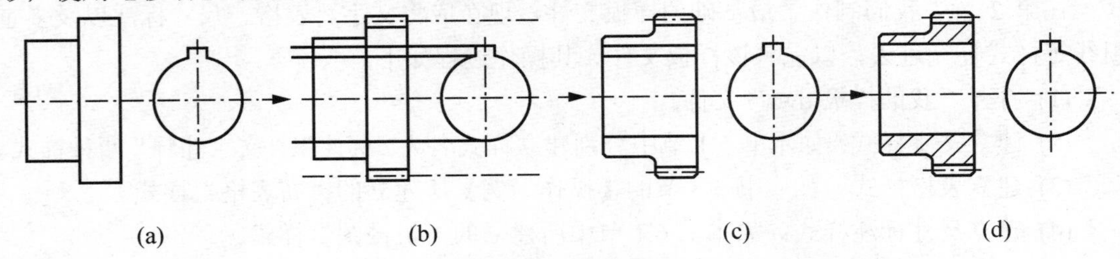

图9-4　齿轮主视图绘制过程

② 使用【直线】命令绘制带键槽的轴孔，使用【偏移】命令得到分度线与齿根线，如图 9-4(b)所示。

③ 使用【修剪】、【打断】、【倒角】、【圆角】命令整理图形，如图 9-4(c)所示。

④ 使用【图案填充】命令，将图形打剖面符号，如图 9-4(d)所示。

9.1.3 尺寸标注

设置【尺寸线】层为当前层，进行尺寸标注。

(1) 标注基本尺寸。

使用【线性】、【半径】、【直径】等标注命令进行基本尺寸标注，结果如图 9-5 所示。

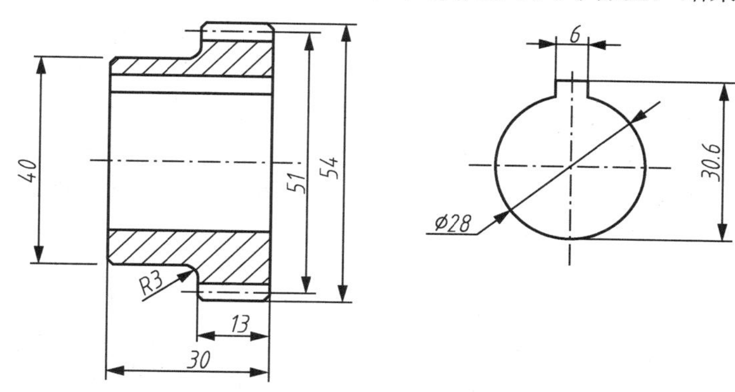

图 9-5 标注基本尺寸

(2) 在线性尺寸前加前缀 Φ。

单击【标注】工具条上的【编辑标注】图标或命令行键入 dimedit，在线性标注数字前批量添加直径“Φ”符号，过程如下：

命令：dimedit↙(键入命令)

输入标注编辑类型 [默认(H)/新建(N)/旋转(R)/倾斜(O)]<默认>：n↙(选择“新建”选项，此时弹出【文字格式】对话框，如图 9-6 所示，在其中输入“%%C”，单击【确定】按钮，系统返回 CAD 界面)

选择对象：选择尺寸“54”

选择对象：选择尺寸“51”

选择对象：选择尺寸“40”

选择对象：↙(回车，介绍对象选择)

结果如图 9-7 所示，所选对象前批量添加了直径符号“ϕ”。

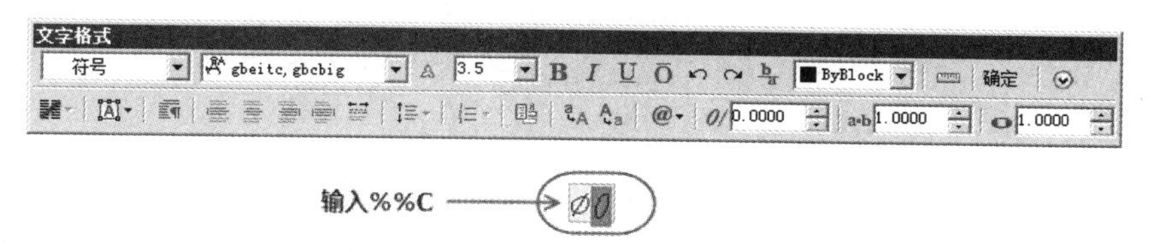

图 9-6 在【文字格式】中输入前缀符号

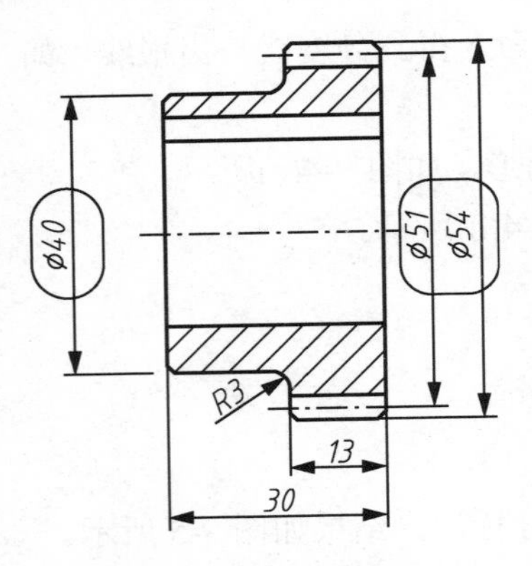

图 9-7　添加了前缀的尺寸

(3) 标注尺寸公差。

本例使用【特性】选项板进行【公差】设置，其操作过程如下。

① 打开【特性】选项板：选中图中需标注公差的尺寸(如“Φ54”)，单击鼠标右键，在弹出的快捷菜单中，单击【特性】，打开【特性】选项板。

② 设置公差：在弹出的【特性】选项板中，拖动左侧滑块下拉，找到【公差】选项，作如下设置(图 9-8)：【公差对齐】选“小数分隔符”；【显示公差】选“极限偏差”；【水平放置公差】选“下”；【公差精度】选“0.000”；【公差文字高度】输入“0.7”；之后在【公差上偏差】和【公差下偏差】的文本框中输入具体公差值。

③ 退出对象选择：按【Esc】键或按住右键，图中被选中对象的“夹点”消失。

④ 使用【特性匹配】命令，以已标注公差的尺寸为源对象，要标注公差的尺寸为目标对象，复制公差特性及公差值，结果如图 9-9 所示，各目标对象具有相同的公差值。

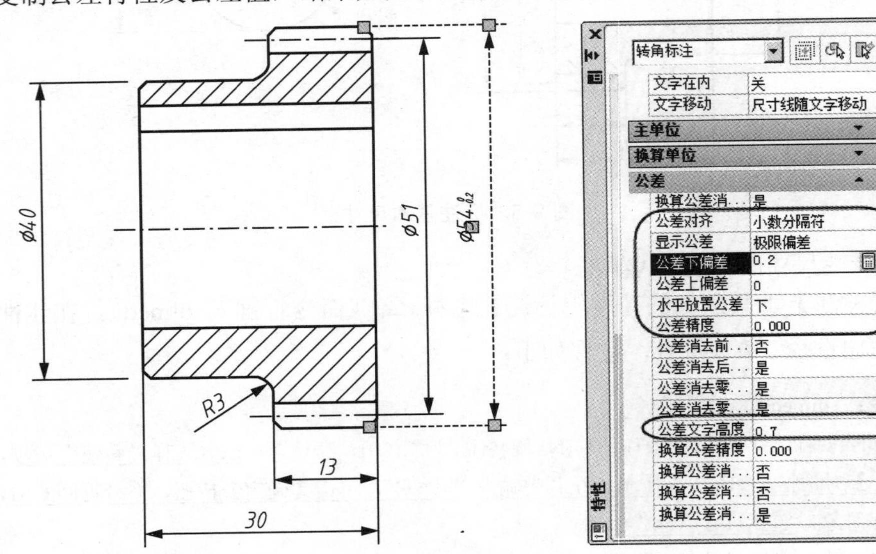

图 9-8　在【特性】选项板中设置公差

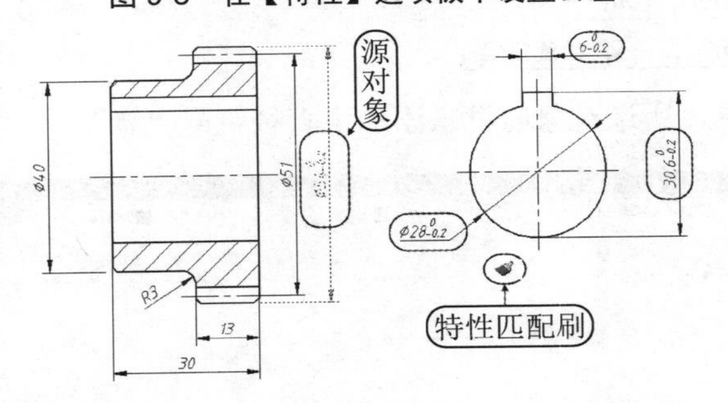

图 9-9　使用【特性匹配】命令过程

⑤ 修改公差值：分别选中带公差的各尺寸对象，在【特性】选项板的【公差】选项中，修改各公差值，结果如图 9-10 所示。

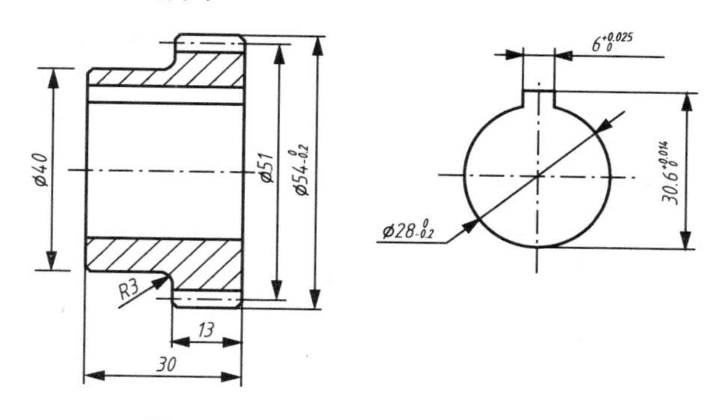

图 9-10　修改了公差值的尺寸显示

(4) 标注倒角。

切换“倒角标注”为多重引线当前样式，使用【多重引线】Mleader 命令进行标注，过程如下：

命令：mleader↙(键入命令)

指定引线箭头的位置或 [引线基线优先(L)/内容优先(C)/选项(O)]＜选项＞：光标拾取 a 点(如图 9-11(a)所示，打开【对象追踪】并设置增量角为 45°)

指定引线基线的位置：指定 c 点(该点为两条 45° 追踪线的交点，点击鼠标指定该点为基线位置，如图 9-11(b)所示)。

指定基线距离＜1.6437＞：↙(回车，在弹出的【文字格式】编辑器中键入“C1°”，按【确定】按钮，结果如图 9-11(c)所示)

最后使用【直线】命令，绘制 bc 线，结果如图 9-11(d)所示。

重复执行【多重引线】标注命令，标注另一处倒角。

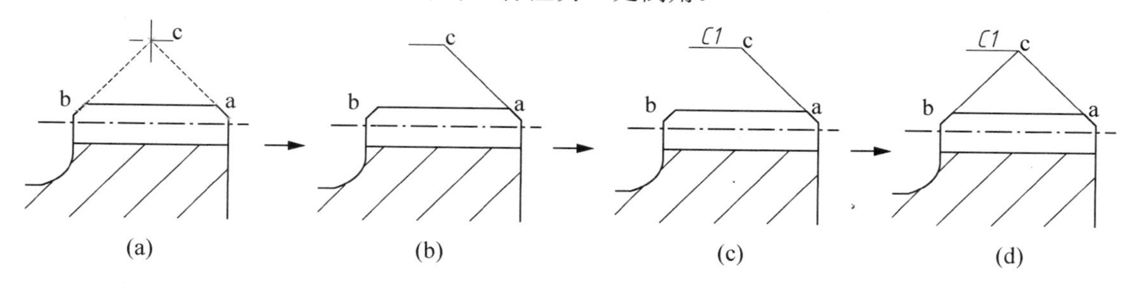

图 9-11　倒角标注过程

(5) 标注形位公差及基准。

本例使用【快速引线】QLEADER 命令进行形位公差及基准的标注，过程参见 6.4 节。图 9-12 为标注了形位公差及基准后的图形。

图中的粗糙度符号，最好等到确定了打印比例，调整好【使用全局比例】dimscale 参数后再进行标注。

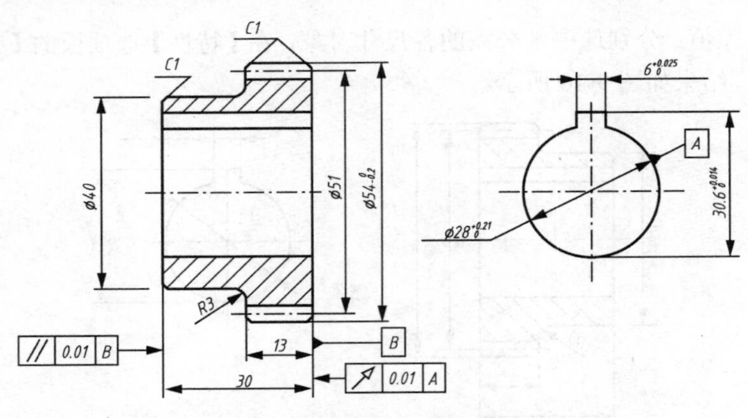

图 9-12　标注了形位公差及基准的图形

9.1.4　选图幅、插图框、定比例

切换至【布局】，启动【页面设置】对话框，从中选择打印机、指定打印图纸规格(本例使用 A3 图幅)并修改打印区域；然后，插入 A3 图框；使用【MVIEW】命令中的【布满】选项将图形调入。

在【布局】中，使用【MSPACE】命令或单击状态栏中【模型或图纸空间】模型图标按钮，切换到模型空间状态；再使用【ZOOM】或【视口】工具栏，确定输出比例为 2:1。结果如图 9-13 所示。

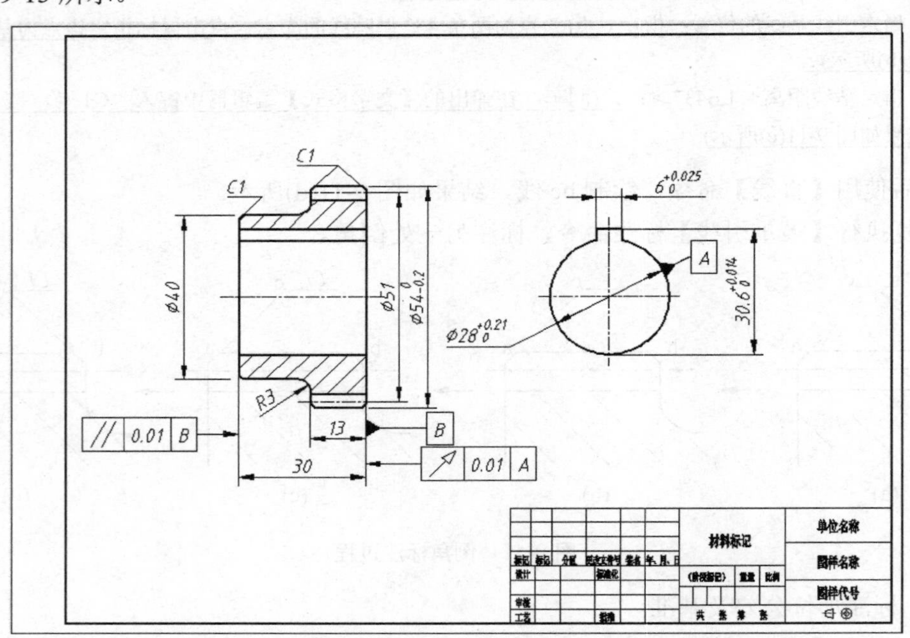

图 9-13　采用 2：1 比例放大后的图面

9.1.5　修改尺寸标注及多重引线样式

根据输出比例，分别调整尺寸标注及多重引线样式中的比例参数，使打印到图纸上的尺寸文字高度符合国家标准。

(1) 修改尺寸标注样式中的【使用全局比例】参数。

打开【标注样式管理器】，选中【机械图】，单击【修改】按钮，并选择【调整】选项卡，修改【使用全局比例】参数为0.5。

(2) 修改多重引线样式中的【倒角标注】样式比例参数。

打开【多重引线样式管理器】，选择【倒角标注】样式，单击【修改】按钮，并选择【引线结构】选项卡，修改【指定比例】参数为0.5。

此时，图中所有标注的尺寸数字及箭头明显变小。在此基础上可以进行下面的操作。

9.1.6 标注粗糙度

因为前面制作的“粗糙度”属性块是单位块，在插入该属性块之前，应该查询或根据输出比例计算出模型空间尺寸文字的实际高度，以确定插入该块的缩放比例，确保粗糙度上的数字高度与尺寸标注一致。

(1) 使用【列表显示】LIST命令查询尺寸标注文字的实际高度。

操作过程为：先【复制】图中某一个尺寸，再将其【分解】，然后使用【列表显示】查询。命令行显示如下：

命令：list↙(键入命令)
选择对象：选择已被分解的尺寸数字
选择对象：↙(回车)

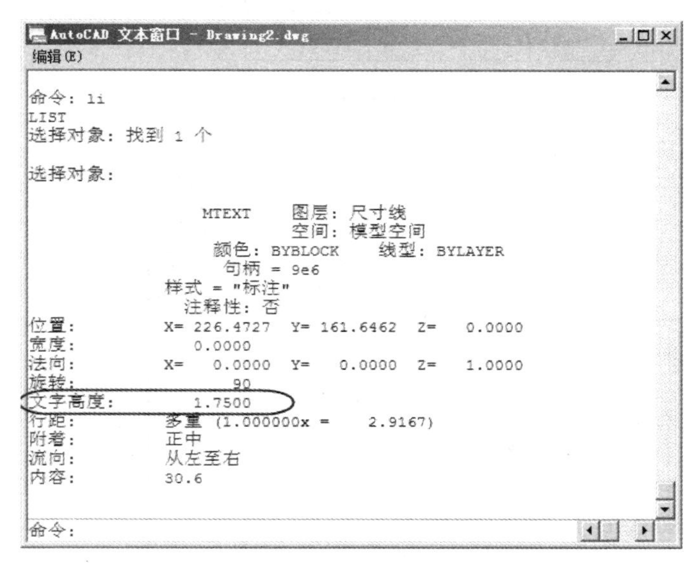

图9-14 显示尺寸数字信息的文本窗口

此时弹出如图9-14所示的文本窗口，显示了所选对象的所有信息，其中【文字高度】为1.75。

(2) 插入【粗糙度】属性块。

其操作过程为：

① 插入水平放置的粗糙度：使用【插入】INSERT命令，插入比例为1.75，水平插入【粗糙度】属性块，结果如图9-15(a)所示。

② 绘制带箭头引线：切换“注释”为多重引线当前样式，使用【多重引线】Mleader标注命令。注意：当出现【文字格式】编辑器时直接按【确定】，不需要输入内容。结果如图9-15(b)所示。

③ 使用【复制】、【旋转】等命令，在指定位置标注粗糙度；双击属性块，在弹出的【增强属性编辑器】中修改粗糙度的属性值；使用【折断标注】命令将与粗糙度符号相交的尺寸线断开，结果如图9-15(c)所示。

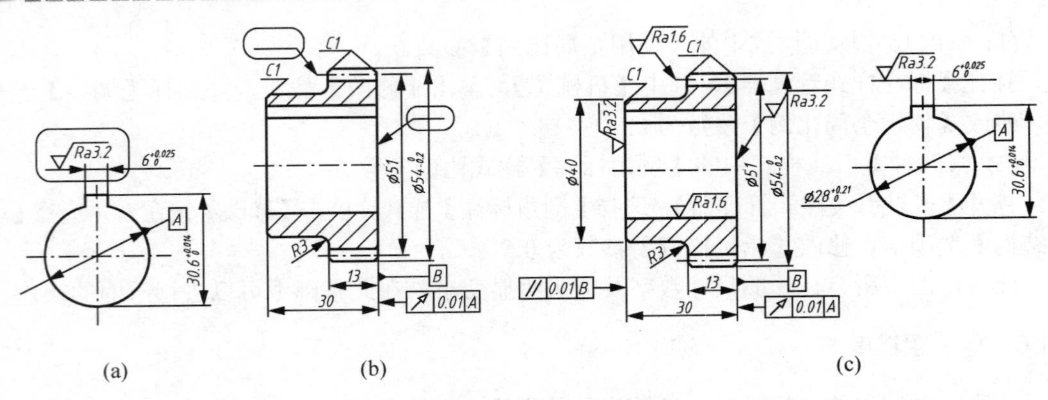

图 9-15　标注粗糙度过程

9.1.7　制作齿轮参数表

齿轮参数表规格及内容如图 9-16 所示。切换至【布局】的【图纸空间】状态，使用【表格】Table 命令，制作该参数表，完成后如图 9-17 所示。

m	m	1.5
齿数	Z_2	34
齿形角		20°
齿圈径向跳动	F_r	0.063
公法线长度公差	F_w	0.028

9X5=45；50　25　25

图 9-16　齿轮参数表规格及内容

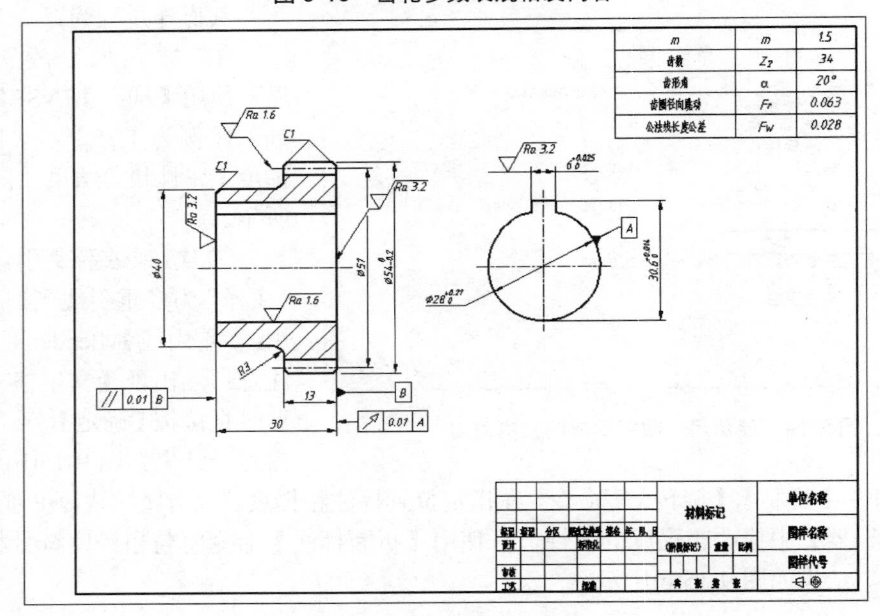

图 9-17　配置了参数表的图面

9.1.8 注写技术要求并填写标题栏

零件图中的技术要求，最好在图纸空间注写，这样可以直接按国标规定设置字高，避免进行字高换算；另外，标题栏是属性块，是在图纸空间插入的，因此填写标题栏也应在图纸空间进行。

(1) 切换到图纸空间；

(2) 注写文字：使用 Mtext 命令。其中“技术要求”四个文字选用 7 号字，其余文字选用 5 号字，如图 9-18 中所圈内容；

(3) 使用 3.5 的插入比例，将粗糙度单位属性块插入到标题栏上方；其后括号内的符号可以将粗糙度属性块分解获得，结果如图 9-18 所示。

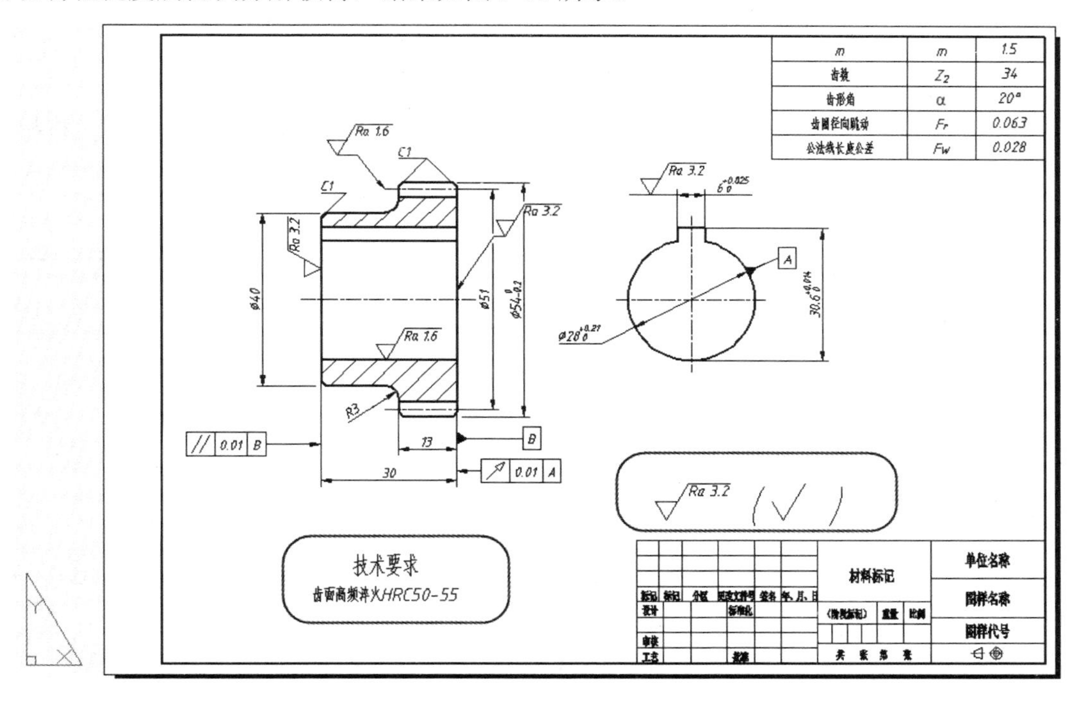

图 9-18 书写了技术要求后的齿轮零件图

(4) 填写标题栏：双击标题栏，在弹出的【增强属性编辑器】对话框的【属性】选项卡中，填写相应内容。最后调整图形位置，打印出图，结果如图 9-1 所示。

9.2 机械工程图—装配图的绘制

如图 9-19 为千斤顶装配图，构成千斤顶的四个零件如图 9-20 所示。本节以此为例，主要介绍由零件图拼画装配图的方法。

与标准零件图比较，装配图除了有图形、尺寸、技术要求以及标题栏外，还有零件序号及明细栏。下面重点介绍拼装过程。

9.2.1 绘制装配图中的图形

(1) 绘制零件图：绘制如图 9-20 所示的零件图，分别以“底座”、“绞杆”、“螺旋杆”、“螺套”为文件名保存。

(2) 新建图形文件：单击【新建】按钮，新建文件，并单击【保存】命令，以“千斤顶装配图”将其保存在指定目录下。

(3) 分别使用【插入】命令，将零件图插入“千斤顶装配图”文件中。在【插入】对话框中，勾选【分解】选项，可以将所插入的块同时分解，结果如图 9-21 所示。

(4) 删除零件图中的尺寸标注及图框：将绘制零件图形的图层关闭，如粗实线层、细实线层和中心线层，结果如图 9-22 所示；然后删除图面上的尺寸标注与标题栏，并将关闭的图层打开，结果如图 9-23 所示。

(5) 使用移动命令，按照装配关系，装配各零件，结果如图 9-24 所示。

(6) 整理图面：根据投影关系，删除被遮挡的图线；根据装配图的绘制规则，将相邻零件的剖面线设置成反向；绘制两个局部剖视图，显示“绞杆”与“螺旋杆”的装配关系以及 T 形螺纹的牙型，结果如图 9-25 所示。

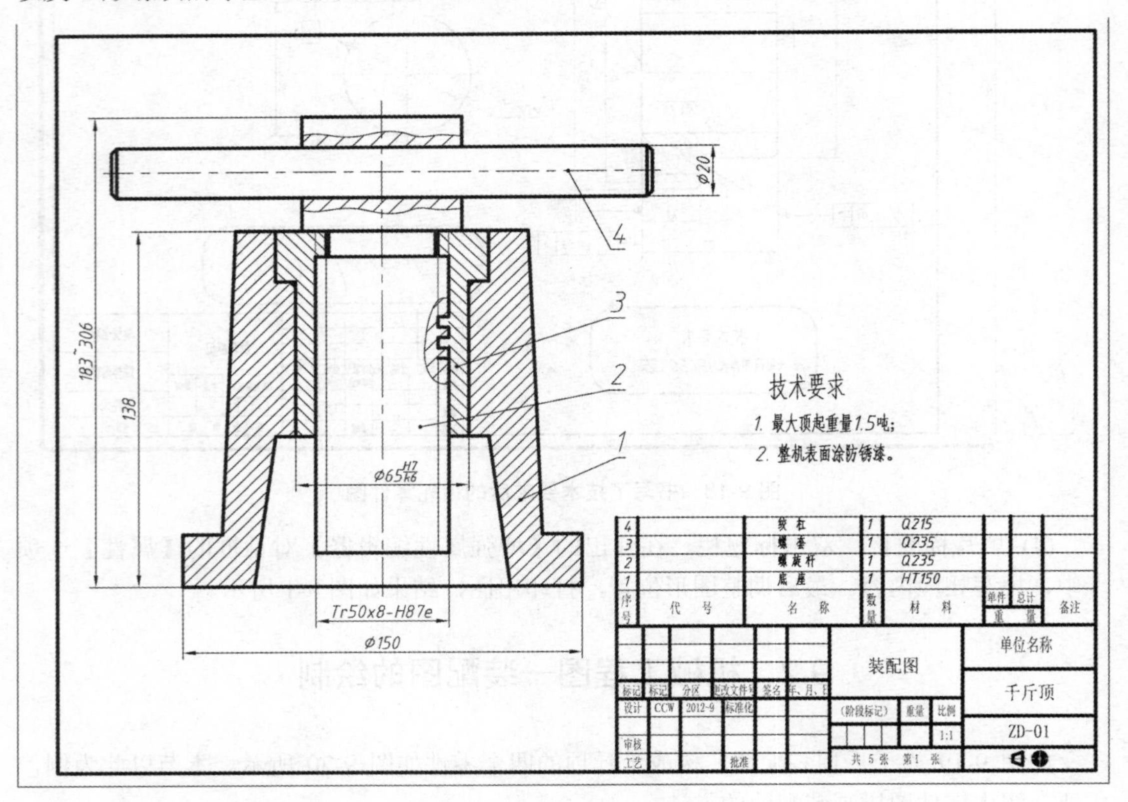

图 9-19　千斤顶装配图

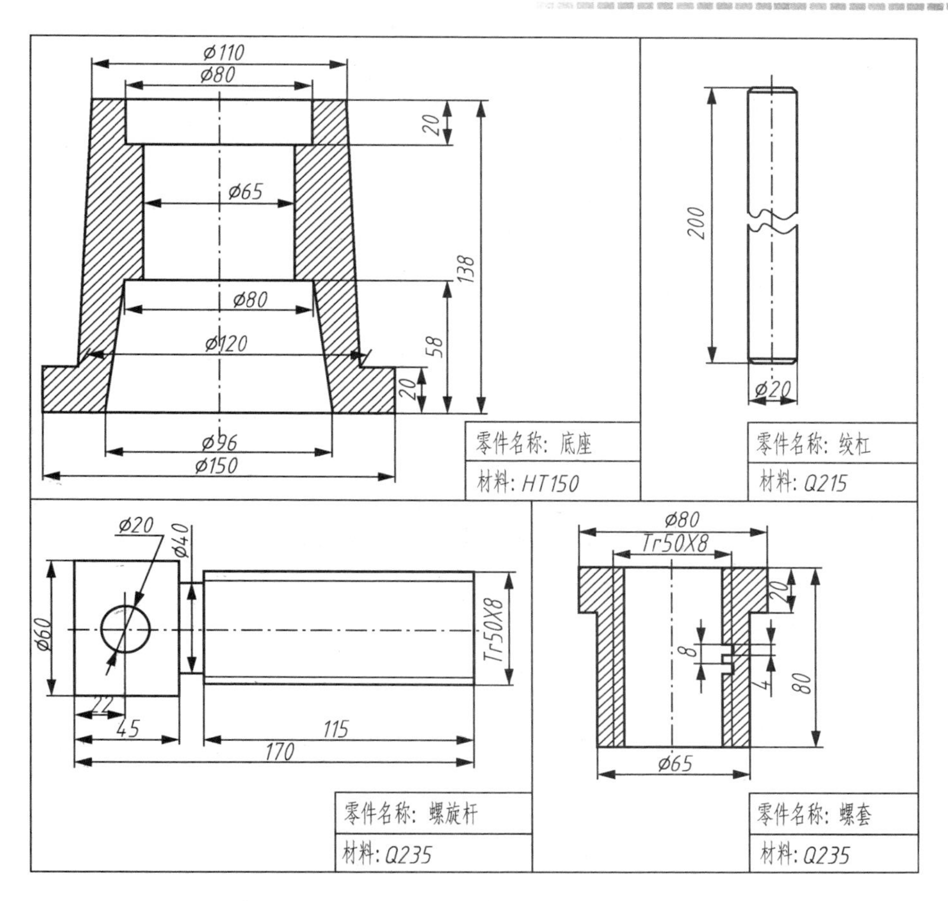

图 9-20　千斤顶零件图

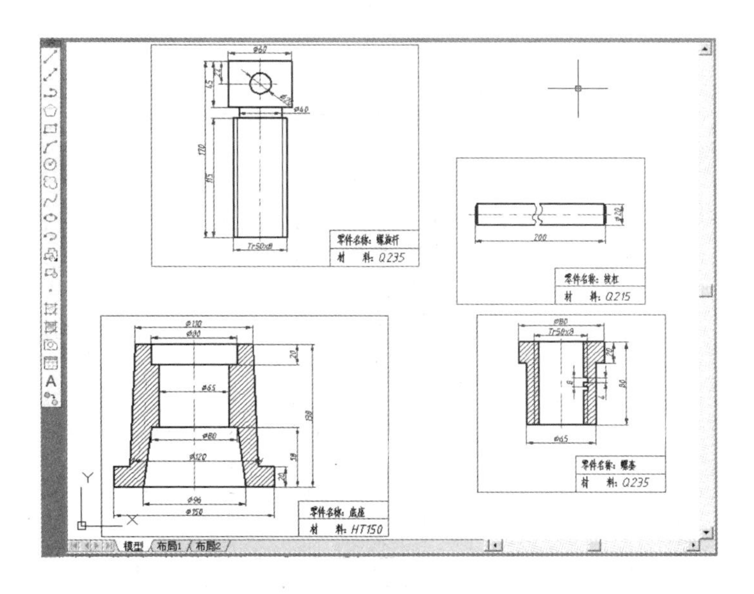

图 9-21　插入图形

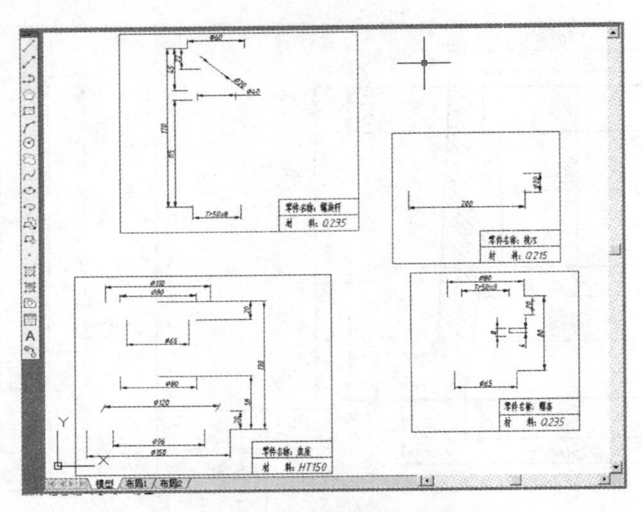

图 9-22　关闭绘制图形的相关图层

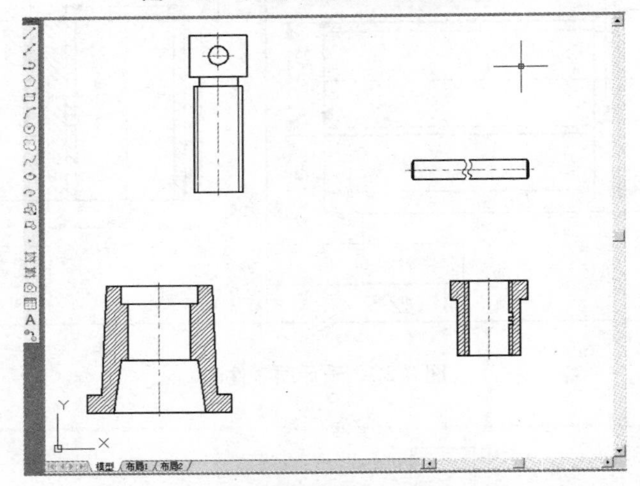

图 9-23　删除图面显示的图线并打开关闭的图层

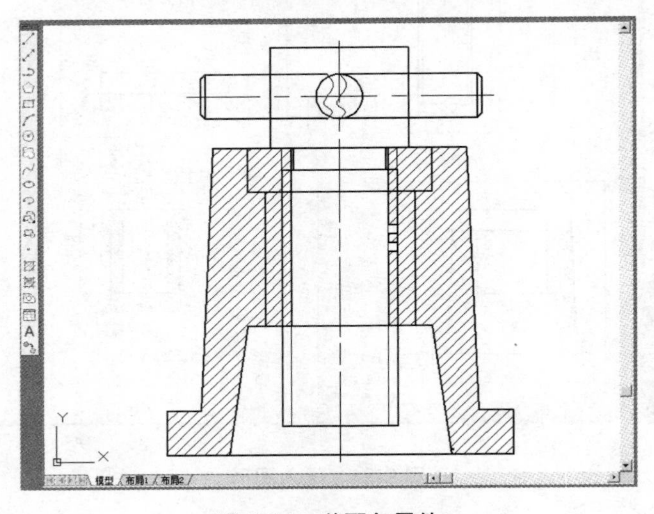

图 9-24　装配各零件

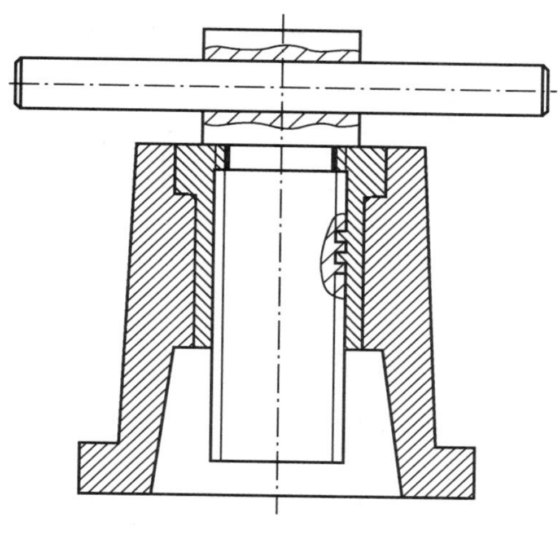

图 9-25 整理图面

9.2.2 标注尺寸及零件序号

(1) 标注尺寸：设置“尺寸线”层为当前层，进行尺寸标注。特别是配合尺寸$\phi 65\frac{H7}{k6}$，需要使【文字格式】管理器中的【叠加】功能，结果如图 9-26 所示。

(2) 标注零件序号：设置“尺寸线”层为当前层、设置多重引线样式中的“零件序号”为当前样式，使用【多重引线】命令标注零件序号，如图 9-26 所示，此时零件序号位置是随意安放的。

(3) 使用【多重引线对齐】命令排列序号。

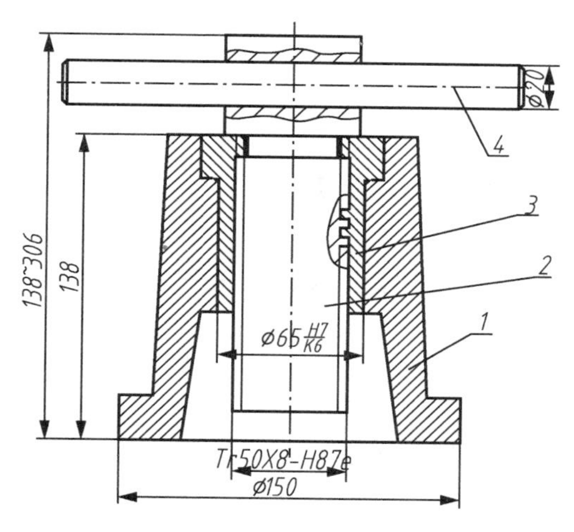

图 9-26 标注尺寸及零件序号

9.2.3 选图幅、插图框、定比例

切换至【布局】，启动【页面设置】对话框，从中选择打印机、指定打印图纸规格。本例使用 A3 图幅、输出比例为 1∶1，确定比例为 2∶1，结果如图 9-27 所示。

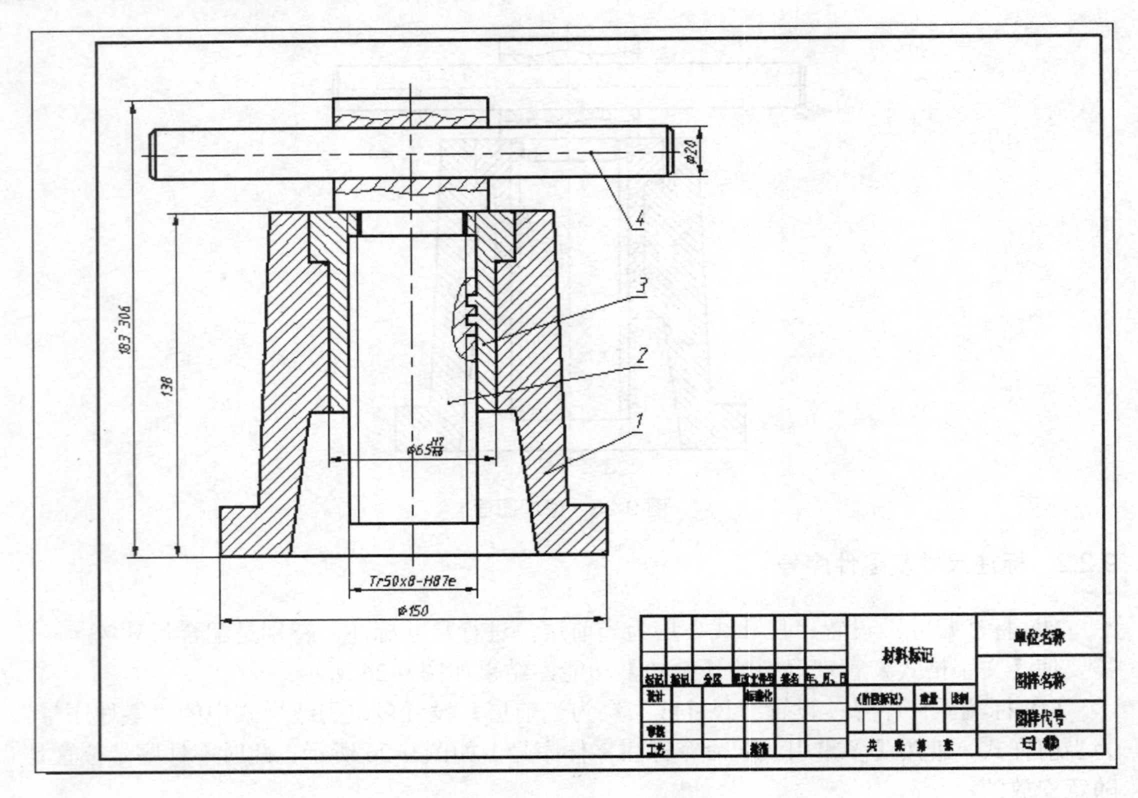

图 9-27　插入图框、确定比例后的装配图

9.2.4　编写明细栏

切换至【图纸空间】，并设置“0”层为当前层(注：在 0 层插入图块时，插入后的图块保持原来的特性)。

(1) 插入“明细栏表头”图块：使用【插入】命令，将“明细栏表头”图块插入到标题栏上方，如图 9-28 所示。

(2) 插入“明细栏”图块：使用【插入】命令，将“明细栏”图块插入到“明细栏表头”上方，结果如图 9-29 所示。

(3) 制作明细表：根据零件序号的数量，使用【阵列】命令，制作 4 个明细栏表格。结果如图 9-30 所示。

(4) 填写明细表：双击明细栏，按由下往上递增方式填写明细栏，其序号与图形中零件序号一致。

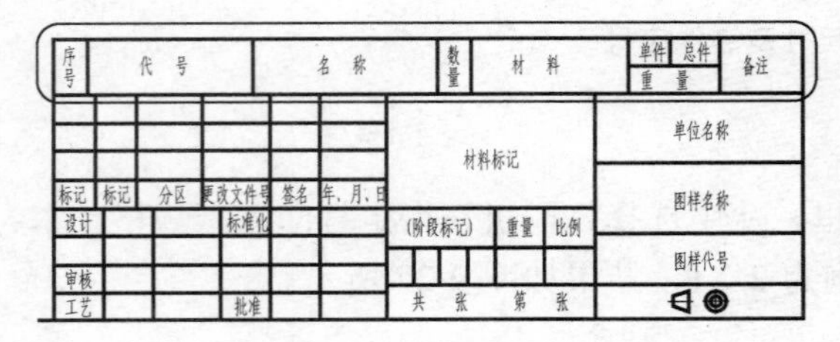

图 9-28　插入明细栏表头

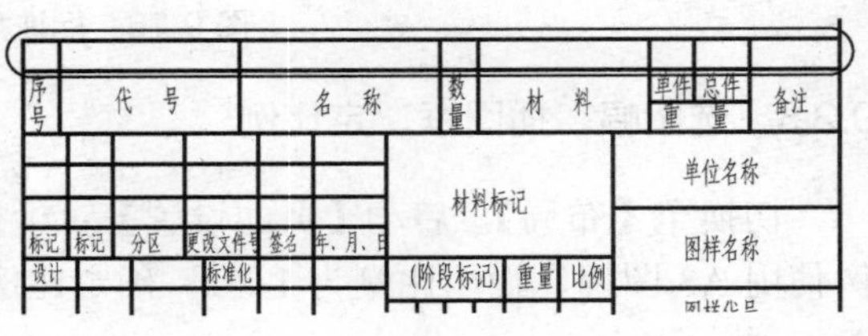

图 9-29　插入明细栏

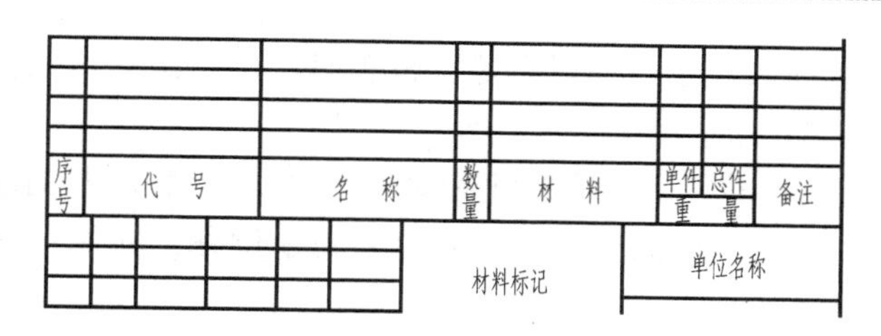

图 9-30 阵列后的明细表

9.2.5 整理图面、填写标题栏

整理图面包括：

(1) 根据输出图形比例，修改标注样式中【使用全局比例】，该参数为输出比例的倒数。因为本例使用的输出比例为 1，因此该步省略。

(2) 根据输出图形比例，修改“零件序号”多重引线样式中【指定比例】，该参数同样为输出比例的倒数。

(3) 书写技术要求：切换至【图纸空间】，并设置“细实线”层为当前层(注：也可以单独建立放置文字的图层)；使用【多行文字】注写技术要求。

(4) 调整图形至图框中合适的位置：在布局中，切换至【模型空间】状态，使用 PAN，移动屏幕使图形处于图框合适位置。

填写标题栏：再切换至【图纸空间】状态，填写标题栏。

最后【保存】图形。结果如图 9-19 所示。

9.3 土木工程图的绘制

9.3.1 建筑工程图形的制图要求

建筑工程 CAD 制图过程中，为了保证图纸的规范性，以便于技术交流和提高制图效率，对图样、图线、字体、比例及尺寸等都作了统一的规定。下面主要介绍《房屋建筑制图统一标准》GB/T50001-2001 中关于尺寸标注的一般规定。

图样上的尺寸由尺寸界线、尺寸线、尺寸起止符号和尺寸数字组成，如图 9-31(a)所示。

(1) 尺寸线和尺寸界线应用细实线绘制；尺寸界线离轮廓线的距离要大于 2mm、尺寸界线宜超出尺寸线 2~3mm，如图 9-31(b)所示。

(2) 线性尺寸的起止符号用中粗斜短线画，其倾斜方向与尺寸界线成顺时针 45°，长度宜为 2~3mm；直径、半径、角度、弧长等的尺寸起止符号宜用箭头表示，如图 9-31(c)所示。

(3) 画在图样外围的尺寸线与图样最外轮廓线的距离不宜小于 10mm，平行排列的尺寸线间距为 7~10mm，且应保持一致；互相平行的尺寸线，应从被注轮廓线按小尺寸在内、大尺寸在外的顺序排列，如图 9-31(d)所示。

(4) 尺寸数字不得贴在尺寸线上，一般应离开约 0.5mm，如图 9-31(a)所示。

(5) 角度的尺寸线应画以圆弧表示，该圆弧的圆心应是该角的顶点，角的两边线为尺寸界线；起止符号应以箭头表示，如没有足够位置时，可用黑圆点代替，角度数字应沿尺寸线方向注写，如图 9-31(e)所示。

(6) 标注弧长时，弧长数字上方应加注圆弧符号“⌒”，如图 9-31(f)所示。

(7) 图样上的尺寸单位，除标高及总平面以米为单位外，其他一律以毫米为单位，所以图上标注的尺寸一律不注明单位。

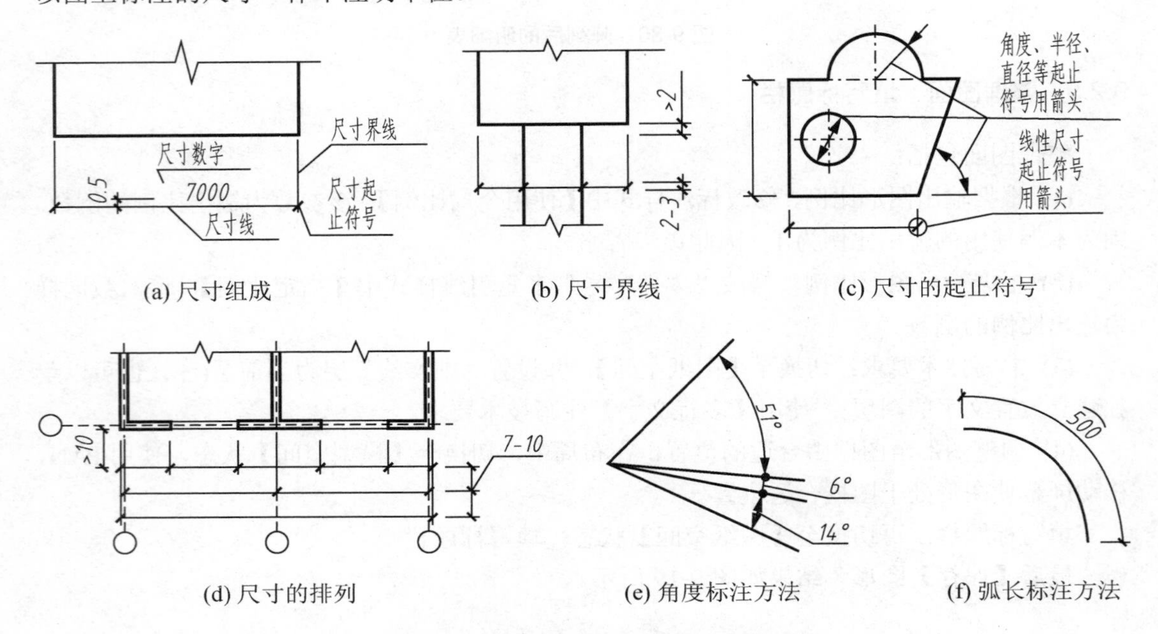

(a) 尺寸组成　(b) 尺寸界线　(c) 尺寸的起止符号

(d) 尺寸的排列　(e) 角度标注方法　(f) 弧长标注方法

图 9-31　建筑制图中对尺寸标注的要求

9.3.2　建立建筑制图样板文件

与机械图绘图过程一致，在绘图之前，应根据建筑制图要求，设置合适的绘图环境，包括尺寸标注、多线、文字等样式设置；建立各种用途的图层；并将其保存为样板文件。本样板通过对机械制图样板文件进行适当修改获得，其操作过程如下。

(1) 打开机械图的样板文件“我的样板.dwt”文件；

(2) 建立建筑图标注样式：打开【标注样式管理器】，将“机械图”样式名修改为“建筑图”，如图 9-32 所示。

① 修改“建筑图”样式：根据建筑制图要求修改“建筑图”样式中的基本参数。选中“建筑图”并单击【修改】按钮，在弹出的【修改标注样式】对话框中，分别作如下修改：

在【线】选项卡中：设置【基线间距】为“10”、【超出尺寸线】为“2”、【起点偏移量】为“2”。

在【符号和箭头】选项卡中：设置【箭头大小】为“3”、【弧长符号】选“标注文字的上方”。

在【文字】选项卡中，设置【文字样式】为“标注”(参见 5.1 节)，并修改该样式的字体为 gbenor.shx 和 gbcbig.shx 配合、【文字高度】为“3.5”、【从尺寸线偏移】为“0.5”。

在【调整】选项卡中，选中【使用全局比例】并暂设置其参数为“100”，将来根据绘图使用的真实比例再做调整。

以上所有设置如图 9-32 所示。

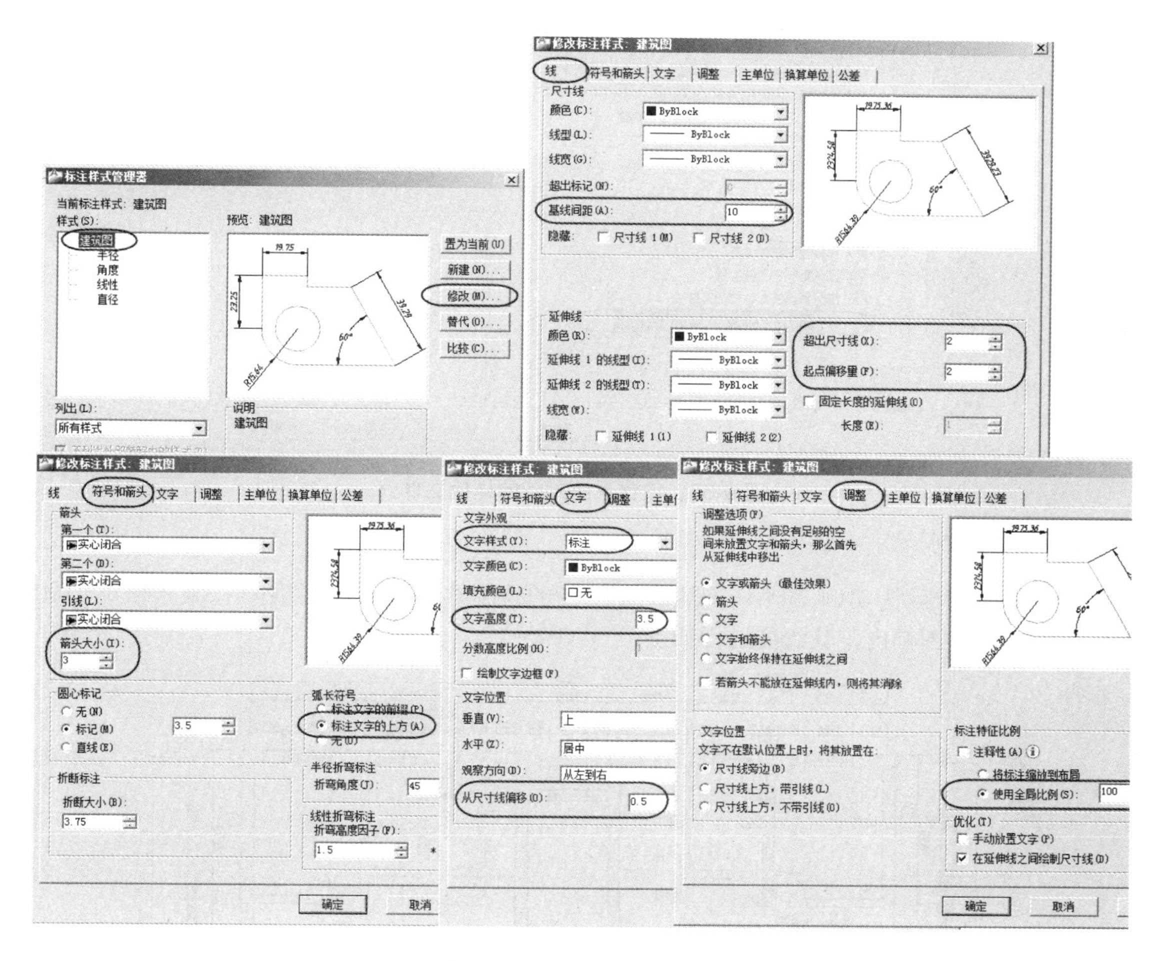

图 9-32 修改建筑制图标注样式中的基本参数

② 修改“线性”标注样式：选中【线性】并单击【修改】按钮，在【符号和箭头】选项卡中，设置【箭头】的符号为“建筑标记”。

③ 修改“角度”标注样式：选中【角度】并单击【修改】按钮，在【文字】选项卡中，设置【文字对齐】为“与尺寸线对齐”。

其他样式不需要修改。

(3) 保存样板文件：将该样式保存到指定文件夹中(如以文件名“建筑制图样板”保存在 D：\我的图库)。

(4) 设置调用样板文件的路径：打开【选项】对话框，单击【文件】选项卡，到【样板设置】选项组中，在【快速新建的默认样板文件名】下，通过单击右侧的【浏览】按钮，设置默认的样板文件为已经建立的“建筑制图样板”文件。按【确定】按钮结束操作。以后打开 AutoCAD 软件后，该样板自动装载，如图 9-33 所示。

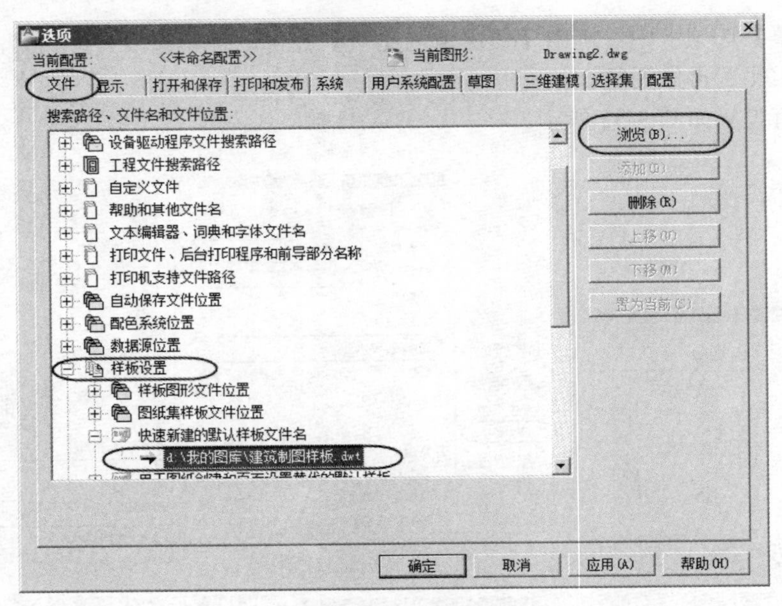

图 9-33　设置系统默认的样板文件

9.3.3　图形绘制

本节以图 9-34 为实例，介绍一般建筑平面图的绘制方法及相关绘图技巧，要求以 1∶100 的比例画在 A3 图幅内，其绘图过程如下。

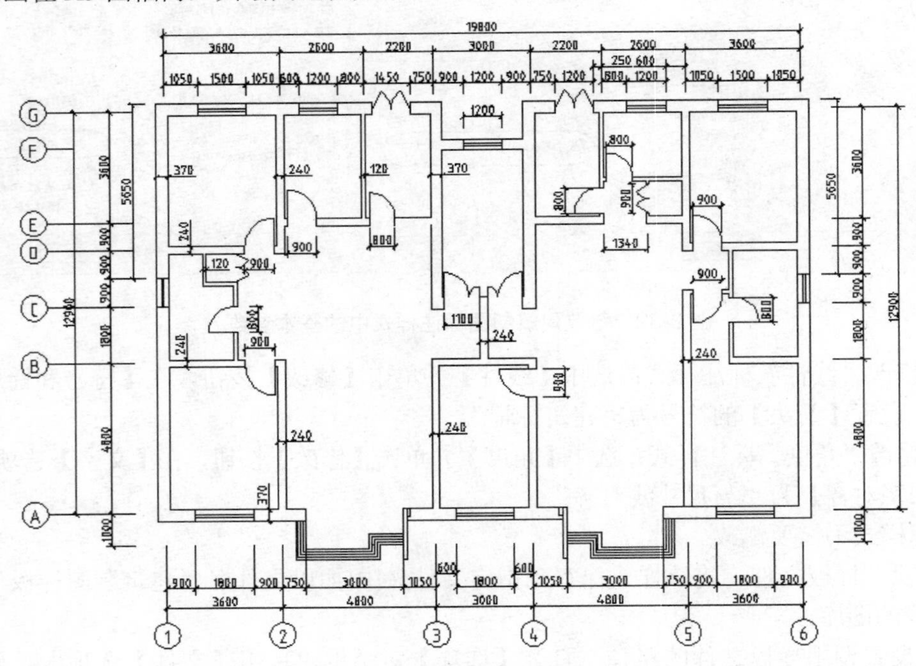

图 9-34　某住宅平面布置图

(1) 定制绘图环境。

① 设置绘图区域：绘图前，首先对绘图单位、精度及绘图区域进行设置。设置绘图单

位为公制，使用 Limits 命令设置绘图界限为 42000×29700，并用 ZOOM 命令中的“全部”选项缩放全图。

② 建立图层。根据图中所示内容，分别创建 Axis、Wall、Text、Window、Dim、Block、Axistext、Stair 八个图层。图层性质见表 9-1。

③ 使用 Ltscale 命令调整全局线型比例，本图选取线型比例因子为 50。

表 9-1 图层设置

图层名称	线型名称	颜色
Wall	实线	白色
Axis	点划线(Dashdot)	红色
Dim	实线	蓝色
Text	实线	白色
Window	实线	绿色
Block	实线	紫色
Stair	实线	蓝色
Axistext	实线	白色

(2) 绘制定位轴线。

绘制建筑平面图的第一步要进行平面定位轴线的绘制，以确定平面图的基本构架，其过程如下。

① 绘制两条参照轴线：设置 Axis 为当前图层，使用【直线】命令，以(1000，1000)为起点绘制一条长度为 22000 的红色水平点划线，再在水平轴线左下端点附近选择一点，绘制一条长度为 15000 的垂直直线，与水平轴线相交。使用偏移(O)命令生成轴线网。

② 轴网生成：如图 9-35 所示，使用【偏移】(O)命令分别将水平轴线和竖向轴线按所注尺寸进行偏移；再使用【修剪】(Tr)命令进行整理，最后形成整个图的轴线网格，结果如图 9-35 所示。

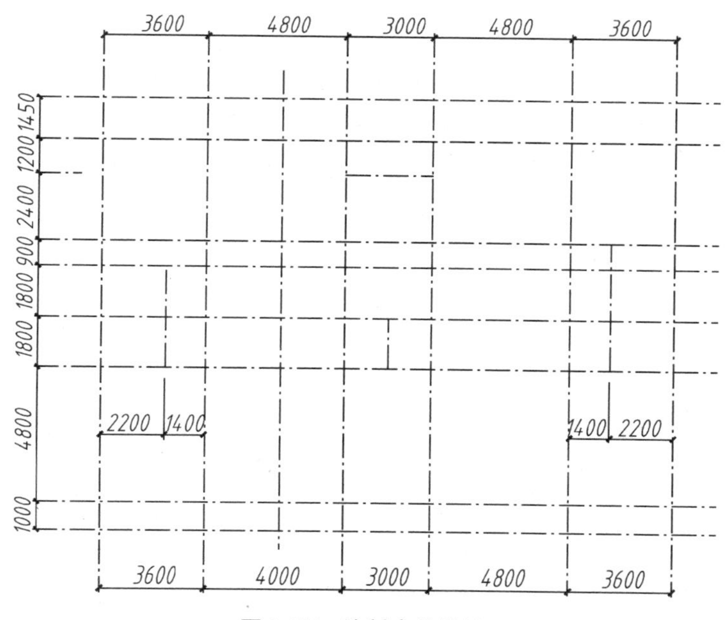

图 9-35 绘制定位轴线

(3) 绘制墙线。

① 墙线生成：分别使用【偏移】(O)命令，得到墙线。如图 9-36 所示，墙厚为 240、120 时，其轴线为墙厚中线；墙厚为 370 时，将轴线向外偏移 250 得到外墙，向内偏移 120 得到内墙。

② 修改墙线线型：将偏移得到的墙线由 Axis 图层变换到 Wall 图层。可以使用“对象特性管理器”修改一根墙线至 Wall 图层，然后利用特性匹配(格式刷)对其他墙线属性进行修改。

③ 倒墙角：利用【倒角】(Cha)命令和【修剪】(Tr)命令依次选择各墙线进行修改编辑，形成完整连续墙线。关闭了 Axis 图层后的图形如图 9-36 所示。

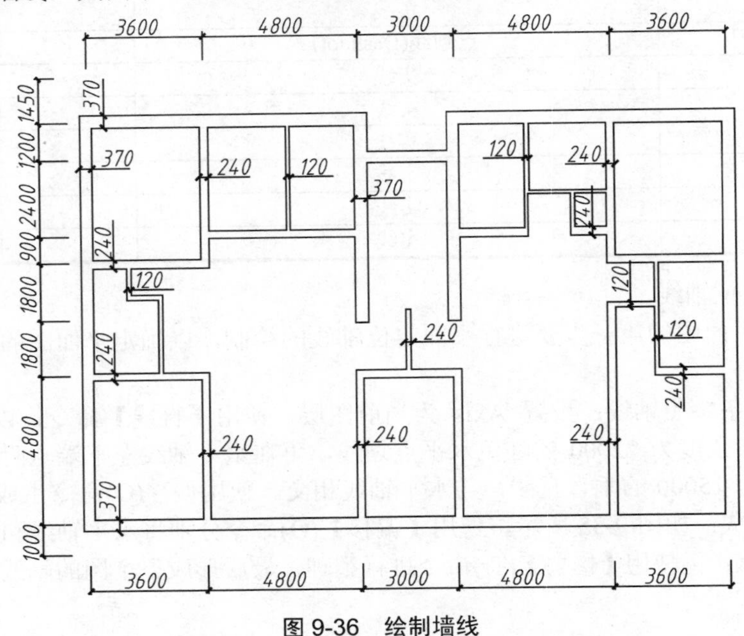

图 9-36　绘制墙线

(4) 添加窗和门。

① 分别绘制门和窗图形，并将其制作成图块：将“Window”图层设为当前层，分别绘制如图 9-37(a)、(b)所示的窗图形，并分别以块名“窗 15”、“窗 18”制作图块；将 “block”图层设为当前层，分别绘制如图 9-37(c)、(d)、(e)、(f)所示的门图形，并分别以块名“门 80”、“门 90”、“门 120”、“门 110” 制作图块。

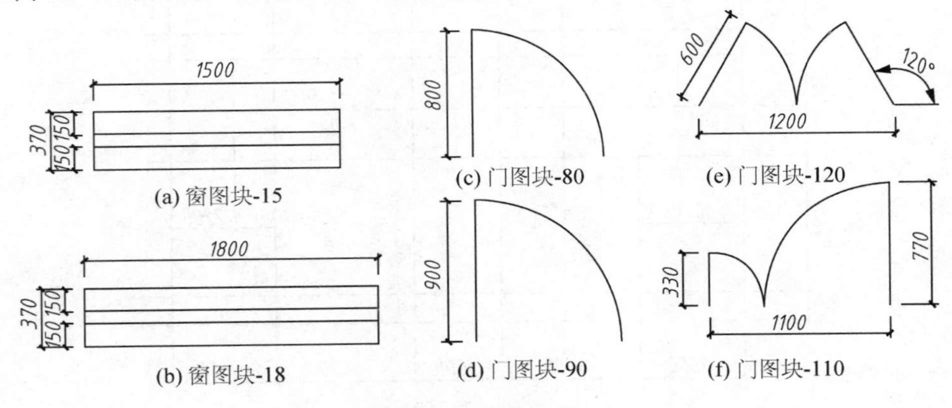

图 9-37　制作图块

② 在墙体上开窗：按照图示位置，分别插入窗图块，并分解图块，进行适当修改，结果如图 9-38 所示。

③ 在墙体上开门：按照图示位置，分别插入门图块，并进行适当整理，结果如图 9-39 所示。

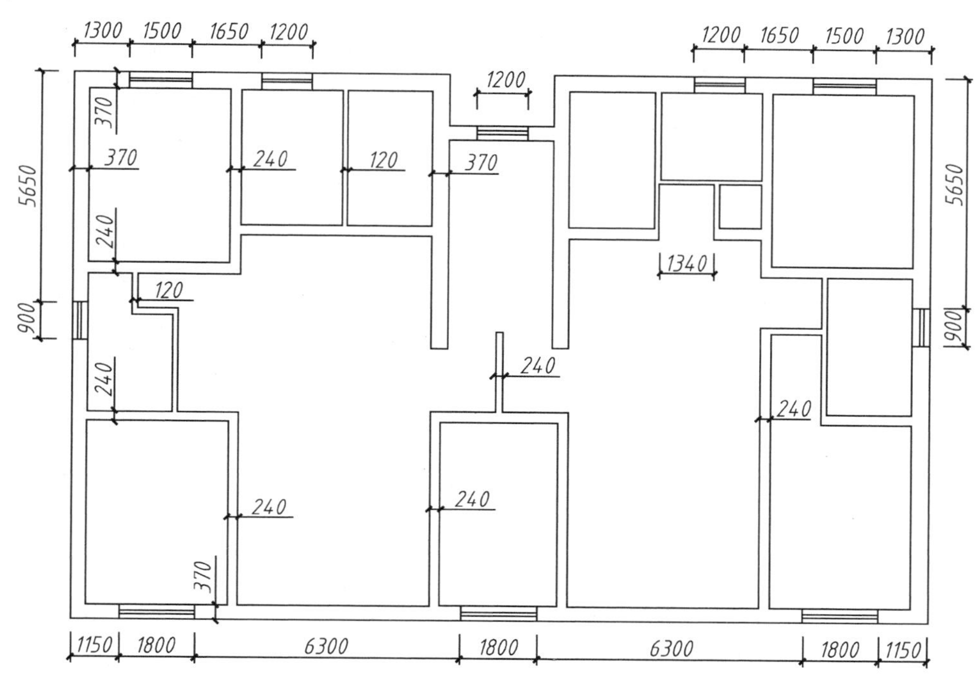

图 9-38　墙体开窗

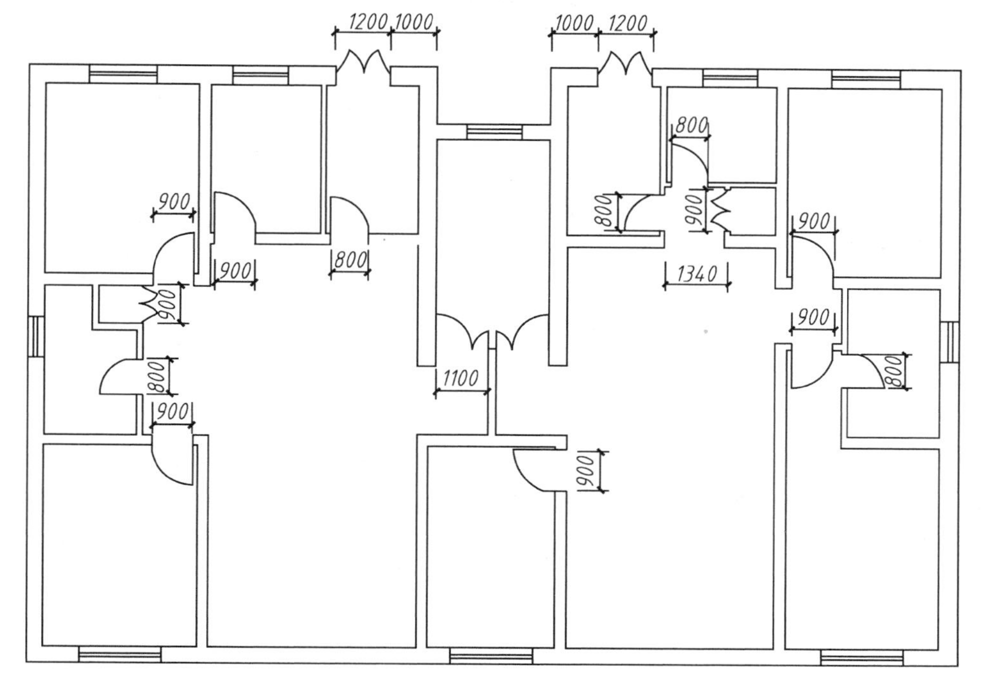

图 9-39　墙体开门

④ 添加阳台窗户：将“Window”图层设为当前层，按图 9-40 所示绘制其中一个阳台窗户，另一个使用【镜像】(Mi)命令得到。

(5) 绘制楼梯。

设置“Stair”图层为当前层，按照 9-41 所示楼梯详图绘制楼梯。其中，绘制踏步时，先使用【直线】(L)命令绘制第一条水平线，再使用【阵列】(Ar)命令完成；绘制梯井时，先作出楼梯间的纵轴线，然后将其左右偏移 50，再修剪形成梯井；绘制“上”“下”楼梯标注箭头时，使用【多段线】(Pl)，设置起始宽度为 50、终止宽度为 0 得到，结果如图 9-42 所示。

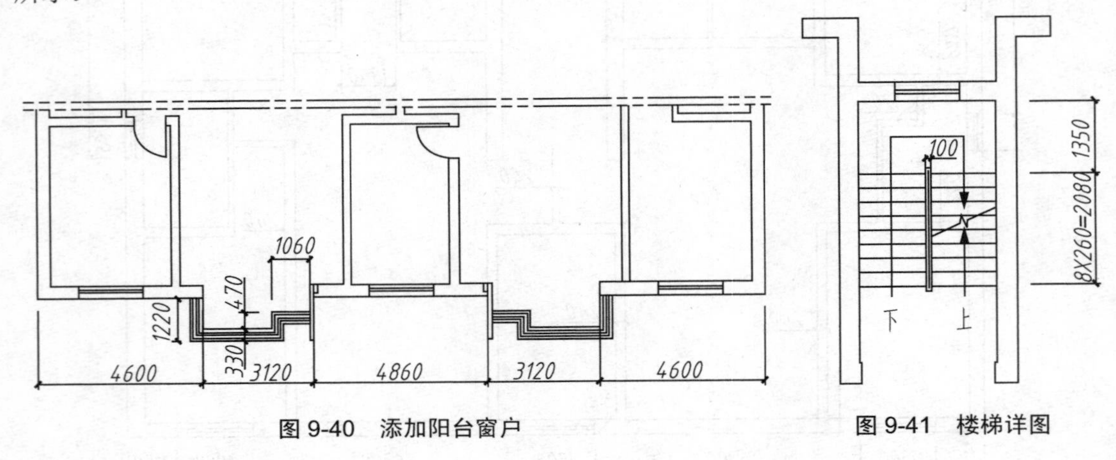

图 9-40　添加阳台窗户　　图 9-41　楼梯详图

(6) 布置家具。

使用【插入】(I)命令将需要的图块插入指定位置，并使用【缩放】(Sc)命令进行适当的尺寸调整。相应图块可以从家居图库中获得，结果如图 9-42 所示。

(7) 文字和尺寸标注。

① 尺寸标注：将 Dim 图层设置为当前图层，使用【线性】和【连续】标注命令，标注门窗洞口、轴线和总体尺寸。

② 文字标注：用 Text 命令进行文字标注，文字基本高度一般为 3.5、5、7、10、14、20，再乘以作图比例。

(8) 标注轴线号。

① 国标要求：横向轴号一般用阿拉伯数字 1，2，3，…标注，竖向轴号用字母 A、B、C、…标注。轴号应注写在轴线端部的圆内，圆应用细实线绘制，直径为 8～10mm。定位轴线圆的圆心应在定位轴线的延长线或延长线的折线上。

② 制作轴线号属性块：按如图 9-43 所示步骤，设置 Axistext 图层为当前层，首先绘制直径为 8 的圆；然后使用【定义属性】(att)命令，在调出的【属性定义】对话框中进行参数设置，如图 9-44 所示；最后使用【块定义】(B)命令，将图及属性一起以块名“编号”制作成图块，结果显示如图 9-43(c)所示。

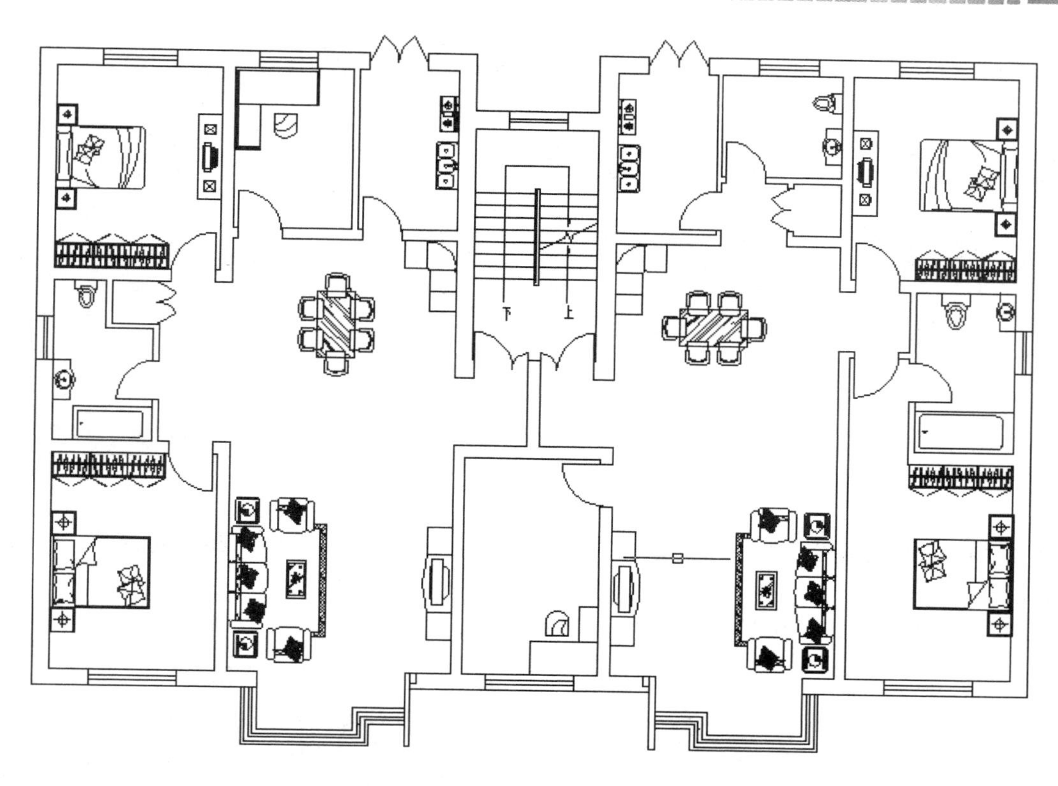

图 9-42 完成布置后的平面图

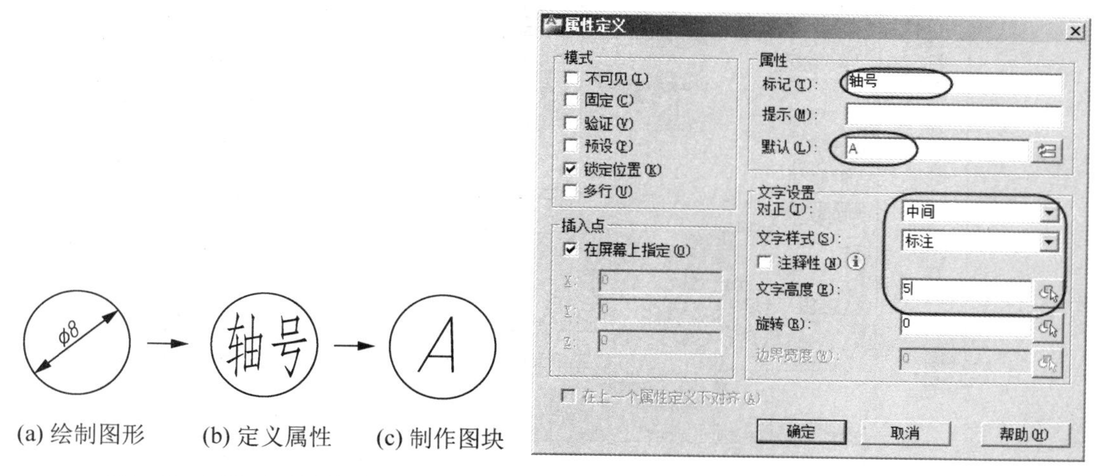

(a) 绘制图形 (b) 定义属性 (c) 制作图块

图 9-43 制作轴号属性块过程

图 9-44 属性定义设置

③ 建立用于标注轴线号的多重引线样式：打开【多重引线样式管理器】，单击【新建】按钮，在弹出的【新建多重引线样式】对话框中以“轴号”命名新样式，并选用“倒角标注”为基础样式，单击【继续】按钮，弹出【修改多重引线样式】对话框，单击【引线格式】，设置箭头【符号】为“无”；单击【引线结构】，将【基线设置】下的各选项的勾都去掉；单击【内容】选项卡，所作设置如图 9-45 所示，其中【比例】应填写打印比例的倒数(如本例打印比例 1∶100，其倒数则为 100)。

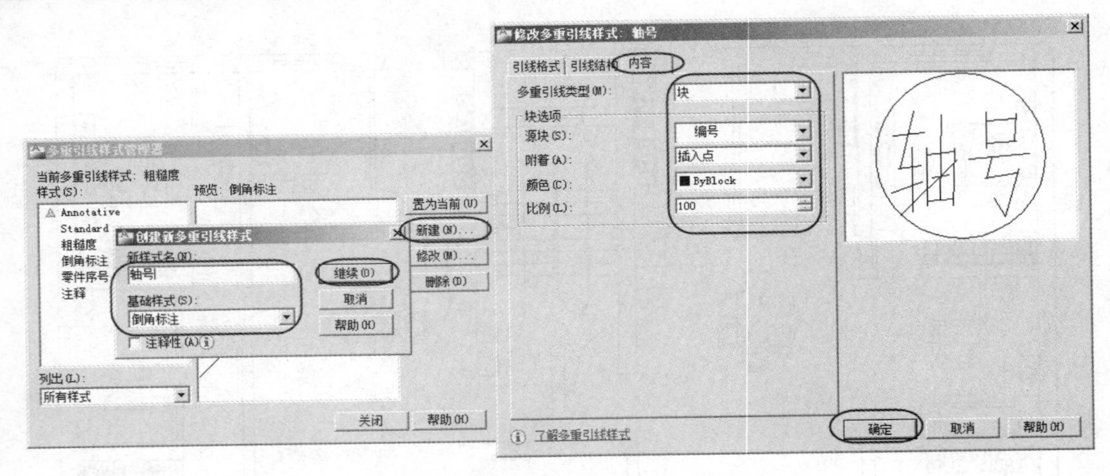

图 9-45　创建轴号多重引线样式过程

④ 标注轴线编号：使用【多重引线】(MLD)命令，分别标注横向和竖向编号，并使用【多重引线对齐】命令，将序号排列对齐。

以上操作结果如图 9-46 所示。

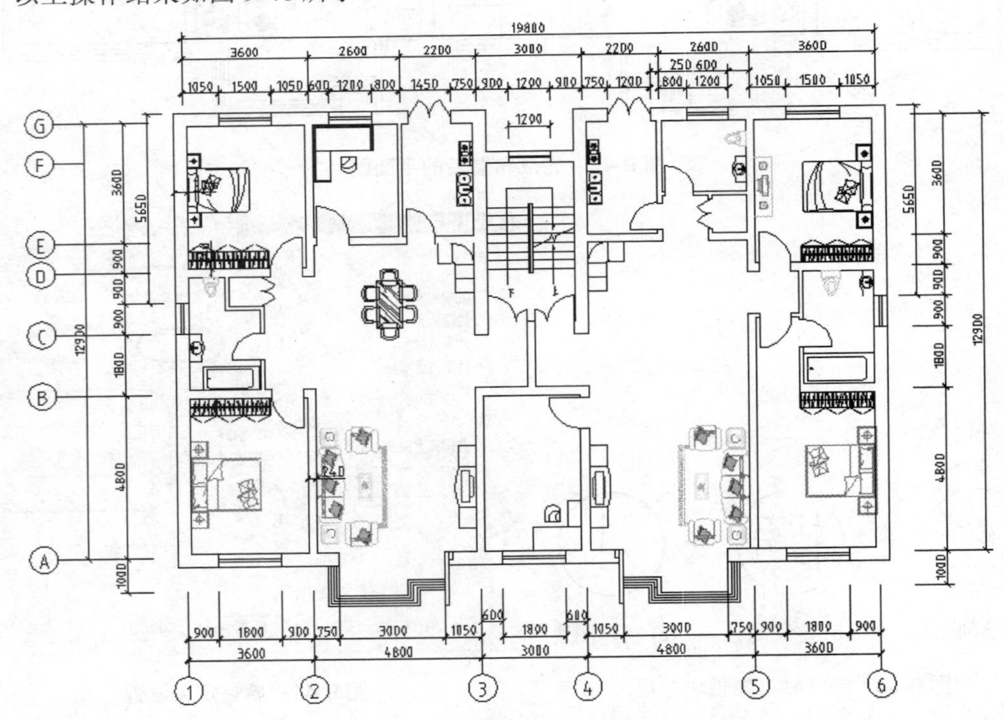

图 9-46　标注了尺寸和轴号的图形

(9) 打印出图。

切换至【布局】，启动【页面设置】对话框，从中选择打印机、指定打印图纸规格(本例使用 A3 图幅)并修改打印区域；然后，插入 A3 图框；使用【MVIEW】命令中的【布满】选项将图形调入。

最后，注写文字及比例，打印图面如图 9-47 所示。

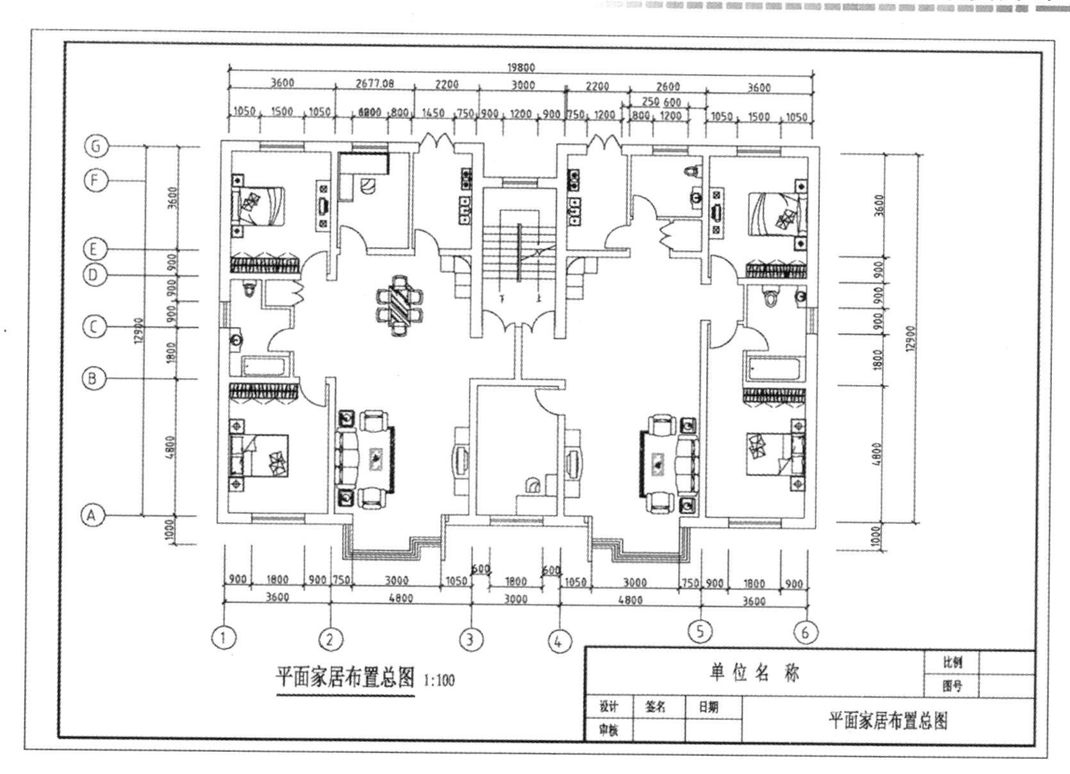

图 9-47 打印出图

9.4 给水排水工程图的绘制

9.4.1 给水排水工程制图标准

给水排水工程图应遵循《房屋建筑制图统一标准》GB/T50001-2001 和《给水排水制图标准》GB/T50106-2001 等相关制图标准。

(1) 图线的基本线宽：给水排水专业制图的基本线宽 *b* 应根据图纸类别、比例和复杂程度进行综合选用，一般宜为 0.7mm 或 1.0mm，常用线型线宽宜符合表 9-2 的规定。

表 9-2 基本线型

名称	线型	线宽	用途
粗实线	————	*b*	新设计的各种排水和其他重力流管线
粗虚线	- - - - - -	*b*	新设计的各种排水和其他重力流管线的不可见轮廓线
中粗实线	————	0.75*b*	新设计的各种给水和其他压力流管线；原有的各种排水和其他重力流管线
中粗虚线	- - - - - -	0.75*b*	新设计的各种给水和其他压力流管线及原有的各种排水和其他重力流管线的不可见轮廓线
中实线	————	0.50*b*	给水排水设备、零(附)件的可见轮廓线；总图中新建的建筑物和构筑物的可见轮廓线；原有的各种给水和其他压力流管线
中虚线	- - - - - -	0.50*b*	给水排水设备、零(附)件的不可见轮廓线；总图中新建的建筑物和构筑物的不可见轮廓线；原有的各种给水和其他压力流管线的不可见轮廓线

续表

名称	线型	线宽	用途
细实线	————	0.25*b*	建筑的可见轮廓线；总图中原有的建筑物和构筑物的可见轮廓线；制图中的各种标注线
细虚线	------------	0.25*b*	建筑的不可见轮廓线；总图中原有建筑物和构筑物的不可见轮廓线
单点长画线	— - — - —	0.25*b*	中心线、定位轴线
折断线	——⋀——	0.25*b*	断开界线
波浪线	～～～	0.25*b*	平面图中水面线；局部构造层次范围线；保温范围示意线等

(2) 比例：给水排水制图常用的比例，应符合表 9-3 的要求。

表 9-3　常用比例

名称	比例	备注
区域规划图 区域位置图	1∶50000、1∶25000、1∶10000 1∶5000、1∶2000	宜与总图专业一致
总平面图	1∶1000、1∶500、1∶300	宜与总图专业一致
管道纵断面图	纵向：1∶200、1∶100、1∶50 横向：1∶1000、1∶500、1∶300	
水处理厂(站)平面图	1∶500、1∶200、1∶100	
水处理构筑物、设备间、卫生间、泵房平、剖面图	1∶100、1∶50、1∶40、1∶30	
建筑给水排水平面图	1∶200、1∶150、1∶100	宜与建筑专业一致
建筑给水排水轴测图	1∶150、1∶100、1∶50	宜与相应图纸一致
详图	1∶50、1∶30、1∶20、1∶10、1∶5、1∶2、1∶1、2∶1	

在管道纵断面图中，根据需要可对纵向与横向采用不同的组合比例；在建筑给水排水轴测图中，如局部表达有困难，该处可不按比例绘制；水处理工艺流程图、水处理高程布置图和给水排水系统原理图不按比例绘制。

(3) 字体：通常数字高为 3.5mm 或 2. 5mm；字母字高设置为 5mm、3.5mm、2.5mm；说明文字及表格中的文字高为 5mm 或 7mm；图名字高为 10mm 或 7mm。

(4) 管道：管道要用粗线绘制。在同一张图上的给水排水管道，一般用粗实线表示给水管，用虚线表示排水管；也可将管道断开，在中间加字母(J 表示生活给水管、W 表示污水管、Y 表示雨水管等)来区分，表 9-4 所列为某些输送液体或气体管道的规定代号。

表 9-4　管路代号

序号	名称	规定符号
1	生活给水管	J
2	雨水管	Y
3	污水管	W
4	蒸汽管	Z
5	循环给水管	XH
6	中水给水管	ZJ
7	热水给水管	RJ

(5) 标高：在下列情况下应标注标高：①沟渠和重力流管道的起讫点、转角点、连接点、变坡点变尺寸(管径)点和交叉点；②压力流管道中的标高控制点；③管道穿外墙、剪

力墙和构筑物的壁和底部处；④不同水位线处；⑤构筑物和土建部分的相关标高。

(6) 编号：对于建筑物的给水、排水出口，宜注出管道类别代号，其代号通常采用管道类别的第一个汉语拼音字母，如“J”即给水，“P”即排水。当建筑物的给水引入管或排水排出管的数量超过一根时，宜用阿拉伯数字编号，按图9-48的方式表示。

对于建筑物内穿过一层和大于一层楼层的立管，用黑圆点表示，直径约3b，并在旁边标注立管代号，如“J L”、“P L”分别表示给水、排水立管。建筑物内穿越楼层的立管，其数量超过一根时，宜用阿拉伯数字编号，按图9-49的方式表示。

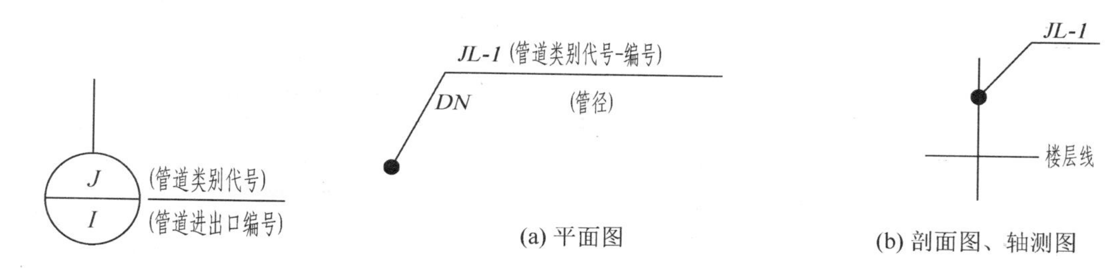

(a) 平面图　　(b) 剖面图、轴测图

图9-48　给水排水进出口编号表示法

图9-49　给水排水立管编号表示法

当给水管与排水管交叉时，应连续画出给水管，断开排水管。

9.4.2　建筑给水排水工程图的绘制

建筑给水排水工程图主要包括设计总说明、给排水平面图、给排水系统图、详图等几部分。下面简单介绍给水排水平面图和系统图的绘制要求和方法。

(1) 室内给水排水平面图。

室内给水排水平面图是室内给水排水工程图的重要组成部分，是绘制其他室内给水排水工程图的基础。就中小型工程而言，由于其给水、排水情况不复杂，可以把给水平面图和排水平面图合在一起，即一张平面图中既绘制给水平面图内容，又绘制排水平面图内容。为防止混淆，有关管道、设备的图例应区分清楚。对于高层建筑及其他较复杂的工程，其给水平面图和排水平面图应分开来绘制，可以分别绘制生活给水平面图、生产给水平面图、消防给水平面图、污水排水平面图、雨水排水平面图等。仅就给水排水平面图自身而言，根据不同的楼层位置，又可分为不同的平面图。可以分别绘制底层给水排水平面图、标准层给水排水平面图(若各楼层的给水排水布置完全相同，可以只画一个标准层)、楼层给水排水平面图(凡是楼层给水排水布置方式不同，均应单独绘制出给水排水平面图)、屋顶给水排水平面图、屋顶雨水排水平面图(有些设计将这一部分放在建筑施工图中绘制)、给水排水平面大样图等几部分。

图9-50为一给水排水平面图，其绘图过程包括设置绘图环境、绘制建筑平面图、绘制给水排水设备及管线、标注尺寸及编号、图纸输出等步骤。

(2) 室内给水排水系统图。

所谓系统图，就是采用轴测投影原理绘制的能够反映管道、设备三维空间关系的二维图形，也称为轴测图。

室内给水系统图和排水系统图通常要分开绘制，分别表示给水系统(含消防、喷淋系统)和排水系统的空间关系。图形的绘制基础是各层给水排水平面图，在绘制给水排水系统图时，可把平面图中标出的不同给水排水系统拿出来，单独绘制系统图。一个系统图能反映该系统从下至上各个方位的关系。图9-51为某住宅楼的喷淋系统图。

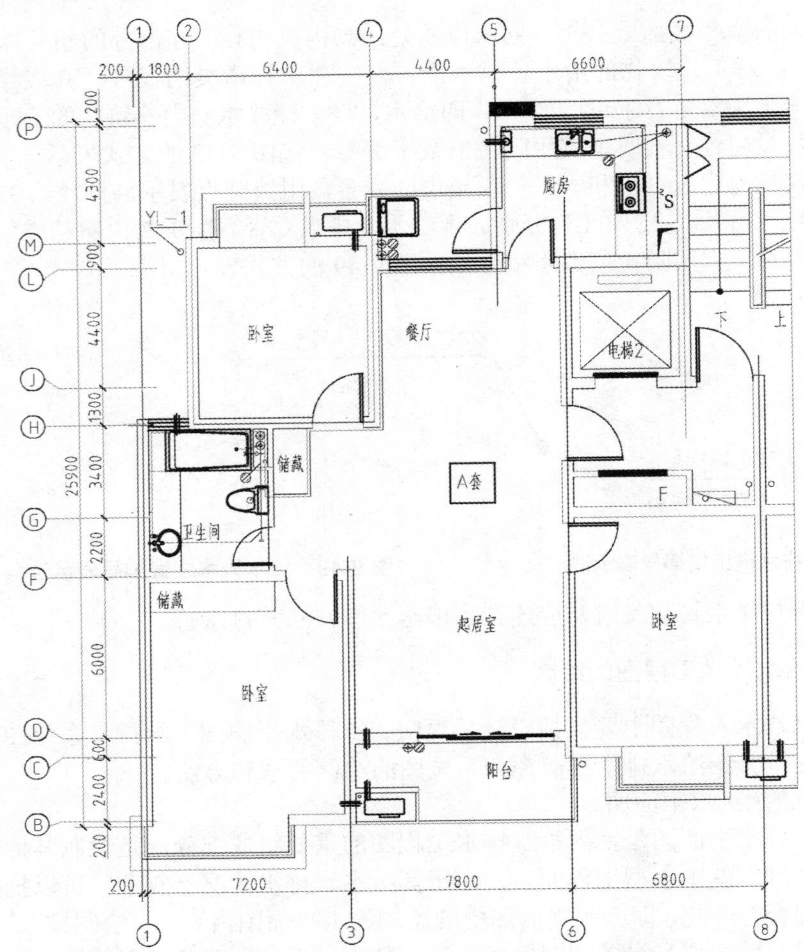

图 9-50　某住宅楼户内给水排水平面布置图

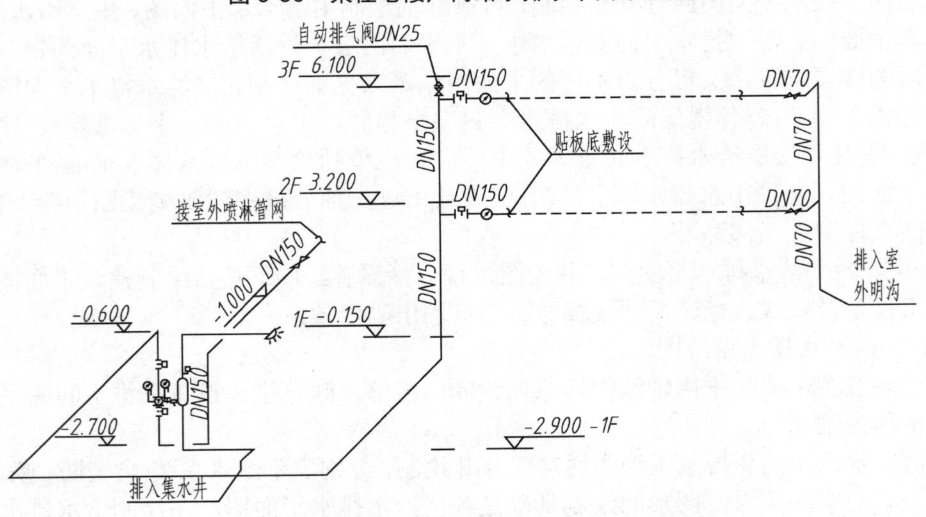

图 9-51　某住宅楼喷淋系统图

9.4.3 建筑小区给水排水工程图的绘制

建筑小区(室外)给水排水工程图主要表示一个小区范围内的各种室外给水排水管道的布置，与室内管道的引入管、排出管之间的连接，以及管道敷设的坡度、埋深和交接情况、检查井位置和深度等，包括给水排水平面图、管道纵剖面图、附属设备的施工图等。

图 9-52 为某住宅小区污水管道平面布置图，其绘制步骤简单叙述如下：

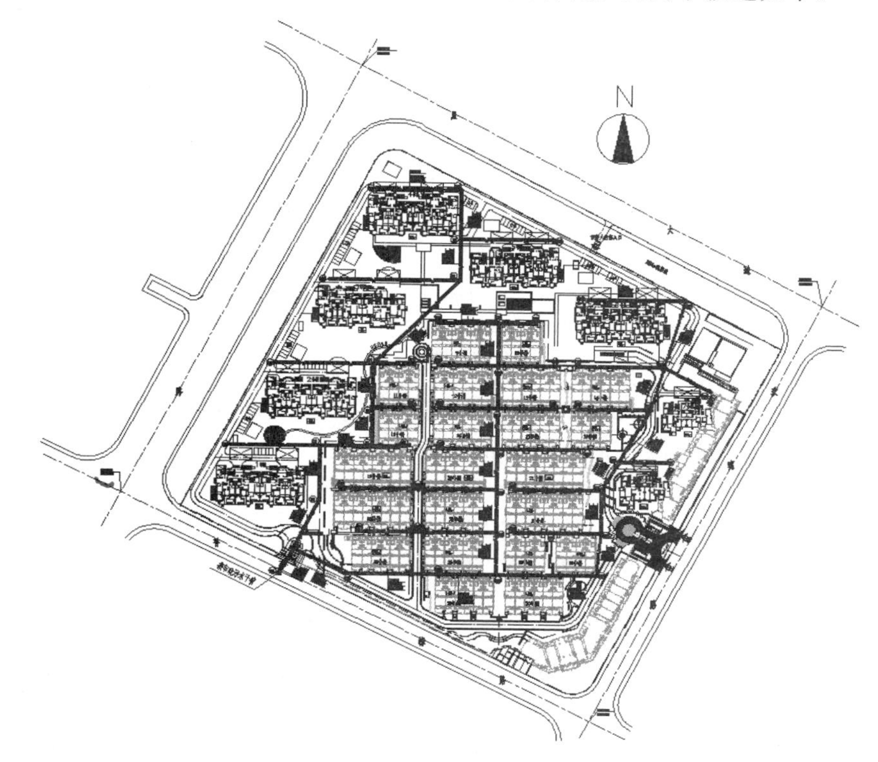

图 9-52　某住宅小区污水管道平面布置图

(1) 首先提取建筑总平面图中各建筑物、道路等布局，画出指北针。

(2) 按照房屋的室内给水排水底层平面图，将有关房屋中相应的给水引入管、废水排出管、污水排出管、雨水连接管的位置在图中画出。

(3) 画出室外给水排水的各种管道，以及水表、检查井、化粪池等附属设备。

(4) 标注管道管径、检查井的编号和标高，以及有关尺寸。

(5) 标注图例符号说明、绘图比例和相关说明。

建筑小区给水排水平面图只能表达各种管道的平面位置，而对管道的深度、交叉管道的上下位置以及地面的起伏情况等，需要一个纵剖面图来表达。尤其是排水管道，它有坡度要求。图 9-53 是一段污水管道的纵剖面图，它表达了该排水管道的纵向尺寸、埋深、管内底标高，检查井的位置、深度等相关信息。由于管道长度方向比深度方向大得多，在纵剖面图中通常采用横竖两种比例。例如，竖向比例常采用 1∶200、1∶100，横向比例常采用 1∶1000、1∶500 等。

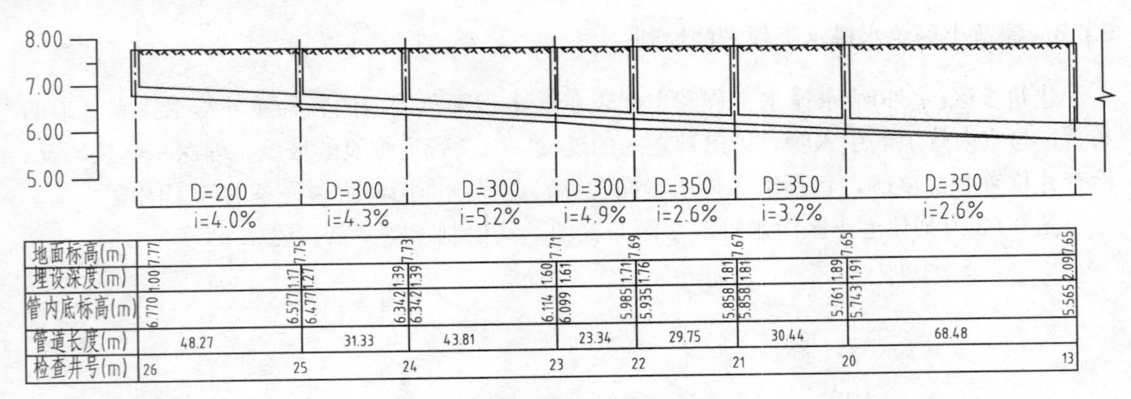

图 9-53　某污水管道纵剖面图

9.4.4　水处理平面图的绘制

水处理工程平面图的比例及布图方向均按工程规模大小确定，以能清楚显示整个处理工程总体平面布置的原则来选取。主要包括坐标系统，水处理流程所涉及的处理构筑物(如曝气池、混凝沉淀池、滤池等)，设备用房(如泵房、鼓风机房等)以及主要辅助建筑物(如机修间、办公楼等)的平面轮廓，该地区风向频率玫瑰图、指北针等。必要时还应包括工程所处地形等高线、地貌(如河流、湖泊等)、周围环境(如主要公路、铁路)等内容。图 9-54 为一污水处理厂平面布置图。

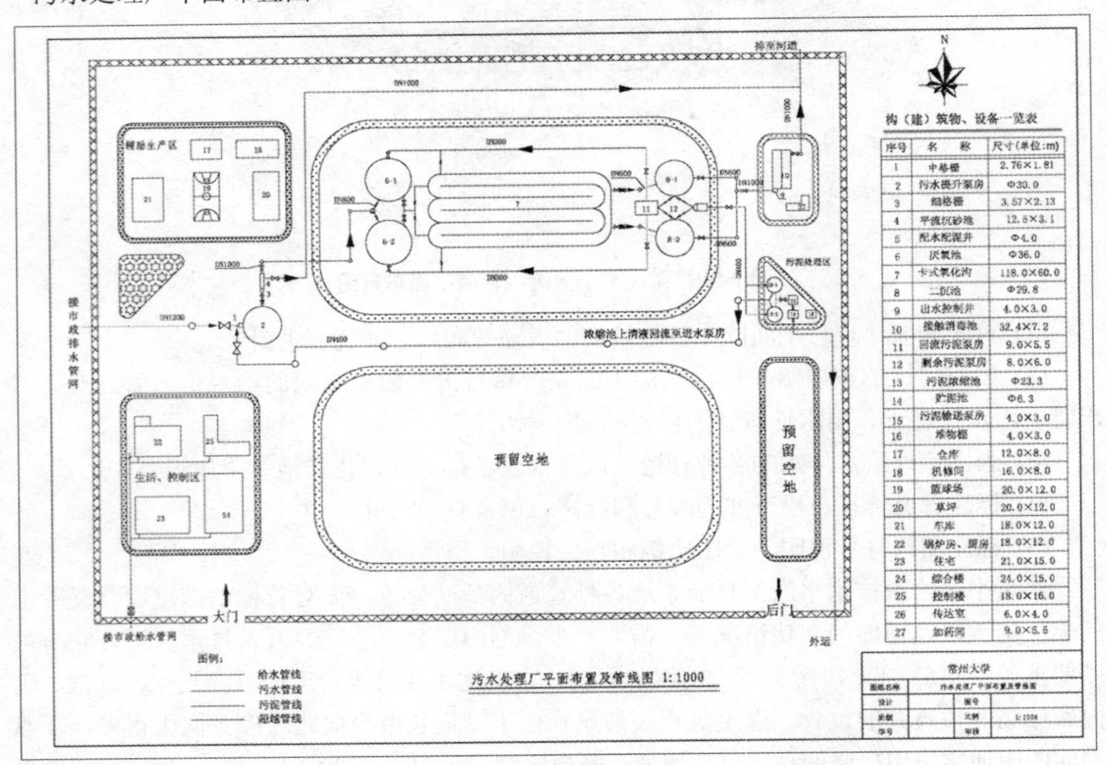

图 9-54　某污水处理厂平面布置图

9.4.5 水处理工艺流程及高程图的绘制

工艺流程图是表现各个主要处理单元顺序连接的图，各处理构筑物以纵剖简图来表示。水处理高程图是由主要水处理构筑物、设备正剖面简图、单线管道及沿高程变化所组成的图形。高程图一般采用沿最主要、最长流程上的水处理工程构筑物、设备的正剖面简图和单线管道图(渠道用双细线)共同表达水处理流程及流程的高程变化。高程图和流程图均无比例。但在实际中，高程图按比例绘制，只不过横纵向采用不同比例。通常横向比例与总平面图相同，纵向比例为 1∶50～1∶100。若某些部位按比例无法画清楚时，亦可不按比例绘制。

无论是重力管还是压力管均用单粗线绘制，水处理构筑物正剖面简图(将构筑物平行于正立或侧立投影面的剖面图加以简化的图样)、设计地面及各种图例(如水面表示、土壤等)都用细实线画出。

水处理高程图中通常标注绝对标高，一般标注管渠、水体、处理构筑物和某些设备用房(如泵房)内的水面标高。工艺流程中，主要有构筑物的顶标高、底标高以及流程沿途设计地面标高。

图 9-55 为一污水处理厂工艺流程图，绘制步骤如下：

(1) 选比例，按前述图面要求布置图面；

(2) 绘制废水处理构筑物、设备的正剖面简图及设备图例；

(3) 画连接管渠及水体；

(4) 标注文字。

绘制高程图的话，在此基础上，画出水面线、设计地面线等，并标注相应标高。

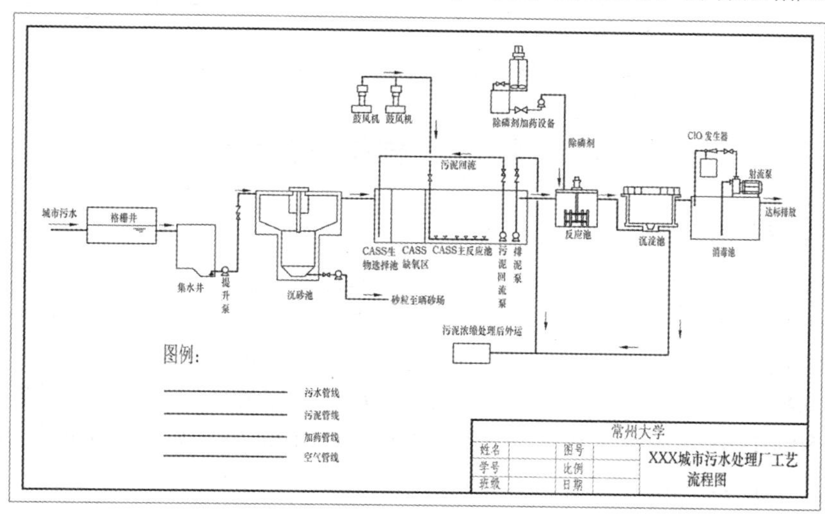

图 9-55 某污水处理厂工艺流程图

9.4.6 水处理构筑物图的绘制

由于水处理构筑物一般半埋或全埋在地中，外形比较简单，但内部构造较复杂，一般以平、剖面图相结合的方式进行表达，根据能清楚明了地反映构筑物处理工艺流程及构筑物本身的形状、位置的原则决定其布图方向。当布图方向与它在总平面图上的布图方向不一致时，必须标明方位。

在满足清晰地图示处理构筑物的工艺流程，并能准确地表达出由处理工艺所决定的构筑物各部分形状及相对位置的条件下，投影图的数量越少越好。通常由平面图和合适的剖面图以及若干必要的详图组成。剖切位置的选择应考虑处理构筑物的工艺流程，沿构筑物最复杂的部位剖切，注意遵守制图标准的相关规定。图 9-56 为一 Carrousel 氧化沟的平、剖面示意图。

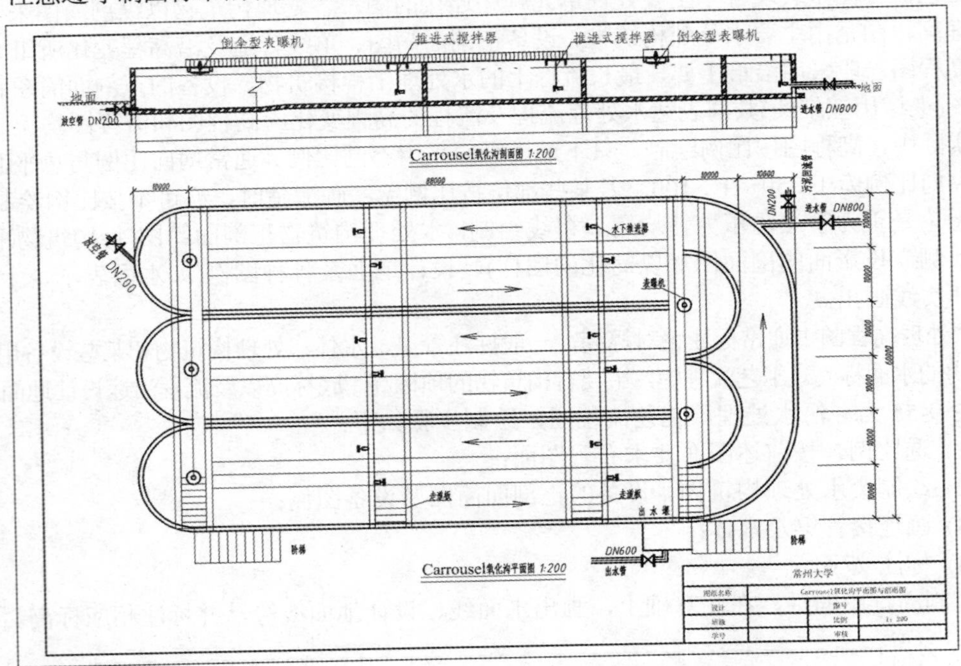

图 9-56　Carrousel 氧化沟平、剖面示意图

9.5　环境工程图的绘制

9.5.1　环境工程制图标准

环境工程专业到目前为止还未出台专门的制图标准，这是因为环境工程是一门交叉学科，涉及的内容很多。比如一项污水处理工程主要涉及土建、管道等，在制图上一般参考建筑制图标准和给水排水制图标准，而固废、废气治理工程中涉及的设备等，在制图上参考机械制图标准更为合适。环境工程制图标准应符合国家最新颁布的《房屋建筑制图统一标准》GB/T50001-2001、《给水排水制图标准》GB/T50106-2001 以及相关的机械制图标准。

9.5.2　环境工程图的绘制

(1) 水处理工程图的绘制。

环境工程专业中有关水处理方面的内容与给水排水专业基本一致，水处理工程图的绘制参见 9.4 节内容。

(2) 固体废物处理图的绘制。

图 9-57 是某垃圾焚烧炉的立面图，主要显示垃圾焚烧处理的工艺流程、各主要设备在空间上的连接情况和其主要尺寸。其绘图过程与机械图相同，这里从略。

(3) 废气处理图的绘制。

废气处理系统用到的设备很多，如图 9-58 为湿式除尘器塔结构图，该类图纸的绘制步骤与机械图中的零件图、装配图一致，不再赘述。

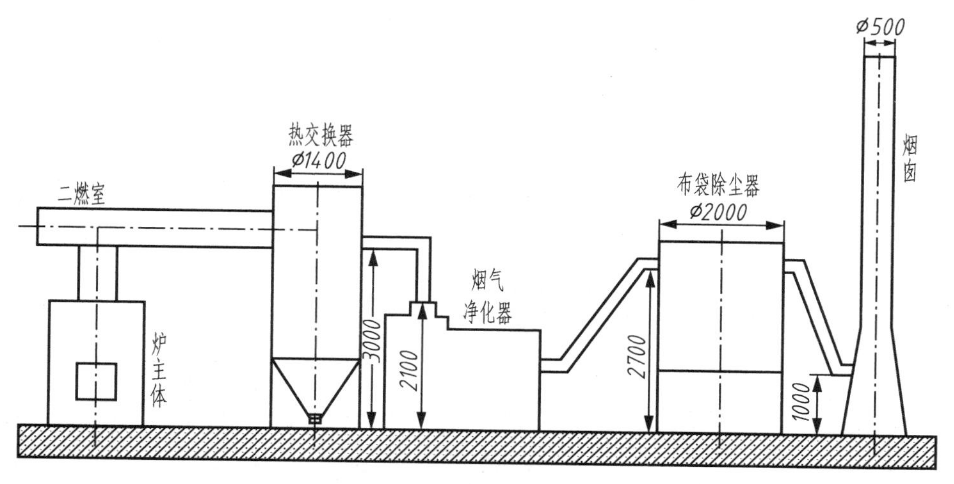

图 9-57 某垃圾焚烧炉立面图

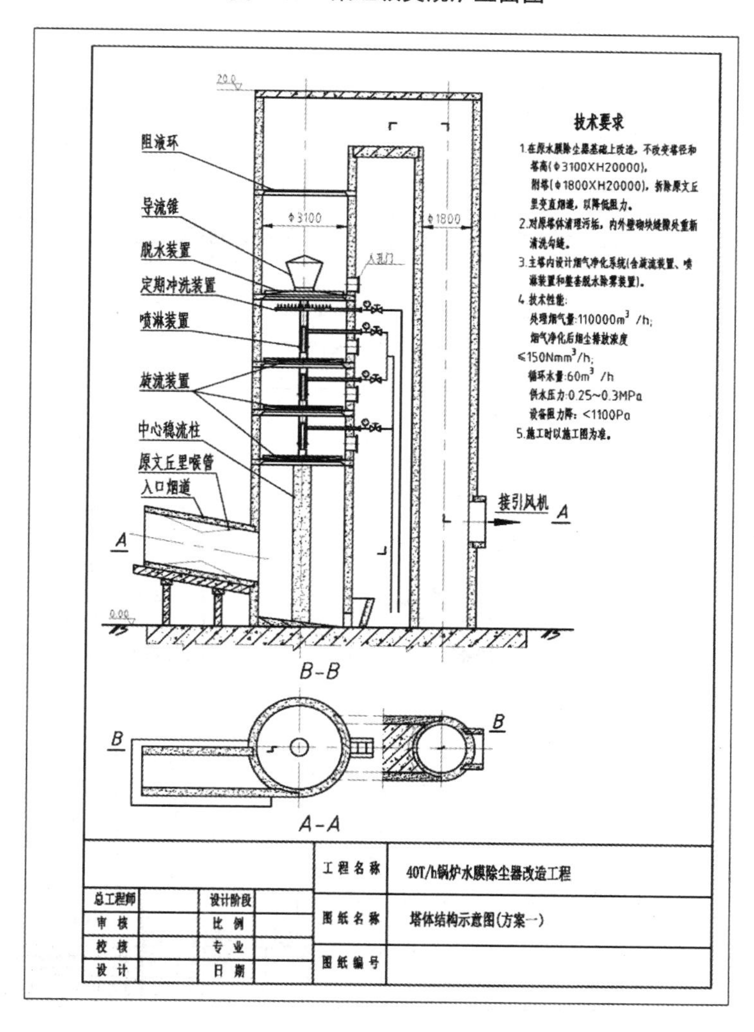

图 9-58 湿式除尘器塔结构图

9.6 习　　题

绘制如图 9-59、图 9-60、图 9-61 所示的零件图、装配图，并将其打印在 A3 图纸上。

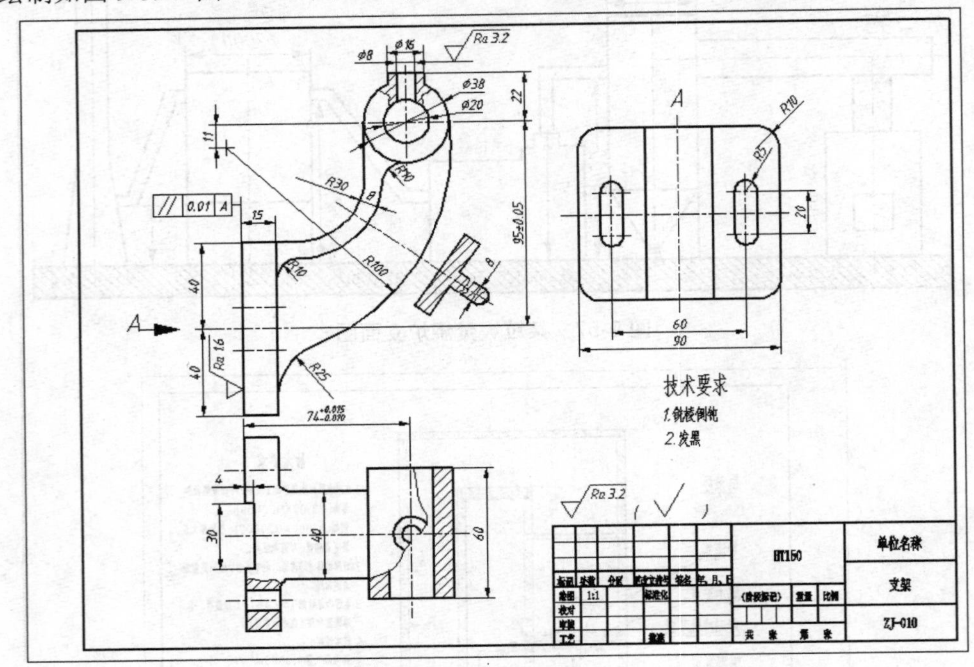

图 9-59　零件图练习

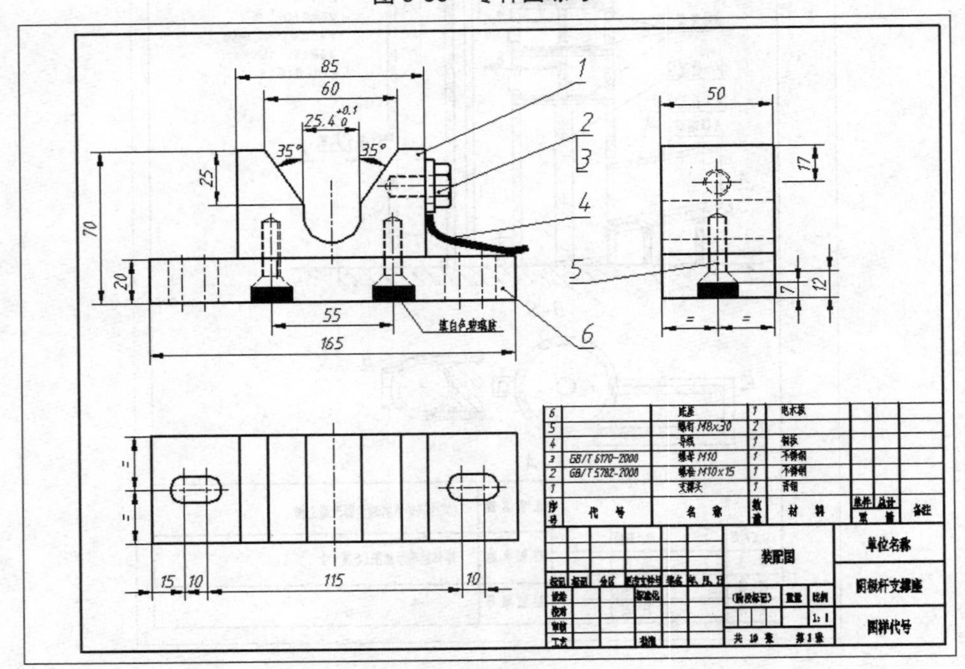

图 9-60　装配图练习一

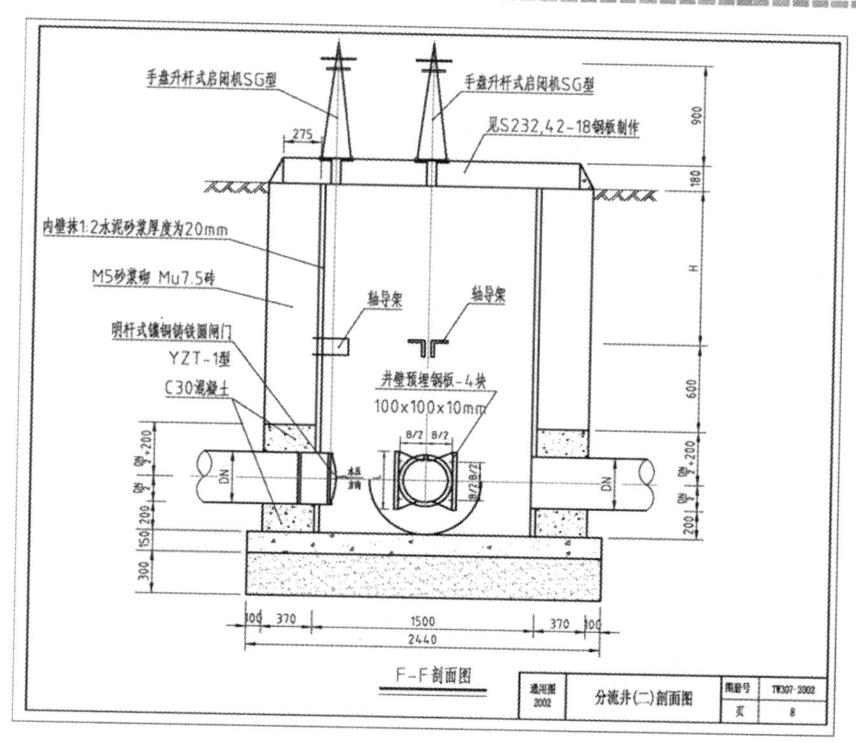
手盘升杆式启闭机SG型
手盘升杆式启闭机SG型
见S232,42-18钢板制作
275
900
180
内壁抹1:2水泥砂浆厚度为20mm
M5砂浆砌 Mu7.5砖
H
轴导架
轴导架
明杆式镶铜铸铁圆闸门
YZT-1型
井壁预埋钢板-4块
100x100x10mm
C30混凝土
600
DN
DN
300
150
200
100 370 1500 370 100
2440
F-F剖面图
分流井(二)剖面图
TW307-2002

图 9-61　装配图练习二

第2篇

AutoCAD 2012的三维知识

二维图形是传统工程图样的主要表达形式，在表达物体的形状、尺寸和技术要求等方面具有独特的优势，因而得到广泛的应用。但二维图形对象都是在二维的XY平面内创建的，缺乏立体感。三维模型是对三维形体的空间描述，直观地表达了产品的设计效果。本篇将重点讲述与三维造型相关的三维观察方式，用户坐标系的应用以及AutoCAD支持的三维实体造型的命令和操作方法。

第 10 章 三维绘图基础

知识要点	掌握程度	相关知识
三维绘图的基础知识	了解各种三维模型的特点以及空间点的各种坐标输入方式； 掌握用户坐标系的创建方法及应用； 熟悉观察三维模型的各种操作； 掌握三维空间中点和线的绘制。	用户坐标系 UCS 的创建目的； 三维模型的观察操作。

10.1 模型分类

在工程设计和绘图过程中，三维图形应用越来越广泛。CAD三维模型共分三类：线框模型、表面模型和实体模型，其外形显示如图10-1所示。

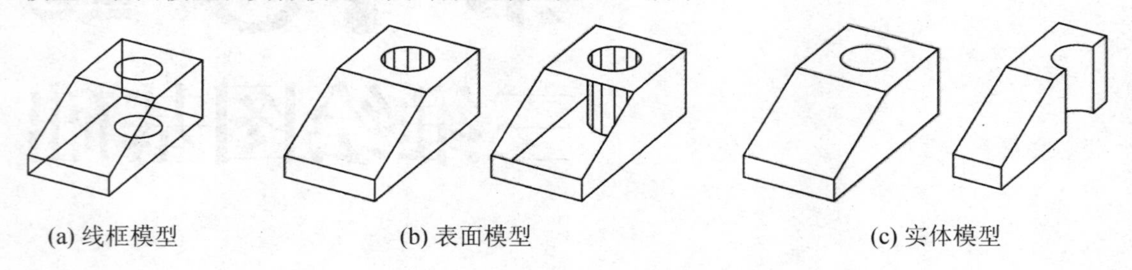

(a) 线框模型　　(b) 表面模型　　(c) 实体模型

图10-1　三维模型类型

线框模型：是用线来描述三维对象。线框模型结构简单，没有面和体的特征，因而不能进行消隐和渲染等处理，如图10-1(a)所示。

表面模型：是用面来描述三维对象。表面模型不仅具有边界，而且还具有表面。由于表面模型具有面的特征，因此可以对它进行物理计算，以及进行渲染和着色的操作，如图10-1(b)所示。

实体模型：实体模型不仅具有线和面的特征，而且还具有实体的特征，如体积、重心和惯性矩等。在AutoCAD中，不仅可以建立基本的三维实体，可以对它进行剖切、装配干涉检查等操作，还可以对实体进行布尔运算以构造复杂的三维实体。此外由于消隐和渲染技术的运用，可以使实体具有很好的可视性，如图10-1(c)所示。

10.2 三维坐标系统

AutoCAD坐标系统采用笛卡尔坐标系。

10.2.1 笛卡尔坐标系

笛卡尔坐标系是由相互垂直的三个坐标轴(即X轴、Y轴、Z轴)构成的，如图10-2(a)所示。而CAD二维绘图仅使用其中的XY坐标面，坐标显示如图10-2(b)所示，Z轴方向为垂直屏幕并指向用户。

在AutoCAD中通常使用右手定则判断坐标轴的正向或绕轴旋转的正向，

右手定则的方法如图10-3所示。将右手姆指指向Z轴的正方向，其余手指弯曲方向为从X轴正向指向Y轴正向；同样，要确定绕指定轴旋转的正向，也将右手姆指指向旋转轴的正向，则其他手指弯曲方向即为旋转正向。

图 10-2　笛卡尔坐标系

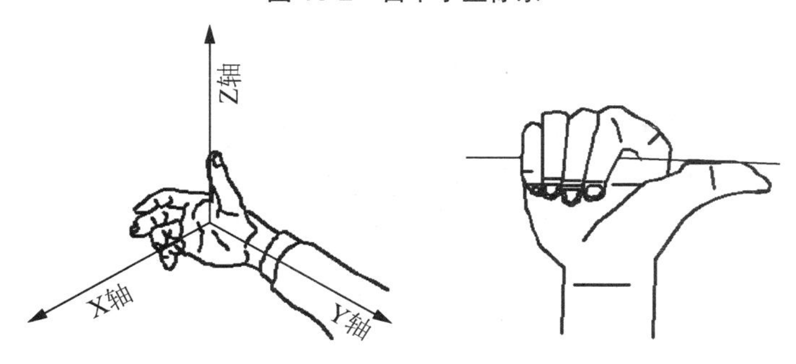

图 10-3　右手定则

10.2.2　坐标格式

在 AutoCAD 三维空间，坐标格式有直角坐标、柱面坐标、球面坐标三种，同样也分绝对和相对两种形式，各种坐标格式说明如下：

(1) 直角坐标：由点的 X、Y、Z 的坐标值确定，如图 10-4 所示，其命令行输入格式为"(@)X，Y，Z"。

(2) 柱面坐标：由该点与原点的连线在 XY 平面上的投影长度、该投影与 X 轴的夹角及该点沿 Z 轴的距离来确定，如图 10-5 所示，其输入格式："(@)距离 1＜角度，距离 2"。也即，柱坐标相对于原先的极坐标加上了 Z 坐标。

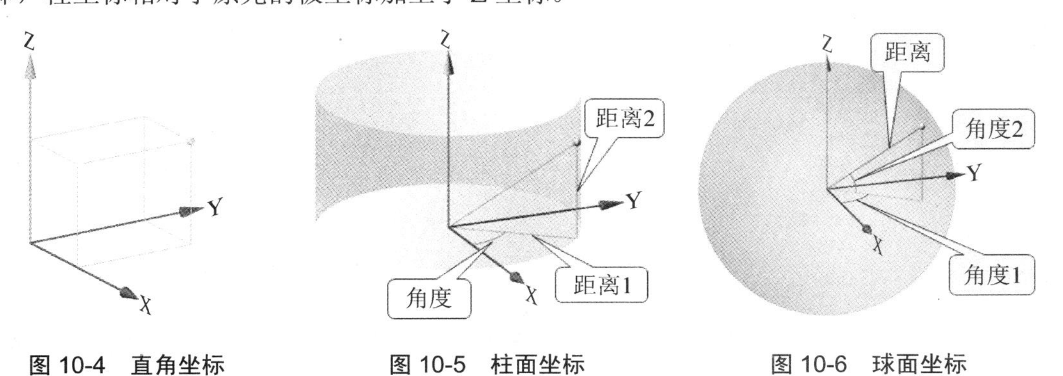

图 10-4　直角坐标　　图 10-5　柱面坐标　　图 10-6　球面坐标

(3) 球面坐标：由该点到原点的连线、该连线在 XY 平面内的投影与 X 轴的夹角以及该点连线与 XY 平面的夹角来确定。如图 10-6 所示，其输入格式："(@)距离＜角度 1＜角度 2"。

10.3 用户坐标系

AutoCAD 默认的坐标系称为 WCS(世界坐标系)，2D 命令只能在绘图平面(XY 平面)或平行于 XY 平面使用，而三维立体需要在不同的平面上作图，因此 AutoCAD 允许用户根据自己需要建立对应的坐标系，该坐标系称为 UCS(用户坐标系)。

10.3.1 理解用户坐标系

用户坐标系是根据 WCS 来说的，对于 CAD，WCS 是唯一的，不能删除，所有的 UCS 是在 WCS 上建立起来的。UCS 可以设置多个，并可命名保存。

WCS 和 UCS 都采用笛卡尔坐标系(即直角坐标系)，X、Y、Z 三轴始终相互垂直。

合理地创建 UCS，可以方便地创建三维模型。

10.3.2 建立用户坐标系

AutoCAD 提供了多种方法来创建 UCS。

【运行方式】

- 菜单：【工具】→【新建 UCS】→选择子菜单(图 10-7)。
- 工具栏：【UCS】(图 10-8)→新建 UCS 图标。
- 命令行：UCS。

【操作过程】

以上操作命令行显示如下：

命令：UCS↙(输入命令)

当前 UCS 名称：*世界*

指定 UCS 的原点或 [面(F)/命名(NA)/对象(OB)/上一个(P)/视图(V)/世界(W)/X/Y/Z/Z 轴(ZA)]<世界>：(输入选项)

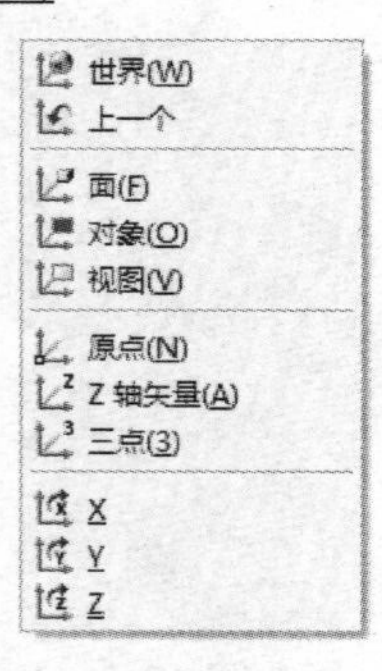

图 10-7 【UCS】子菜单

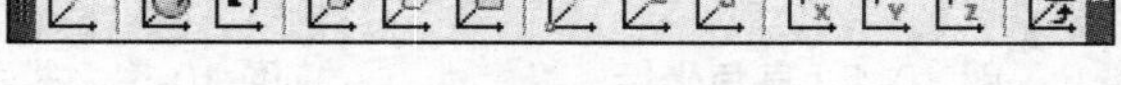

图 10-8 【UCS】工具栏

【选项说明】

(1)【指定 UCS 的原点】：可以使用一点、两点或三点定义一个新的 UCS，如图 10-9 所示。

① 如果指定单个点，当前 UCS 的原点将会移动而不会更改 X、Y 和 Z 轴的方向，如图 10-9(b)所示，该操作等同于使用 UCS 工具栏中的 。

② 如果指定第二个点，则 UCS 旋转以将正 X 轴通过该点，如图 10-9(c)所示。

③ 如果指定第三个点，则第一点为原点，第二点为 X 轴正方向，第三点为 Y 轴正方向，如图 10-9(d)所示，该操作等同于使用 UCS 工具栏中的 。

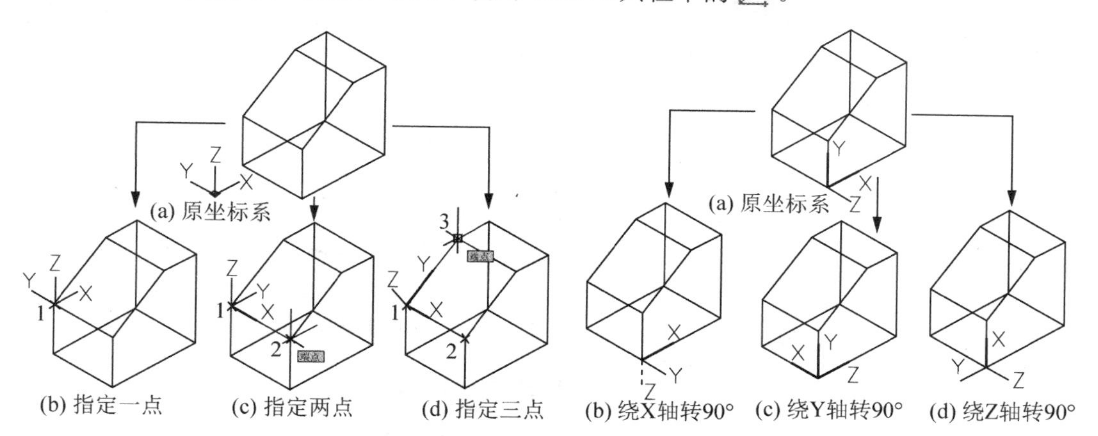

图 10-9 指定 UCS 的原点建立新坐标系

图 10-10 绕坐标轴旋转建立的 UCS

(2)【X/Y/Z】轴旋转 UCS：将当前坐标系绕 X/Y/Z 轴旋转一个角度，以生成新的 UCS。可以使用右手定则判断旋转角的正负(将右手拇指指向指定轴的正向，卷曲其余四指，其余四指所指的方向即为正旋转方向)。如图 10-10 为分别绕 X、Y、Z 轴旋转建立的 UCS。

(3)【Z 轴(ZA)】：通过指定的 Z 轴正向，确定新的 UCS。第一点确定的是原点，第二点确定的是 Z 轴正方向，如图 10-11 所示。

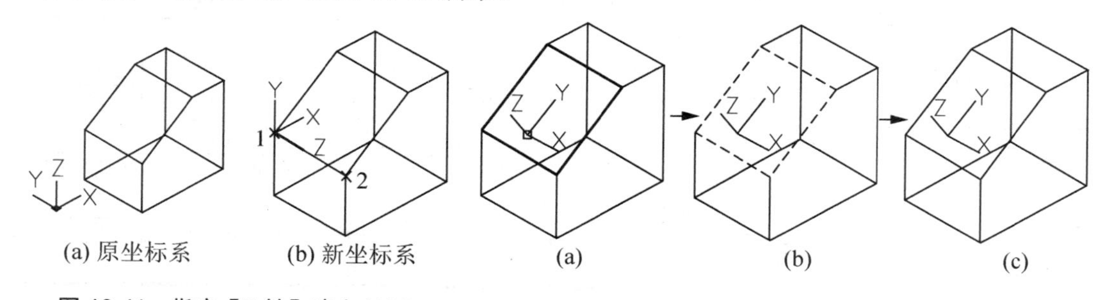

图 10-11 指定【Z 轴】建立 UCS

图 10-12 指定【面】建立 UCS

(4)【面(F)】：将 XY 面与实体对象的选定面对齐。将光标移动到立体的一个面上，此时 XY 面与该面对齐，如图 10-12(a)所示；在要选择面的边界内或面的边上单击，被选中的面将亮显(图 10-12(b))，UCS 的 X 轴将与找到的第一个面上的最近的边对齐。操作过程为：

……

指定 UCS 的原点或 [面(F)/命名(NA)/对象(OB)/上一个(P)/视图(V)/世界(W)/X/Y/Z/Z 轴(ZA)]<世界>：F↙

选择实体面、曲面或网格：(选择如图 10-12(a)中立体的斜面)

输入选项 [下一个(N)/X 轴反向(X)/Y 轴反向(Y)]<接受>：↙(回车，表示接受，结果如图 10-12(c)所示，斜面为新 UCS 的 XY 面)

(5)【命名(NA)】：按名称保存并恢复通常使用的 UCS 方向。

提示：也可以在该 UCS 图标上单击鼠标右键并单击命名 UCS 来保存或恢复命名 UCS 定义。

(6)【对象(OB)】：根据所选对象，确定新的坐标系。Z 轴的方向将与所选对象的挤出方向相同，而坐标原点的位置取决于所选对象的类型。X 轴和 Y 轴的方向也取决于对象选择点的位置。如图 10-13 所示，通过对象“圆”建立 UCS 时，圆心为 UCS 原点、UCS 的 X 轴由圆心指向拾取点。表 10-1 列出通过不同对象确定 UCS 的方法。

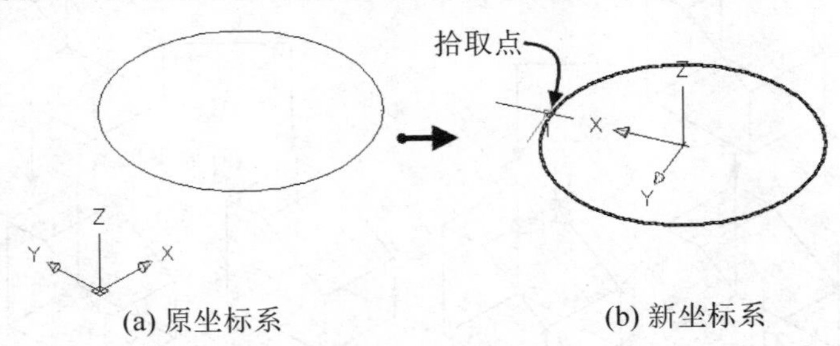

(a) 原坐标系　　(b) 新坐标系

图 10-13　通过【对象】建立 UCS

表 10-1　通过选择对象来定义 UCS

对象	确定 UCS 的方法
圆弧	圆弧的圆心成为新 UCS 的原点。X 轴通过距离选择点最近的圆弧端点。
圆	圆的圆心成为新 UCS 的原点。X 轴通过选择点。
标注	标注文字的中点成为新 UCS 的原点。新 X 轴的方向平行于当绘制该标注时生效的 UCS 的 X 轴。
直线	离选择点最近的端点成为新 UCS 的原点。将设置新的 X 轴，使该直线位于新 UCS 的 XZ 平面上。在新 UCS 中，该直线的第二个端点的 Y 坐标为零。
点	该点成为新 UCS 的原点。
二维多段线	多段线的起点成为新 UCS 的原点。X 轴沿从起点到下一顶点的线段延伸。
实体	二维实体的第一点确定新 UCS 的原点。新 X 轴沿前两点之间的连线方向。
宽线	宽线的“起点”成为 UCS 的原点，X 轴沿宽线的中心线方向。
三维面	取第一点作为新 UCS 的原点，X 轴沿前两点的连线方向，Y 的正方向取自第一点和第四点。Z 轴由右手定则确定。
形、文字、块参照、属性定义	该对象的插入点成为新 UCS 的原点，新 X 轴由对象绕其拉伸方向旋转定义。用于建立新 UCS 的对象在新 UCS 中的旋转角度为零。

注意：不能选择下列对象：三维多段线(3D polyline)、三维网格(3D mesh)、视口(Viewport)、面域(region)、构造线(xline)、引线(leader)。

(7)【上一个(P)】：恢复上一个 UCS。程序会保留在图纸空间和在模型空间中创建的最后 10 个坐标系。重复该选项可以在当前任务中逐步返回最后 10 个 UCS 设置。

(8)【视图(V)】：不论当前 UCS 的 X、Y、Z 三根轴方向如何，视图 UCS 均可以将 X 置于水平方向、Y 置于垂直方向，如图 10-14 所示。通常用于三维视图的文字注释。

图 10-14　【视图】建立的 UCS

(9)【世界(W)】：无论当前 UCS 是何种位置，在 UCS 命令主选项提示后输入 W(世界坐标系)或直接回车选择本选项，恢复世界坐标系。

10.3.3 动态 UCS

动态 UCS 的启动或关闭可以通过单击状态栏上按钮或按 F6 键来转换。

使用动态 UCS 功能，可以在创建对象时使 UCS 的 XY 平面自动与实体模型上的平面临时对齐。使用绘图命令时，可以通过在面的一条边上移动指针对齐 UCS，而无需使用 UCS 命令。结束该命令后，UCS 将恢复到其上一个位置和方向。

例如，可以使用动态 UCS 在实体模型的一个面上创建长方体，其过程如图 10-15 所示。

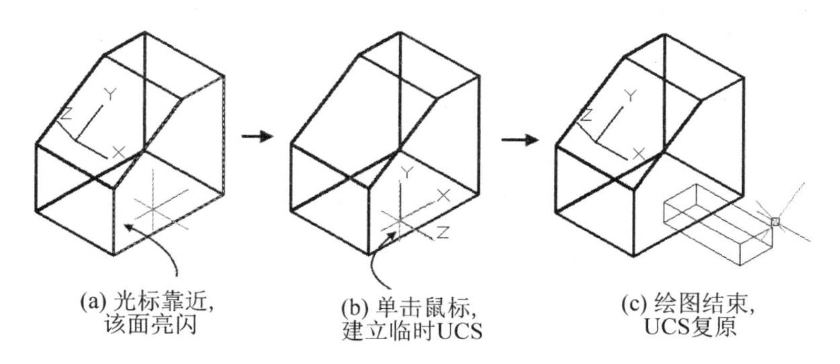

图 10-15 使用【动态 UCS】过程

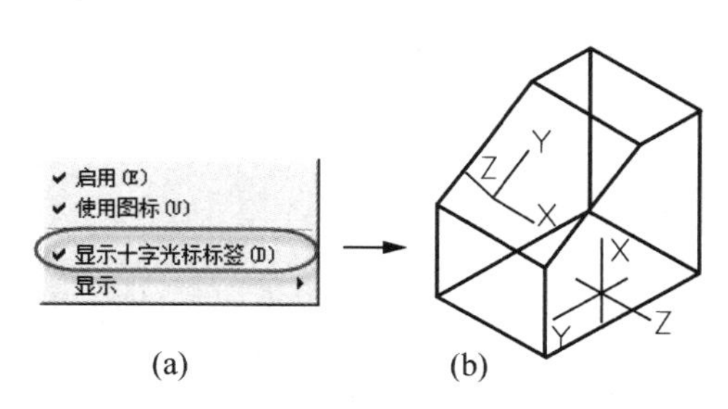

图 10-16 设置动态 UCS 光标显示

【注意事项】

(1) 要在光标上显示 XYZ 标签，请在【动态 UCS】按钮上单击鼠标右键并单击【显示十字光标标签】，如图 10-16 所示。

(2) 动态 UCS 的 X 轴沿面的一条边定位；动态 UCS 仅能检测到实体的前向面。

(3) 可以使用动态 UCS 的命令类型包括：简单几何图形、文字、参照、实体编辑以及 UCS、夹点工具操作等。

(4) 仅当命令处于活动状态时动态 UCS 才可用。

10.3.4 显示 UCS 图标

控制 UCS 图标可见性的命令是 UCSICON。UCSICON 既是命令也是系统变量，可以通过 SETVAR 命令访问，或者直接在命令行输入 UCSICON 命令；通过 UCSICON 命令也可以改变 UCS 图标的大小和颜色等。

【运行方式】

- 菜单：【视图】→【显示】→【UCS 图标】。
- 命令行：UCSICON。

【操作过程】

命令行显示如下：

命令：UCSICON↙(键入命令，回车)

输入选项 [开(ON)/关(OFF)/全部(A)/非原点(N)/原点(OR)/可选(S)/特性(P)]＜关＞：(输入选项)

各选项具体说明如下：

(1)【开(ON)】：显示 UCS 图标。

(2)【关(OFF)】：关闭 UCS 图标的显示。

(3)【全部(A)】：将对图标的修改应用到所有活动视口。否则，UCSICON 命令只影响当前视口。

(4)【非原点(N)】：不管 UCS 原点在何处，在视口的左下角显示图标。

(5)【原点(OR)】：在当前 UCS 的原点(0,0,0)处显示该图标。如果原点超出视图，它将显示在视口的左下角。

(6)【可选(S)】：控制 UCS 图标是否可选并且可以通过夹点操作。

(7)【特性(P)】：显示【UCS 图标】对话框，如图 10-17 所示，从中可以控制 UCS 图标的样式、大小和颜色等可见性。

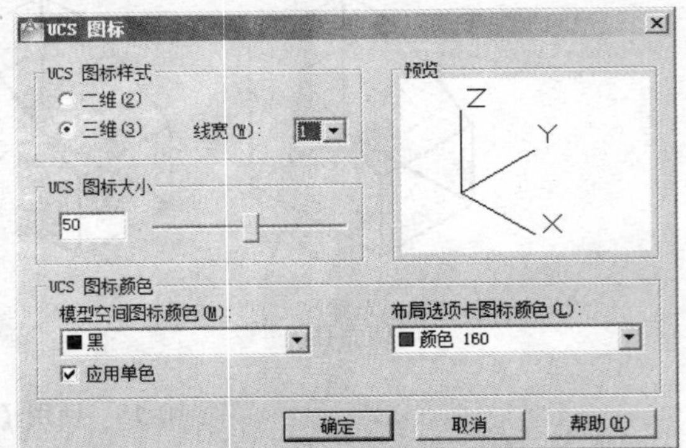

图 10-17 【UCS 图标】对话框

【注意事项】

用 UCSICON 命令改变 UCS 图标的大小和颜色，只限于“二维线框”的视觉样式，对其他视觉样式下的 UCS 图标不起作用。

10.4 观察三维模型

AutoCAD 缺省视图是 XY 平面视图，是从 Z 轴正方向向 Z 轴负方向看过去得到的视图。但其提供了一些命令，允许我们从任意方向观察对象。

10.4.1 使用视图

可以使用【视图】工具栏(图 10-18)选择预定义的标准正交视图和等轴测视图，从多个方向来观察图形。

标准正交视图包括：俯视图、仰视图、主视图、左视图、右视图和后视图六个基本视图。

等轴测视图包括：SW(西南)、SE(东南)、NE(东北)和 NW(西北)四个等轴测图。

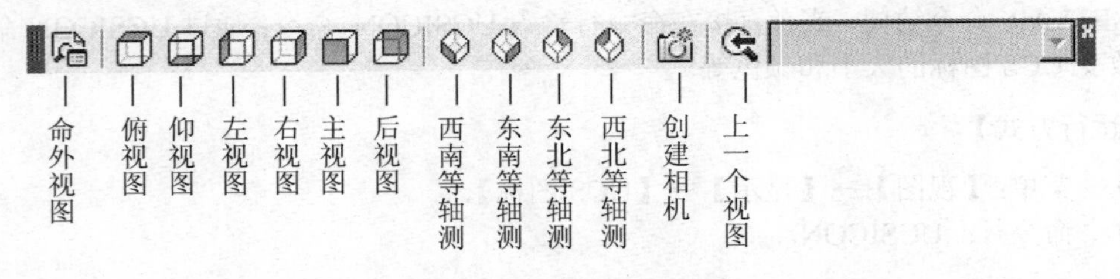

图 10-18 【视图】工具栏

10.4.2 使用三维动态观察器

AutoCAD 提供了一个交互的三维动态观察器，该命令可以在当前视口中创建一个三维视图，用户可以使用鼠标来实时地控制和改变这个视图，以得到不同的观察效果。

动态观察分为：受约束的动态观察、自由动态观察和连续动态观察，其中最常用的是受约束的动态观察。

【运行方式】

- 菜单：【视图】→【动态观察】→选择子菜单(图 10-19)。
- 工具栏：【动态观察】(图 10-20)→选择对应按钮。

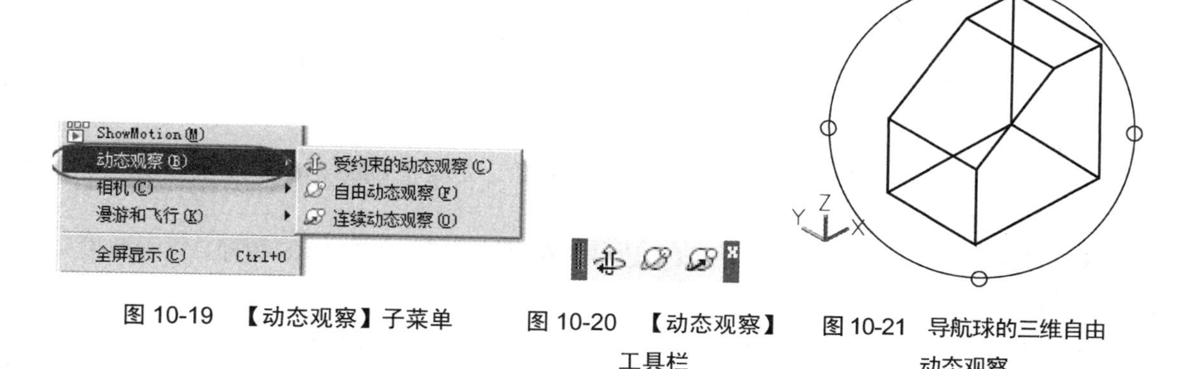

图 10-19 【动态观察】子菜单　　图 10-20 【动态观察】工具栏　　图 10-21 导航球的三维自由动态观察

(1)【受约束的动态观察】：选择该选项时，用户单击并拖动光标，可自由移动对象，以进行图形观察。

(2)【自由动态观察】：选择该选项时，视图显示一个导航球，它被更小的圆分成四个区域，如图 10-21 所示。将光标移动到转盘的 4 个不同部分，光标会发生如下的几种变化：

① 将光标移动到转盘内时，光标显示，拖动鼠标左键，可以随意设置目标的视点。

② 将光标移动到转盘外时，光标显示，拖动鼠标左键，使视点围绕垂直屏幕并通过目标中心的轴线移动。

③ 将光标移动到转盘左侧或右侧较小的圆上时，光标显示，拖动鼠标左键左右移动，视点将在水平方向上围绕目标中心移动。

④ 将光标移动到转盘顶部或底部较小的圆上时，光标显示，拖动鼠标左键上下移动，视点将在垂直方向上围绕目标中心移动。

(3)【连续动态观察】：连续地进行动态观察。绘图区域中单击并沿任意方向拖动鼠标，然后释放鼠标，则图形对象在指定的方向上连续旋转。光标移动设置的速度决定了对象的旋转速度。

10.4.3 使用视觉样式

视觉样式是一组自定义设置，用来控制当前视口中三维实体和曲面的边、着色、背景和阴影的显示。一旦应用了视觉样式或更改了其设置，就可以在视口中查看效果。

【运行方式】

- 菜单：【视图】→【视觉样式】→选择子菜单(图 10-22)。
- 工具栏：【视觉样式】(图 10-23)→选择对应按钮。

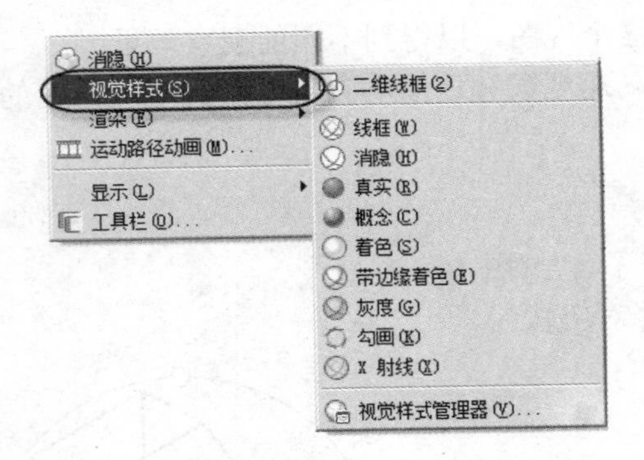

图 10-22 【视觉样式】子菜单

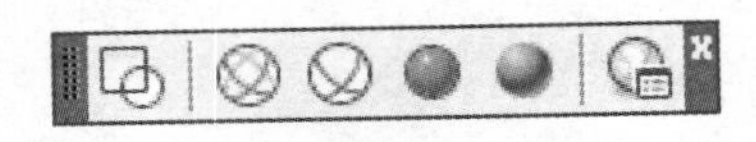

图 10-23 【视觉样式】工具栏

AutoCAD 提供以下五种默认视觉样式：

【二维线框】：显示用直线和曲线表示边界的对象。光栅和 OLE 对象、线型和线宽均可见。显示效果如图 10-24(a)所示。

【三维线框】：显示用直线和曲线表示边界的对象，显示着色的 UCS 图标，显示效果如图 10-24(b)所示。

【三维隐藏】：显示用三维线框表示的对象并隐藏表示后向面的直线。显示效果如图 10-24(c)所示。

【真实】：着色多边形平面间的对象，并使对象的边平滑化。将显示已附着到对象的材质。显示效果如图 10-24(d)所示。

【概念】：着色多边形平面间的对象，并使对象的边平滑化。着色使用古氏面样式，一种冷色和暖色之间的过渡而不是从深色到浅色的过渡。效果缺乏真实感，但是可以更方便地查看模型的细节。显示效果如图 10-24(e)所示。

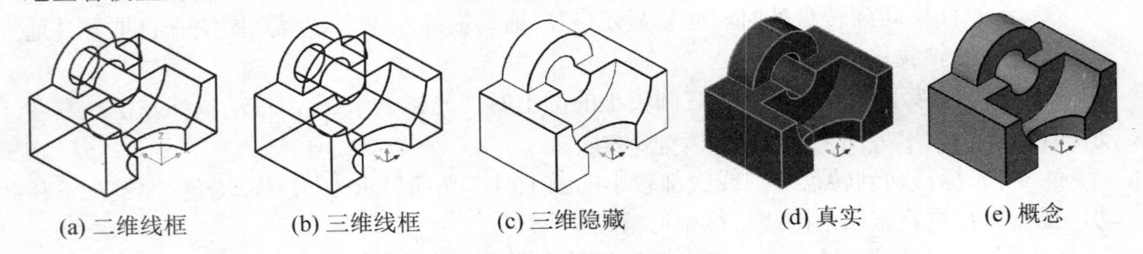

(a) 二维线框　(b) 三维线框　(c) 三维隐藏　(d) 真实　(e) 概念

图 10-24 各种视觉样式显示效果

10.4.4 视觉样式管理器

AutoCAD 用“视觉样式管理器”管理上述的五种默认视觉样式及自定义视觉样式，显示当前可用的视觉样式的样例图像。

【运行方式】

- 菜单：【工具】→【选项板】→【视觉样式】。
- 工具栏：【视觉样式】→视觉样式管理器按钮。
- 命令行：VISUALSTYLES。

【操作过程】

以上操作弹出【视觉样式管理器】对话框，如图 10-25 所示。该对话框包含图形中可用的视觉样式的样例图像面板和面设置、环境设置 、边设置等特性面板。各选项含义如下：

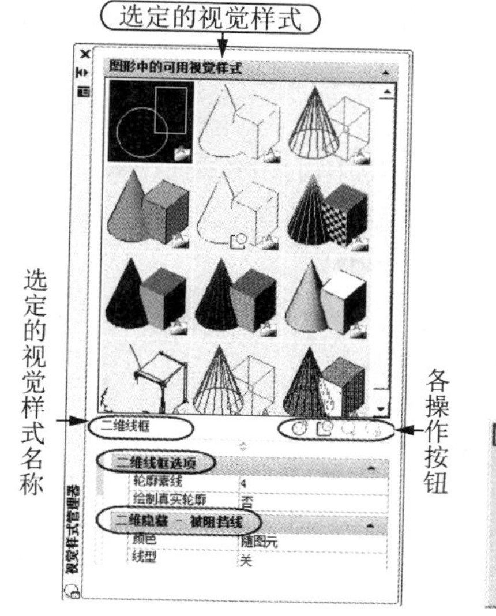

图 10-25 【视觉样式管理器】对话框

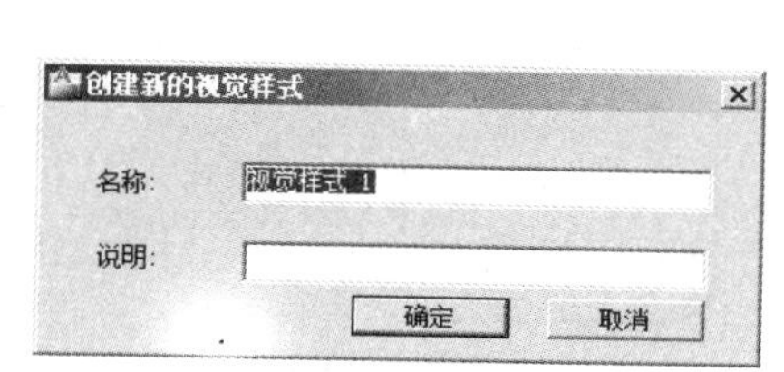

图 10-26 【创建新的视觉样式】

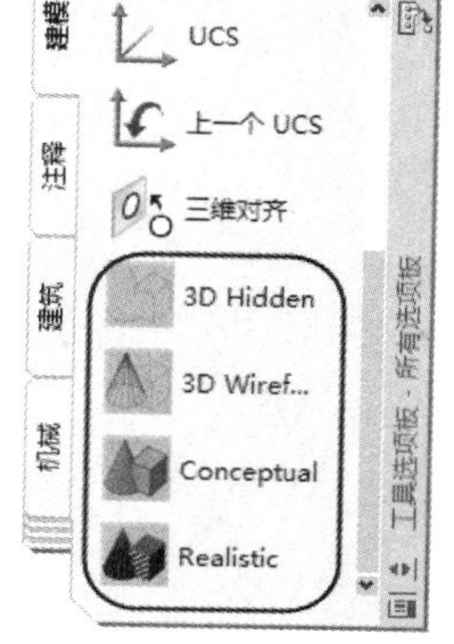

图 10-27 【工具选项板】

(1)【图形中可用的视觉样式】：显示图形中可用的视觉样式的样例图像。选定的视觉样式的面设置、环境设置和边设置将显示在设置面板中；选定的视觉样式显示黄色边框。选定的视觉样式的名称显示在面板的底部。

(2)【创建新的视觉样式】按钮：单击该按钮，弹出如图 10-26 所示的【创建新的视觉样式】对话框，从中用户可以输入名称和可选说明。新的样例图像被置于面板末端并被选中。

(3)【将选定的视觉样式应用于当前视口】按钮：将选定的视觉样式应用于当前视口。

(4)【将选定的视觉样式输出到工具选项板】按钮：为选定的视觉样式创建工具并将其置于活动工具选项板上，如图 10-27 所示。如果【工具选项板】窗口已关闭，则该窗口将被打开并且该工具将被置于顶部选项板上。

(5)【删除选定的视觉样式】按钮：从图形中删除视觉样式。默认视觉样式或正在使用的视觉样式无法被删除。

(6)【面设置】：控制面在视口中的显示外观。

(7)【环境设置】：控制阴影和背景。

(8)【边设置】：控制如何显示边。

10.5 三维点和线

在 AutoCAD 中，用户可以使用点、直线、样条曲线、三维多段线及三维螺旋线等命令绘制简单的三维图形。

10.5.1 绘制三维点

三维点的绘制与前面介绍的二维点一致，在命令行中直接输入三维坐标即可。

对于三维图形对象上的一些特殊点，如顶点、边中点、面中心点等，可以启动 CAD 界面下方状态栏的【三维对象捕捉】按钮，采用三维坐标下的目标捕捉法来拾取点。光标停留在图标上并按右键，选择【设置】，打开【草图设置】对话框(图 10-28)，可以设置对象捕捉模式。

同时，二维绘图方式下的所有目标捕捉方式在三维图形环境中可以继续使用。

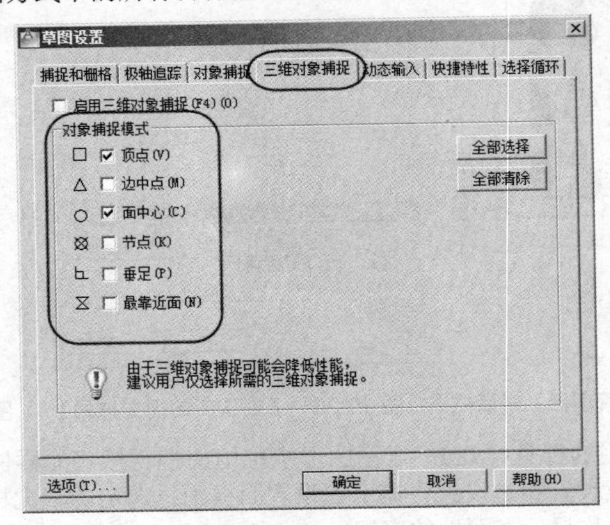

图 10-28　三维对象捕捉

10.5.2 绘制三维直线

直线 LINE 命令，同样可以在三维系统中用来绘制三维直线。使用该命令后，只要指定点的三维坐标，则两点之间所连的直线即为 3D 直线。

如图 10-29 所示 AB 三维直线，命令如下：

命令：LINE↙(输入命令，回车)
指定第一点：100，50，30↙(输入 A 点坐标，回车)
指定下一点或 [放弃(U)]：@50，100，40↙(输入 B 点坐标，回车)

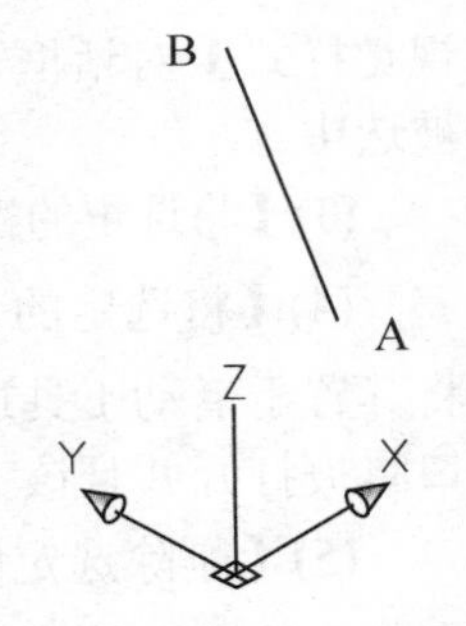

图 10-29　三维直线

10.5.3 绘制三维多段线

【运行方式】

- 菜单：【绘图】→【三维多段线】。
- 命令行：3DPOLY。

【操作过程】

以上操作命令行显示如下：

命令：3DPOLY↙(输入命令，回车)

指定多段线的起点：指定点

指定直线端点或 [放弃(U)]：指定点或输入选项

指定直线端点或 [放弃(U)]：指定点或输入选项

指定直线端点或 [关闭(C)/放弃(U)]：指定点或输入选项

从前一点到新指定的点绘制一条直线。具体操作步骤同二维多段线，仅在指定点时输入点的三维坐标，重复显示提示，直到按 ENTER 键结束命令为止，其效果如图 10-30 所示。

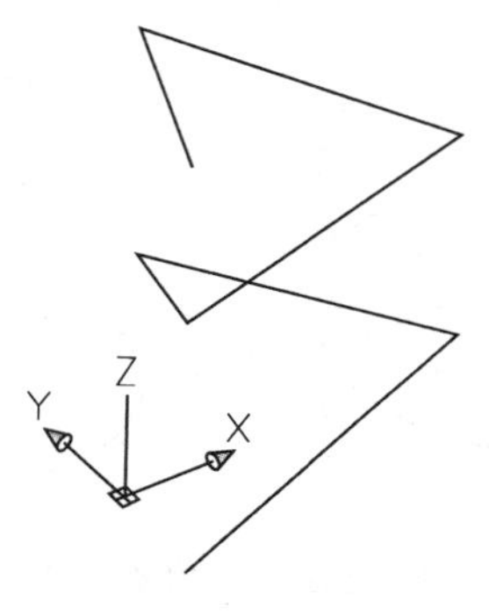

图 10-30 三维多段线

10.5.4 三维样条曲线

三维样条曲线即在三维空间创建样条曲线。

【运行方式】

- 菜单：【绘图】→【样条曲线】。
- 工具栏：【绘图】→样条曲线～图标。
- 命令行：SPLINE。

【操作过程】

具体操作步骤同二维样条曲线，仅在指定点时输入点的三维坐标，其效果如图 10-31 所示。

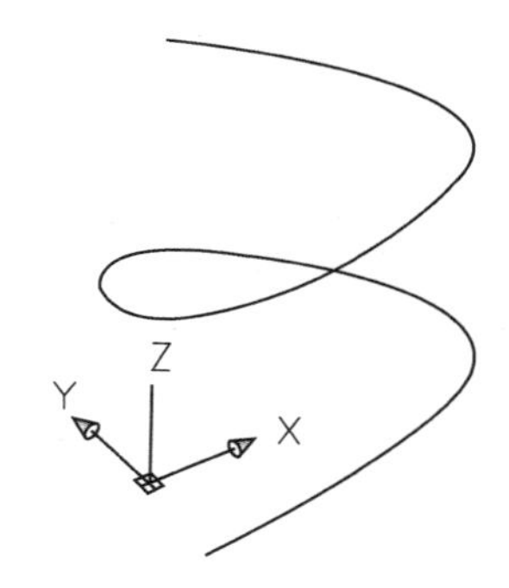

图 10-31 三维样条曲线

10.5.5 绘制螺旋线

创建二维螺旋或三维螺旋。

【运行方式】

- 菜单：【绘图】→【螺旋】。
- 工具栏：【建模】→螺旋图标。
- 命令行：HELIX。

【操作过程】

以上操作命令行显示如下：

命令： Helix↙(输入命令，回车)

圈数＝3.0000　　扭曲＝CCW

指定底面的中心点：指定螺旋底面的中心点

指定底面半径或 [直径(D)]<1.0000>：指定底面半径

指定顶面半径或 [直径(D)]<1.0000>：指定顶面半径或按 ENTER 键以指定与底面半径相同的值。

指定螺旋高度或 [轴端点(A)/圈数(T)/圈高(H)/扭曲(W)]<1.0000>：指定螺旋高度或输入选项

使用【螺旋】命令可以创建各种三维螺旋线，如图 10-32 所示。

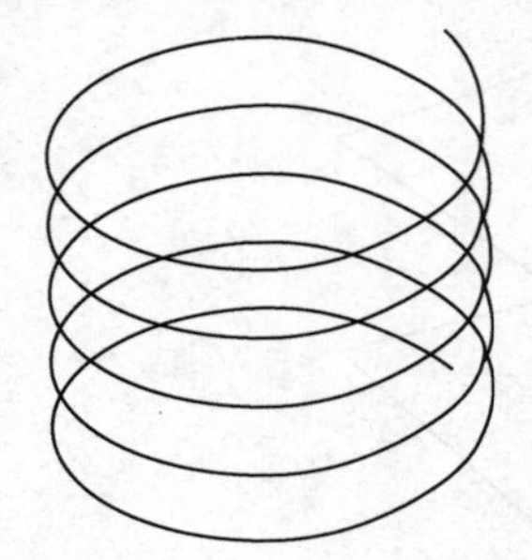
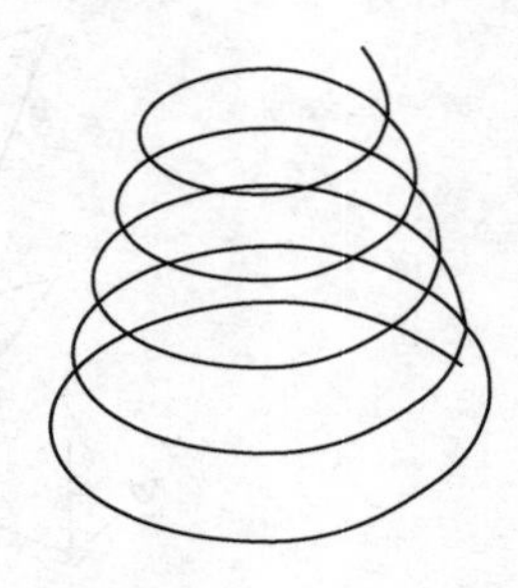

图 10-32　三维螺旋线

第11章 实体模型

知识要点	掌握程度	相关知识
基本几何体的创建	掌握绘制基本实体使用的各种命令的操作方法。	利用建模工具栏创建基本实体；典型实体的创建过程。
通过二维轮廓创建三维实体	了解由二维轮廓创建实体的条件； 熟悉拉伸、旋转、扫掠、放样四种创建实体的方法。	创建实体命令的典型应用； 各实体命令中参数的设定。
通过布尔运算生成三维实体	熟悉掌握布尔运算的操作； 了解布尔运算的应用对象。	布尔运算的应用。
三维实体常用系统变量	了解控制和影响三维实体显示的系统变量。	DELOBJ 参数的应用。

实体模型不仅具有线和面的特征，而且还具有体的特征，可以通过布尔运算进行打孔、挖槽、合并等操作来创建复杂的三维模型。

AutoCAD 中对于一些基本几何形体，如长方体、楔体、圆锥体、球体、圆柱体、圆环、棱锥等有直接对应的创建命令，另外对应不规则的形体还可以通过对二维轮廓进行相应的拉伸、旋转、扫掠、放样等操作得到。

创建三维实体的各种命令可以通过【建模】工具栏(图 11-1)或到主菜单【绘图】下的【建模】下拉菜单(图 11-2)调用。

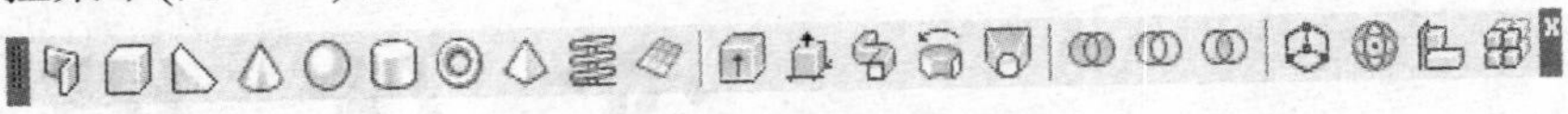

图 11-1 【建模】工具栏

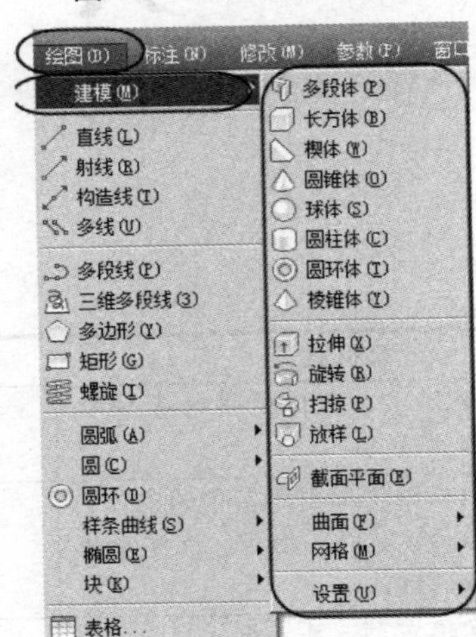

图 11-2 【建模】下拉菜单

11.1 绘制基本几何体

基本几何体包括长方体、楔体、圆锥体、球体、圆柱体、圆环、四棱锥等。

11.1.1 绘制长方体

创建三维实体长方体。

【运行方式】

- 菜单：【绘图】→【建模】→【长方体】。
- 工具栏：【建模】→长方体 图标。
- 命令行：BOX。

【操作过程】

以上操作命令行显示如下：

命令： BOX↙(输入命令)
指定第一个角点或 [中心(C)]: 指定点或输入 c 指定中心点(如果长方体的另一角点指定的 Z 值与

第一个角点的Z值不同，将不显示高度提示)。

指定其他角点或 [立方体(C)/长度(L)]：指定长方体的另一角点或输入选项

指定高度或 [两点(2P)]<-默认值>：指定高度或为两点选项输入 2P(输入正值将沿当前 UCS 的 Z 轴正方向绘制高度。输入负值将沿 Z 轴负方向绘制高度)

【操作示例】

绘制如图 11-3 所示的长方体。

命令：box↙(输入命令)

指定第一个角点或 [中心(C)]：指定点 A(图 11-3)

指定其他角点或 [立方体(C)/长度(L)]：L(选择长度选项)

指定长度：70↙(长度与 X 轴对应)

指定宽度：50↙(宽度与 Y 轴对应)

指定高度或 [两点(2P)]<75.7291>：40↙(高度与 Z 轴对应)

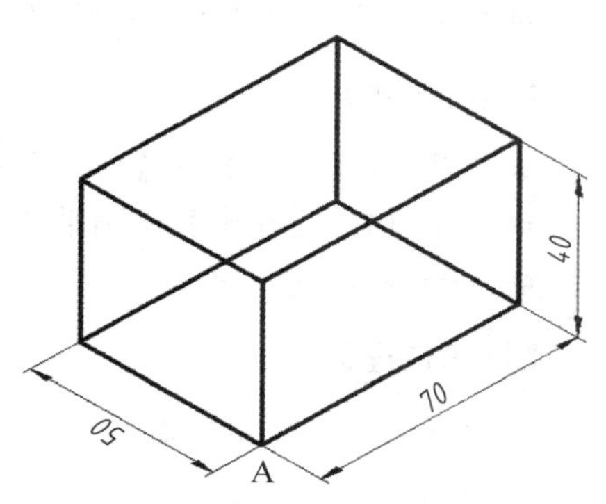

图 11-3　长方体图例

11.1.2　绘制楔形体

创建五面三维实体，并使其倾斜面沿 X 轴方向。

【运行方式】

- 菜单：【绘图】→【建模】→【楔体】。
- 工具栏：【建模】→楔体 图标。
- 命令行：WEDGE。

创建楔形的具体操作过程类似于创建长方体。

【操作示例】

绘制如图 11-4 所示的楔体。

命令：wedge↙(输入命令)

指定第一个角点或 [中心(C)]：指定点 A(图 11-4)

指定其他角点或 [立方体(C)/长度(L)]：@-70，-50↙(输入对角点 B 的相对坐标，如图 11-4 所示)

指定高度或 [两点(2P)]<40.0000>：40↙(输入高度)

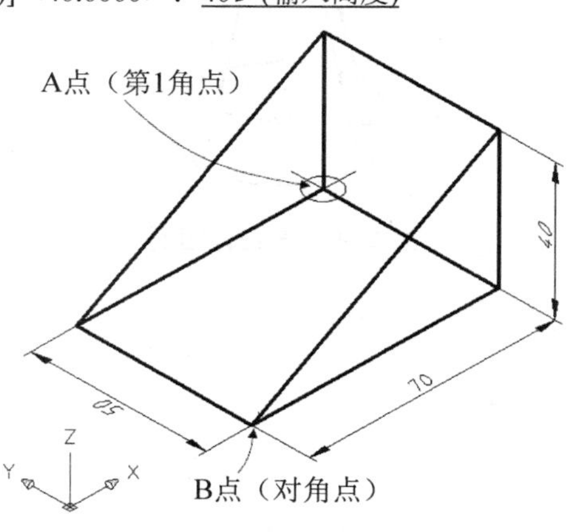

图 11-4　楔体图例

11.1.3 绘制圆锥体

创建一个三维实体，该实体以圆或椭圆为底，以对称方式形成锥体表面，最后交于一点，或交于圆或椭圆平面，如图 11-5 所示。

【运行方式】

- 菜单：【绘图】→【建模】→【圆锥体】。
- 工具栏：【建模】→圆锥体△图标。
- 命令行：CONE。

【操作过程】

以上操作命令行显示如下：

命令：cone↙(输入命令)
指定底面的中心点或 [三点(3P)/两点(2P)/相切、相切、半径(T)/椭圆(E)]：指定圆心或输入选项。
指定底面半径或 [直径(D)]<默认值>：指定底面半径、输入 d 指定直径或按 ENTER 键指定默认的底面半径值
指定高度或 [两点(2P)/轴端点(A)/顶面半径(T)]<默认值>：指定高度、输入选项或按 ENTER 键指定默认高度值

【操作示例】

绘制如图 11-6 所示圆台。

命令：CONE↙(输入命令)
指定底面的中心点或 [三点(3P)/两点(2P)/相切、相切、半径(T)/椭圆(E)]：指定点 1(图 11-6)
指定底面半径或 [直径(D)]<32.1230>：25↙(输入半径)
指定高度或 [两点(2P)/轴端点(A)/顶面半径(T)]<56.1100>：T↙(输入选项 t)
指定顶面半径<12.0000>：25↙(输入顶圆半径)
指定高度或 [两点(2P)/轴端点(A)]<20.0000>：50↙(输入圆台高度)

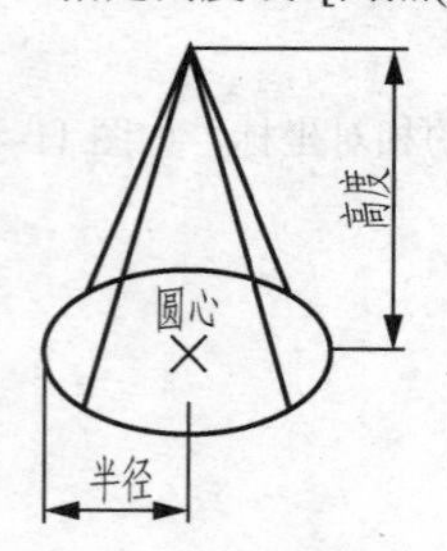

图 11-5 圆锥体图例

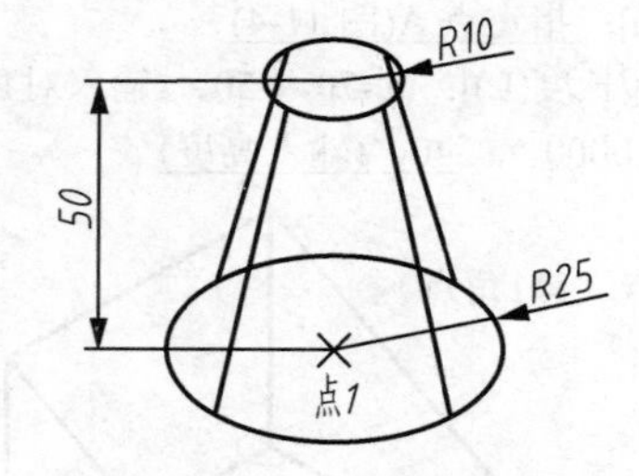

图 11-6 圆台体图例

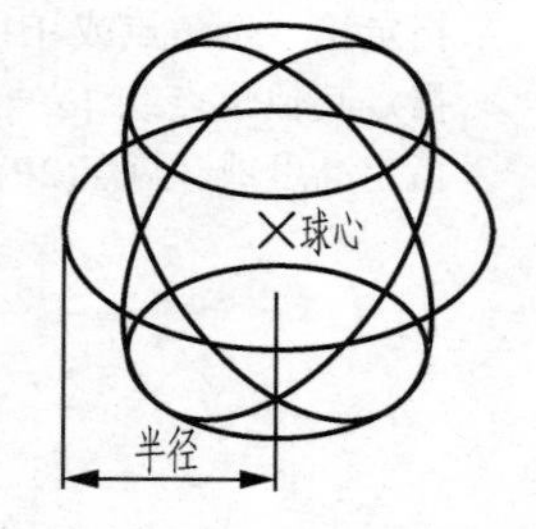

图 11-7 圆球体图例

11.1.4 绘制球体

绘制如图 11-7 所示的圆球体。

【运行方式】

- 菜单：【绘图】→【建模】→【球体】。

- 工具栏：【建模】→球体 图标。
- 命令行：SPHERE。

【操作过程】

以上操作命令行显示如下：

命令：_sphere↙(输入命令)
指定中心点或 [三点(3P)/两点(2P)/相切、相切、半径(T)]：指定球心或输入选项。
指定半径或 [直径(D)]<默认>：指定距离或输入 d

11.1.5 绘制圆柱体

创建一个以圆或椭圆为底面和顶面的三侧三维实体，如图 11-8 所示。

【运行方式】

- 菜单：【绘图】→【建模】→【圆柱体】。
- 工具栏：【建模】→圆柱体 图标。
- 命令行：CYLINDER。

【操作过程】

以上操作命令行显示如下：

命令：_CYLINDER↙(输入命令)
指定底面的中心点或 [三点(3P)/两点(2P)/相切、相切、半径(T)/椭圆(E)]：指定点或输入选项。
指定底面半径或 [直径(D)]<默认>：指定底面半径、输入 d 指定直径或按 ENTER 键指定默认的底面半径值
指定高度或 [两点(2P)/轴端点(A)]<默认>：指定圆锥体的高度。或者，指定圆锥体的轴端点位置后再指定圆锥体的高度定高度。

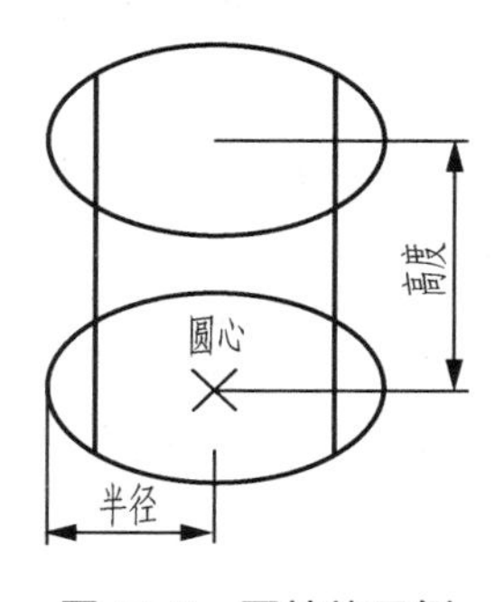

图 11-8 圆柱体示例

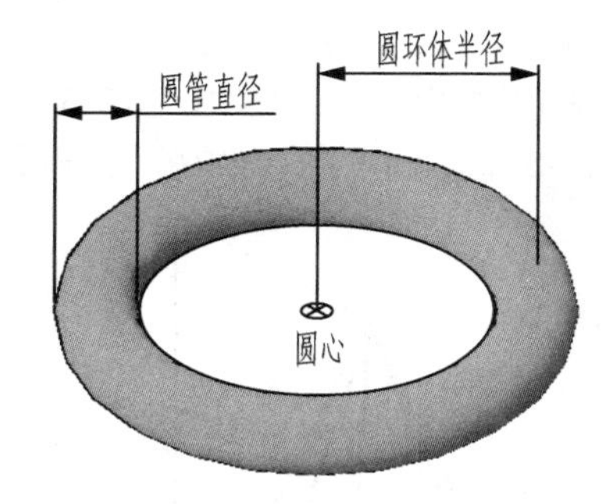

图 11-9 圆环体示例

11.1.6 绘制圆环体

【运行方式】

- 菜单：【绘图】→【建模】→【圆环体】。
- 工具栏：【建模】→圆环体 图标。
- 命令行：TORUS。

【操作过程】

以上操作命令行显示如下：

命令：torus↙(输入命令)
指定中心点或 [三点(3P)/两点(2P)/相切、相切、半径(T)]：指定圆环体的圆心或输入选项。
指定半径或 [直径(D)]<默认值>：指定圆环体的半径或直径。
指定圆管半径或 [两点(2P)/直径(D)]<默认值>：指定圆管的半径或直径。

图 11-9 为圆环体及对应选项示例。

11.1.7 绘制正棱锥体

使用棱锥面 PYRAMID 命令，可以绘制底面为正多边形的棱锥体或棱台。

【运行方式】

- 菜单：【绘图】→【建模】→【棱锥面】。
- 工具栏：【建模】→棱锥面 图标。
- 命令行：PYRAMID。

【操作示例】

【例 1】绘制正六棱锥，尺寸如图 11-10 所示，其操作过程如下：

命令：pyramid↙(输入命令)
4 个侧面 (系统默认为 4 棱锥)
外切 (系统默认绘制多边形的方式为外切)
指定底面的中心点或 [边(E)/侧面(S)]：S↙(选择“侧面”选项)
输入侧面数<4>：5↙(指定正棱锥体的侧棱面数量)
指定底面的中心点或 [边(E)/侧面(S)]：指定点 A(如图 11-10 所示 A 点为圆心)
指定底面半径或 [内接(I)]<57.7350>：35↙(指定底面半径)
指定高度或 [两点(2P)/轴端点(A)/顶面半径(T)]<70.0000>：100↙(指定棱锥高度)

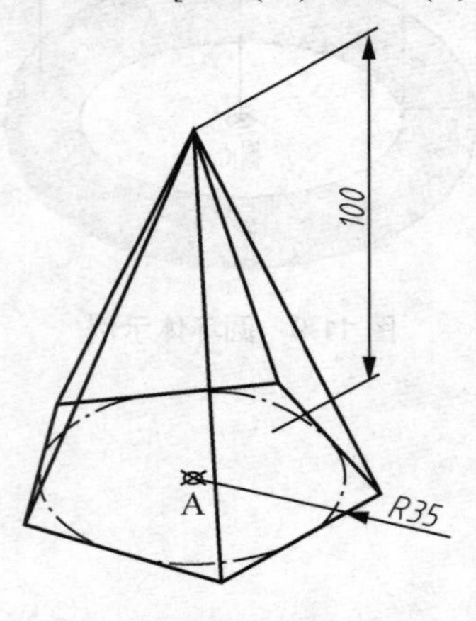

图 11-10 正六棱锥

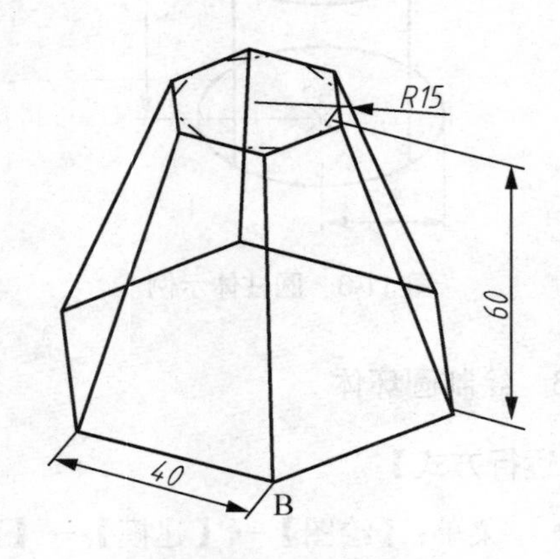

图 11-11 正六棱棱台

【例 2】已知正六棱台，尺寸如图 11-11 所示，其绘图过程如下：

命令：PYRAMID
5 个侧面　外切
指定底面的中心点或 [边(E)/侧面(S)]：S↙(选择“侧面”选项)
输入侧面数＜5＞：6↙(指定正棱锥体的侧棱面数量)
指定底面的中心点或 [边(E)/侧面(S)]：E↙(选择指定边长选项)
指定边的第一个端点：指定六边形的一个边的起点(如图 11-11 所示的 B 点)
指定边的第二个端点：40↙(输入边长尺寸)
指定高度或 [两点(2P)/轴端点(A)/顶面半径(T)]＜100.0000＞：T↙(选择“顶面半径”选项)
指定顶面半径＜0.0000＞：15↙(输入顶面半径)
指定高度或 [两点(2P)/轴端点(A)]＜100.0000＞：100↙(输入棱台高度)

11.2 多 段 体

通过多段体 POLYSOLID 命令，用户可以将现有直线、二维多线段、圆弧或圆转换为具有矩形轮廓的实体；也可以直接绘制指定形式的多段体。多实体可以包含曲线线段，但是默认情况下轮廓始终为矩形。其操作方法与二维多段线的绘制一致。

【运行方式】

- 菜单：【绘图】→【建模】→【多段体】。
- 工具栏：【建模】→多段体 图标。
- 命令行：POLYSOLID。

【操作过程】

命令：_POLYSOLID↙(输入命令)
高度＝80.0000，宽度＝5.0000，对正＝居中(系统默认设置)
指定起点或 [对象(O)/高度(H)/宽度(W)/对正(J)]＜对象＞：键入 H 或 W 或 J，设置多段体的高、宽和对正方式(如按 ENTER 键指定要转换为实体的对象，则省略此步)
指定下一点或 [圆弧(A)/放弃(U)]：指定实体轮廓的下一点，或输入选项

【选项说明】

(1) 使用多段体 POLYSOLID 命令绘图，第一步应先设置高度、宽度及对正方式等参数，如果不做设置，则使用系统默认值。

(2)【对正(J)】选项：对正方式由轮廓的第一条线段的起始方向决定。可以将实体的宽度和高度设置为左对齐、居中或右对齐，各种对正方式效果如图 11-12 所示。

(3)【对象(O)】选项：指定要转换为实体的对象。该对象包括直线、二维多线段、圆弧或圆。

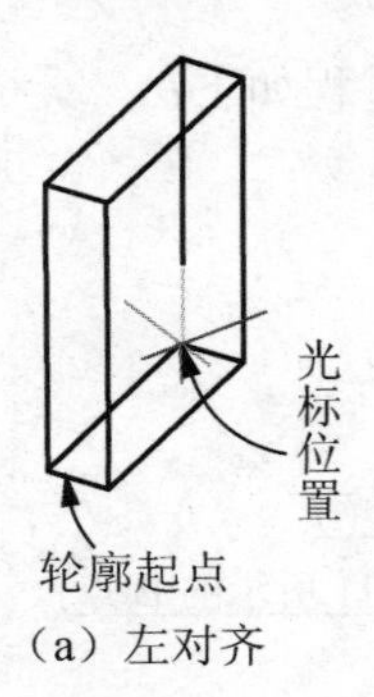

（a）左对齐

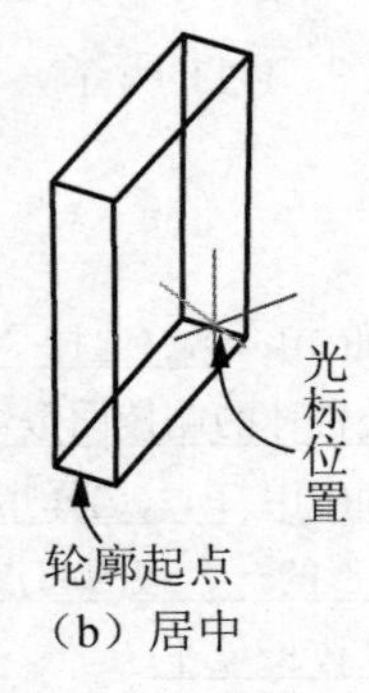

（b）居中

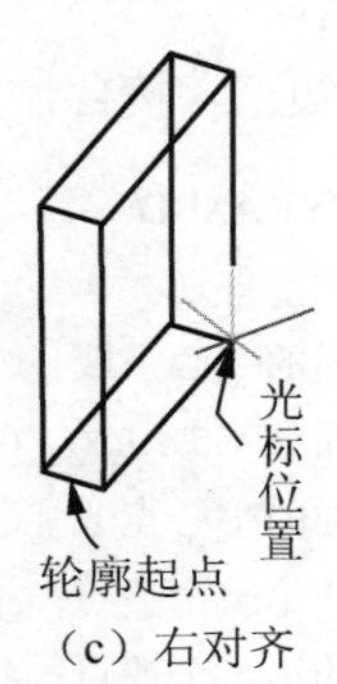

（c）右对齐

图 11-12　对正方式

【操作示例】

【例 1】绘制高 50、宽 3 的多段体，如图 11-13 所示，其操作过程如下：

命令：POLYSOLID

高度＝80.0000，宽度＝5.0000，对正＝居中

指定起点或 [对象(O)/高度(H)/宽度(W)/对正(J)]＜对象＞：H ↙(输入选项“高度”)

指定高度＜80.0000＞：50↙(输入高度值)

高度＝50.0000，宽度＝5.0000，对正＝居中

指定起点或 [对象(O)/高度(H)/宽度(W)/对正(J)]＜对象＞：W ↙(输入选项“宽度”)

指定宽度＜5.0000＞：3↙(输入宽度值)

高度＝50.0000，宽度＝3.0000，对正＝居中

指定起点或 [对象(O)/高度(H)/宽度(W)/对正(J)]＜对象＞：J ↙(输入选项“对正”)

输入对正方式 [左对正(L)/居中(C)/右对正(R)]＜居中＞：L ↙(选择选项“左对正”)

高度＝50.0000，宽度＝3.0000，对正＝左对齐

指定起点或 [对象(O)/高度(H)/宽度(W)/对正(J)]＜对象＞：指定点 A(光标在屏幕上任意拾取一点)

指定下一个点或 [圆弧(A)/放弃(U)]：指定点 B(光标在屏幕上任意拾取另一点，如图 11-13 所示)

指定下一个点或 [圆弧(A)/闭合(C)/放弃(U)]：A ↙(输入选项“圆弧”)

指定圆弧的端点或 [闭合(C)/方向(D)/直线(L)/第二个点(S)/放弃(U)]：指定点 C(光标在屏幕上拾取另一点，如图 11-13 所示)

指定下一个点或 [圆弧(A)/闭合(C)/放弃(U)]：指定圆弧的端点或 [闭合(C)/方向(D)/直线(L)/第二个点(S)/放弃(U)]：↙(回车，结束命令，结果如图 11-13 所示)

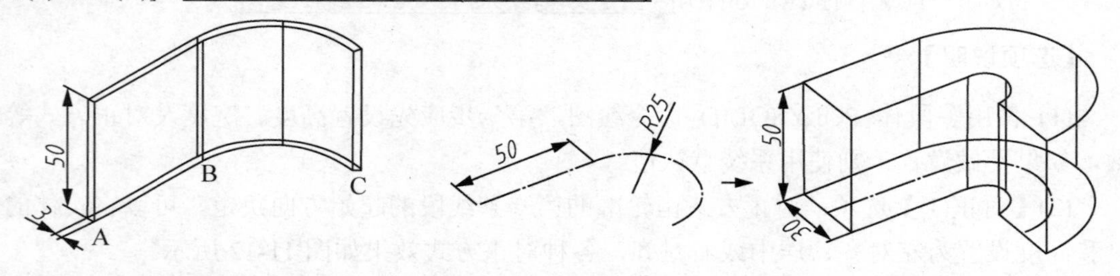

图 11-13　绘制多段体　　**图 11-14　由二维多段线创建实体**

【例 2】以二维多段线为轨迹，创建对应实体，尺寸如图 11-14 所示。

其绘图步骤为：

(1) 绘出图 11-14 所示二维多段线。

(2) 根据图 11-14 所示立体尺寸，设置多段体参数即：高 H＝50、宽 W＝30、对正方式 J＝居中。操作过程如下：

命令：POLYSOLID↙
高度＝50.0000，宽度＝3.0000，对正＝左对齐
指定起点或 [对象(O)/高度(H)/宽度(W)/对正(J)]＜对象＞：H↙(输入选项“高度”)
指定高度＜80.0000＞：50↙(输入高度值)
高度＝50.0000，宽度＝5.0000，对正＝左对齐
指定起点或 [对象(O)/高度(H)/宽度(W)/对正(J)]＜对象＞：W ↙(输入选项“宽度”)
指定宽度＜5.0000＞：30↙(输入宽度值)
高度＝50.0000，宽度＝30.0000，对正＝左对齐
指定起点或 [对象(O)/高度(H)/宽度(W)/对正(J)]＜对象＞：J ↙(输入选项“对正”)
输入对正方式 [左对正(L)/居中(C)/右对正(R)]＜左对齐＞：C↙(选择“居中”对正方式)
高度＝50.0000，宽度＝30.0000，对正＝居中
指定起点或 [对象(O)/高度(H)/宽度(W)/对正(J)]＜对象＞：↙(回车，默认选项为“对象”)
选择对象：光标拾取二维多段线(此时出现实体，并将该实体图层改变为粗实线，效果如图 11-14 所示)

【注意事项】

DELOBJ 系统变量控制二维对象形成多段体后是否保留原对象。DELOBJ＝0 时，二维对象被保留；当 DELOBJ＝1 时，二维对象在生成实体后被自动删除。

11.3 拉伸形成实体

使用【拉伸】EXTRUDE 命令，可以通过拉伸选定的二维对象创建实体和曲面。若拉伸的是封闭的对象或面域对象，如果“实体”选项卡处于活动状态，会创建实体(图 11-15(a))；相反，如果“曲面”选项卡处于活动状态，则会创建曲面(图 11-15(b))。如果拉伸的是开放对象，则生成的对象为曲面(图 11-15(c))。

使用该命令，可以一次拉伸多个对象。

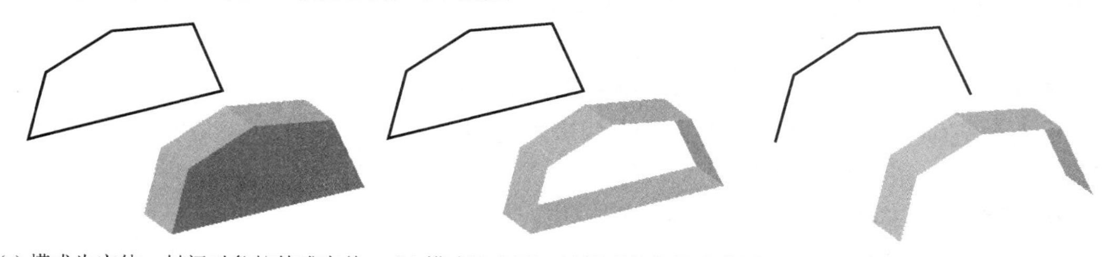

(a) 模式为实体，封闭对象拉伸成实体　(b) 模式为曲面，封闭对象拉伸成曲面　(c) 开放对象拉伸形成曲面

图 11-15　拉伸示例

【运行方式】

- 菜单：【绘图】→【建模】→【拉伸】。
- 工具栏：【建模】→拉伸 图标。
- 命令行：EXTRUDE 或 EXT。

【操作过程】

命令：EXTRUDE↙(输入命令，回车)

当前线框密度：ISOLINES=4，闭合轮廓创建模式=实体

选择要拉伸的对象或 [模式(MO)]：(选择绘制好的二维对象，或者选择模式)

选择要拉伸的对象或 [模式(MO)]：(可继续选择对象或按 Enter 键结束选择)

指定拉伸的高度或 [方向(D)/路径(P)/倾斜角(T)/表达式(E)]<默认值>：(指定高度或输入选项)

【选项说明】

(1)【拉伸高度】：指拉伸体的厚度。如果输入正值，将沿对象所在坐标系的 Z 轴正方向拉伸对象；如果输入负值，将沿 Z 轴负方向拉伸对象。默认情况下，将沿对象的法线方向拉伸对象。

(2)【模式(MO)】：用于控制拉伸对象是实体还是曲面。如果拉伸对象是封闭轮廓，可以通过该项设置成拉伸后形成曲面，如图 11-15(a)、11-15(b)所示。

(3)【方向(D)】：通过指定的两点指定拉伸的长度和方向。如图 11-16 为将二维轮廓线“圆”按指定起点 A、终点 B 为拉伸方向，所形成的实体图形，该实体长度和方向与指定的 AB 线相同。

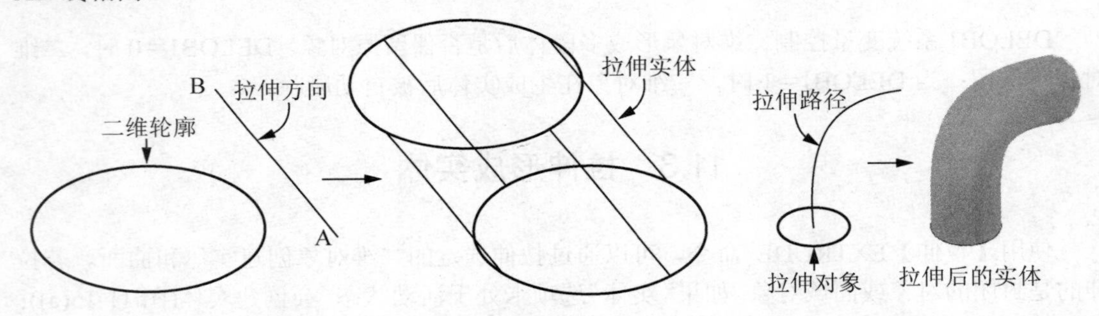

图 11-16　按指定方向拉伸实体

图 11-17　按指定路径拉伸实体

(4)【路径(P)】：将二维轮廓按指定的路径拉伸，以创建实体，如图 11-17 所示。可以作为路径的对象包括直线、圆、圆弧、椭圆、椭圆弧、二维多段线、三维多段线、二维样条曲线等。但路径对象不能与轮廓对象共面。

(5)【倾斜角(T)】：正角度表示从基准对象逐渐变细地拉伸(图 11-18(b))；而负角度则表示从基准对象逐渐变粗地拉伸(图 11-18(c))；默认角度 0 表示拉伸体上下底面相同(图 11-18(a))。倾斜角的取值应在-90°～+90°。

(6)【表达式(E)】：输入公式或方程式以指定拉伸高度。

【注意事项】

(1) 作为拉伸对象的轮廓线，必须是单一的闭合实体。例如一个图形虽然闭合，但它是由一组首尾相连的直线组成的，该图形被拉伸后，形成的是一组平面。

(2) 下列情况不能拉伸：包含在块中的对象、具有相交或自交线段的多段线对象、相对于拉伸对象挠曲度太大的对象、路径曲线离拉伸对象所在的平面太近以及路径曲线太复杂。

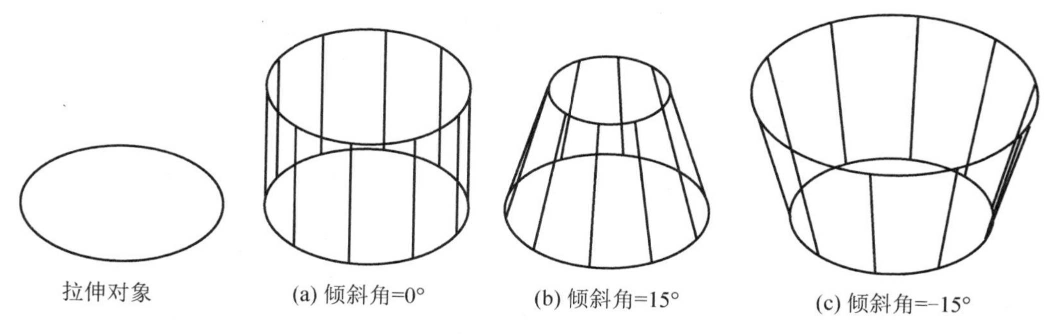

图 11-18　按指定高度及倾斜角拉伸实体

(3) 如果选定多段线具有宽度，将忽略宽度并从多段线路径的中心拉伸多段线；如果选定对象具有厚度，将忽略厚度。

(4) 指定一个较大的倾斜角或较长的拉伸高度，将导致对象或对象的一部分在到达拉伸高度之前就已经汇聚到一点。

(5) 生成的实体对象在当前层内而不是在轮廓线对象的层内。

(6) 轮廓线对象是否保留，由系统变量 DELOBJ 决定。当 DELOBJ 为 0 时，轮廓线对象被保留；当 DELOBJ 为 1 时，轮廓线对象在实体对象生成后被自动删除。

11.4　旋转形成实体

使用【旋转】REVOLVE 命令，可以通过绕轴旋转对象来创建三维实体或曲面。旋转对象若为闭合的轮廓，如果“实体”选项卡处于活动状态，会创建实体；相反，如果“曲面”选项卡处于活动状态，则会创建曲面；若开放对象，则生成曲面。

使用该命令，可以一次旋转多个对象。

【运行方式】

- 菜单：【绘图】→【建模】→【旋转】。
- 工具栏：【建模】→旋转图标。
- 命令行：REVOLVE 或 REV。

【操作过程】

以上操作命令行显示如下：

命令：REVOLVE↙(输入命令，回车)
前线框密度：ISOLINES＝4，闭合轮廓创建模式＝实体(显示当前模式)
选择要旋转的对象或 [模式(MO)]：光标选取要旋转的二维轮廓对象，或者选择模式
选择要旋转的对象或 [模式(MO)]：可以继续选择或按 Enter 键结束选择
指定轴起点或根据以下选项之一定义轴 [对象(O)/X/Y/Z]＜对象＞：选择旋转轴
指定旋转角度或 [起点角度(ST)/反转(R)/表达式(EX)]＜360＞：输入角度值或选择输入角的方式

【选项说明】

(1)【模式(MO)】：用于设定旋转是创建曲面还是实体，如图 11-19 所示。

(2)【指定轴起点】：指定旋转轴的第一点和第二点，旋转轴的正向即从起点到端点

的方向；使用右手定则判断旋转方向(图 11-20(a))；指定旋转角度，与旋转方向同向为正角(图 11-20(b))，反向为负角(图 11-20(c))，此时 AutoCAD 将二维轮廓旋转形成实体模型。其过程如图 11-20 所示。

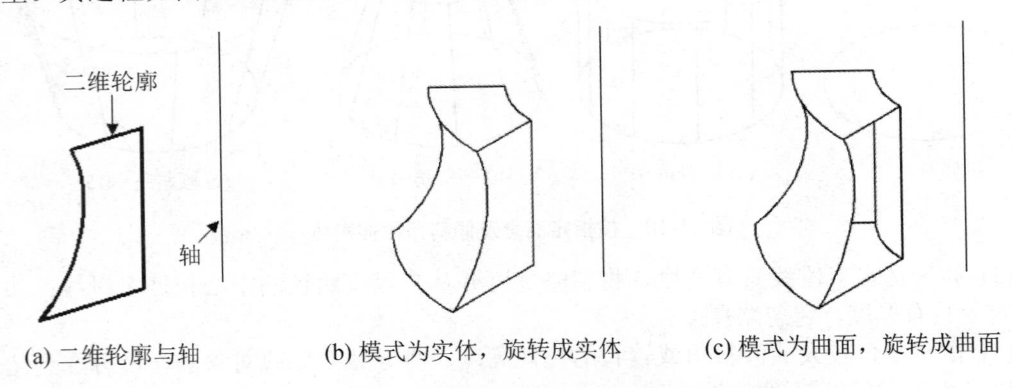

图 11-19　封闭对象不同旋转模式下对应的效果

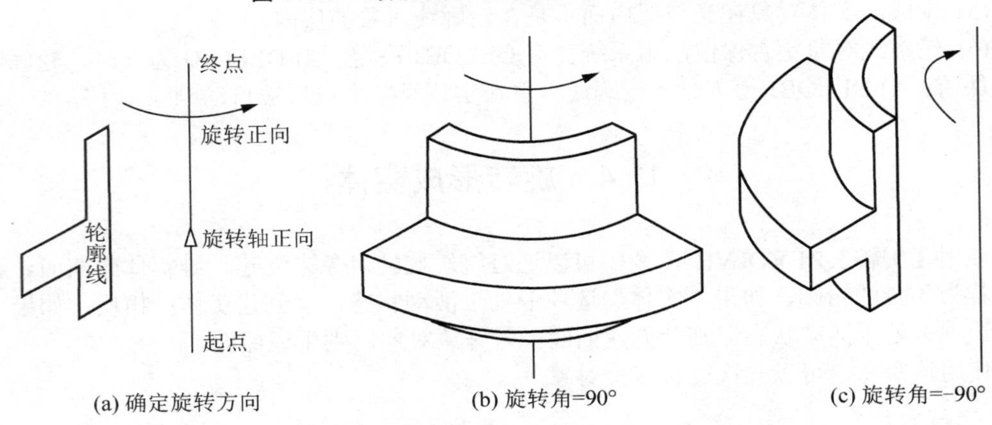

图 11-20　按指定轴起点方式得到旋转体

(3)【对象(O)】：使用图形中已有的对象作为旋转轴。轴的正向为选择对象时离拾取框最近的端点指向最远端点。如图 11-21 所示，图中拾取框离点 1 最近，因此旋转轴的正向为 1→2，同样使用右手定则可以判断绕该轴的旋转方向，如图 11-21 所示。

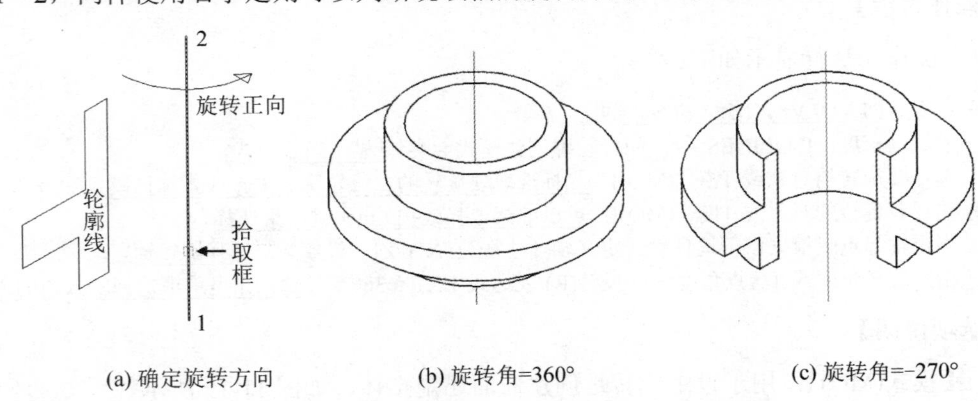

图 11-21　按指定对象为旋转轴得到旋转体

(4)【X/Y/Z】：使用当前 UCS 中的坐标轴(X、Y、Z)作为旋转轴。将二维轮廓(图 11-22(a))分别绕当前 UCS 的 X 轴和 Z 轴旋转–270° 形成的旋转体，如图 11-22(b)和图 11-22(c)所示。

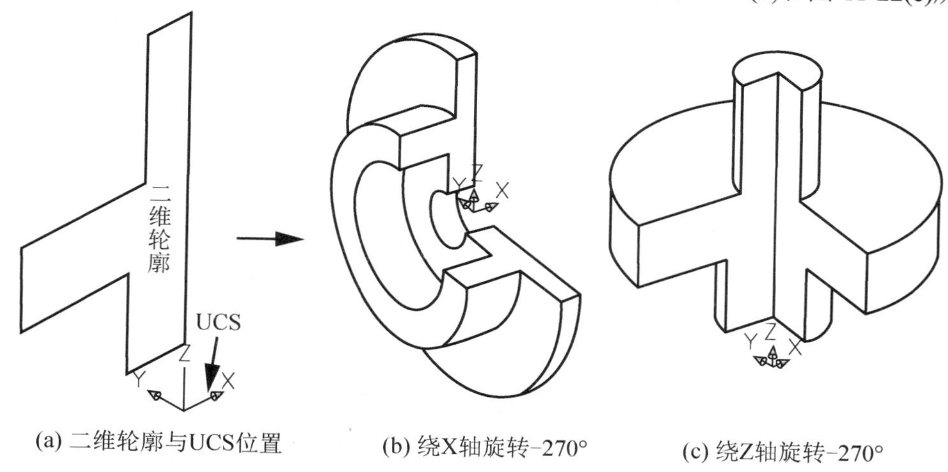

图 11-22　以 UCS 的 X 轴、Z 轴为旋转轴得到旋转体

(5)【旋转角度】：指定选定对象绕轴旋转的角度。正角按逆时针方向旋转；负角按顺时针方向旋转。还可以拖动光标以指定和预览旋转角度。

(6)【起点角度(ST)】：为从旋转对象所在平面开始的旋转指定偏移。可以拖动光标以指定和预览对象的起点角度。

(7)【反转(R)】：更改旋转方向。

(8)【表达式(EX)】：输入公式或方程式来指定旋转角度。此选项仅在创建关联曲面时才可用。

【注意事项】

(1) 不能旋转包含在块中的对象或将要自交的对象。

(2) REVOLVE 忽略多段线的宽度，并从多段线路径的中心处开始旋转。

(3) 根据右手定则判定旋转的正方向。

(4) DELOBJ 系统变量控制实体创建后，是自动删除旋转对象，还是提示保留这些对象。

【操作示例】

创建如图 11-23(d)所示的旋转轴。其绘图步骤为：

(1) 画出轴的二维轮廓：单击【视图】工具栏中的俯视图 图标，切换到平面视图，绘制轴的半轮廓，如图 11-23(a)所示；

(2) 创建封闭多段线：使用 pedit 或 boundary 命令将其变成多段线，如图 11-23(b)所示，当选取轮廓线成时，所有对象成一整体；

(3) 使用旋转 REVOLVE 命令，设置模型为“实体”，以轮廓线中的 A 点、B 点为轴的端点，旋转 360°，并切换至三维视图，结果如图 11-23(c)所示。

(4) 将模型以真实视觉样式显示，得到图 11-23(d)所示的效果。

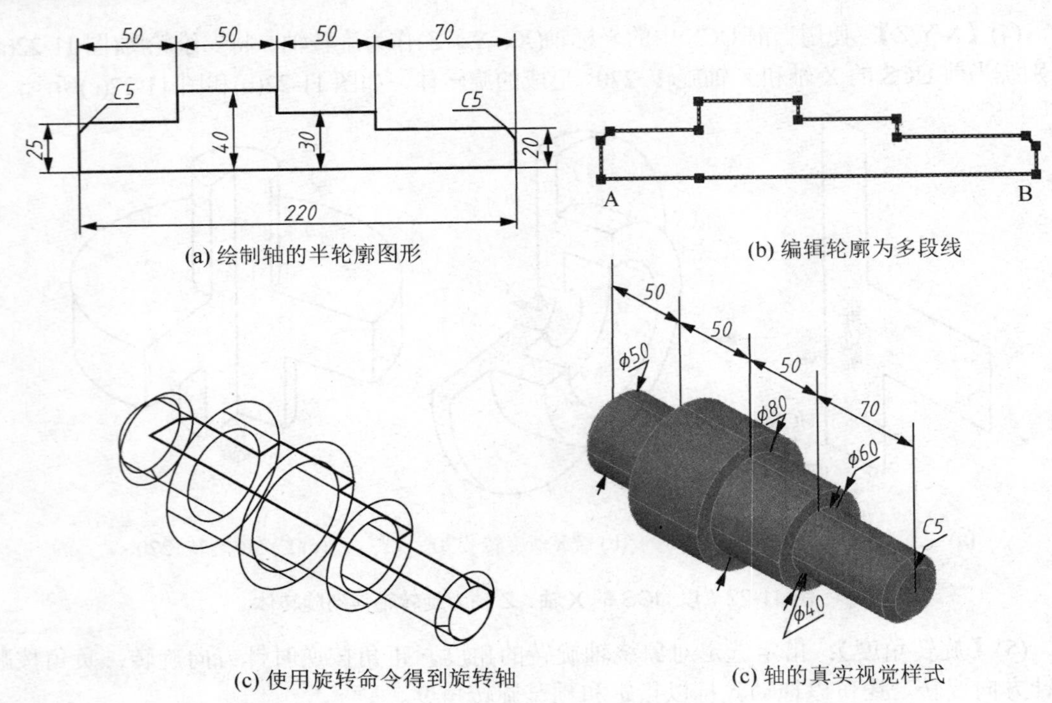

(a) 绘制轴的半轮廓图形　　(b) 编辑轮廓为多段线

(c) 使用旋转命令得到旋转轴　　(c) 轴的真实视觉样式

图 11-23　旋转轴的绘制

11.5　扫掠形成实体

使用【扫掠】SWEEP 命令，可以通过沿开放或闭合路径扫掠开放或闭合的平面曲线或非平面曲线(轮廓)，创建实体或曲面。开放的曲线创建曲面，闭合的曲线创建实体或曲面(具体取决于指定的模式)。

【运行方式】

- 菜单：【绘图】→【建模】→【扫掠】。
- 工具栏：【建模】→扫掠 图标。
- 命令行：SWEEP。

【操作过程】

以上操作命令行显示如下：

命令：sweep↙(输入命令，回车)
当前线框密度：ISOLINES＝4，闭合轮廓创建模式＝实体
选择要扫掠的对象或 [模式(MO)]：选择要扫掠的对象(已绘制的二维轮廓)
选择要扫掠的对象或 [模式(MO)]：回车，结束对象选择(或继续选择对象)
选择扫掠路径或 [对齐(A)/基点(B)/比例(S)/扭曲(T)]：选择扫掠路径(或输入选项)

【选项说明】

(1)【模式(MO)】：用于设定扫掠是创建曲面还是实体。

(2)【对齐(A)】：指定是否对齐轮廓以使其作为扫掠路径切向的法向。默认情况下，轮廓是对齐的。如图 11-24(a)为轮廓圆与路径的原始位置，经扫掠形成的实体端面使用自动对齐设置，与路径呈垂直位置，如图 11-24(b)所示。

(3)【基点(B)】：指定要扫掠对象的基点。默认为二维封闭轮廓的中点。如图 11-24(b)所示，轮廓圆的圆心为扫掠对象基点。

(4)【比例(S)】：按指定的比例因子进行扫掠操作。从扫掠路径的开始到结束，比例因子将统一应用到扫掠的对象。如图 11-24(b)所示为按默认的比例＝1 扫掠得到的实体，图 11-24(c)为采用扫掠比例＝2 进行操作得到的实体。

(5)【扭曲(T)】：设置被扫掠对象的扭曲角度。扭曲角度指沿扫掠路径全部长度的旋转量。将如图 11-24(d)所示的正五边形沿指定路径扫掠，若设置扭曲角度为 0°，扫掠结果如图 11-24(e)所示；若设置扭曲角度为 120°，扫掠结果如图 11-24(f)所示。

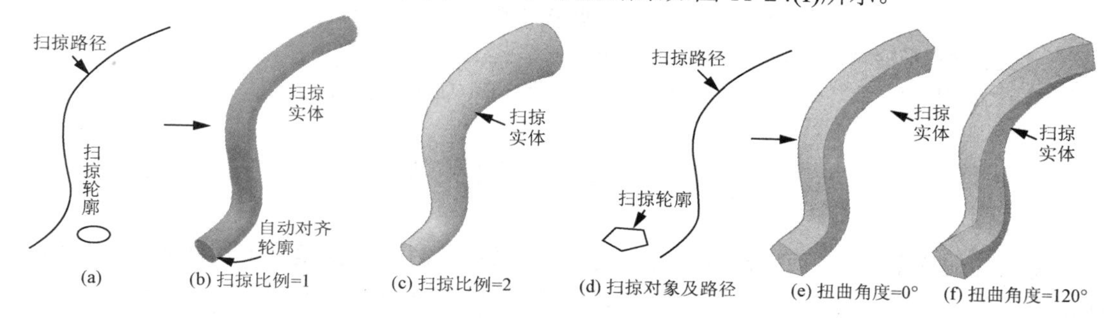

图 11-24　扫掠实体

【操作示例】

创建如图 11-25(a)所示的弹簧体，已知弹簧中径 $D=\phi200$，高度 $H=400$，簧丝直径 $d=40$，有效圈数 $T=5$。

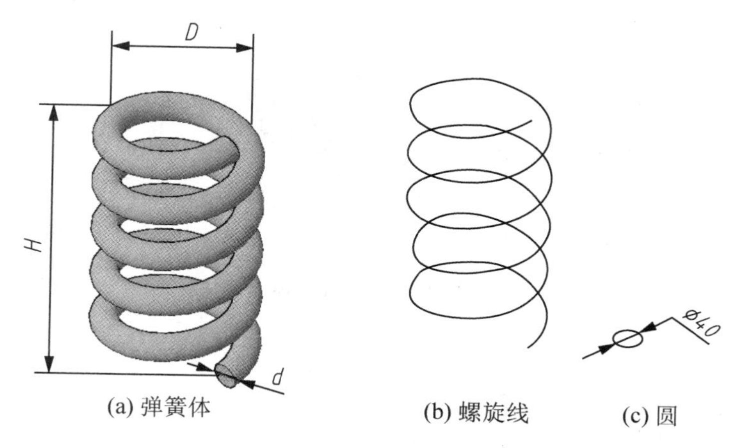

图 11-25　绘制弹簧体

其绘图过程如下：

(1) 使用【螺旋】命令绘制三维螺旋线，如图 11-25(b)所示。操作过程如下：

命令：<u>Helix↙(启动“螺旋”命令)</u>
圈数＝3.0000　　　扭曲＝CCW

指定底面的中心点：光标在屏幕上选定一点(指定螺旋线底面中心)
指定底面半径或 [直径(D)]<1.0000>：100↙(指定螺旋线底面半径为 100，回车)
指定顶面半径或 [直径(D)]<100.0000>：↙(回车，表示顶面半径和底面半径相同)
指定螺旋高度或 [轴端点(A)/圈数(T)/圈高(H)/扭曲(W)]<1.0000>：T↙(输入选项【圈数】)
输入圈数<3.0000>：5↙(输入 5 圈)
指定螺旋高度或 [轴端点(A)/圈数(T)/圈高(H)/扭曲(W)]<1.0000>：400↙(指定螺旋高度)

(2) 绘制二维封闭曲线ϕ40 的圆，如图 11-25(c)所示，操作过程略。

(3) 使用【扫掠】命令创建弹簧体，如图 11-25(a)所示。操作过程如下：

命令：SWEEP↙
当前线框密度：ISOLINES＝4，闭合轮廓创建模式＝实体
选择要扫掠的对象或 [模式(MO)]：(选择Φ40 的圆为要扫掠的对象)
选择要扫掠的对象或 [模式(MO)]：↙(回车，结束对象选择)
选择扫掠路径或 [对齐(A)/基点(B)/比例(S)/扭曲(T)]：选择螺旋线(选择扫掠路径)

11.6 放样形成实体

使用【放样】LOFT 命令，可以通过指定一系列横截面来创建三维实体或曲面。横截面定义了所生成的实体或曲面的形状。放样轮廓可以是开放或闭合的平面或非平面，也可以是边对象，但必须至少指定两个横截面，如图 11-26 所示。使用模式选项可选择是创建曲面还是创建实体。

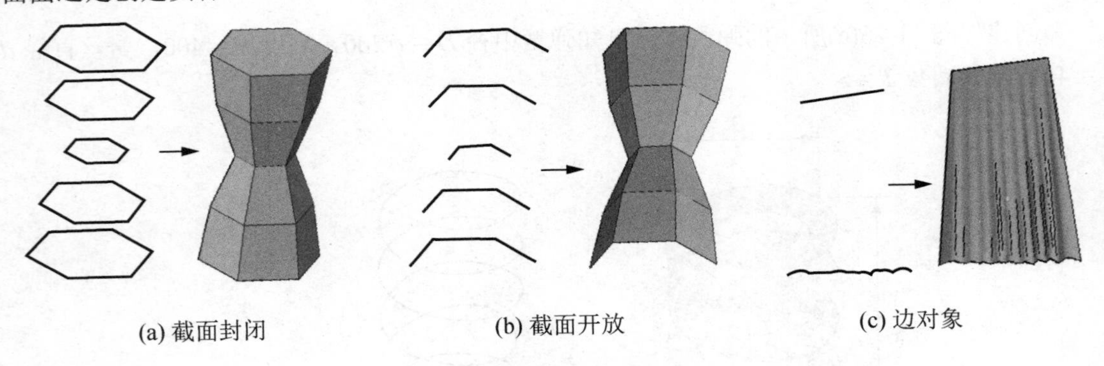

(a) 截面封闭　　(b) 截面开放　　(c) 边对象

图 11-26 放样实体

【运行方式】

- 菜单：【绘图】→【建模】→【放样】。
- 工具栏：【建模】→放样图标。
- 命令行：LOFT。

【操作过程】

以上操作命令行显示如下：

命令：LOFT↙(输入放样命令)

当前线框密度：ISOLINES＝4，闭合轮廓创建模式＝实体

按放样次序选择横截面或 [点(PO)/合并多条边(J)/模式(MO)]：依次选择横截面

按放样次序选择横截面或 [点(PO)/合并多条边(J)/模式(MO)]：↙(回车，结束横截面选择)

输入选项 [导向(G)/路径(P)/仅横截面(C) /设置(S)]＜仅横截面＞：输入选项或回车

【选项说明】

(1)【导向(G)】：指定控制放样实体或曲面形状的导向曲线。导向曲线是直线或曲线，以此进一步定义实体或曲面的形状。如图 11-27 为指定导向线创建的放样实体。

每条导向曲线必须满足以下条件：与每个横截面相交且始于第一个横截面，止于最后一个横截面。放样实体或曲面时，导向曲线的数目不受限制。

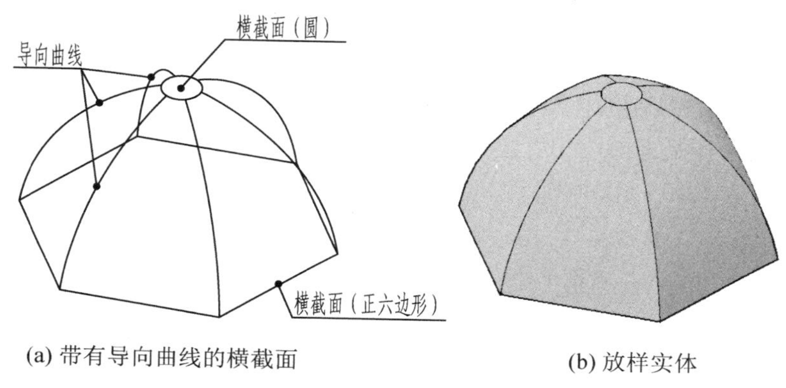

(a) 带有导向曲线的横截面　　　　(b) 放样实体

图 11-27　指定导向线创建放样实体

(2)【路径(P)】：指定放样实体或曲面的单一路径。路径曲线必须与横截面的所有平面相交。如图 11-28 为指定路径所创建的放样实体。

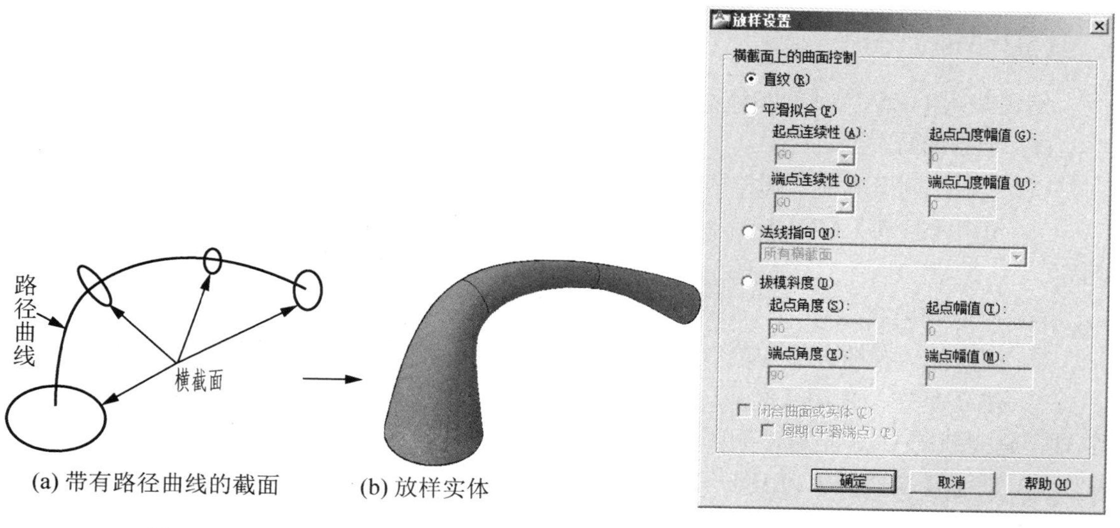

(a) 带有路径曲线的截面　　(b) 放样实体

图 11-28　指定路径曲线创建放样实体　　**图 11-29 【放样设置】对话框**

(3)【仅横截面(C)】：在不使用导向或路径的情况下，创建放样对象。

(4)【设置(S)】：选择该选项，系统弹出如图 11-29 所示对话框，在此用于设置放样实体在其横截面处的轮廓。以图 11-30 为例，比较各类显示的实体特征。

①【直纹】：指定实体或曲面在横截面之间是直纹(直的)，并且在横截面处具有鲜明边界，如图 11-30(b)所示。

②【平滑拟合】：指定在横截面之间绘制平滑实体或曲面，并且在起点横截面和端点横截面处具有鲜明边界，如图 11-30(c)所示。

③【法线指向】：控制实体或曲面在其通过横截面处的曲面法线。该下拉列表共包含【起点横截面】(指定曲面法线为起点横截面的法向)、【端点横截面】(指定曲面法线为端点横截面的法向)、【起点和端点横截面】(指定曲面法线为起点横截面和端点横截面的法向)以及【所有横截面】(指定曲面法线为所有横截面的法向)四个选项，图 11-30(d)为法线指向所有横截面的实体特征。

④【拔模斜度】：控制放样实体或曲面的第一个和最后一个横截面的拔模斜度和幅值。拔模斜度为曲面的开始方向，“0”定义为从曲线所在平面向外。如图 11-30(e)所示为起点和端点拔模斜度为“0”的实体显示。

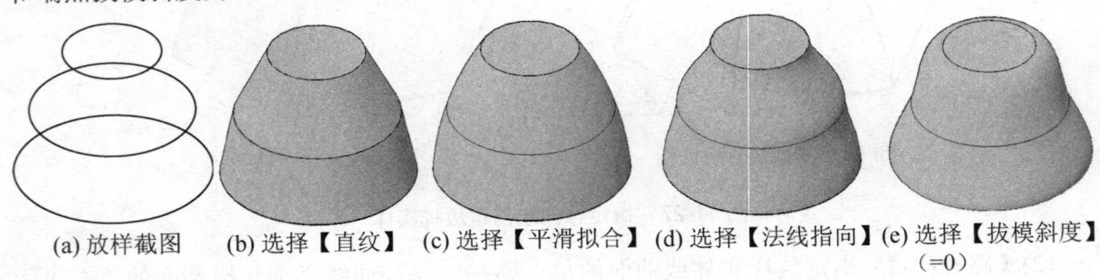

(a) 放样截图　(b) 选择【直纹】　(c) 选择【平滑拟合】　(d) 选择【法线指向】　(e) 选择【拔模斜度】(=0)

图 11-30　不同的放样设置对应的实体显示

【操作示例】

创建如图 11-27 所示的实体。其绘图步骤如下：

(1) 绘制截面。

① 分别绘制横截面“圆”和“正六边形”(大圆为辅助圆)，如图 11-31(a)所示；

② 使用【移动】MOVE 命令，将横截面“圆”沿 Z 方向上移一高度，如图 11-31(b)所示。

(2) 绘制导向线。

① 切换到俯视图，过六边形顶点 A 与圆的象限点 B 连直线，如图 11-31(c)所示；

② 建立 UCS：使用【3 点】UCS 命令，以 A 点为原点、A 到圆心 O 为 X 轴、AB 为 Y 轴，建立新的 UCS 坐标，如图 11-31(d)所示；

③ 使用【多段线】PLINE 命令，在点 A、B 间绘制曲线，并删除 AB 直线，结果如图 11-31(e)所示；

④ 将坐标系切换到 WCS；使用【阵列】ARRAY 命令，将曲线 AB 沿辅助大圆圆心作环形阵列(数量 6 个)；删除辅助大圆，结果如图 11-31(f)所示；

(3) 创建实体。

使用【放样】LOFT 命令，进行实体创建，其命令行显示如下：

命令：LOFT↙(输入放样命令)
当前线框密度：ISOLINES＝4，闭合轮廓创建模式＝实体
按放样次序选择横截面或 [点(PO)/合并多条边(J)/模式(MO)]：选择横截面“圆”
按放样次序选择横截面或 [点(PO)/合并多条边(J)/模式(MO)]：选择横截面“正六边形”
按放样次序选择横截面或 [点(PO)/合并多条边(J)/模式(MO)]：↙(回车，结束横截面选择)
输入选项 [导向(G)/路径(P)/仅横截面(C) /设置(S)]＜仅横截面＞：G↙(输入选项“导向”，回车)
选择导向曲线或 [合并多条边(J)]：选择曲线 1)
选择导向曲线或 [合并多条边(J)]：选择曲线 2
选择导向曲线或 [合并多条边(J)]：选择曲线 3
选择导向曲线或 [合并多条边(J)]：选择曲线 4
选择导向曲线或 [合并多条边(J)]：选择曲线 5
选择导向曲线或 [合并多条边(J)]：选择曲线 6)
选择导向曲线或 [合并多条边(J)]：↙(回车，结束导向曲线选择)

(4) 使用【视觉样式】中的【真实】或【概念】进行实体显示，结果如图 11-31(g)所示。

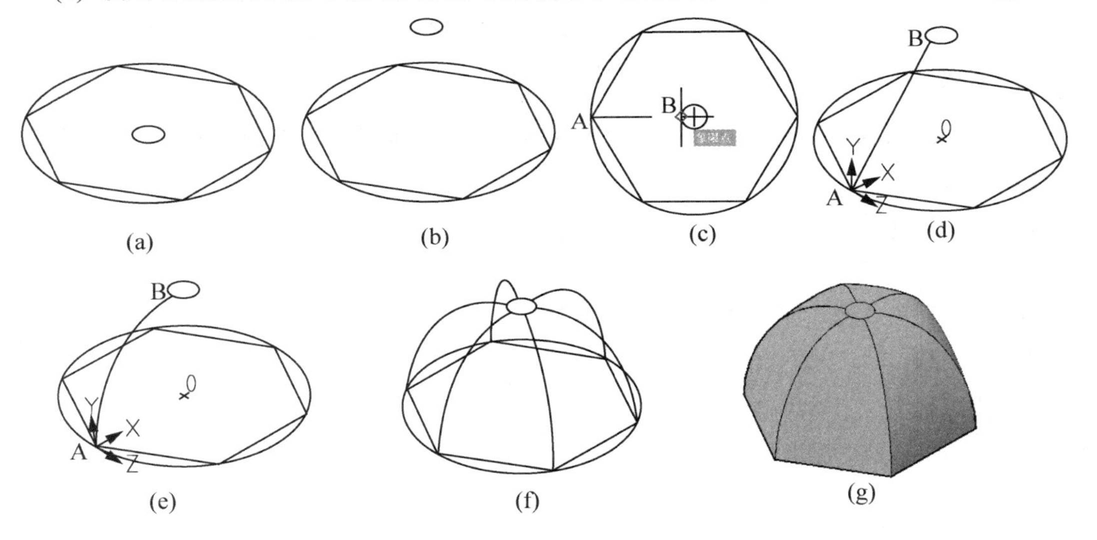

图 11-31　指定导向线创建放样实体过程

11.7　通过布尔运算创建复合实体

在 AutoCAD 中，布尔运算是针对面域和实体进行的。可以通过先创建三维基本实体，再通过布尔运算创建复杂的组合实体。布尔运算的菜单位置和工具栏如图 11-32 所示。

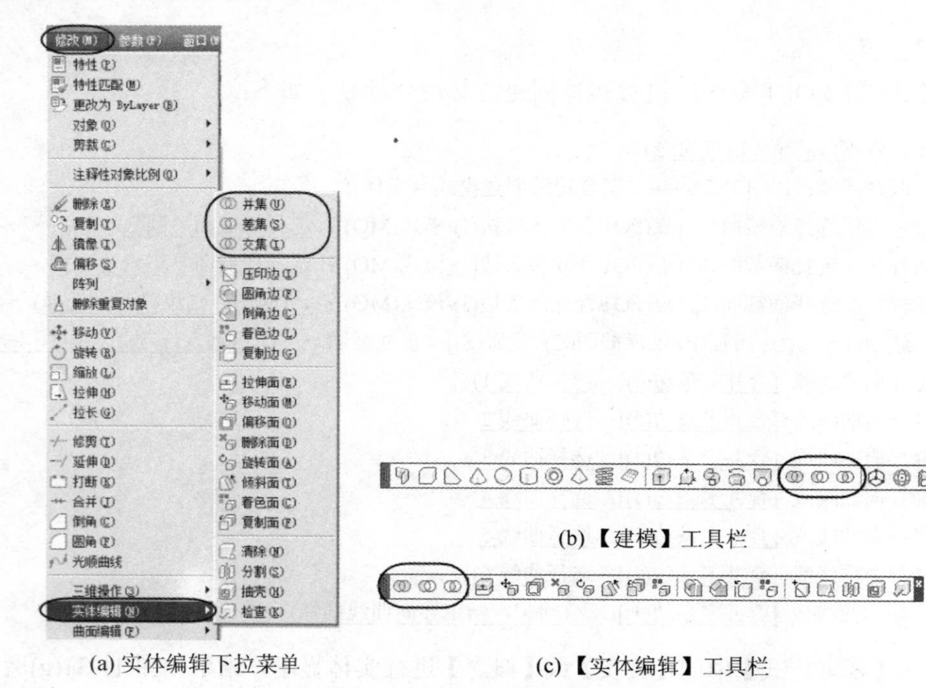

(a) 实体编辑下拉菜单　　(b)【建模】工具栏　　(c)【实体编辑】工具栏

图 11-32　布尔运算的菜单位置和所在工具栏

11.7.1　并集

使用【并集】UNION 命令可以将两个或两个以上的面域或实体合并成一个新的整体。

【运行方式】

- 菜单：【修改】→【实体编辑】→【并集】。
- 工具栏：【建模】→并集 图标。
- 工具栏：【实体编辑】→并集 图标。
- 命令行：UNION 或 UNI。

【操作过程】

以上操作命令行显示如下：

命令：union↙(输入命令，回车)
选择对象：使用对象选择方法并在结束选择对象时按 ENTER 键

图 11-33 为将两个实体进行并集的前后对比；图 11-34 为将两共面的面域进行并集前后的对比。

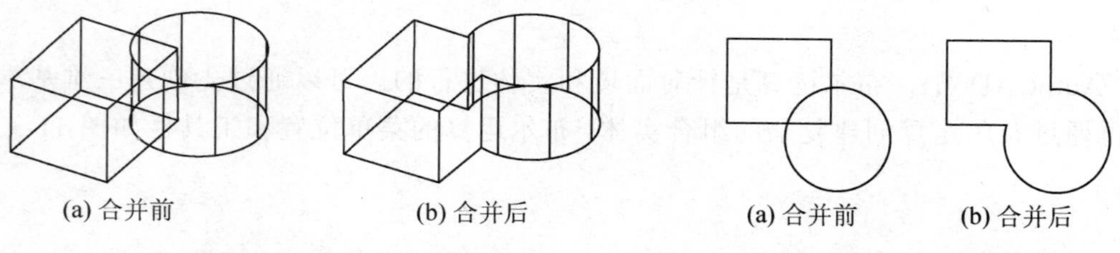

(a) 合并前　　(b) 合并后

图 11-33　合并实体

(a) 合并前　　(b) 合并后

图 11-34　合并面域

11.7.2 差集

使用【差集】SUBTRACT 命令可以从第一个实体或面域选择集中减去第二个实体或面域选择集，以创建新的实体或面域。即通过减法操作来合并选定的三维实体或二维面域。

【运行方式】

- 菜单：【修改】→【实体编辑】→【差集】。
- 工具栏：【建模】→差集 图标。
- 工具栏：【实体编辑】→差集 图标。
- 命令行：SUBTRACT 或 SU。

【操作示例】

如图 11-35 为使用【差集】得到新实体图例过程，其操作过程如下：

命令：_subtract ↙(输入命令，回车)
选择要从中减去的实体或面域...
选择对象：找到 1 个(选择图 11-35(a)中的长方体，即要从中减去的对象)
选择对象：↙(回车，结束对象选择)
选择要减去的实体或面域 ..
选择对象：找到 1 个(选择图 11-35(b)中的圆柱体，即要减去的对象)
选择对象：↙(回车，结束对象选择)
结果得到的新实体如图 11-35(c)所示。

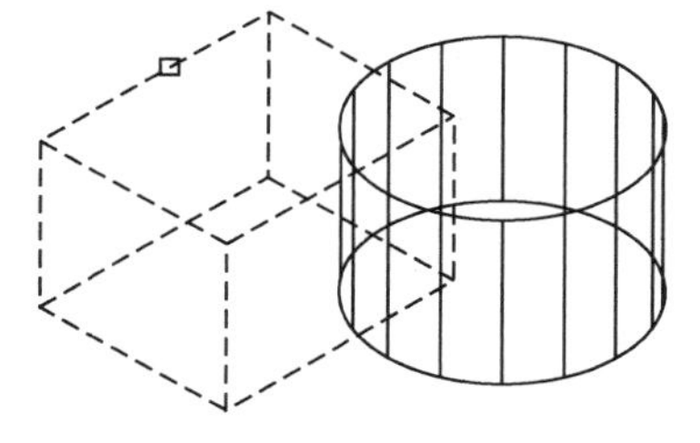
(a) 选择要从中减去对象的实体

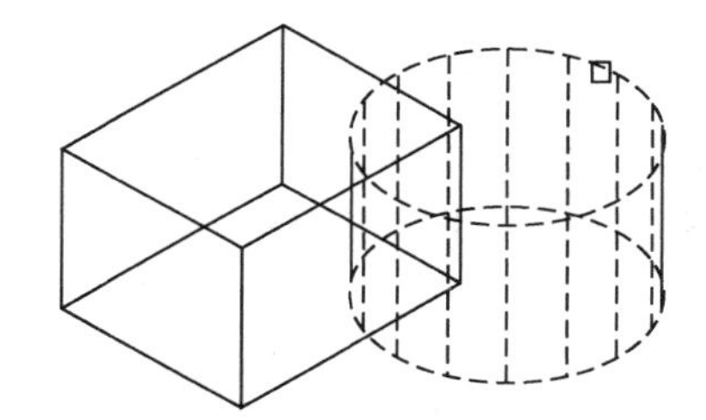
(b) 选择要减去的实体对象

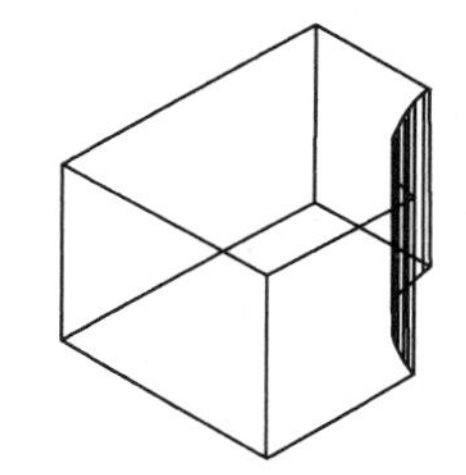
(c) 得到的新实体

图 11-35　通过差集运算得到新实体

同样，也可以对共面的面域进行差集计算，如图 11-36 为其操作过程。

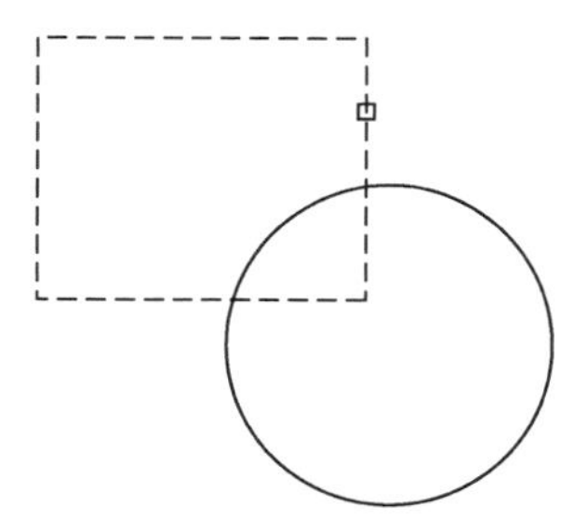
(a) 选择要从中减去对象的面域

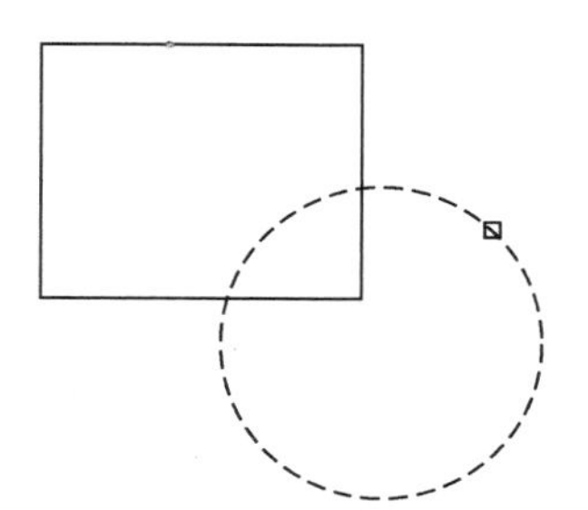
(b) 选择要减去的面域对象

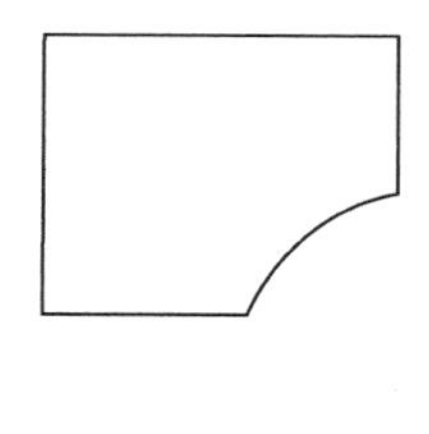
(c) 得到的新面域

图 11-36　通过差集运算得到新面域

11.7.3　交集

使用【交集】INTERSECT 命令，可以通过重叠实体或面域创建三维实体或二维面域，然后删除交集外的区域。

【运行方式】

- 菜单：【修改】→【实体编辑】→【交集】。
- 工具栏：【建模】→交集 图标。
- 工具栏：【实体编辑】→交集 图标。
- 命令行：INTERSECT 或 IN。

【操作示例】

如将图 11-37(a)所示两立体使用交集运算后得到如图 11-37(b)所示的新立体。

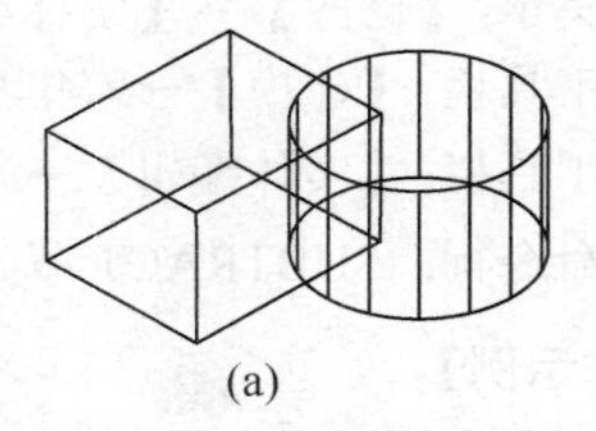
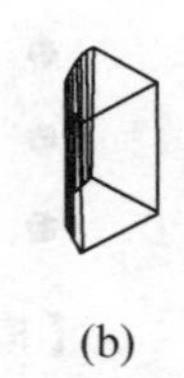

(a)　(b)

图 11-37　通过交集运算得到新实体

11.8　按住并拖动所选区域形成实体

通过在区域中单击来按住或拖动有边界区域，然后拖动或输入值以指明拉伸量，移动光标时，拉伸将进行动态更改。也可以按住 Ctrl+Shift+E 组合键并单击区域内部以启动按住或拖动活动。

【运行方式】

- 工具栏：【建模】→按住并拖动 图标。
- 命令行：PRESSPULL 或按 Ctrl+Shift+E 组合键。

【操作示例】

图 11-38 为使用【按住并拖动】命令的操作示例，以上操作命令行显示如下：

命令：presspull↙(输入命令)

单击有限区域以进行按住或拖动操作 单击区域“圆”(图 11-38(a))，拖动光标(往实体外拖动，结果如图 11-38(b)所示；往实体内拖动，结果如图 11-38(c)所示)

已提取 1 个环。

已创建 1 个面域。

【注意事项】

(1) 可以按住或拖动以下任一类型的有边界区域：

① 可以通过以零间距公差拾取点来填充的区域；

② 由交叉共面和线性几何体(包括边和块中的几何体)围成的区域；

③ 具有共面顶点的闭合多段线、面域、三维面和二维实体的面；

④ 由与三维实体的面共面的几何图形(包括二维对象和面的边)封闭的区域。

(2) 拖动时可以输入距离，正值，将增大实体体积或尺寸(效果等同图 11-38(b))；负值将减少实体体积或尺寸(效果等同图 11-38(c))。

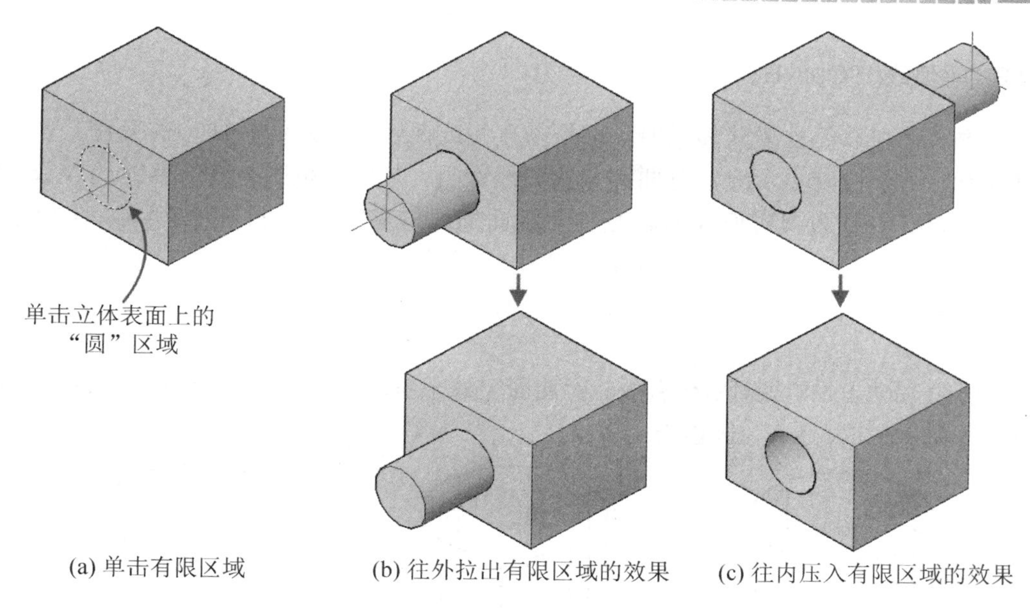

(a) 单击有限区域　(b) 往外拉出有限区域的效果　(c) 往内压入有限区域的效果

图 11-38　使用按住并拖动命令

11.9　三维实体常用系统变量

11.9.1　DELOBJ 参数

该参数控制保留还是删除用于创建三维对象的几何图形。其初始值为“3”。不同参数值对应功能见表 11-1。

表 11-1　DELOBJ 参数

值	功能
0	保留所有定义几何图形。
1	删除轮廓曲线(包括使用 EXTRUDE、SWEEP、REVOLVE 和 LOFT 命令的轮廓曲线)。还将删除使用 LOFT 命令的横截面。
2	删除所有定义图形(包括使用 SWEEP 和 LOFT 命令的路径曲线和导向曲线)。
3	如果动作产生实体对象，将删除所有定义几何图形(包括与 SWEEP 和 LOFT 命令配合使用的路径曲线和导向曲线)。
−1	显示删除轮廓曲线(包括与 EXTRUDE、SWEEP、REVOLVE 和 LOFT 命令配合使用的轮廓曲线)的提示。提示删除与 LOFT 命令配合使用的横截面。
−2	显示删除所有定义几何图形(包括与 SWEEP 和 LOFT 命令配合使用的路径曲线和导向曲线)的提示。
−3	显示结果图元是任何类型的曲面时删除所有定义几何图形的提示。

其操作过程如下：

命令：DELOBJ↙(输入命令，回车)
输入 DELOBJ 的新值<0>：输入参数

11.9.2　等值线(ISOLINES)

三维实体在以线框模式显示时，总是以直线或曲线来表示边和曲率的变化。等值线 ISOLINES 用于控制显示线框弯曲部分的素线数目，其取值范围为 0～2047 的整数。例如，当 ISOLINES 为缺省值 4 时，圆柱体柱面的线框显示如图 11-39(a)所示，4 根平行的等值线沿圆周均布；若 ISOLINES 设置为 8，如图 11-39(b)所示，则等值线有 8 根；若 ISOLINES 设置为 0，圆柱体柱面上就没有平行线而只有两个圆端面，如图 11-39(c)所示。

等值线 ISOLINES 只对实体有效，对曲面无效。当设置了新的 ISOLINES 值后，需要使用重生成 REGEN 命令，才能看到效果。

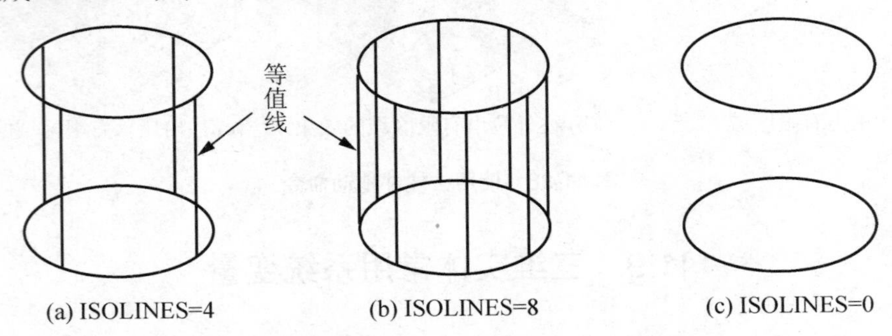

图 11-39　线框模式下 ISOLINES 参数值变化时显示的效果

11.9.3　轮廓线(DISPSILH)

该参数用于控制三维实体对象轮廓边在二维线框或三维线框视觉样式中的显示，其初始值为“0”。它是开关型系统变量，只有 0 和 1 两个值，其代表含义为：

0 代表关闭。不显示轮廓边，如图 11-40(c)所示。

1 代表打开。显示轮廓边，如图 11-40(a)、11-40(b)所示。

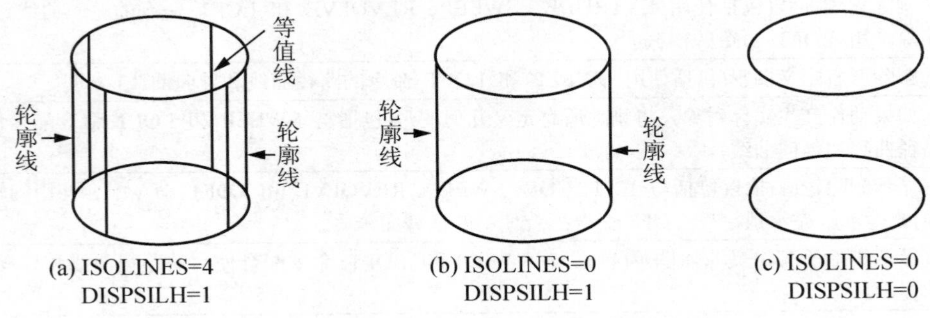

图 11-40　线框模式下 DISPSILH 打开或关闭对应的显示效果

如果 DISPSILH 处于打开状态，在使用消隐(HIDE 命令)的视觉样式时，曲面无网格显示。如图 11-41 为开启与关闭该轮廓边时对应的实体消隐效果。

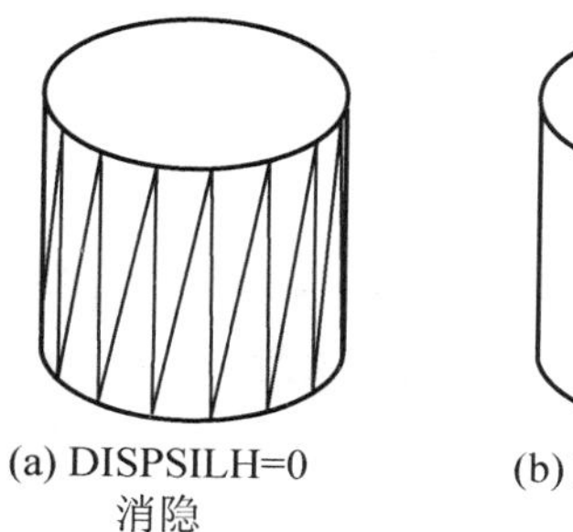
(a) DISPSILH=0
消隐

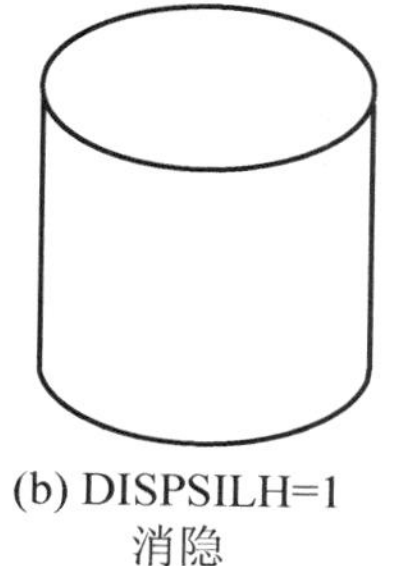
(b) DISPSILH=1
消隐

图 11-41　DISPSILH 对实体显示的影响

11.9.4　表面光滑密度(FACETRES)

系统变量 FACETRES 调整着色和消隐对象的平滑度，其有效值为 0.01～10，初始值为 0.5。取值越大，曲面显示越光滑，但计算量也越大，显示时间会明显增加；反之，当该值太小时，显示效果明显变差，甚至会使圆柱体的底圆看起来像多边形，如图 11-42 显示了同一个立体，在其他参数值相同情况下，FACETRES 对立体的显示影响。

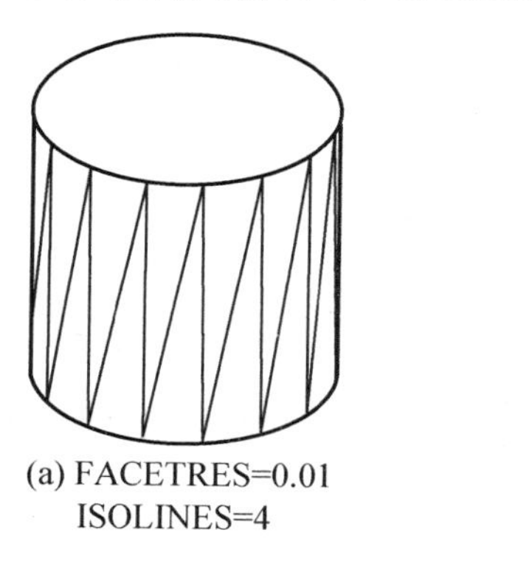
(a) FACETRES=0.01
ISOLINES=4

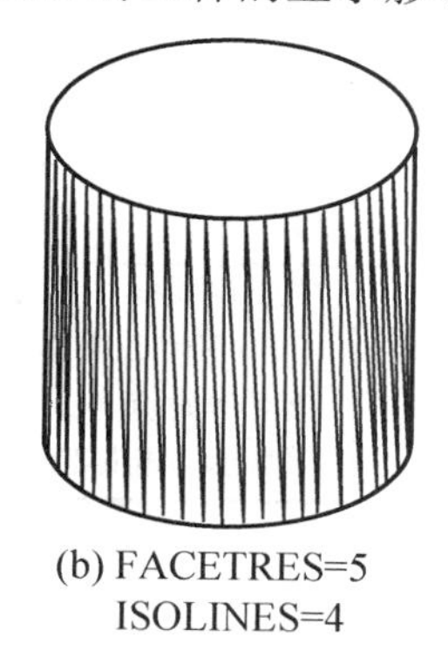
(b) FACETRES=5
ISOLINES=4

图 11-42　FACETRES 对实体显示的影响

第12章 三维操作与实体编辑

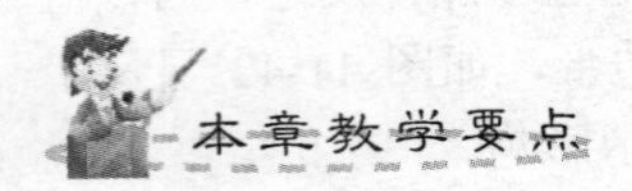

知识要点	掌握程度	相关知识
三维模型的基本操作	掌握对已创建的三维模型进行旋转、镜像、阵列、对齐等操作的方法。	具体图例演示三维模型的操作过程。
编辑三维实体	了解编辑三维实体的各种方法； 掌握对已创建实体进行编辑形成新实体的操作； 熟悉 solidedit 各选项的应用。	编辑实体对象的常用命令； 分别对实体中面、边、体编辑的操作过程。

在 AutoCAD 中，可以使用三维编辑命令，对现有的三维对象进行移动、复制、镜像、旋转、对齐以及阵列等操作；还可以使用相应的实体编辑命令，对实体的面、边或体进行编辑。

12.1 三维模型的基本操作

二维图形编辑中的许多命令，如移动、复制、删除、对齐等仍然适用于三维图形；另外，还可以使用【三维移动】、【三维阵列】、【三维镜像】、【三维旋转】、【三维对齐】等三维专用命令对三维图形进行各种操作。

12.1.1 三维移动

使用【三维移动】3DMOVE 命令，可以将三维图形按指定方向移动一指定的距离。

【运行方式】

- 菜单：【修改】→【三维操作】→【三维移动】。
- 工具栏：【建模】→三维移动图标。
- 命令行：3DMOVE 或 3M。

【操作示例】

图 12-1 为使用【三维移动】命令移动实体图示过程，其操作如下：

命令：3dmove↙(输入命令，回车)

选择对象：选择要移动的对象(如选择图 12-1(a)中立体)

选择对象：↙(回车，结束对象选择，结果出现如图 12-1(b)所示的“移动夹点工具”)

指定基点或 [位移(D)]＜位移＞：光标选取立体一边的中点(如图 12-1(c)所示，确定了“旋转夹点工具”)

指定第二个点或＜使用第一个点作为位移＞：光标指定移动第二点(如图 12-1(d)所示，在原位置与目标位置间出现一橡皮线，此时【正交】为关)

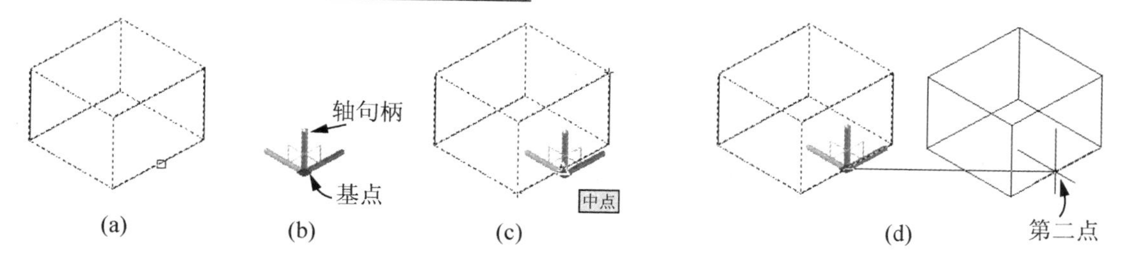

图 12-1 使用【三维移动】操作过程

在选择对象结束，并指定了基点位置时，若将光标悬停在夹点工具上的任一轴句柄上，会出现与该轴句柄对齐的矢量轴(图 12-2(a))；单击轴句柄，则实现将移动约束到轴上，此时拖动光标时，选定的对象将仅沿指定的轴移动(图 12-2(b))；可以单击或输入值以指定距基点的移动距离。

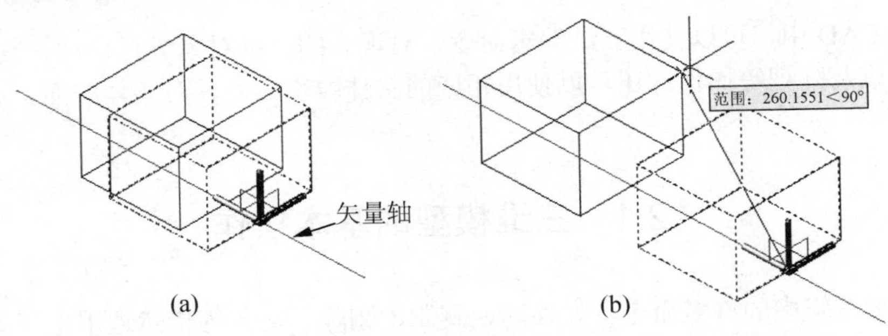

图 12-2　约束到矢量轴的三维移动

12.1.2　三维旋转

使用【三维旋转】3DROTATE 命令，可以将对象进行旋转操作。

【运行方式】

- 菜单：【修改】→【三维操作】→【三维旋转】。
- 工具栏：【建模】→三维旋转 图标。
- 命令行：3DROTATE 或 3R。

【操作示例】

图 12-3 为使用【三维旋转】命令旋转实体的图示过程，其操作过程如下：

命令：3DROTATE↙(输入命令，回车)

UCS 当前的正角方向：ANGDIR＝逆时针　ANGBASE＝0

选择对象：选择要旋转的对象(如选择图 12-3(a)中立体)

选择对象：↙(回车，结束对象选择，同时出现如图 12-3(b)所示的“旋转夹点工具”)

指定基点：光标选取立体一边的中点(如图 12-3(c)所示，确定了“旋转夹点工具”)

拾取旋转轴：将光标悬停在夹点工具上的一个轴句柄上，直到变为黄色并显示矢量，然后单击(如图 12-3(d)所示)

指定角的起点或键入角度：90↙(输入角度，回车，结果如图 12-3(e)所示，对象绕指定轴旋转了 90°)

【注意事项】

(1) 旋转角度的正负由右手定则决定(右手大拇指和旋转轴的正向一致，其余四个手指的方向为旋转正向)。

(2) 3DROTATE 的旋转轴是 X、Y、Z 轴。

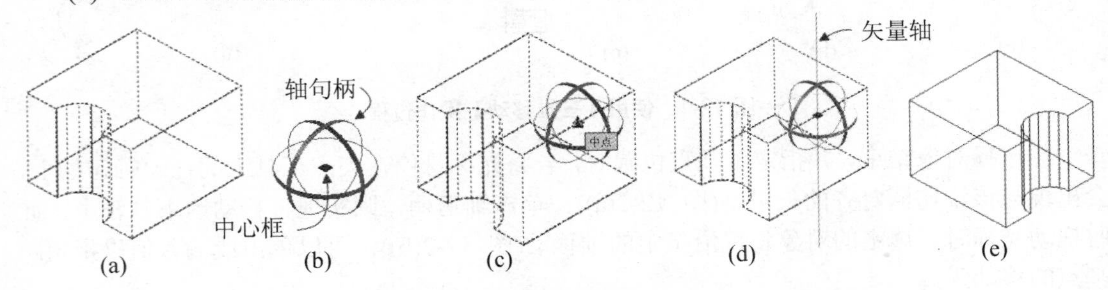

图 12-3　旋转三维实体过程

12.1.3 三维对齐

使用【三维对齐】3DALIGN 命令，能在二维和三维空间快速对齐两个对象。

【运行方式】

- 菜单：【修改】→【三维操作】→【三维对齐】。
- 工具栏：【建模】→三维对齐图标。
- 命令行：3DALIGN 或 3AL。

【操作示例】

图 12-4 为使用【三维对齐】命令将五棱锥底面与楔体斜面对齐的图示过程，其操作过程如下：

命令：3DALIGN↙(输入命令，回车)
选择对象：选择源对象(如图 12-4(a)所示，选择“五棱锥”)
选择对象：↙(回车，结束对象选择)
指定源平面和方向 ...
指定基点或 [复制(C)]：选择 A 点(如图 12-4(a))
指定第二个点或 [继续(C)]<C>：选择 B 点(如图 12-4(a))
指定第三个点或 [继续(C)]<C>：选择 C 点(如图 12-4(a))
指定目标平面和方向 ... (此时五棱锥的底面 ABC 与当前 UCS 的 XY 面平行，如图 12-4(b)所示)
指定第一个目标点：选择楔体上的点 1(选择楔体斜面上的点 1 为第一目标点，此时，五棱锥的基点 A 被移动到目标基点 1 上，如图 12-4(c)所示)
指定第二个目标点或 [退出(X)]<X>：选择楔体上的点 2(则 1、2 方向与 AB 一致)
指定第三个目标点或 [退出(X)]<X>：选择楔体上的点 3(则 1、3 方向与 BC 一致，结果如图 12-4(d)所示，两立体平面对齐)

【注意事项】

(1) 选定的对象将从源点移动到目标点，如果指定了第二点和第三点，则这两点将旋转并倾斜选定的对象。

(2) 如果目标是现有实体对象上的平面，则可以通过打开动态 UCS 来使用单个点定义目标平面。

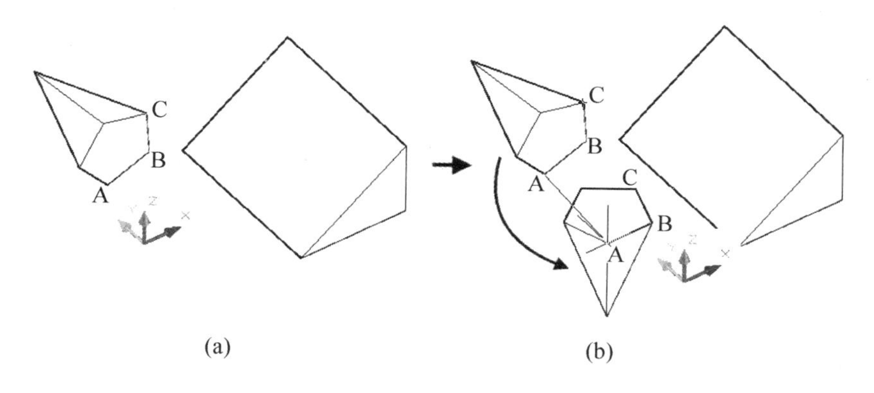

图 12-4 使用三维对齐操作过程

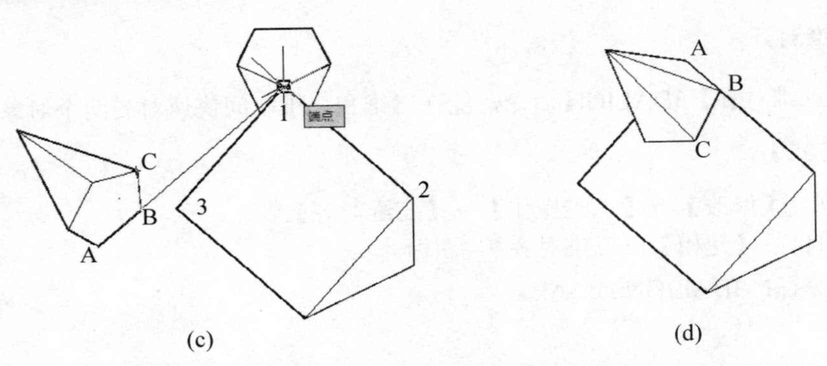

图 12-4　使用三维对齐操作过程(续)

12.1.4　对齐

使用【对齐】ALIGN 命令，能够在二维和三维空间移动、旋转和比例缩放对象，使其与其他对象对齐。

【运行方式】

- 菜单：【修改】→【三维操作】→【对齐】。
- 命令行：ALIGN 或 AL。

【操作说明】

命令：ALIGN↙(输入命令，回车)
选择对象：选择要对齐的对象或按 ENTER 键

接下来的操作可以分为指定一对、两对或三对源点和目标点以对齐选定对象。

(1) 指定使用一对点：其功能相当于移动对齐，即选定对象将在二维或三维空间从源点移动到目标点，如图 12-5 所示。

指定第一个源点：指定点 1(如图 12-5(a))
指定第一个目标点：指定点 2(如图 12-5(a))
指定第二个源点：↙(回车，结束命令，结果如图 12-5(b)所示)

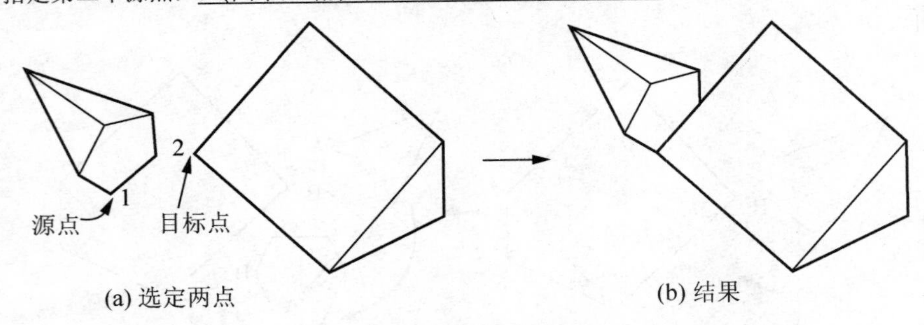

图 12-5　指定一对点对齐立体过程

(2) 指定使用两对点：将目标对象与参照对象以两点为对齐，并可同时缩放对象，如图 12-6 所示。

指定第一个源点：指定点 1(如图 12-6(b)中圆环体的上表面圆心)
指定第一个目标点：指定点 2(如图 12-6(b)中弯管端面的圆心)
指定第二个源点：指定点 3(如图 12-6(b)中圆环体的上表面象限点)
指定第二个目标点：指定点 4(如图 12-6(b)中弯管端面圆的象限点)
指定第三个源点：↙(回车)
根据对齐点缩放对象 [是(Y)/否(N)]＜否＞：Y↙(选择缩放，回车，结果如图 12-6(c)所示。)

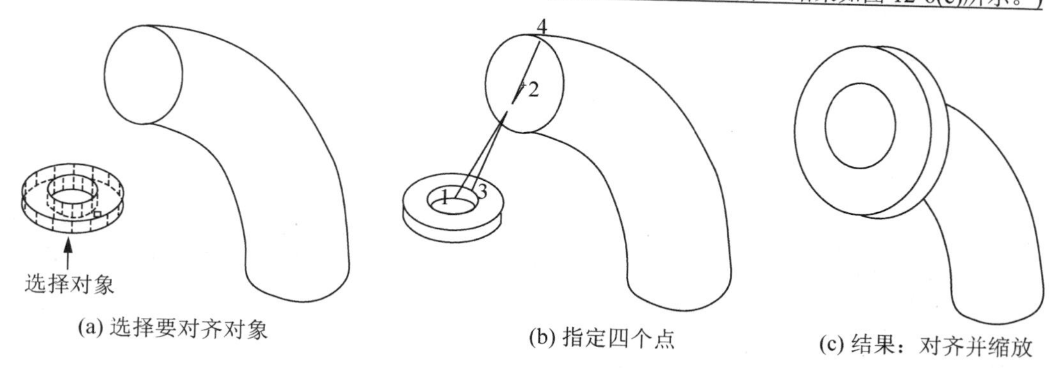

(a) 选择要对齐对象　　(b) 指定四个点　　(c) 结果：对齐并缩放

图 12-6　指定两对点对齐立体过程

【注意事项】

① 如图 12-6 所示，第一对源点和目标点定义对齐的基点分别为点 1、点 2；第二对点定义旋转的角度分别为点 3、点 4；

② 在输入了第二对点后，系统会给出缩放对象的提示，将以第一目标点和第二目标点即点 2 和点 4 之间的距离作为缩放对象的参考长度。只有使用两对点对齐对象时才能使用缩放。

③ 如果使用两个源点和目标点在非垂直的工作平面上执行三维对齐操作，将会产生不可预料的结果。

(3) 指定使用三对点：当选择三对点时，选定对象可在三维空间移动和旋转，使之与其他对象对齐，如图 12-7 所示。

指定第一个源点：指定点 1(如图 12-7(b)所示)
指定第一个目标点：指定点 2(如图 12-7(b)所示)
指定第二个源点：指定点 3(如图 12-7(b)所示)
指定第二个目标点：指定点 4(如图 12-7(b)所示)
指定第三个源点：指定点 5(如图 12-7(b)所示)
指定第三个目标点：指定点 6(如图 12-7(b)所示)

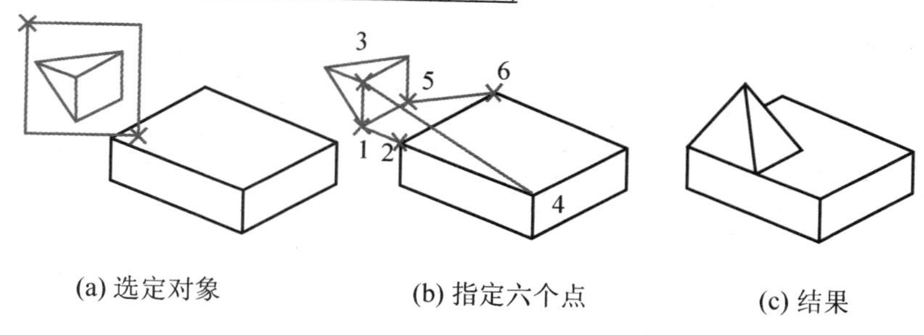

(a) 选定对象　　(b) 指定六个点　　(c) 结果

图 12-7　指定三对点对齐立体过程

12.1.5　三维镜像

使用【三维镜像】MIRROR3D 命令可以创建相对于某一平面的镜像对象。

【运行方式】

- 菜单：【修改】→【三维操作】→【三维镜像】。
- 命令行：MIRROR3D。

【操作过程】

以上操作命令行显示如下：

命令：MIRROR3D↙(输入命令，回车)
选择对象：选择要镜像的对象
选择对象：↙(回车，结束对象选择)
指定镜像平面(三点)的第一个点或 [对象(O)/最近的(L)/Z 轴(Z)/视图(V)/XY 平面(XY)/YZ 平面(YZ)/ZX 平面(ZX)/三点(3)]<三点>：输入选项、指定点或按 ENTER 键

【选项说明】

(1)【对象(O)】：指定平面对象作为镜像面，得到镜像对象。圆、圆弧或二维多段线可以作为镜像平面对象，如图 12-8 所示。

(2)【最近的(L)】：使用相对于最后定义的镜像平面对选定的对象进行镜像操作。

(3)【Z 轴(Z)】：以指定的两点作为镜像平面的 Z 轴，从而确定镜像平面，如图 12-9(a)所示，与 1、2 两点连线垂直的面即为镜像面，得到的镜像对象如图 12-9(b)所示。

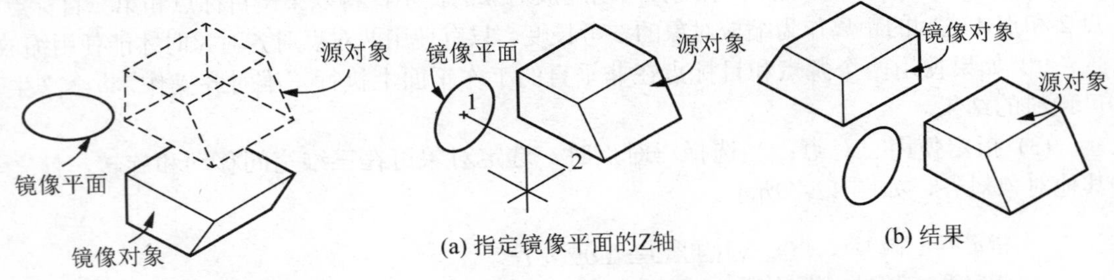

图 12-8　指定对象为镜像面　　图 12-9　指定镜像平面的 Z 轴得到镜像对象

(4)【视图(V)】：将镜像平面与当前视口中通过指定点的视图平面对齐。

(5)【XY/YZ/ZX】：将镜像平面与一个通过指定点的标准平面(XY、YZ 或 ZX)对齐，如图 12-10 所示。

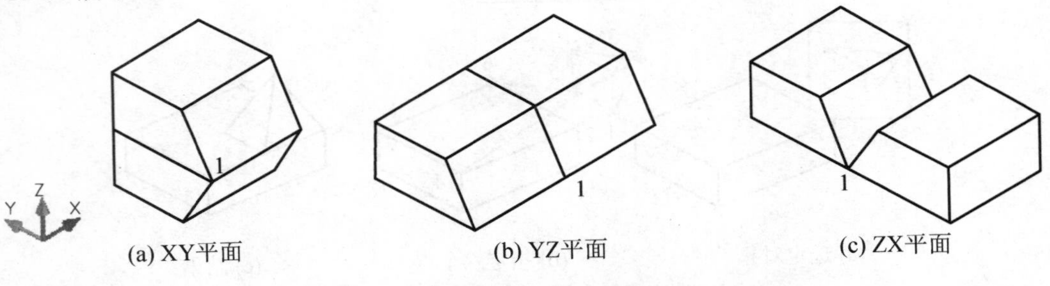

图 12-10　指定标准平面作为镜像面

(6)【三点(3)】：通过三个点定义镜像平面。如果通过指定点来选择此选项，将不显示“在镜像平面上指定第一点”的提示。

12.1.6 三维阵列

使用【三维阵列】3DARRAY 命令，能够以矩形或环形方式创建对象的三维矩阵，如图 12-11 所示。

对于三维矩形阵列，除行数和列数外，用户还可以指定 Z 方向的层数；对于三维环形阵列，用户可以通过空间中的任意两点指定旋转轴。

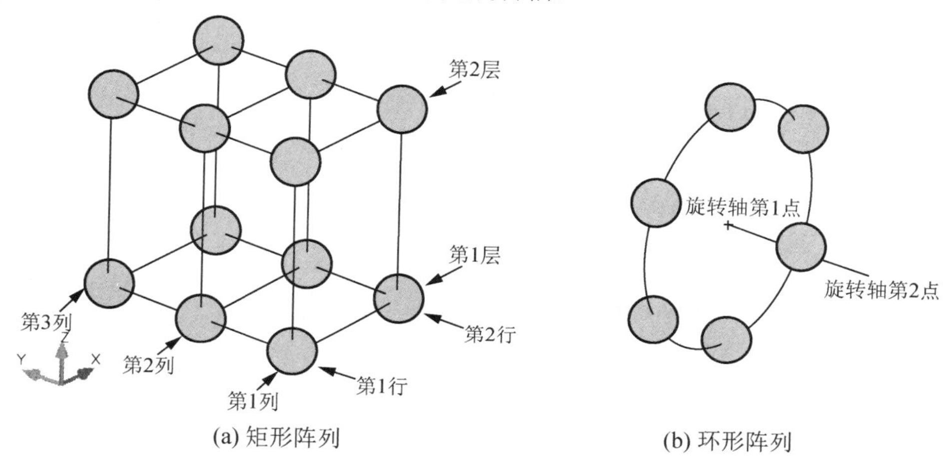

(a) 矩形阵列　　(b) 环形阵列

图 12-11 三维阵列

【运行方式】

- 菜单：【修改】→【三维操作】→【三维阵列】。
- 工具栏：【建模】→三维阵列图标。
- 命令行：3DARRAY 或 3A。

【操作过程】

以上操作命令行显示如下：

命令：3DARRAY↙(输入命令，回车)
选择对象：选择要创建阵列的对象
选择对象：↙(回车，结束对象选择)
输入阵列类型 [矩形(R)/环形(P)]＜矩形＞：输入选项

【选项说明】

(1)【矩形(R)】：即在行(X 轴)、列(Y 轴)和层(Z 轴)矩形阵列中复制对象。一个阵列必须具有至少两个行、列或层。

如图 12-11(a)中的小球直径为 Φ20，将该球进行矩形阵列的操作过程如下：

命令：3DARRAY↙(输入命令，回车)
选择对象：找到 1 个(选择小球)

选择对象：↙(回车)
输入阵列类型 [矩形(R)/环形(P)]<矩形>：R↙(输入矩形阵列选项)
输入行数(—)<1>：2↙(输入行数)
输入列数(|||)<1>：3↙(输入列数)
输入层数(...)<1>：2↙(输入层数)
指定行间距 (—)：50↙(指定距离)
指定列间距 (|||)：70↙(指定距离)
指定层间距 (...)：90↙(指定距离)

输入正值将沿 X、Y、Z 轴的正向生成阵列。输入负值将沿 X、Y、Z 轴的负向生成阵列。

(2)【环形(P)】：即指定绕旋转轴复制对象。

如图 12-11(b)中的小球直径为 Φ20，将该球进行环形阵列的操作过程如下：

命令：3DARRAY↙(输入命令，回车)
选择对象：找到 1 个(选择小球)
选择对象：↙(回车)
输入阵列类型 [矩形(R)/环形(P)]<矩形>：P↙(输入环形阵列选项)
输入阵列中的项目数目：6↙(输入数目)
指定要填充的角度(+=逆时针，−=顺时针)<360>：↙(回车，指定填充角度为 360°)
旋转阵列对象？[是(Y)/否(N)]<Y>：↙(回车或输入 y，表示旋转每个阵列元素)
指定阵列的中心点：指定点 1(指定旋转轴第 1 点)
指定旋转轴上的第二点：指定点 2(指定旋转轴第 2 点)

12.2 编辑三维实体对象

12.2.1 圆角边

【圆角边】FILLETEDGE 命令，用于对实体对象的边倒圆角。可以选择多条边，输入圆角半径值或单击并拖动圆角夹点指定圆角半径。

【运行方式】

- 菜单：【修改】→【实体编辑】→【圆角边】。
- 工具栏：【实体编辑】→圆角边图标。
- 命令行：FILLETEDGE。

【操作过程】

以上操作命令行显示如下：

命令：FILLETEDGE
半径＝1.0000
选择边或 [链(C)/半径(R)]：选择要圆角的棱边或链或者设置倒角半径

【选项说明】

(1)【边】：选择要倒圆角的边。可以连续选择若干个边，如图 12-12(a)中，连续选择四条边，按 Enter 键后，可以拖动圆角夹点来指定半径，如图 12-12(b)所示；也可以使用“半径”选项。结果如图 12-12(c)所示。

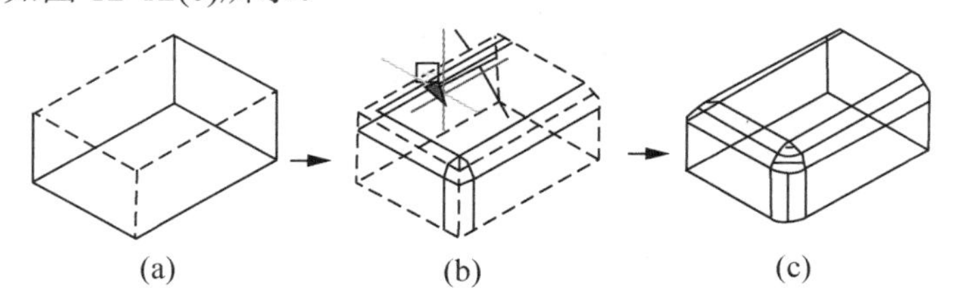

图 12-12　选择边倒圆角

(2)【链(C)】：选中一条边也就选中了一系列相切的边。如图 12-13(a)所示，选择该立体表面的一条边(图 12-13(b))，则其相切的边被倒圆角，如图 12-13(c)所示；回车后，结果如图 12-13(d)所示。

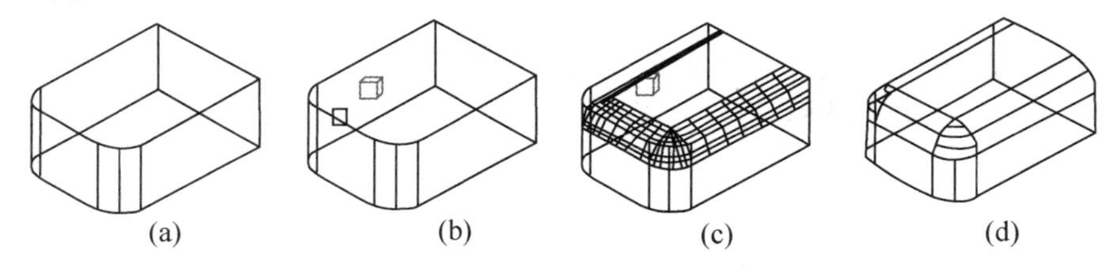

图 12-13　选择边链倒圆角

(3)【半径(R)】：指定倒圆角的半径值。

12.2.2　倒直角边

【倒角边】CHAMFEREDGE 命令，用于对实体对象的边倒直角。可以同时选择属于相同面的多条边，然后输入倒角距离值，或单击并拖动倒角夹点指定倒角距离。

【运行方式】

- 菜单：【修改】→【实体编辑】→【倒角边】。
- 工具栏：【实体编辑】→倒角图标。
- 命令行：CHAMFEREDGE。

【操作示例】

将图 12-14(a)所示的立体倒直角成图 12-14(e)所示效果。操作过程如下：

CHAMFEREDGE 距离 1＝1.0000，距离 2＝1.0000
选择一条边或 [环(L)/距离(D)]：选择立体上的边(如图 12-14(a))
选择属于同一个面的边或 [环(L)/距离(D)]：d↙(选择“距离”)
指定距离 1 或 [表达式(E)]<1.0000>：50↙(输入第一倒角距离值，该值沿 X 方向，如图 12-14(b)所示)
指定距离 2 或 [表达式(E)]<1.0000>：50↙(输入第二倒角距离值，该值沿 Y 方向，如图 12-14(c)所示)

选择属于同一个面的边或 [环(L)/距离(D)]：↙(回车，如图 12-14(d)所示，此时出现倒角夹点，可以通过拖到该夹点修改倒角距离)

按 Enter 键接受倒角或 [距离(D)]：↙(回车，结果如图 12-14(e)所示)

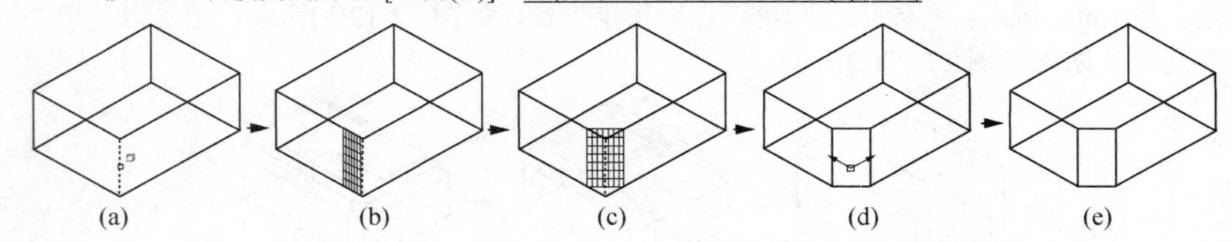

图 12-14　立体倒直角过程

12.2.3　剖切实体

使用【剖切】SLICE 命令，可以用面将立体切成两块，并同时保留其中的一块或全部。可以通过多种方式定义剪切平面，包括指定点或者选择曲面或平面对象。

【运行方式】

- 菜单：【工具】→【三维操作】→【剖切】。
- 命令行：SLICE 或 SL。

【操作过程】

以上操作命令行显示如下：

命令：SLICE↙(输入命令，回车)

选择要剖切的对象：选择要剖切的对象

选择要剖切的对象：↙(回车，结束对象选择)

指定切面的起点或 [平面对象(O)/曲面(S)/Z 轴(Z)/视图(V)/XY(XY)/YZ(YZ)/ZX(ZX)/三点(3)]<三点>：指定用来切立体的平面

在所需的侧面上指定点或 [保留两个侧面(B)]<保留两个侧面>：选择生成的实体之一或输入 B

【选项说明】

(1)【平面对象(O)】：指定对象作为剖切平面。圆、椭圆、圆弧、椭圆弧、二维样条曲线或二维多段线线段的平面都可以作为剖切平面对象，如图 12-15 所示。

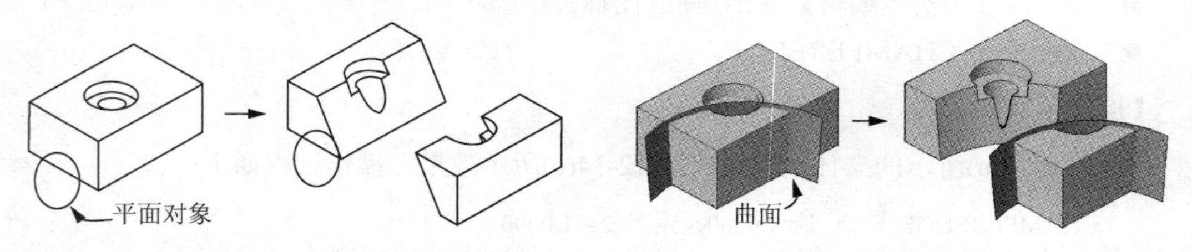

图 12-15　指定对象为剪切平面　　　图 12-16　指定曲面为剪切平面

(2)【曲面(S)】：指定曲面为剪切对象，如图 12-16 所示。注意不能选择使用 EDGESURF、REVSURF、RULESURF 和 TABSURF 命令创建的网格。

(3)【Z 轴(Z)】：通过指定两点作为截平面的 Z 轴(法向)以确定截平面的位置，其中第一点为截平面通过的点，如图 12-17 所示，其操作过程为：

指定截面平面上的点：指定点 1

指定平面 Z 轴(法向)上的点：指定点 2

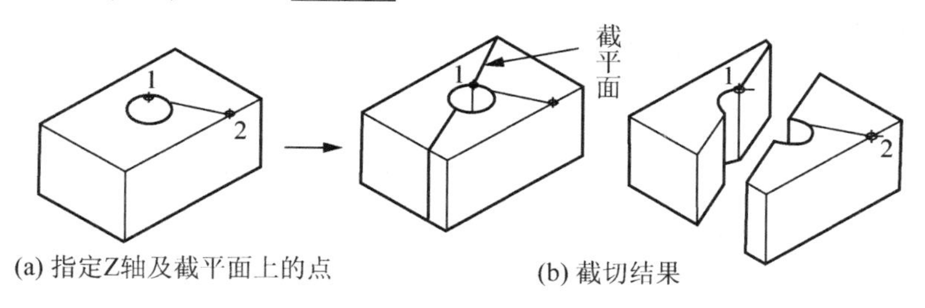

(a) 指定Z轴及截平面上的点　　(b) 截切结果

图 12-17　指定 Z 轴确定剪切平面

(4)【视图(V)】：将剪切平面与当前视口的视图平面对齐。指定一点定义剪切平面的位置，如图 12-18 所示。

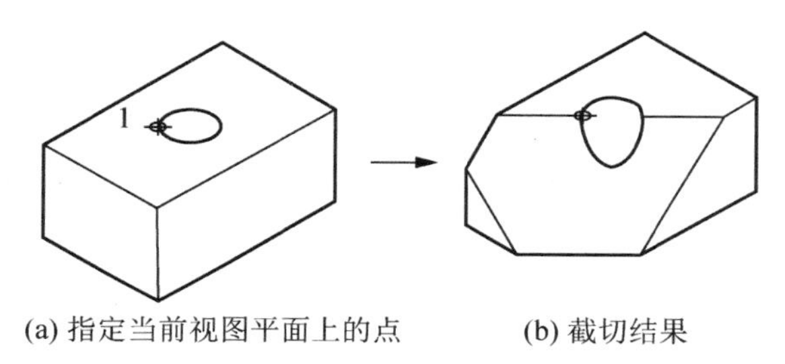

(a) 指定当前视图平面上的点　　(b) 截切结果

图 12-18　指定视图确定剪切平面

(5)【XY(XY)/YZ(YZ)/ZX(ZX)】：将剪切平面与当前用户坐标系 (UCS)的 XY、YZ 或 ZX 平面对齐，并指定一点定义剪切平面的位置，如图 12-19 所示。

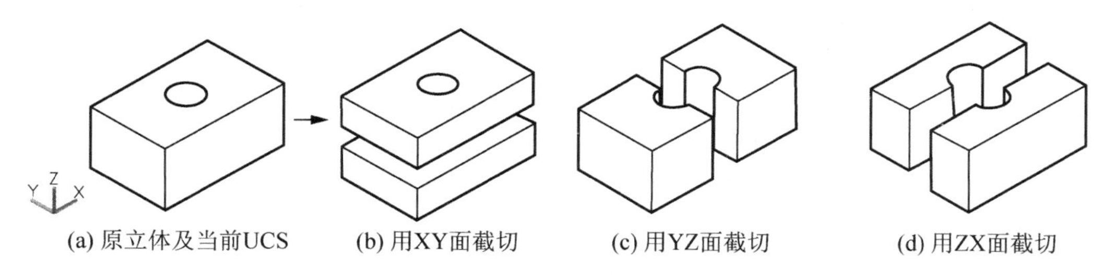

(a) 原立体及当前UCS　　(b) 用XY面截切　　(c) 用YZ面截切　　(d) 用ZX面截切

图 12-19　指定当前 UCS 的坐标面为截切平面

(6)【三点(3)】：用三点定义剪切平面，如图 12-20 所示。

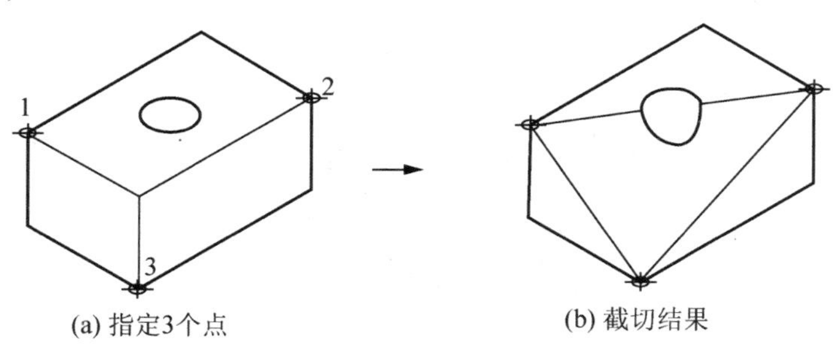

(a) 指定3个点　　(b) 截切结果

图 12-20　指定三点确定截切平面

12.2.4 获取实体剖面

使用【剖面】SECTION 命令，可以获得三维实体的二维剖面的面域对象。剖面平面将被放置在当前图层上并镶嵌在实体内部，可以将其单独移出并使用相应图案填充操作，如图 12-21 所示。

【运行方式】

- 命令行：SECTION(或 SEC)。

【操作过程】

以上操作命令行显示如下：

命令：SECTION↙(输入命令，回车)
选择对象：选择要穿过截面的对象
选择对象：↙(回车，结束对象选择)
指定 截面 上的第一个点，依照 [对象(O)/Z 轴(Z)/视图(V)/XY(XY)/YZ(YZ)/ZX(ZX)/三点(3)]<三点>：指定用来创建剖面的方式

【选项说明】

(1)【对象(O)】：指定圆、椭圆、圆弧、椭圆弧、二维样条曲线或二维多段线的平面作为截面对象，如图 12-21 所示。

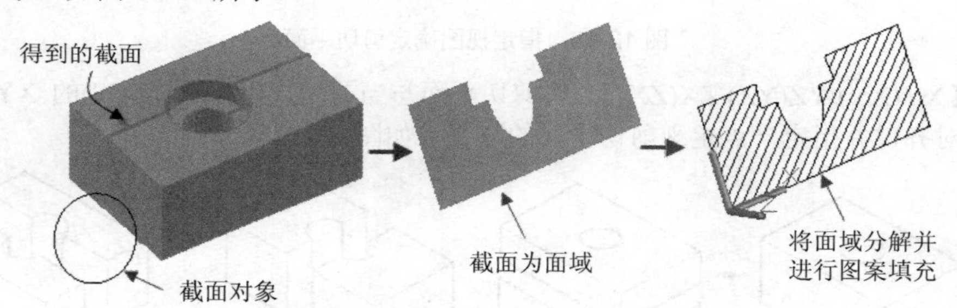

图 12-21 指定对象为截平面得到的剖面

(2)【Z 轴(Z)】：通过指定两点作为截平面的 Z 轴(法向)以确定截平面的位置，其中第一点为截平面通过的点，第二点为 Z 轴上的点，如图 12-22 所示，其操作过程为：

指定截面平面上的点：指定点 1
指定平面 Z 轴(法向)上的点：指定点 2

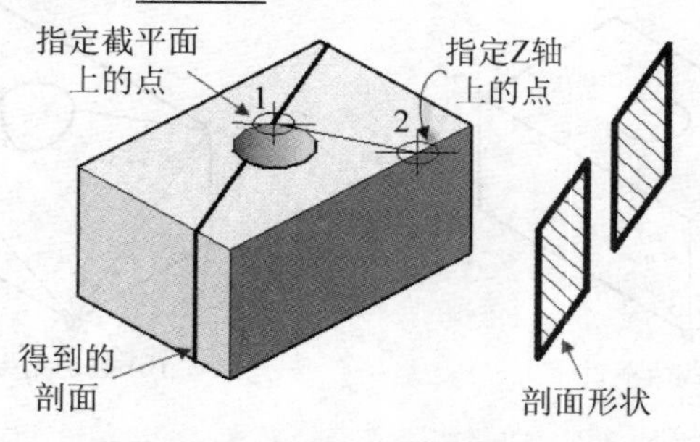

图 12-22 指定 Z 轴确定截平面得到的剖面

(3)【视图(V)】：将截平面与当前视口的视图平面对齐，指定一点定义截平面的位置，如图 12-23 所示。

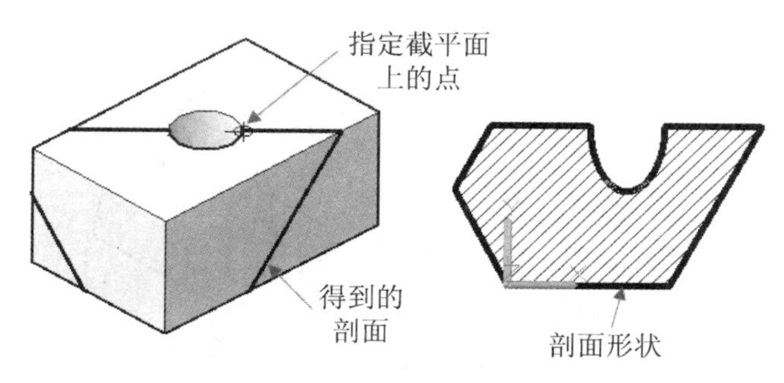

图 12-23 指定视图确定截平面

(4)【XY(XY)/YZ(YZ)/ZX(ZX)】：将截平面与当前用户坐标系(UCS)的 XY、YZ 或 ZX 平面对齐，并指定一点定义截平面的位置，如图 12-24 所示。

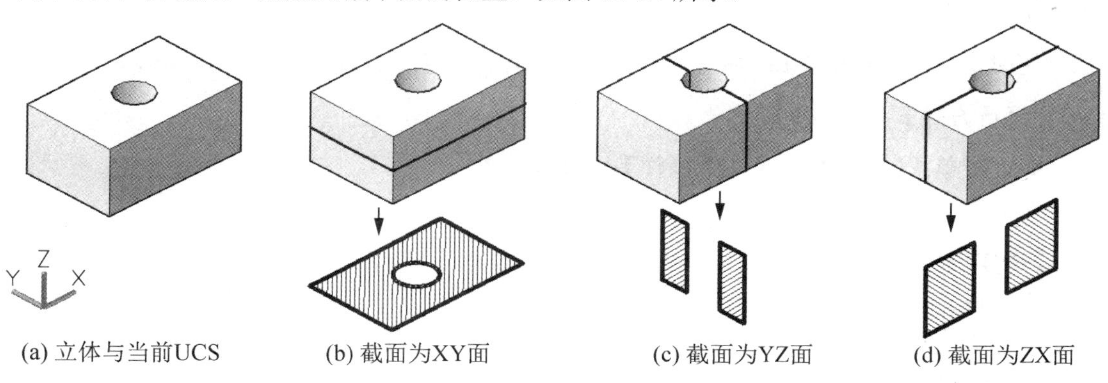

图 12-24 指定当前 UCS 的坐标面为截平面

(5)【三点(3)】：用三点定义截平面，如图 12-25 所示。

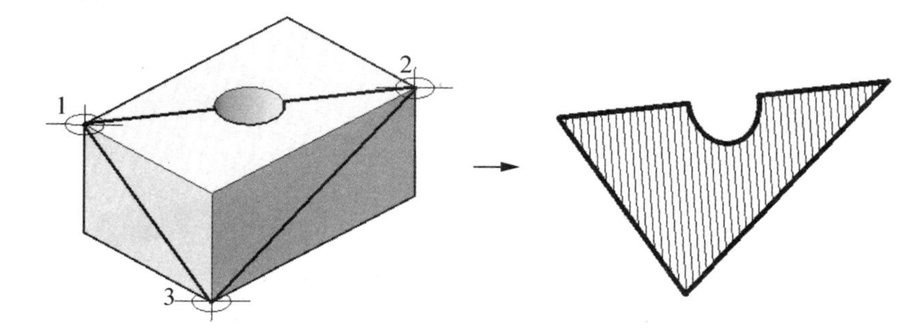

图 12-25 指定三点确定截平面

【注意事项】

将得到的剖面面域填充剖面线的步骤为：

(1) 使用【分解】EXPLODE 命令将面域分解；

(2) 建立新的 UCS，使 XY 面在剖面上；

(3) 使用【图案填充】命令，进行剖面线填充。

12.2.5 分解实体

使用【分解】EXPLODE 命令，可以将三维实体分解多个面域。如图 12-26 所示。

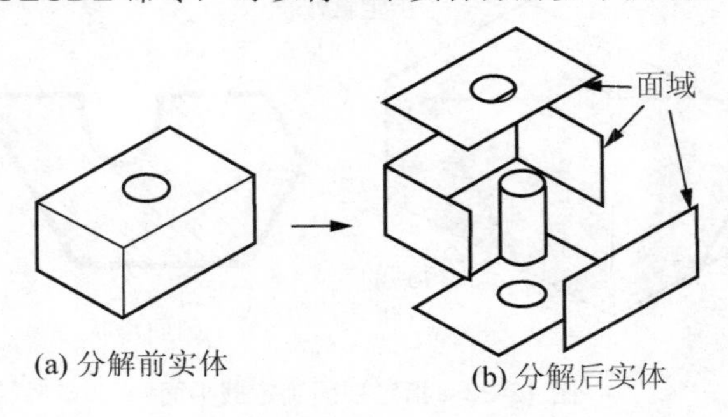

图 12-26 分解实体

12.2.6 加厚实体

使用【加厚】THICKEN 命令，可以通过加厚曲面创建三维实体，如图 12-27 所示。

【运行方式】

- 菜单：【修改】→【三维操作】→【加厚】。
- 命令行：THICKEN。

【操作过程】

以上操作命令行显示如下：

命令：THICKEN↙(输入命令，回车)
选择要加厚的曲面：选择要加厚成为实体的一个或多个曲面
选择要加厚的曲面：↙(回车，结束对象选择)
指定厚度<0.0000>：指定厚度值

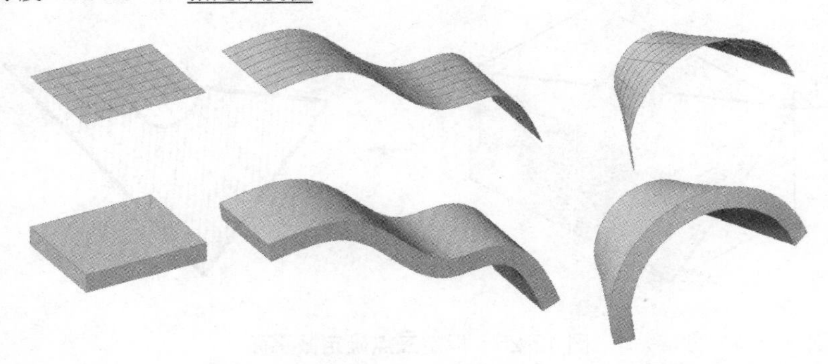

图 12-27 加厚实体

【注意事项】

(1) 最初的默认厚度未设置任何值。在绘制图形时，厚度默认值始终是先前输入的厚度值。

(2) DELOBJ 系统变量控制曲面创建后，是自动删除用户选择的对象，还是提示用户删除这些对象。

(3) 如果选择要加厚某个网格面，则可以先将该网格对象转换为实体或曲面，然后再完成此操作。

12.3　编辑实体面

可以对三维实体的面进行编辑，以满足实体构型要求。

【运行方式】

- 命令行：SOLIDEDIT。

【操作过程】

以上操作命令行显示如下：

命令：SOLIDEDIT↙(输入命令，回车)
实体编辑自动检查：SOLIDCHECK＝1
输入实体编辑选项 [面(F)/边(E)/体(B)/放弃(U)/退出(X)]＜退出＞：F↙(输入面选项，回车)
输入面编辑选项
[拉伸(E)/移动(M)/旋转(R)/偏移(O)/倾斜(T)/删除(D)/复制(C)/颜色(L)/材质(A)/放弃(U)/退出(X)]＜退出＞：输入选项

编辑三维实体面，可用操作包括：拉伸、移动、旋转、偏移、倾斜、删除、复制或更改选定面的颜色。其含义及操作应用介绍如下。

12.3.1　拉伸面

实体的面可以看成独立的面域，可将其沿高度或路径方向进行拉伸，以完成实体的编辑。

【运行方式】

- 菜单：【修改】→【实体编辑】→【拉伸面】。
- 工具栏：【实体编辑】→拉伸面 图标。
- 命令行：SOLIDEDIT↙→F↙→E↙。

【操作过程】

以上操作命令行显示如下：

……
选择面或 [放弃(U)/删除(R)]：选定需拉伸的三维实体的面
选择面或 [放弃(U)/删除(R)/全部(ALL)]：继续选择面；或输入选项；或者回车，结束选择
指定拉伸高度或 [路径(P)]：输入拉伸高度或指定拉伸的路径
指定拉伸的倾斜角度＜0＞：输入拉伸倾斜的角度

【操作示例】

将图 12-28(a)中实体的顶面进行拉伸操作，完成图形如图 12-28(b)所示。

其操作过程为：调用【拉伸面】命令，命令行显示如下：

命令：_SOLIDEDIT

实体编辑自动检查：SOLIDCHECK＝1

输入实体编辑选项 [面(F)/边(E)/体(B)/放弃(U)/退出(X)]<退出>：FACE↙

输入面编辑选项

[拉伸(E)/移动(M)/旋转(R)/偏移(O)/倾斜(T)/删除(D)/复制(C)/颜色(L)/材质(A)/放弃(U)/退出(X)]<退出>：

_EXTRUDE

选择面或 [放弃(U)/删除(R)]：找到一个面(如图 12-29(a)所示，光标放在立体的面上，单击，所选表面亮闪)。

选择面或 [放弃(U)/删除(R)/全部(ALL)]：↙(回车，结束选择)

指定拉伸高度或 [路径(P)]：50↙(输入拉伸高度，回车)

指定拉伸的倾斜角度<0>：15↙(输入拉伸倾斜角度，回车，结果如图 12-29(b)所示)

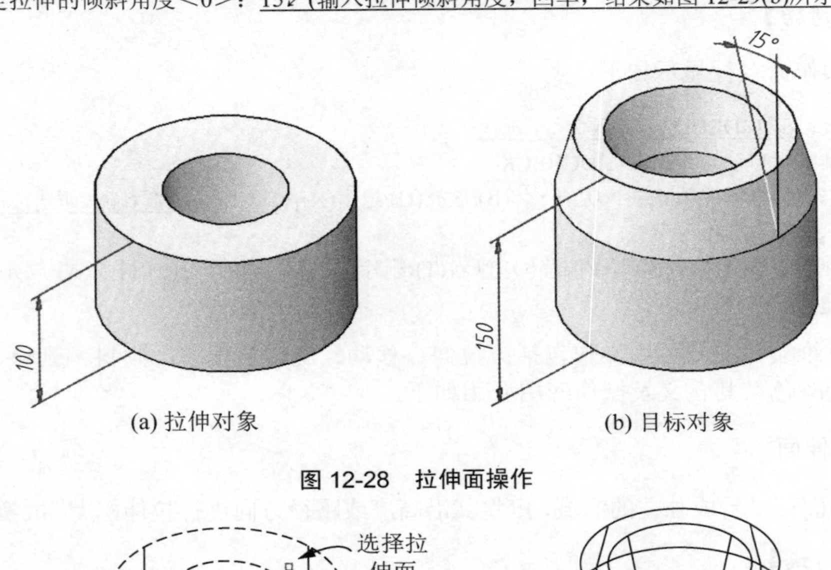

图 12-28　拉伸面操作

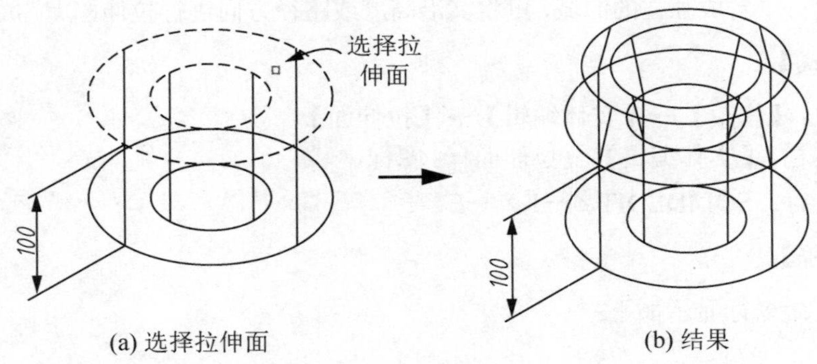

图 12-29　拉伸面操作过程

12.3.2　移动面

使用【移动面】选项，可以将选定的实体的面沿指定的高度或距离移动，从而改变原来的实体。

【运行方式】

- 菜单：【修改】→【实体编辑】→【移动面】。

- 工具栏：【实体编辑】→移动面图标。
- 命令行：SOLIDEDIT↙→F↙→M↙。

【操作过程】

以上操作命令行显示如下：

……

选择面或 [放弃(U)/删除(R)]：选定需移动的三维实体的面

选择面或 [放弃(U)/删除(R)/全部(ALL)]：继续选择面；或输入选项；或者回车，结束选择

指定基点或位移：指定移动的基点

指定位移的第二点：指定位移的第二点

【操作示例】

【例 1】将图 12-30(a)实体中的圆柱孔移动到另一位置。

其操作过程如图 12-30 所示。命令行显示如下：

……

选择面或 [放弃(U)/删除(R)]：选择圆柱孔(如图 12-30(a)所示，选中的面亮闪)

选择面或 [放弃(U)/删除(R)/全部(ALL)]：↙(回车，结束选择)

指定基点或位移：指定圆柱孔圆心为基点(如图 12-30(b)所示)

指定位移的第二点：指定位移的第二点(如图 12-30(b)所示)

结果如图 12-30(c)所示，圆柱孔在实体内从一个位置移动到另一位置。

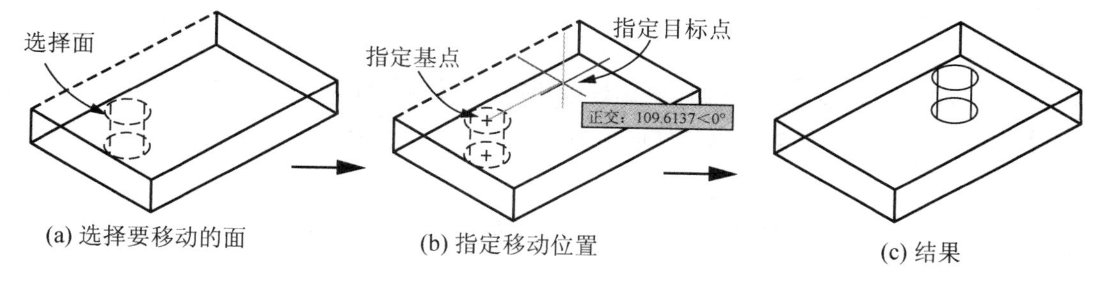

图 12-30　移动面操作过程一

【例 2】使用【移动面】选项，将图 12-30(a)实体中长度变为 150。

其操作过程如图 12-31 所示。命令行显示如下：

……

选择面或 [放弃(U)/删除(R)]：选择实体上表面(如图 12-31(a)所示，选中的面亮闪)

选择面或 [放弃(U)/删除(R)/全部(ALL)]：↙(回车，结束选择)

指定基点或位移：光标在任一位置单击作为基点，并沿 Z 轴正向上拉，以确定位移方向(如图 12-31(b)所示)

指定位移的第二点：50↙(输入位移量，回车)

结果如图 12-31(c)所示，实体沿 Z 方向拉长了 50。

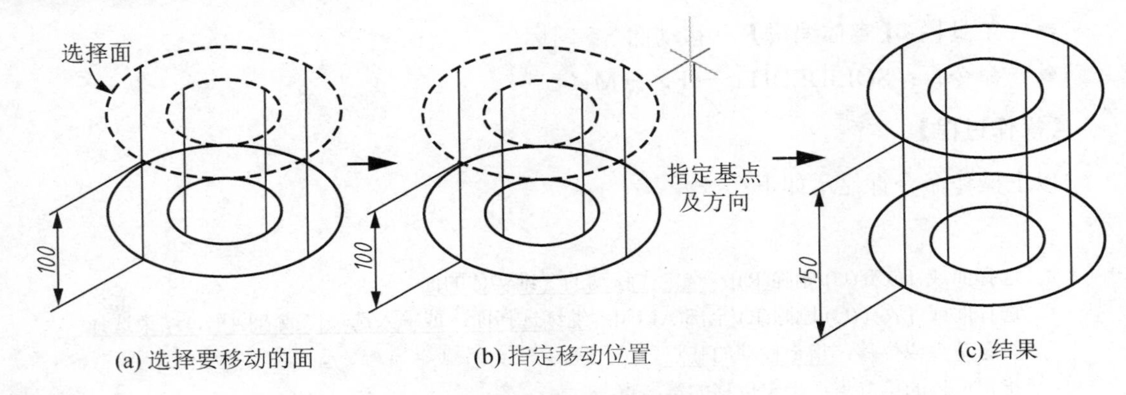

(a) 选择要移动的面　　(b) 指定移动位置　　(c) 结果

图 12-31　移动面操作过程二

12.3.3　偏移面

使用【偏移面】命令，可以将实体中的面按指定的距离或通过指定的点，均匀地偏移。正值增大实体尺寸或体积，负值减小实体尺寸或体积。

【运行方式】

- 菜单：【修改】→【实体编辑】→【偏移面】。
- 工具栏：【实体编辑】→偏移面图标。
- 命令行：SOLIDEDIT↙→F↙→O↙。

【操作示例】

【例 1】使用【偏移面】命令，将图 12-32(a)所示实体加长 50mm。

其操作过程如下：单击偏移面图标按钮，启动【偏移面】命令，系统提示相应的【偏移面】命令启动过程，接着，命令行提示为：

……

选择面或 [放弃(U)/删除(R)]: 选定需偏移的面(如图 12-32(a)所示)。

选择面或 [放弃(U)/删除(R)/全部(ALL)]: ↙(回车，结束选择)

指定偏移距离：50 ↙(输入距离，回车，结果如图 12-32(b)所示，实体被加长)

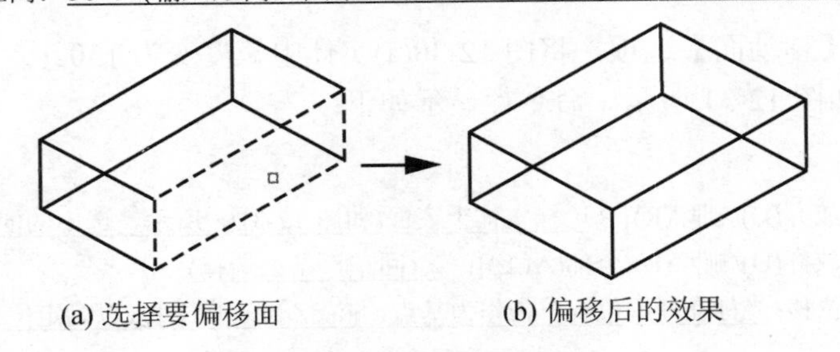
(a) 选择要偏移面　　(b) 偏移后的效果

图 12-32　偏移面操作过程一

【例 2】使用【偏移面】命令，将图 12-33(a)中的键槽孔向外偏移 10mm。

其操作过程同上，不同的是，在面的选择过程中，用来偏移的键槽孔共 4 个面要求全部选中；另外，多选的面要从选择集中删除。命令行提示为：

选择面或 [放弃(U)/删除(R)]：选择圆柱孔(如图 12-33(b)所示，选中的面亮闪)

找到 2 个面 (系统提示)

选择面或 [放弃(U)/删除(R)/全部(ALL)]：选择键槽平面(如图 12-33(b)所示，选中的面亮闪)

找到 2 个面 (系统提示)

选择面或 [放弃(U)/删除(R)/全部(ALL)]：R↙(选择“删除”选项，回车)

删除面或 [放弃(U)/添加(A)/全部(ALL)]：选择立体上表面(如图 12-33(c)所示，将上表面从选择集中删除)

找到 2 个面，已删除 1 个 (系统提示)

删除面或 [放弃(U)/添加(A)/全部(ALL)]：选择立体下表面(如图 12-33(c)所示，将下表面从选择集中删除)

找到 2 个面，已删除 1 个 (系统提示)

删除面或 [放弃(U)/添加(A)/全部(ALL)]：↙(回车，结束面的选择)

指定偏移距离：−10↙(输入偏移距离，负值表示减少体积，回车。结果如图 12-33(d)所示，整个键槽孔向外平移了 10mm)

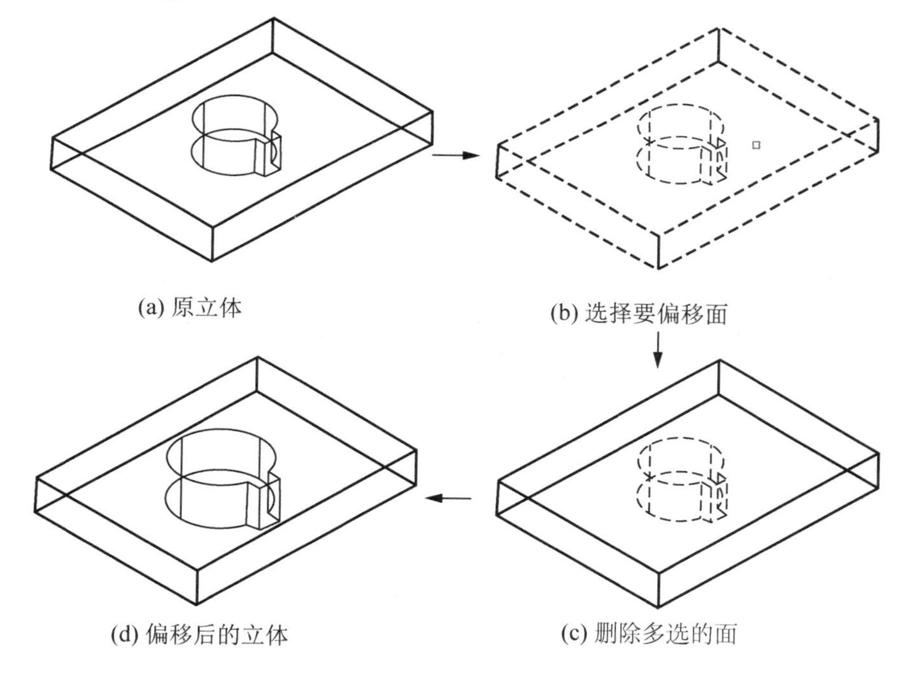

图 12-33 偏移面操作过程二

12.3.4 删除面

使用【删除面】命令，可以删除立体中孔、槽等表面以及圆角、倒角对应的表面。

【运行方式】

- 菜单：【修改】→【实体编辑】→【删除面】。
- 工具栏：【实体编辑】→删除面 图标。
- 命令行：SOLIDEDIT↙→F↙→D↙。

【操作示例】

将图 12-34(a)中的倒角及键槽删除，完成图形如图 12-34(c)所示。

其操作过程如下：单击删除面图标按钮，启动【删除面】命令，系统提示相应的【删除面】命令启动过程，接着，命令行提示为：

选择面或 [放弃(U)/删除(R)]：选择键槽平面(如图 12-34(b)所示，选中的面亮闪)
找到 2 个面　(系统提示)
选择面或 [放弃(U)/删除(R)/全部(ALL)]：继续选择键槽平面(如图 12-34(b)所示，选中的面亮闪)
找到 2 个面　(系统提示)
选择面或 [放弃(U)/删除(R)/全部(ALL)]：选择倒角面(如图 12-34(b)所示，选中的面亮闪)
找到一个面　(系统提示)
选择面或 [放弃(U)/删除(R)/全部(ALL)]：↙(回车，结束选择，结果如图 12-34(c)所示)

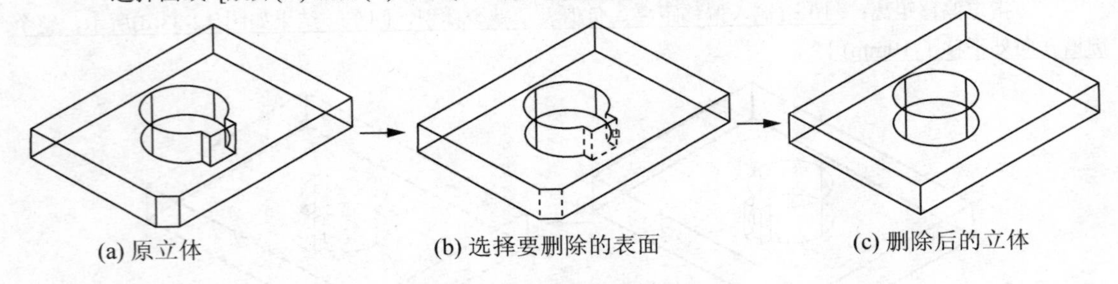

(a) 原立体　(b) 选择要删除的表面　(c) 删除后的立体

图 12-34　删除面操作过程

【注意事项】

要删除的面必须位于可以在删除后通过周围的面进行填充的位置处，否则不能删除。

12.3.5　旋转面

使用【旋转面】命令，可以绕指定的轴旋转一个或多个面或实体的某些部分。

【运行方式】

- 菜单：【修改】→【实体编辑】→【旋转面】。
- 工具栏：【实体编辑】→旋转面图标。
- 命令行：SOLIDEDIT↙→F↙→R↙。

【操作示例】

【例 1】将图 12-35(a)中键槽孔逆时针旋转 30°，完成图形如图 12-35(d)所示。

其操作过程如下：单击旋转面图标按钮，启动【旋转面】命令，系统提示相应的【旋转面】命令启动过程，接着，命令行提示为：

选择面或 [放弃(U)/删除(R)]：选择整个键槽孔(需要多步选择，过程省略，结果如图 12-35(b)所示)
选择面或 [放弃(U)/删除(R)/全部(ALL)]：↙(回车，结束选择)
指定轴点或 [经过对象的轴(A)/视图(V)/X 轴(X)/Y 轴(Y)/Z 轴(Z)]<两点>：指定旋转轴基点(如图 12-35(c)所示)
在旋转轴上指定第二个点：指定旋转轴上的第 2 点(如图 12-35(c)所示)

指定旋转角度或 [参照(R)]：30↙（输入角度，角度方向符合右手定则，结果如图 12-35(d)所示，实体中的键槽孔旋转了 30°）

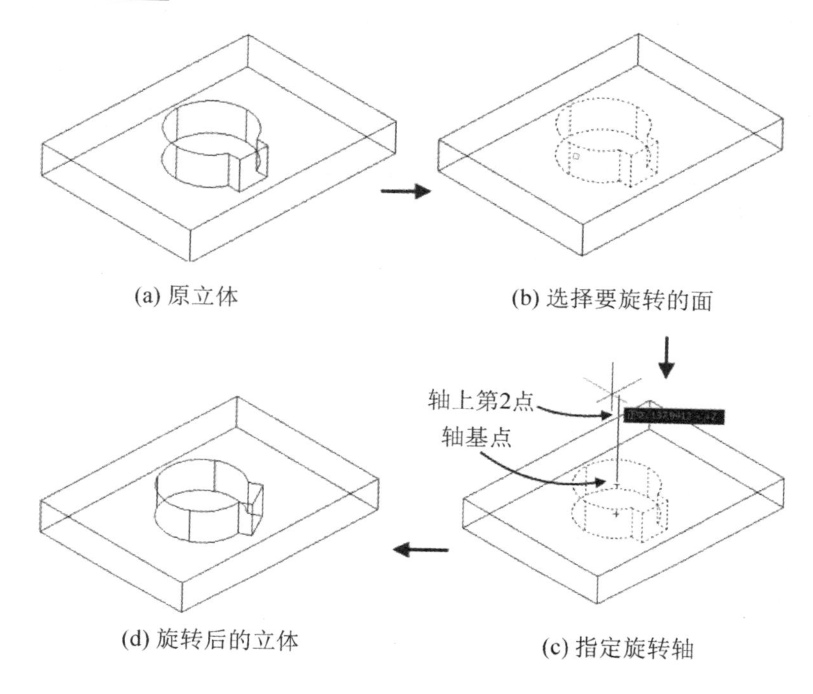

图 12-35 旋转面操作过程一

【例 2】将图 12-36(a)立体中上表面旋转 30°，完成图形如图 12-36(d)所示。其操作过程同上例，图解作图过程如图 12-36 所示。

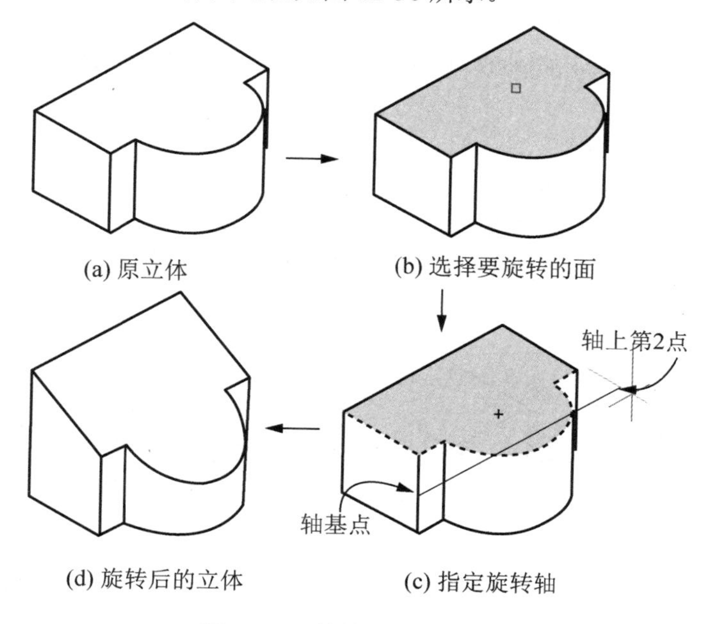

图 12-36 旋转面操作过程二

12.3.6 倾斜面

使用【倾斜面】命令，可以按一个角度将面进行倾斜。倾斜角的旋转方向由选择基点和第二点(沿选定矢量)的顺序决定。

【运行方式】

- 菜单：【修改】→【实体编辑】→【倾斜面】。
- 工具栏：【实体编辑】→倾斜面图标。
- 命令行：SOLIDEDIT↙→F↙→T↙。

【操作过程】

以上操作命令行显示如下：

……
选择面或 [放弃(U)/删除(R)]: 选定需倾斜的面。
选择面或 [放弃(U)/删除(R)/全部(ALL)]: 继续选择面；或输入选项；或回车，结束选择。
指定基点：指定倾斜基点(倾斜轴上的第一点)
指定沿倾斜轴的另一个点：指定倾斜轴上的第二点。
指定倾斜角度：输入倾斜角度

【注意事项】

(1) 所输入的倾斜角度只能介于−90°～+90°之间；
(2) 倾斜角度输入正值，将减少实体体积或尺寸；负值将增大实体体积或尺寸。
(3) 选择集中所有选定的面将倾斜相同的角度。

【操作示例】

将图 12-37(a)所示的圆孔向外倾斜 15°，成为锥形孔(图 12-37(c))。
作图步骤为：
(1) 调用【倾斜面】命令；
(2) 选择要进行倾斜的圆柱面，如图 12-37(b)所示；
(3) 指定倾斜轴，如图 12-37(b)所示；
(4) 输入倾斜角为 15°，向外倾斜为减少实体体积，所以输正值。

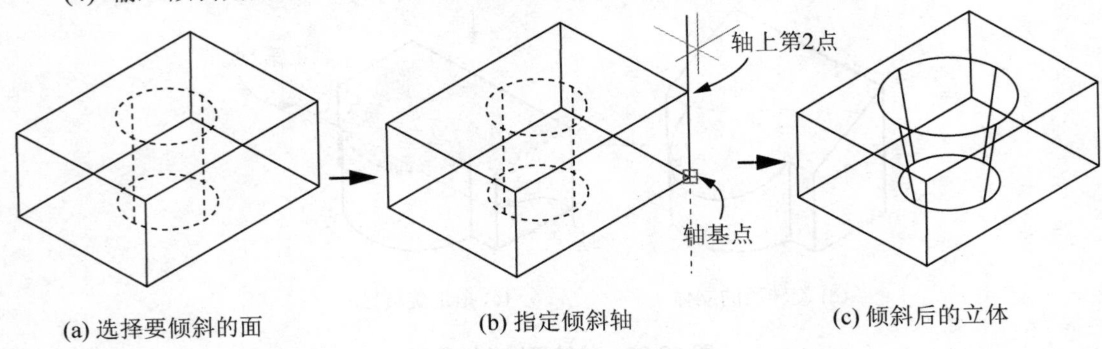

图 12-37　倾斜面操作过程

12.3.7 复制面

使用【复制面】命令，可以将实体的面复制成独立的面域或体，如图 12-38 所示。

【运行方式】

- 菜单：【修改】→【实体编辑】→【复制面】。
- 工具栏：【实体编辑】→复制面 图标。
- 命令行：SOLIDEDIT↙→F↙→C↙。

【操作过程】

以上操作命令行显示如下：

……
选择面或 [放弃(U)/删除(R)]：选定需复制的面(如图 12-38(b)所示，选择锥面)。
选择面或 [放弃(U)/删除(R)/全部(ALL)]：继续选择面；或输入选项；或回车，结束选择。
指定基点：指定复制基点(如图 12-38(b)中的点 1)
指定位移的第二点：指定第二点(如图 12-38(b)中的点 2)

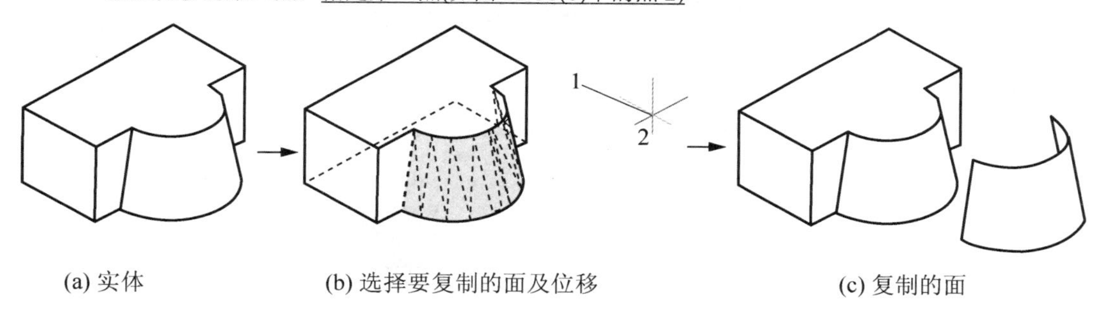

(a) 实体　　(b) 选择要复制的面及位移　　(c) 复制的面

图 12-38　复制面操作过程

12.3.8 着色面

使用【着色面】命令，可以修改立体面的颜色。

【运行方式】

- 菜单：【修改】→【实体编辑】→【着色面】。
- 工具栏：【实体编辑】→着色面 图标。
- 命令行：SOLIDEDIT↙→F↙→L↙。

【操作示例】

如图 12-39 所示。修改立体上表面的颜色。操作步骤为：

(1) 调用【着色面】命令。

(2) 选择要进行着色的面，如图 12-39(a)所示。

(3) 结束选择面后，在弹出的【选择颜色】对话框中(图 12-40)，单击一种颜色，该颜色即被赋予所选择的面。

(4) 退出命令后，使用【视觉样式】工具中的【真实】或【概念】样式进行观察，如图 12-39(b)所示。

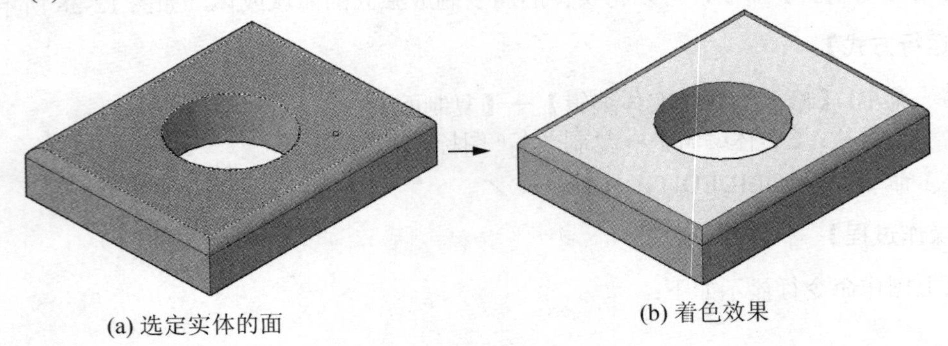

(a) 选定实体的面　　(b) 着色效果

图 12-39　着色面

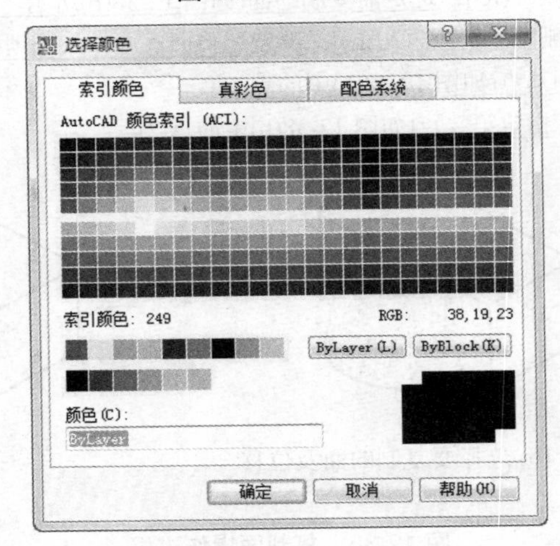

图 12-40　【选择颜色】对话框

12.4　编辑实体边

通过修改边的颜色或复制独立的边来编辑三维实体对象。

【运行方式】

- 命令行：SOLIDEDIT。

【操作过程】

以上操作命令行显示如下：

命令：SOLIDEDIT↙(输入命令，回车)
实体编辑自动检查：SOLIDCHECK＝1
输入实体编辑选项 [面(F)/边(E)/体(B)/放弃(U)/退出(X)]＜退出＞：E↙(输入面选项，回车)
输入边编辑选项 [复制(C)/着色(L)/放弃(U)/退出(X)]＜退出＞：输入选项

编辑三维实体边，可用操作包括复制边或更改选定边的颜色。其含义及操作应用介绍如下。

12.4.1 复制边

使用【复制边】命令，可以将三维实体上的选定边复制为二维圆弧、圆、椭圆、直线或样条曲线。

【运行方式】

- 菜单：【修改】→【实体编辑】→【复制边】。
- 工具栏：【实体编辑】→复制边 图标。
- 命令行：SOLIDEDIT↙→E↙→C↙。

【操作过程】

以上操作命令行显示如下：

……

选择边或 [放弃(U)/删除(R)]：选定要复制的边

选择边或 [放弃(U)/删除(R)/全部(ALL)]：继续选择边；或输入选项；或回车，结束选择。

指定基点：指定复制基点

指定位移的第二点：指定第二点

如图 12-41 为复制立体上一条边的过程。

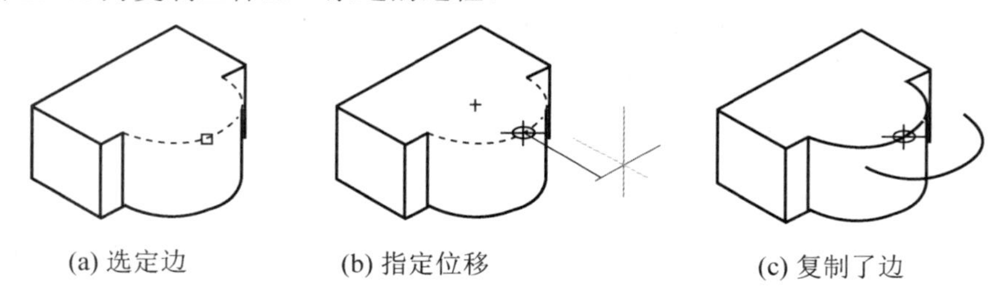

(a) 选定边　　(b) 指定位移　　(c) 复制了边

图 12-41　复制边的过程

12.4.2 着色边

使用【着色边】命令，可以修改立体边的颜色，如图 12-42 所示。

【运行方式】

- 菜单：【修改】→【实体编辑】→【着色边】。
- 工具栏：【实体编辑】→着色边 图标。
- 命令行：SOLIDEDIT↙→E↙→L↙。

【操作过程】

其操作步骤类似于着色面，这里不再赘述。

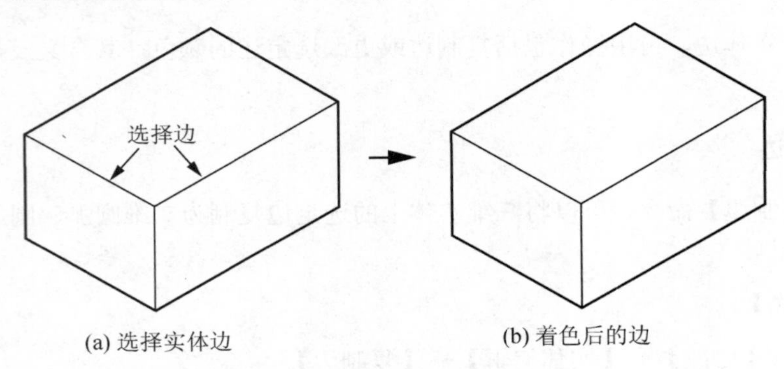

(a) 选择实体边　　(b) 着色后的边

图 12-42　着色边的过程

12.5　编辑实体的体

12.5.1　压印

使用【压印】IMPRINT 命令，可以在选定的对象上压印一个对象。为了使压印操作成功，被压印的对象必须与选定对象的一个或多个面相交。“压印”选项仅限于以下对象执行：圆弧、圆、直线、二维和三维多段线、椭圆、样条曲线、面域、体和三维实体。

【运行方式】

- 菜单：【修改】→【实体编辑】→【压印】。
- 工具栏：【实体编辑】→压印图标。
- 命令行：SOLIDEDIT↙→B↙→I↙。
- 命令行：IMPRINT。

【操作示例】

在图 12-43(a)的三维实体上压印一个五角星，完成图形如图 12-43(c)所示。

命令：IMPRINT↙(输入命令)
选择三维实体：选择要压印的三维实体(如图 12-43(b)所示)
选择要压印的对象：选择要压印的对象(如图 12-43(b)所示，选择“五角星”)
是否删除源对象 [是(Y)/否(N)]<N>：Y↙(选择删除源对象)
选择要压印的对象：↙(按回车键，结束命令，结果如图 12-43(c)所示)

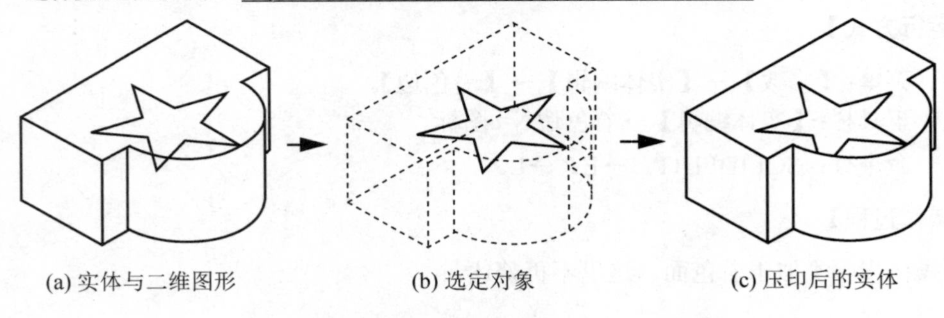

(a) 实体与二维图形　　(b) 选定对象　　(c) 压印后的实体

图 12-43　压印实体

12.5.2 清除

清除是指删除共享边以及那些在边或顶点具有相同表面或曲线定义的顶点。删除所有多余的边、顶点以及不使用的几何图形。不删除压印的边。

【运行方式】

- 菜单：【修改】→【实体编辑】→【清除】。
- 工具栏：【实体编辑】→清除 图标。
- 命令行：SOLIDEDIT↙→B↙→L↙。

【操作过程】

以上操作命令行显示如下：

……

指定要清除的三维实体对象：选择对象

12.5.3 分割

使用【分割】命令，可以将使用【并集】建立的不相连的复合实体进行分割，以形成单个独立的实体。

【运行方式】

- 菜单：【修改】→【实体编辑】→【分割】。
- 工具栏：【实体编辑】→分割 图标。
- 命令行：solidedit↙→B↙→P↙。

【操作过程】

以上操作命令行显示如下：

……

选择三维实体：选择对象

如图 12-44 为复合实体分割前后的夹点操作显示。

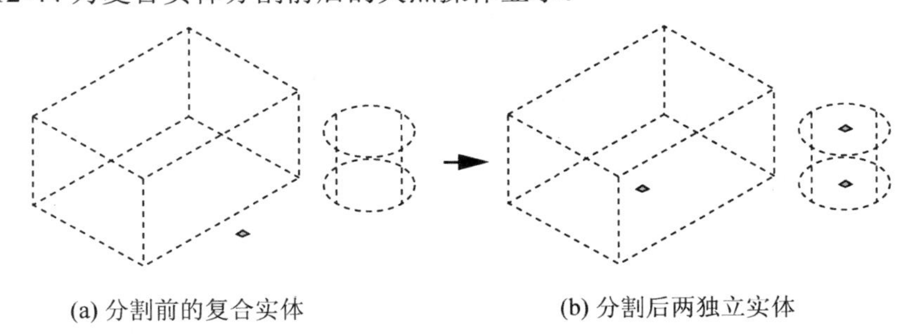

(a) 分割前的复合实体　　(b) 分割后两独立实体

图 12-44　分割实体

12.5.4 抽壳

抽壳是用指定的厚度创建一个空的薄壳。即通过将现有面向原位置的内部或外部偏移来创建新的面。抽壳过程中，可以指定不参与抽壳的表面。一个三维实体只能有一个壳。

建议用户在将三维实体转换为壳体之前创建其副本。通过此种方法，如果用户需要进行重大修改，可以使用原始版本，并再次对其进行抽壳。

【运行方式】

- 菜单：【修改】→【实体编辑】→【抽壳】。
- 工具栏：【实体编辑】→抽壳图标。
- 命令行：SOLIDEDIT↙→B↙→S↙。

【操作过程】

以上操作命令行显示如下：

……

选择三维实体：选择三维实体对象(如图12-45(b)所示，选择的实体亮闪)

删除面或 [放弃(U)/添加(A)/全部(ALL)]：指定抽壳时要删除的面(如图12-45(c)所示，选择实体上表面)

删除面或 [放弃(U)/添加(A)/全部(ALL)]：回车或选择选项

输入抽壳偏移距离：指定抽壳偏移值(如图12-45(d)为输入10的效果，如图12-45(e)为输入-10的效果)

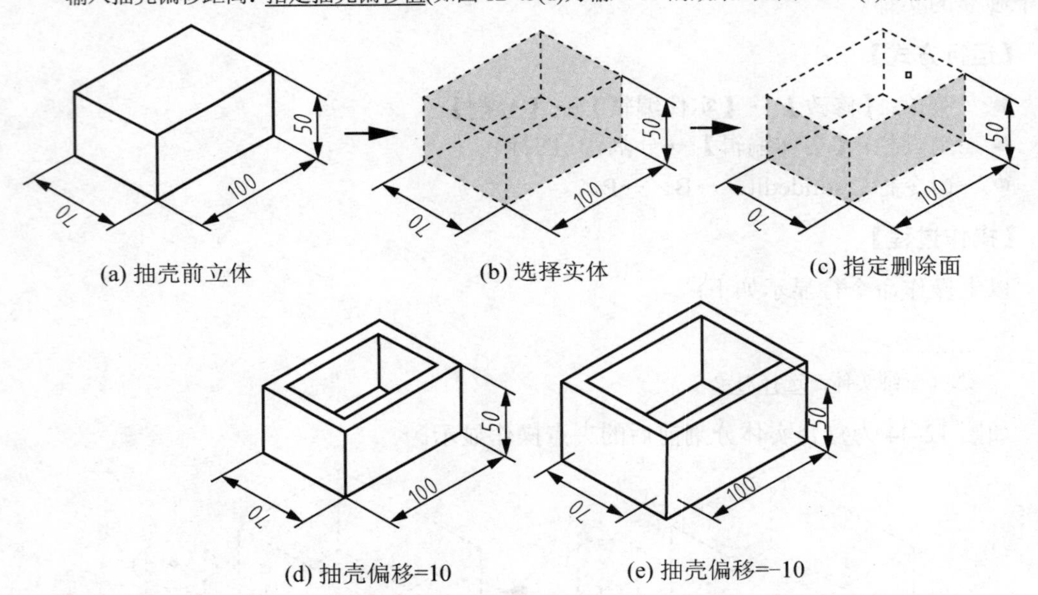

图 12-45　抽壳实体

【选项说明】

(1)【删除面】：指定对对象进行抽壳时要删除的面子对象。

(2)【放弃(U)】：撤销上一个动作。

(3)【添加(A)】：按Ctrl键并单击边以指明要保留的面。

(4)【全部(ALL)】：临时选择要删除的所有面，然后可以使用“添加”添加要保留的面。

【注意事项】

输入抽壳偏移距离时，指定正值可创建实体周长内部的抽壳；指定负值可创建实体周长外部的抽壳。

12.5.5 检查

检查是指验证实体对象是否为有效的三维实体对象。此选项用作高度复杂的三维实体模型中在比较阶段的调试工具。

【运行方式】

- 菜单：【修改】→【实体编辑】→【检查】。
- 工具栏：【实体编辑】→检查图标。
- 命令行：SOLIDEDIT↙→B↙→C↙。

【操作过程】

以上操作命令行显示如下：

> ……
> 选择三维实体：<u>选择三维实体对象</u>

如果不是有效的三维实体对象，则前面的三维实体编辑命令无法运行。

第13章 由三维实体模型投二维工程图

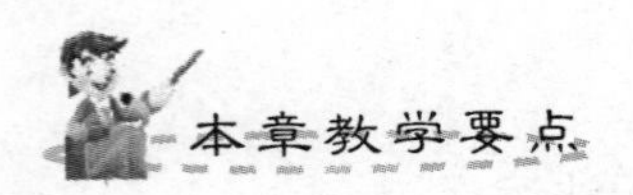

知识要点	掌握程度	相关知识
由三维实体生成二维工程图的方法	了解两种途径生成二维工程图的各自特点； 掌握生成投影图的操作过程。	具体图例演示操作过程。

在 AutoCAD 中，可以使用【轮廓】SOLPROF、【图形】SOLDRAW 以及【视图】SOLVIEW 等命令，将三维实体模型生成为二维工程图，再使用 MVSETUP 命令对视图进行进一步的操作，使之满足标准规范。

本章以如图 13-1 所示的立体生成如图 13-2 所示的二维工程图为例(图幅为 A3)，介绍使用两种途径生成二维工程图的方法。

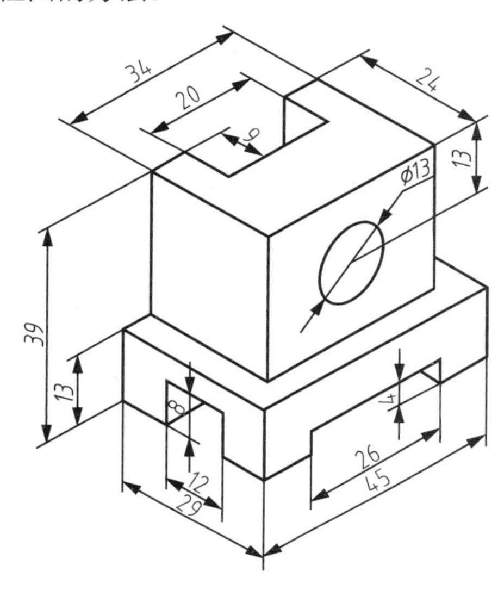

图 13-1　垫块实体模型

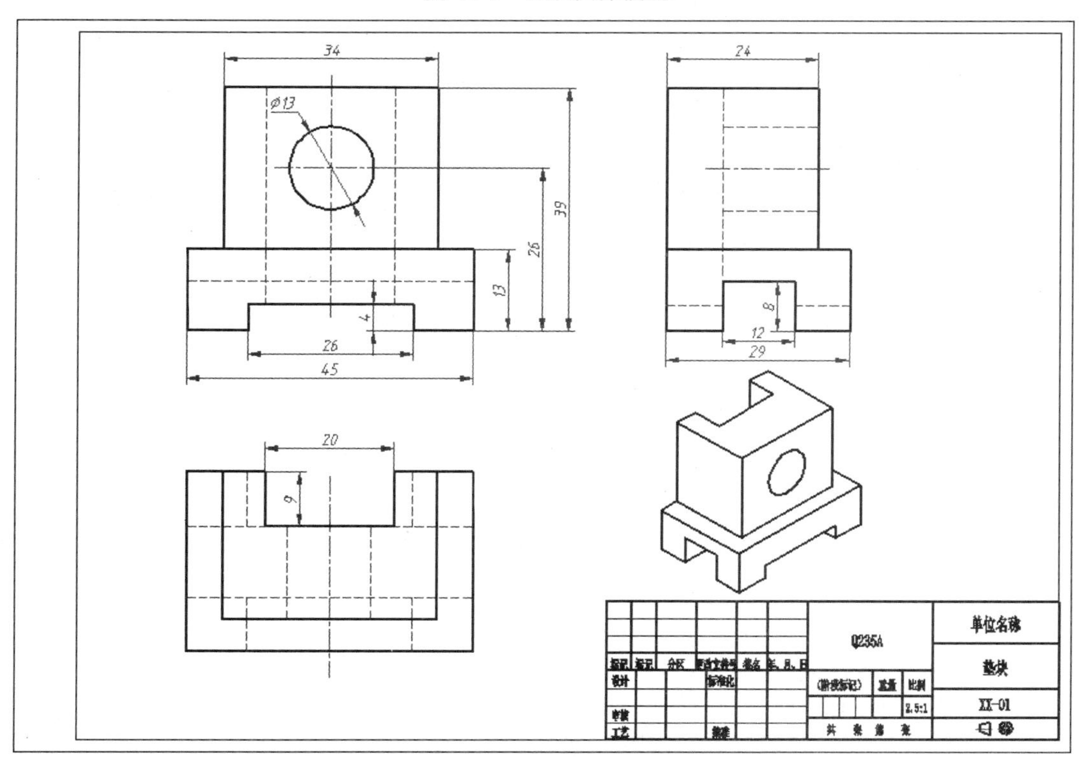

图 13-2　垫块实体模型生成的二维工程图

13.1 使用【轮廓】SOLPROF

本节按照由立体图通过使用【轮廓】SOLPROF 命令生成二维工程图的操作流程，介绍其完整的操作过程。

(1) 在模型空间绘制如图 13-1 所示的立体模型。

(2) 设置图纸幅面：单击【布局 1】，切换到图纸空间；打开【页面设置管理器】，单击【修改】按钮，打开【页面设置】对话框，从中选择打印机、指定打印图纸规格(本例使用 A3 图幅)并修改打印区域。

(3) 创建布局视口：使用 MVIEW 命令，在布局中开 4 个视口，并将其均匀布置在图纸中，其操作过程为：

命令：MVIEW↙(输入命令)

指定视口的角点或 [开(ON)/关(OFF)/布满(F)/着色打印(S)/锁定(L)/对象(O)/多边形(P)/恢复(R)/图层(LA)/2/3/4]＜布满＞：4↙(选择视口数量)

指定第一个角点或 [布满(F)]＜布满＞：↙(回车，默认“布满”)

以上操作，结果如图 13-3 所示。

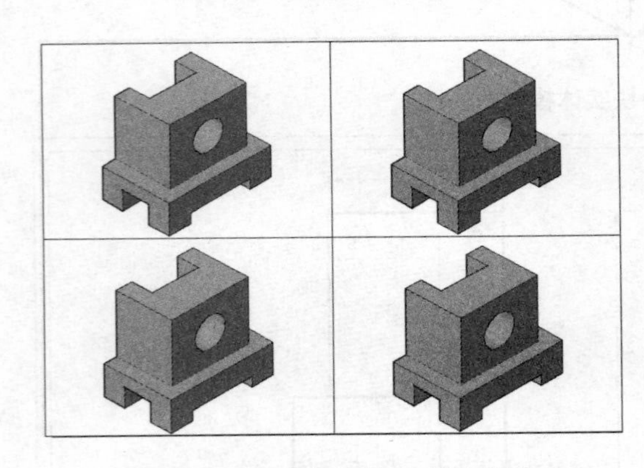

图 13-3　四个视口均布后的效果

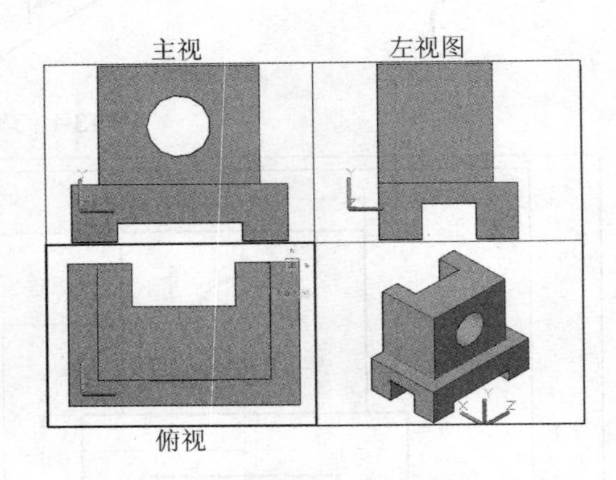

图 13-4　指定投影方向后的视口

(4) 为视口指定投影方向：按照三视图的排列位置，激活各个视口(鼠标双击)，使用【视图】工具条，分别指定主视、俯视、左视三个投影方向，结果如图 13-4 所示。

(5) 设置缩放比例：分别激活各个视口，使用 ZOOM 命令或【视口】工具条，为每个视口设置统一的缩放比例。本例采用 2.5∶1 的放大比例，结果如图 13-5 所示。

(6) 对齐各视口中的图形：使用 MVSETUP 命令，垂直对齐主视图和俯视图、水平对齐主视图和左视图。其操作过程如下：

命令：MVSETUP↙(输入命令)

输入选项 [对齐(A)/创建(C)/缩放视口(S)/选项(O)/标题栏(T)/放弃(U)]：A↙(选择“对齐”选项)

输入选项 [角度(A)/水平(H)/垂直对齐(V)/旋转视图(R)/放弃(U)]：V↙(选择“垂直对齐”选项)

指定基点：激活主视图，按住 SHIFT 键并按右键，在弹出的快捷菜单中选择“中点”，然后选择图中点 1(图 13-6(a))，作为对齐的基点。

指定视口中平移的目标点：激活俯视图，按住 SHIFT 键并按右键，在弹出的快捷菜单中选择“中点”，然后选择图中点 2(图 13-6(a)所示)，作为对齐的目标点，此时，俯视图移动与主视图对齐，效果如图 13-6(b)所示。

输入选项 [角度(A)/水平(H)/垂直对齐(V)/旋转视图(R)/放弃(U)]：H↙(选择“水平”对齐选项)

指定基点：激活主视图，按住 SHIFT 键并按右键，在弹出的快捷菜单中选择“端点”，然后选择图中点 3(图 13-6(c))，作为对齐的基点。

指定视口中平移的目标点：激活左视图，按住 SHIFT 键并按右键，在弹出的快捷菜单中选择“端点”，然后选择图中点 4(图 13-6(c))，作为对齐的目标点，此时，左视图移动与主视图对齐，效果如图 13-6(d)所示。

输入选项 [角度(A)/水平(H)/垂直对齐(V)/旋转视图(R)/放弃(U)]：↙(回车)

输入选项 [对齐(A)/创建(C)/缩放视口(S)/选项(O)/标题栏(T)/放弃(U)]：↙(回车)

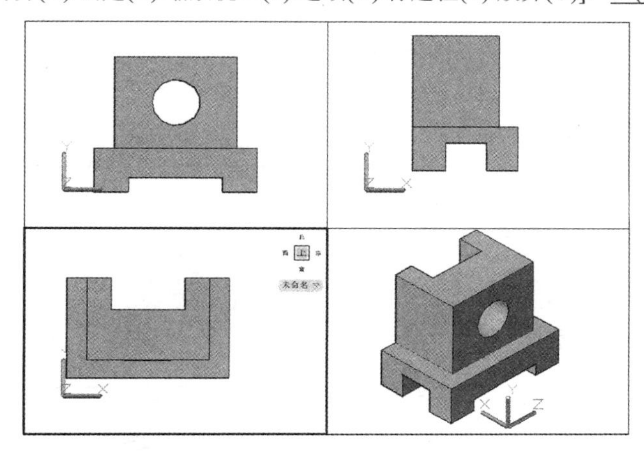

图 13-5 设置缩放比例后的视口

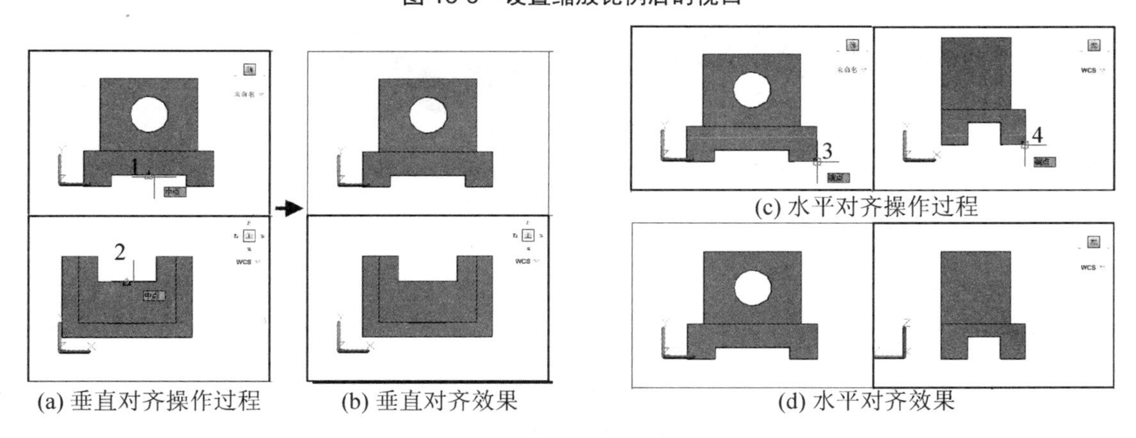

(a) 垂直对齐操作过程　(b) 垂直对齐效果　(c) 水平对齐操作过程　(d) 水平对齐效果

图 13-6 对齐各视口中的图形

(7) 使用【轮廓】SOLPROF 命令，分别将各视口中的立体模型按照指定投影方向画出图形的二维轮廓。该轮廓为线框图块，所有的边，不管是可见的或是隐藏的，都包含在此图块中。该命令的必须在布局的模型空间才可以使用。

【运行方式】

- 菜单：【绘图】→【建模】→【设置】→【轮廓】。
- 命令行：SOLPROF。

【操作过程】

以上操作命令行显示如下：

命令：_solprof↙(输入命令)
选择对象：激活主视图图，选择其中图形
选择对象：↙(回车，结束对象选择)
是否在单独的图层中显示隐藏的轮廓线？[是(Y)/否(N)]<是>：↙(回车，默认选择“是”)
是否将轮廓线投影到平面？[是(Y)/否(N)]<是>：↙(回车，默认选择“是”)
是否删除相切的边？[是(Y)/否(N)]<是>：↙(回车，默认选择“是”)

重复执行 SOLPROF 命令的操作过程，分别激活俯视图和左视图，选择其中的图形，此时，三个视口中增加了在模型上描下的轮廓，而且按照可见与不可见，将轮廓线分别放置在不同的图层上。此时的三个视口如图 13-7 所示，实体上明显增加了一些图线。单击【模型】标签，结果如图 13-8 所示，在实体的三个方向上，投出了二维图形。

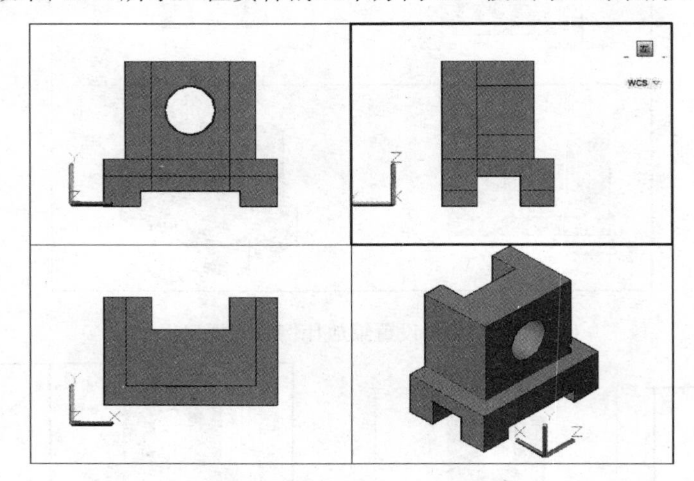

图 13-7　使用【轮廓】命令后的视口显示

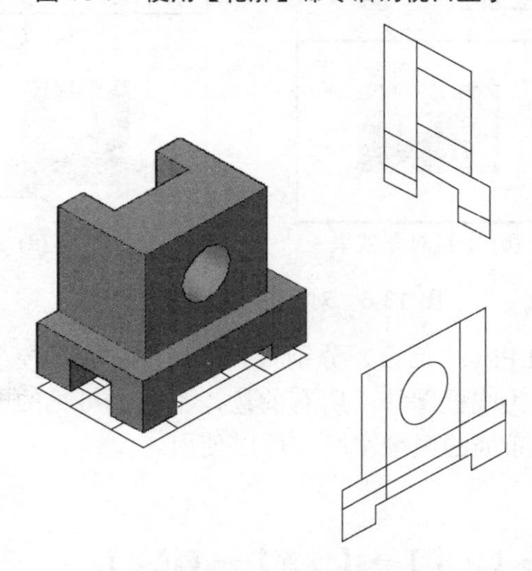

图 13-8　使用【轮廓】命令后的模型空间显示

(8) 冻结实体模型所用的图层。如图 13-7 所示，虽然各个视口中已经生成了二维投影，由于其背后的实体的存在，该二维图形显示不清楚，为了使每个视口仅显示对应的二维图形，而且仍保留实体模型，需将每个视口中实体模型所在图层冻结，其操作过程为：

① 激活主视图，单击【图层】工具条的下拉箭头，找到立体模型所在的图层(本例为“立体”层)，单击其前面的【在当前视口中冻结或解冻】图标，如图 13-9 所示；

② 分别激活俯视图、左视图，将立体模型所在图层在当前视口中冻结。结果如图 13-10 所示。

(9) 修改自动生成二维图形的图层属性。在生成二维图形时，系统将每个视口中可见与不可见轮廓线分别放置在 PV、PH 图层，但使用相同的默认设置，如图 13-10 所示，三个视图所显示的图线都是细实线，因此，需要修改对应投影图层的性质，使之显示正确的线型。其操作过程如下：

① 打开【图层特性管理器】：使用【图层】LAYER 命令或单击图层工具条图标，如图 13-11 所示；

② 设置不可见轮廓线层：选中“PH”开头的三个图层，该图层上放置了不可见轮廓线，设置其颜色为蓝色、线型为 DASHED，其余皆为默认，如图 13-11 所示；

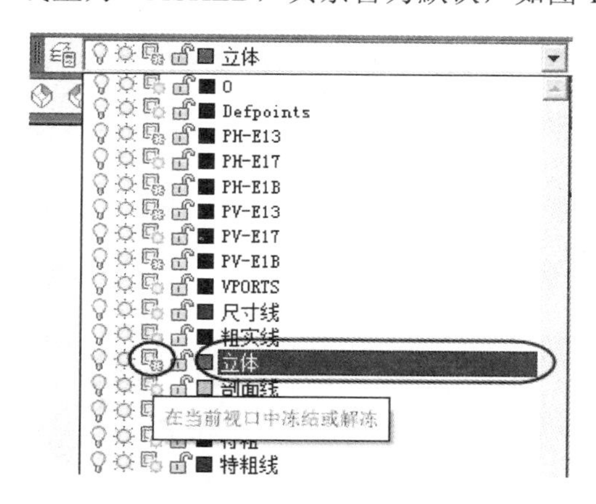

图 13-9　冻结图层过程

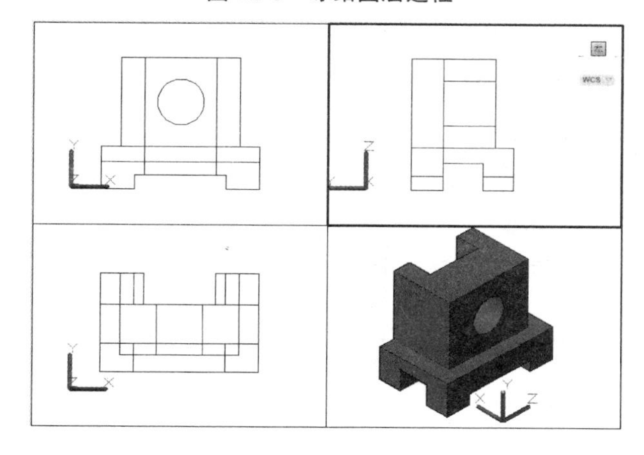

图 13-10　冻结图层后的视口显示

③ 设置可见轮廓线层：选中“PV”开头的三个图层，该图层上放置了可见轮廓线，设置其线宽为0.5，其余皆为默认，如图13-11所示。

关闭图层特性管理器，回到CAD绘图界面，并单击状态栏中的【模型或图纸空间】按钮，使之切换到图纸空间，结果如图13-12所示。

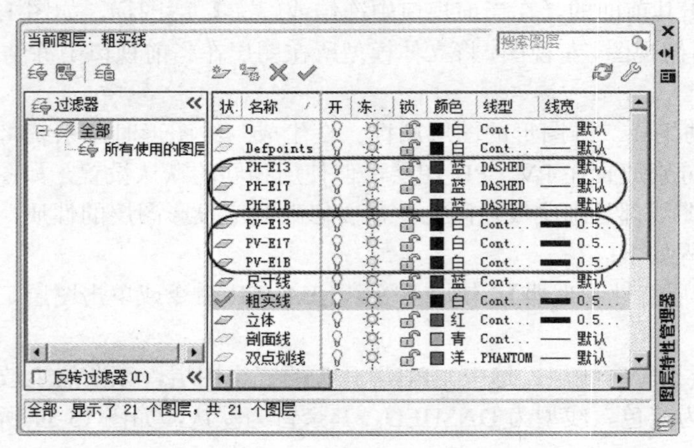

图 13-11 修改投影图层属性

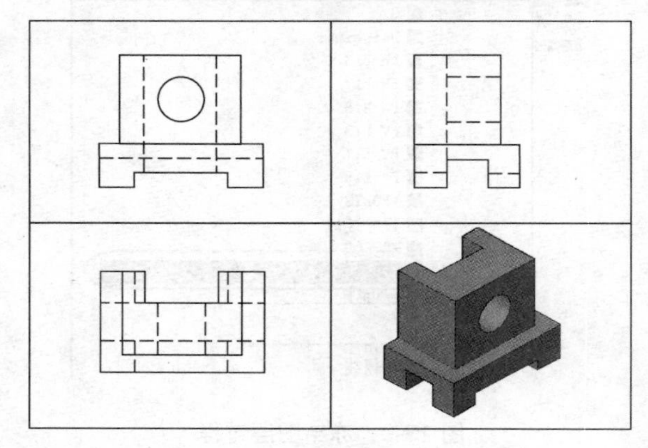

图 13-12 修改图层属性后的图形显示

(10) 完善图形：图形中除了轮廓线，还应有对称线、轴线、中心线等图线，这类图线投影时不能直接生成，需要人为绘制；另外图形的尺寸大小，也需要标注。因此所生成的二维图还需作最后完善。其过程为：

① 在布局中，切换到图纸空间；

② 关闭视口所在的图层：新建一个图层，将视口放置到该图层上，然后将其关闭，结果如图13-13所示。

③ 添加轴线或中心线：将“中心线”层设为当前层，绘制水平和垂直中心线，结果如图13-14所示。

④ 标注尺寸：将“尺寸线”层设为当前层，使用相应命令标注尺寸，结果如图13-15所示。

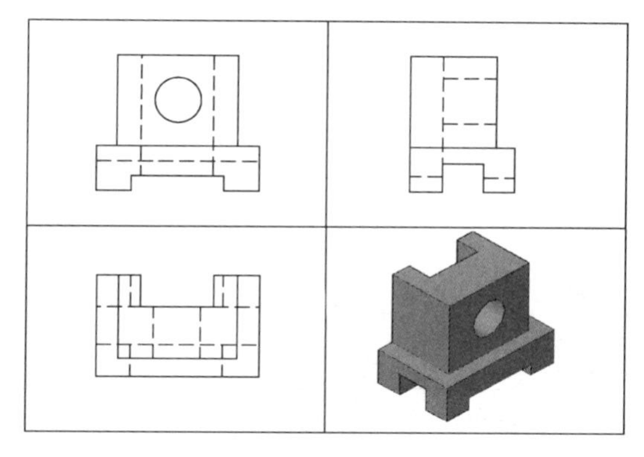

图 13-13　关闭视口所在的图层

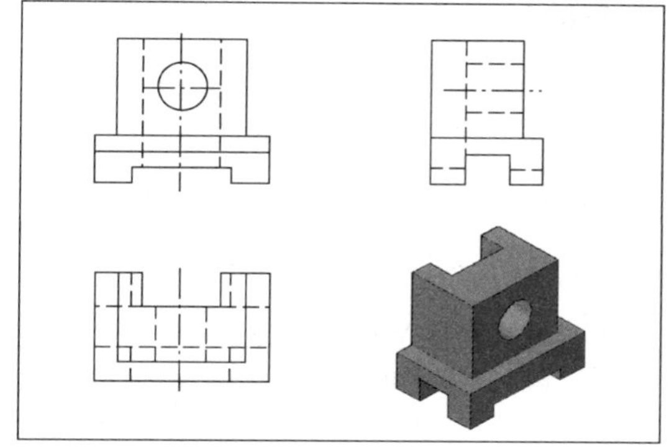

图 13-14　添加中心线后的图形

(11) 添加图框：将“A3”图框插入到该布局，结果如图 13-16 所示。

(12) 整理图面：双击轴测图，激活该视口，使用 ZOOM 命令或使用鼠标中键缩放，使之不与图框相交，结果如图 13-2 所示。

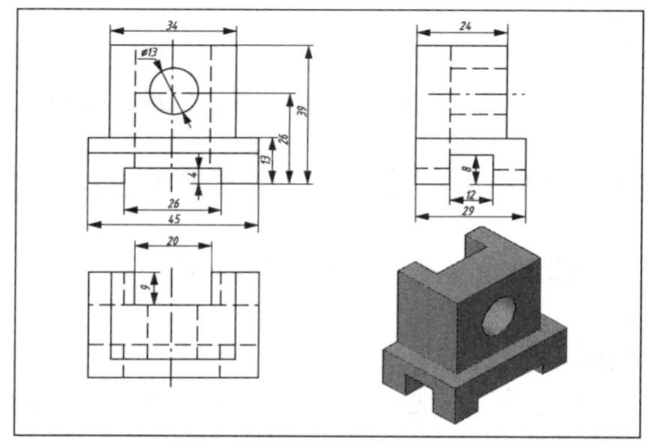

图 13-15　标注尺寸后的图形

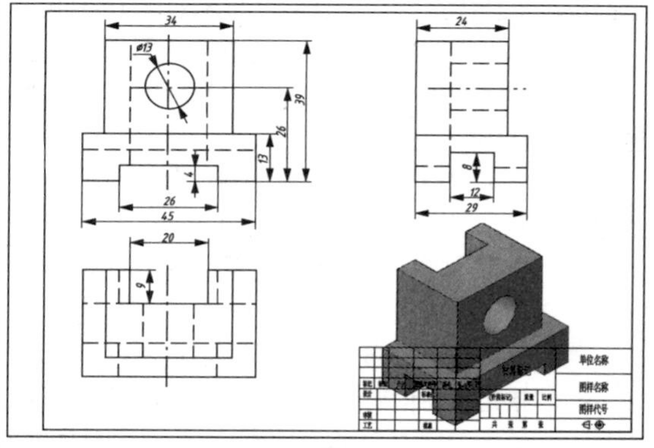

图 13-16　添加图框后的图形

13.2　用【图形】SOLDRAW

使用【图形】SOLDRAW 命令，能够在用 SOLVIEW 命令创建的布局视口中生成轮廓和截面，即 SOLDRAW 只能在通过 SOLVIEW 创建的视口中使用。

同样以图 13-1 立体为例，介绍使用【图形】SOLDRAW 命令生成二维图的过程。

(1) 在模型空间绘制如图 13-1 所示的立体模型。

(2) 设置图纸幅面：单击【布局 1】，切换到图纸空间；打开【页面设置管理器】，单击【修改】按钮，打开【页面设置】对话框，从中选择打印机、指定打印图纸规格(本例使用 A3 图幅)并修改打印区域。

(3) 使用【视图】SOLVIEW 为三维实体创建正交视图。

使用该命令，可以手动创建三维模型的视图。

【运行方式】

- 菜单：【绘图】→【建模】→【设置】→【视图】。
- 命令行：SOLVIEW。

【操作过程】

以上操作命令行显示如下：

命令：SOLVIEW↙(输入命令)

输入选项 [UCS(U)/正交(O)/辅助(A)/截面(S)]：U↙(选择 UCS 选项)

输入选项 [命名(N)/世界(W)/?/当前(C)]＜当前＞：↙(回车，默认“当前”)

输入视图比例＜1＞：↙(回车，默认“1”)

指定视图中心：鼠标指定一点(如图 13-17(a)所示，还可以指定其他位置作为视图中心)。

指定视图中心＜指定视口＞：↙(回车)

指定视口的第一个角点：指定视口的第一个角点

指定视口的对角点：指定视口的对角点(两角点构成一个矩形区域，如图 13-17(b)所示，单击该点后，矩形框加深，创建了视口，结果如图 13-17(c)所示)

输入视图名：fu↙(该俯视图本例命名为“fu”，回车)

输入选项 [UCS(U)/正交(O)/辅助(A)/截面(S)]：O ↙(选择“正交”选项，以第一个视口为基准，创建另主视图)

指定视口要投影的那一侧：选择俯视图所在视口的前侧(从前往后投影，得到主视图，因此选择该投影方向，如图 13-18(a)所示。)

指定视图中心：鼠标沿投影一侧向上移动，在俯视图上方指定一点(如图 13-18(a)所示)

指定视图中心＜指定视口＞：↙(回车)

指定视口的第一个角点：指定视口的第一个角点

指定视口的对角点：指定视口的对角点(单击该点后，创建了另一视口，结果如图 13-18(b)所示)

输入视图名：zhu↙(该主视图本例命名为“zhu”，回车)

输入选项 [UCS(U)/正交(O)/辅助(A)/截面(S)]：O ↙(选择“正交”选项)

指定视口要投影的那一侧：选择主视图所在视口的左侧(从左往右投影，得到左视图，因此选择该投影方向，如图 13-19 所示。)

指定视图中心：鼠标沿投影一侧向右移动，在主视图右方指定一点(如图 13-19 所示)

指定视图中心＜指定视口＞：↙(回车)

指定视口的第一个角点：指定视口的第一个角点

指定视口的对角点：指定视口的对角点

输入视图名：zuo↙(该左视图本例命名为“zuo”，回车)

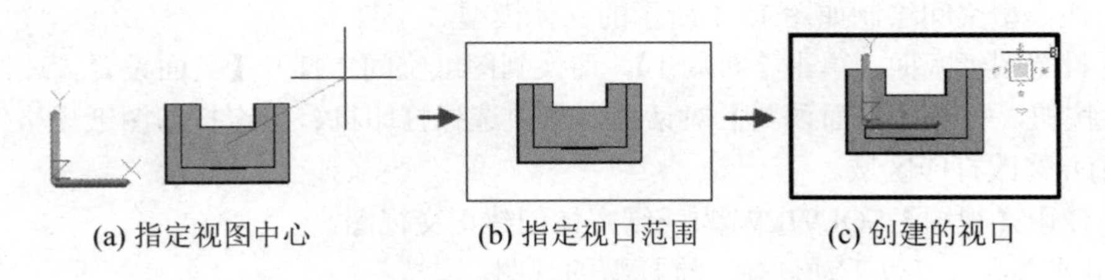

(a) 指定视图中心　　(b) 指定视口范围　　(c) 创建的视口

图 13-17　创建俯视图过程

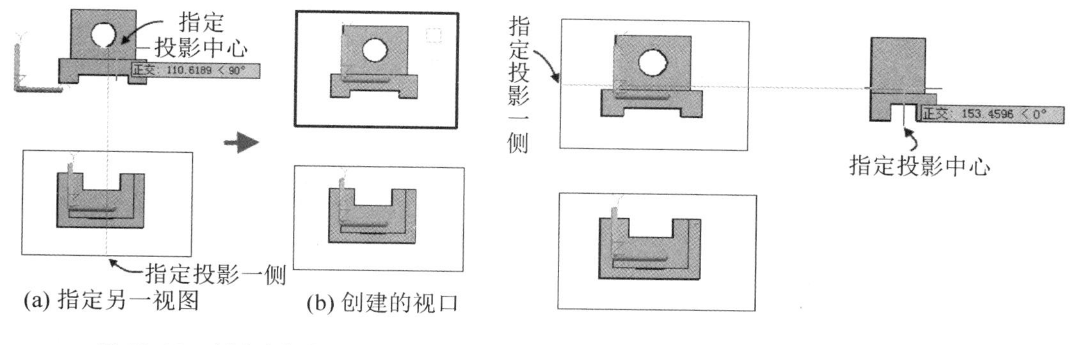

(a) 指定另一视图　　(b) 创建的视口

图 13-18　创建主视图过程

图 13-19　创建左视图过程

最后图面上手动建立的主、俯、左三个视图的位置如图 13-20 所示。

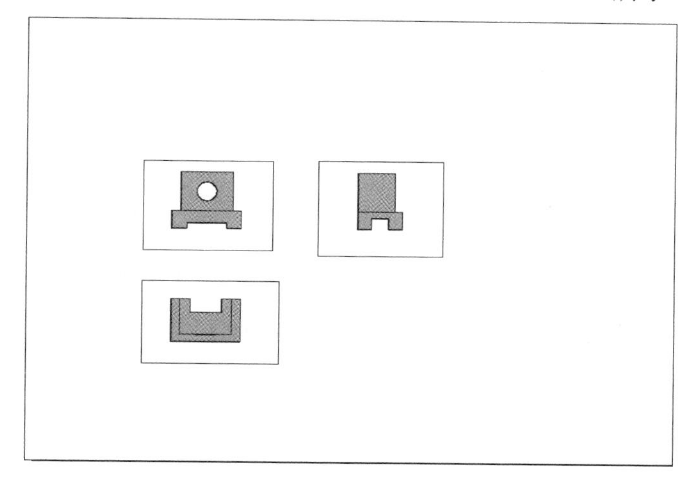

图 13-20　创建主视图过程

(4) 设置缩放比例。在上一步设置三视图的过程中，每个视口采用的缩放比例为 1∶1，该比例下的图形放置在所选图幅上显得过小(图 13-20)，因此需要调整比例。其操作过程为：

① 将视口移动对齐，如图 13-21(a)所示；

② 使用 SCALE 命令，将视口放大 2 倍，缩放基点选择图 13-21(b)所示点 1 位置；

③ 为每个视口图形，指定缩放比例：分别激活各个视口，使用 ZOOM 命令或【视口】工具条，为每个视口设置统一的缩放比例。本例采用 2.5∶1 的放大比例。结果如图 13-21(c)所示。

(5) 对齐各视口中的图形：使用 MVSETUP 命令，垂直对齐主视图和俯视图、水平对齐主视图和左视图，结果如图 13-21(d)所示。

(6) 使用【图形】SOLDRAW 命令，以生成与视口投影方向对应的二维图形，并将各视口中可见与不可见轮廓线分别放置在以“视图名-VIS”、“视图名-HID”命名的图层上，同时还为各视口配置用来标注尺寸的“视图名-DIM”图层。其命令的调用方式为：

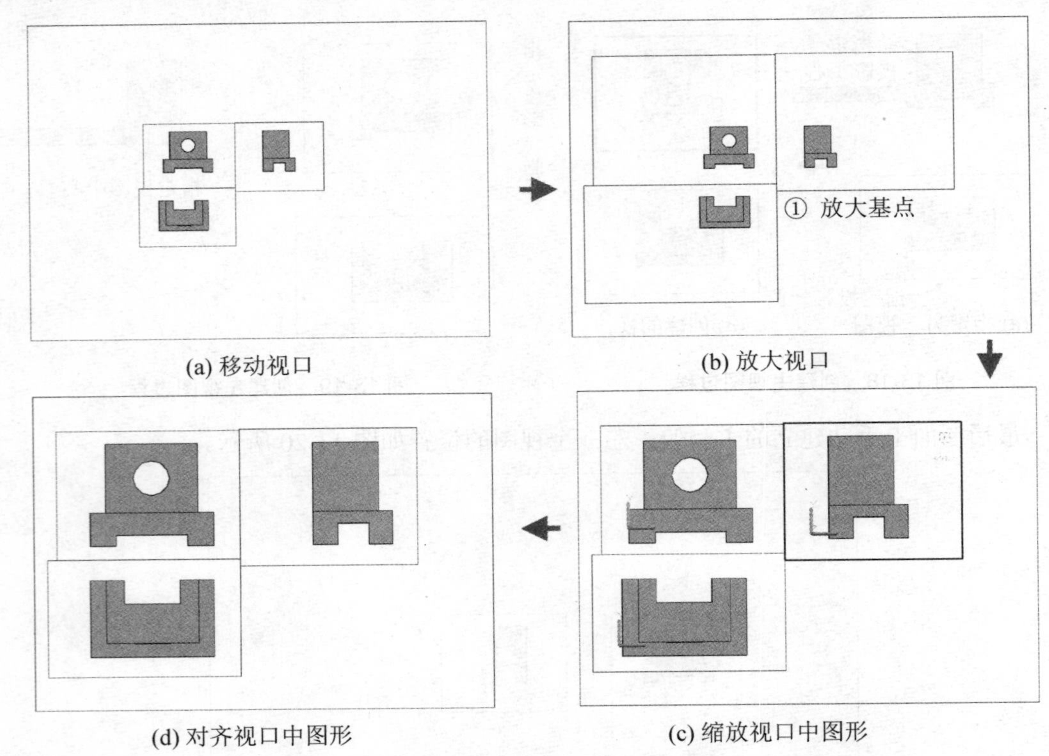

(a) 移动视口　(b) 放大视口

(d) 对齐视口中图形　(c) 缩放视口中图形

图 13-21　整理视图过程

【运行方式】

- 菜单：【绘图】→【建模】→【设置】→【轮廓】。
- 命令行：SOLDRAW。

【操作过程】

以上操作命令行显示如下：

命令：soldraw↙(输入命令)
选择要绘图的视口...
选择对象：选择图中三个视口(如图 13-22(a)所示)
选择对象：↙(回车，结束选择，结果如图 13-22(b)所示)
已选定一个实体。
已选定一个实体。
已选定一个实体。

(7) 修改图层属性。打开【图层特性管理器】，如图 13-23 所示，分别设置可见与不可见图线所在的图层属性。

① 设置不可见轮廓线层：分别选中“fu-HID”、“zhu-HID”、“zuo-HID”三个图层，该图层上放置了不可见轮廓线，设置其颜色为蓝色、线型为 DASHED，其余皆为默认，如图 13-23(a)所示；

② 设置可见轮廓线层：分别选中“fu-VIS”、“zhu-VIS”、“zuo-VIS”三个图层，该图层上放置了可见轮廓线，设置其线宽为 0.5，其余皆为默认，如图 13-23(b)所示。

关闭图层特性管理器，回到 CAD 绘图界面，并单击状态栏中的【模型或图纸空间】按钮，使之切换到图纸空间，结果如图 13-24 所示。

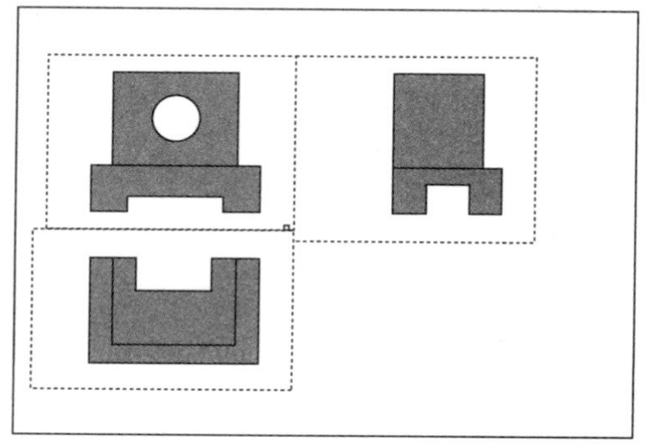

(a) 选择视口

(b) 生成的二维图

图 13-22 使用 SOLDRAW 生成二维图过程

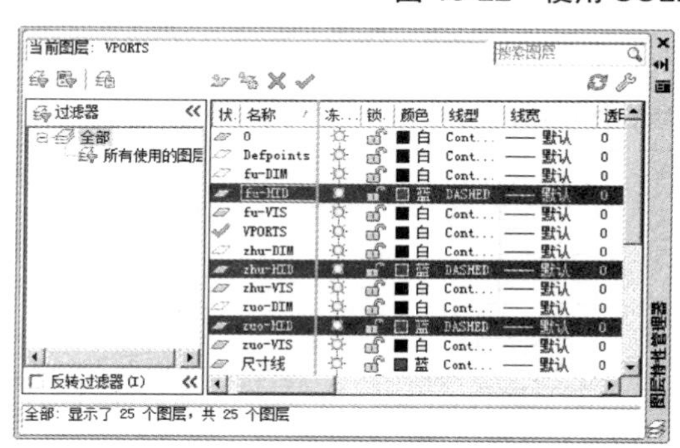

(a) 设置隐藏线

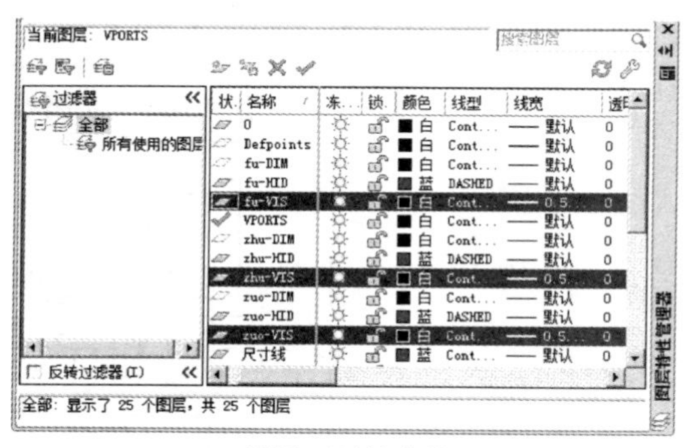

(b) 设置可见轮廓线

图 13-23 修改由 SOLDRAW 生成的图层属性

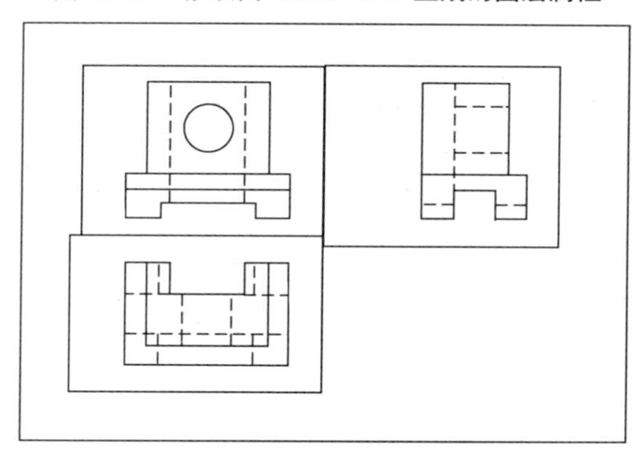

图 13-24 修改图层属性后的图形

(8) 完善图形：包括添加对称线、轴线、中心线等图线以及标注。其过程为：

① 在布局中，切换到图纸空间；

② 关闭视口所在的图层：使用 SOLVIEW 创建的视口，放置在系统自动创建的“VPORTS”图层上，将该层关闭，结果如图 13-25 所示。

③ 添加轴线或中心线：将“中心线”层设为当前层，绘制水平和垂直中心线，结果如图 13-26 所示；

④ 标注尺寸：将“尺寸线”层设为当前层，使用相应命令标注尺寸，结果如图 13-26 所示。

(9) 添加图框，整理图面，结果如图 13-27 所示。

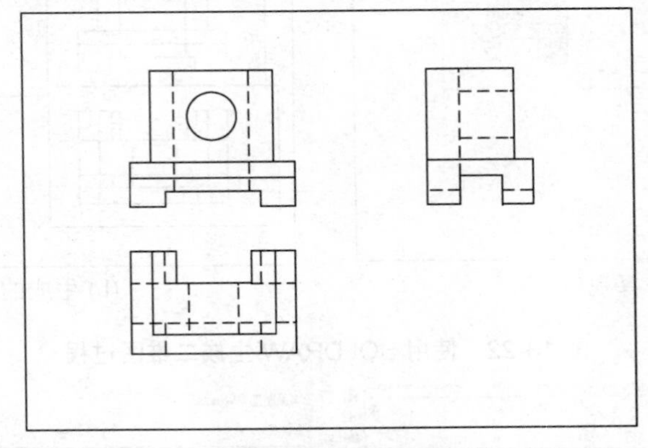

图 13-25　关闭视口所在图层后的图形

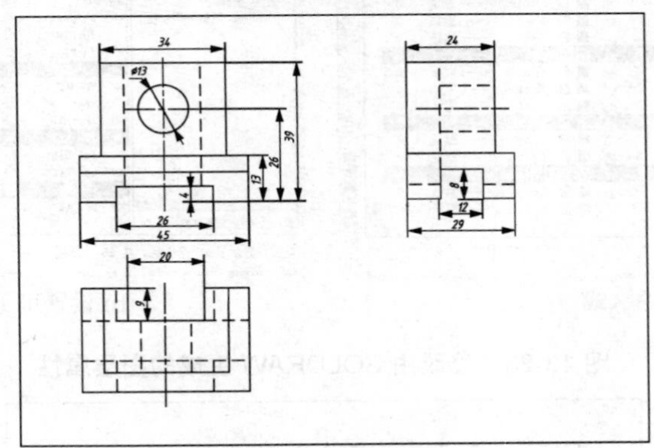

图 13-26　完善图形

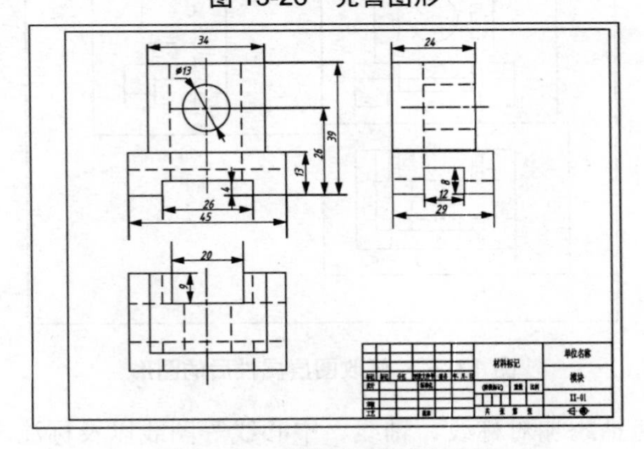

图 13-27　添加图框后的图形

参 考 文 献

[1] 刘善淑，胡爱萍．AutoCAD 2008 工程制图基础教程[M]．北京：化学工业出版社，2009.
[2] 许小荣，魏芮，马建，等．AutoCAD 2012 中文版机械制图 50 例[M]．北京：电子工业出版社，2012.
[3] 陈志民．AutoCAD 2012 实用教程[M]．北京：机械工业出版社，2011.
[4] 崔晓利．中文版 AutoCAD 工程制图(2012 版)[M]．北京：清华大学出版社，2012.
[5] 刘善淑．AutoCAD 2006 化工机械图形设计[M]．南京：南京大学出版社，2007.
[6] 耿国强，张红松，胡仁喜．AutoCAD 2010 入门与提高[M]．北京：化学工业出版社，2009.
[7] 邵振国．AutoCAD 2008 中文版实用教程[M]．北京：科学出版社，2007.
[8] 刘平安，槐创锋，沈晓玲，等．AutoCAD 2011 中文版机械设计实例教程[M]．北京：机械工业出版社，2010.
[9] 辛栋，刘艳龙，谢龙汉．2009 机械制图实例图解[M]．北京：清华大学出版社，2008.
[10] 史文杰，宋瑞宏，邹旻．.AutoCAD 应用技巧[M]．南京：南京大学出版社，2007.

北京大学出版社教材书目

序号	书　　名	标准书号	主　编	定价	出版日期
1	机械设计	978-7-5038-4448-5	郑　江，许　瑛	33	2007.8
2	机械设计	978-7-301-15699-5	吕　宏	32	2013.1
3	机械设计	978-7-301-17599-6	门艳忠	40	2010.8
4	机械设计	978-7-301-21139-7	王贤民，霍仕武	49	2014.1
5	机械设计	978-7-301-21742-9	师素娟，张秀花	48	2012.12
6	机械原理	978-7-301-11488-9	常治斌，张京辉	29	2008.6
7	机械原理	978-7-301-15425-0	王跃进	26	2013.9
8	机械原理	978-7-301-19088-3	郭宏亮，孙志宏	36	2011.6
9	机械原理	978-7-301-19429-4	杨松华	34	2011.8
10	机械设计基础	978-7-5038-4444-2	曲玉峰，关晓平	27	2008.1
11	机械设计基础	978-7-301-22011-5	苗淑杰，刘喜平	49	2013.6
12	机械设计基础	978-7-301-22957-6	朱　玉	38	2014.12
13	机械设计课程设计	978-7-301-12357-7	许　瑛	35	2012.7
14	机械设计课程设计	978-7-301-18894-1	王　慧，吕　宏	30	2014.1
15	机械设计辅导与习题解答	978-7-301-23291-0	王　慧，吕　宏	26	2013.12
16	机械原理、机械设计学习指导与综合强化	978-7-301-23195-1	张占国	63	2014.1
17	机电一体化课程设计指导书	978-7-301-19736-3	王金娥　罗生梅	35	2013.5
18	机械工程专业毕业设计指导书	978-7-301-18805-7	张黎骅，吕小荣	22	2012.5
19	机械创新设计	978-7-301-12403-1	丛晓霞	32	2012.8
20	机械系统设计	978-7-301-20847-2	孙月华	32	2012.7
21	机械设计基础实验及机构创新设计	978-7-301-20653-9	邹旻	28	2014.1
22	TRIZ 理论机械创新设计工程训练教程	978-7-301-18945-0	蒯苏苏，马履中	45	2011.6
23	TRIZ 理论及应用	978-7-301-19390-7	刘训涛，曹　贺等	35	2013.7
24	创新的方法——TRIZ 理论概述	978-7-301-19453-9	沈萌红	28	2011.9
25	机械工程基础	978-7-301-21853-2	潘玉良，周建军	34	2013.2
26	机械 CAD 基础	978-7-301-20023-0	徐云杰	34	2012.2
27	AutoCAD 工程制图	978-7-5038-4446-9	杨巧绒，张克义	20	2011.4
28	AutoCAD 工程制图	978-7-301-21419-0	刘善淑，胡爱萍	38	2015.2
29	工程制图	978-7-5038-4442-6	戴立玲，杨世平	27	2012.2
30	工程制图	978-7-301-19428-7	孙晓娟，徐丽娟	30	2012.5
31	工程制图习题集	978-7-5038-4443-4	杨世平，戴立玲	20	2008.1
32	机械制图(机类)	978-7-301-12171-9	张绍群，孙晓娟	32	2009.1
33	机械制图习题集(机类)	978-7-301-12172-6	张绍群，王慧敏	29	2007.8
34	机械制图(第 2 版)	978-7-301-19332-7	孙晓娟，王慧敏	38	2014.1
35	机械制图	978-7-301-21480-0	李凤云，张　凯等	36	2013.1
36	机械制图习题集(第 2 版)	978-7-301-19370-7	孙晓娟，王慧敏	22	2011.8
37	机械制图	978-7-301-21138-0	张　艳，杨晨升	37	2012.8
38	机械制图习题集	978-7-301-21339-1	张　艳，杨晨升	24	2012.10
39	机械制图	978-7-301-22896-8	臧福伦，杨晓冬等	60	2013.8
40	机械制图与 AutoCAD 基础教程	978-7-301-13122-0	张爱梅	35	2013.1
41	机械制图与 AutoCAD 基础教程习题集	978-7-301-13120-6	鲁　杰，张爱梅	22	2013.1
42	AutoCAD 2008 工程绘图	978-7-301-14478-7	赵润平，宗荣珍	35	2009.1
43	AutoCAD 实例绘图教程	978-7-301-20764-2	李庆华，刘晓杰	32	2012.6
44	工程制图案例教程	978-7-301-15369-7	宗荣珍	28	2009.6
45	工程制图案例教程习题集	978-7-301-15285-0	宗荣珍	24	2009.6
46	理论力学（第 2 版）	978-7-301-23125-8	盛冬发，刘　军	38	2013.9
47	材料力学	978-7-301-14462-6	陈忠安，王　静	30	2013.4

序号	书　名	标准书号	主　编	定价	出版日期
48	工程力学(上册)	978-7-301-11487-2	毕勤胜，李纪刚	29	2008.6
49	工程力学(下册)	978-7-301-11565-7	毕勤胜，李纪刚	28	2008.6
50	液压传动（第 2 版）	978-7-301-19507-9	王守城，容一鸣	38	2013.7
51	液压与气压传动	978-7-301-13179-4	王守城，容一鸣	32	2013.7
52	液压与液力传动	978-7-301-17579-8	周长城等	34	2011.11
53	液压传动与控制实用技术	978-7-301-15647-6	刘　忠	36	2009.8
54	金工实习指导教程	978-7-301-21885-3	周哲波	30	2014.1
55	工程训练（第 3 版）	978-7-301-24115-8	郭永环，姜银方	38	2014.5
56	机械制造基础实习教程	978-7-301-15848-7	邱　兵，杨明金	34	2010.2
57	公差与测量技术	978-7-301-15455-7	孔晓玲	25	2012.9
58	互换性与测量技术基础(第 2 版)	978-7-301-17567-5	王长春	28	2014.1
59	互换性与技术测量	978-7-301-20848-9	周哲波	35	2012.6
60	机械制造技术基础	978-7-301-14474-9	张　鹏，孙有亮	28	2011.6
61	机械制造技术基础	978-7-301-16284-2	侯书林　张建国	32	2012.8
62	机械制造技术基础	978-7-301-22010-8	李菊丽，何绍华	42	2014.1
63	先进制造技术基础	978-7-301-15499-1	冯宪章	30	2011.11
64	先进制造技术	978-7-301-22283-6	朱　林，杨春杰	30	2013.4
65	先进制造技术	978-7-301-20914-1	刘　璇，冯　凭	28	2012.8
66	先进制造与工程仿真技术	978-7-301-22541-7	李　彬	35	2013.5
67	机械精度设计与测量技术	978-7-301-13580-8	于　峰	25	2013.7
68	机械制造工艺学	978-7-301-13758-1	郭艳玲，李彦蓉	30	2008.8
69	机械制造工艺学(第 2 版)	978-7-301-23726-7	陈红霞	45	2014.1
70	机械制造工艺学	978-7-301-19903-9	周哲波，姜志明	49	2012.1
71	机械制造基础(上)——工程材料及热加工工艺基础(第 2 版)	978-7-301-18474-5	侯书林，朱　海	40	2013.2
72	制造之用	978-7-301-23527-0	王中任	30	2013.12
73	机械制造基础(下)——机械加工工艺基础(第 2 版)	978-7-301-18638-1	侯书林，朱　海	32	2012.5
74	金属材料及工艺	978-7-301-19522-2	于文强	44	2013.2
75	金属工艺学	978-7-301-21082-6	侯书林，于文强	32	2012.8
76	工程材料及其成形技术基础（第 2 版）	978-7-301-22367-3	申荣华	58	2013.5
77	工程材料及其成形技术基础学习指导与习题详解	978-7-301-14972-0	申荣华	20	2013.1
78	机械工程材料及成形基础	978-7-301-15433-5	侯俊英，王兴源	30	2012.5
79	机械工程材料（第 2 版）	978-7-301-22552-3	戈晓岚，招玉春	36	2013.6
80	机械工程材料	978-7-301-18522-3	张铁军	36	2012.5
81	工程材料与机械制造基础	978-7-301-15899-9	苏子林	32	2011.5
82	控制工程基础	978-7-301-12169-6	杨振中，韩致信	29	2007.8
83	机械制造装备设计	978-7-301-23869-1	宋士刚，黄　华	40	2014.12
84	机械工程控制基础	978-7-301-12354-6	韩致信	25	2008.1
85	机电工程专业英语(第 2 版)	978-7-301-16518-8	朱　林	24	2013.7
86	机械制造专业英语	978-7-301-21319-3	王中任	28	2014.12
87	机械工程专业英语	978-7-301-23173-9	余兴波，姜　波等	30	2013.9
88	机床电气控制技术	978-7-5038-4433-7	张万奎	26	2007.9
89	机床数控技术(第 2 版)	978-7-301-16519-5	杜国臣，王士军	35	2014.1
90	自动化制造系统	978-7-301-21026-0	辛宗生，魏国丰	37	2014.1
91	数控机床与编程	978-7-301-15900-2	张洪江，侯书林	25	2012.10
92	数控铣床编程与操作	978-7-301-21347-6	王志斌	35	2012.10
93	数控技术	978-7-301-21144-1	吴瑞明	28	2012.9
94	数控技术	978-7-301-22073-3	唐友亮　佘　勃	45	2014.1
95	数控技术及应用	978-7-301-23262-0	刘　军	49	2013.10
96	数控加工技术	978-7-5038-4450-7	王　彪，张　兰	29	2011.7
97	数控加工与编程技术	978-7-301-18475-2	李体仁	34	2012.5
98	数控编程与加工实习教程	978-7-301-17387-9	张春雨，于　雷	37	2011.9
99	数控加工技术及实训	978-7-301-19508-6	姜永成，夏广岚	33	2011.9
100	数控编程与操作	978-7-301-20903-5	李英平	26	2012.8
101	现代数控机床调试及维护	978-7-301-18033-4	邓三鹏等	32	2010.11
102	金属切削原理与刀具	978-7-5038-4447-7	陈锡渠，彭晓南	29	2012.5
103	金属切削机床(第 2 版)	978-7-301-25202-4	夏广岚，姜永成	42	2015.1

序号	书　　名	标准书号	主　　编	定价	出版日期
104	典型零件工艺设计	978-7-301-21013-0	白海清	34	2012.8
105	模具设计与制造(第 2 版)	978-7-301-24801-0	田光辉，林红旗	56	2015.1
106	工程机械检测与维修	978-7-301-21185-4	卢彦群	45	2012.9
107	特种加工	978-7-301-21447-3	刘志东	50	2014.1
108	精密与特种加工技术	978-7-301-12167-2	袁根福，祝锡晶	29	2011.12
109	逆向建模技术与产品创新设计	978-7-301-15670-4	张学昌	28	2013.1
110	CAD/CAM 技术基础	978-7-301-17742-6	刘　军	28	2012.5
111	CAD/CAM 技术案例教程	978-7-301-17732-7	汤修映	42	2010.9
112	Pro/ENGINEER Wildfire 2.0 实用教程	978-7-5038-4437-X	黄卫东，任国栋	32	2007.7
113	Pro/ENGINEER Wildfire 3.0 实例教程	978-7-301-12359-1	张选民	45	2008.2
114	Pro/ENGINEER Wildfire 3.0 曲面设计实例教程	978-7-301-13182-4	张选民	45	2008.2
115	Pro/ENGINEER Wildfire 5.0 实用教程	978-7-301-16841-7	黄卫东，郝用兴	43	2014.1
116	Pro/ENGINEER Wildfire 5.0 实例教程	978-7-301-20133-6	张选民，徐超辉	52	2012.2
117	SolidWorks 三维建模及实例教程	978-7-301-15149-5	上官林建	30	2012.8
118	UG NX6.0 计算机辅助设计与制造实用教程	978-7-301-14449-7	张黎骅，吕小荣	26	2011.11
119	CATIA 实例应用教程	978-7-301-23037-4	于志新	45	2013.8
120	Cimatron E9.0 产品设计与数控自动编程技术	978-7-301-17802-7	孙树峰	36	2010.9
121	Mastercam 数控加工案例教程	978-7-301-19315-0	刘　文，姜永梅	45	2011.8
122	应用创造学	978-7-301-17533-0	王成军，沈豫浙	26	2012.5
123	机电产品学	978-7-301-15579-0	张亮峰等	24	2013.5
124	品质工程学基础	978-7-301-16745-8	丁　燕	30	2011.5
125	设计心理学	978-7-301-11567-1	张成忠	48	2011.6
126	计算机辅助设计与制造	978-7-5038-4439-6	仲梁维，张国全	29	2007.9
127	产品造型计算机辅助设计	978-7-5038-4474-4	张慧姝，刘永翔	27	2006.8
128	产品设计原理	978-7-301-12355-3	刘美华	30	2008.2
129	产品设计表现技法	978-7-301-15434-2	张慧姝	42	2012.5
130	CorelDRAW X5 经典案例教程解析	978-7-301-21950-8	杜秋磊	40	2013.1
131	产品创意设计	978-7-301-17977-2	虞世鸣	38	2012.5
132	工业产品造型设计	978-7-301-18313-7	袁涛	39	2011.1
133	化工工艺学	978-7-301-15283-6	邓建强	42	2013.7
134	构成设计	978-7-301-21466-4	袁涛	58	2013.1
135	设计色彩	978-7-301-24246-9	姜晓微	52	2014.6
136	过程装备机械基础（第 2 版）	978-301-22627-8	于新奇	38	2013.7
137	过程装备测试技术	978-7-301-17290-2	王毅	45	2010.6
138	过程控制装置及系统设计	978-7-301-17635-1	张早校	30	2010.8
139	质量管理与工程	978-7-301-15643-8	陈宝江	34	2009.8
140	质量管理统计技术	978-7-301-16465-5	周友苏，杨　飒	30	2010.1
141	人因工程	978-7-301-19291-7	马如宏	39	2011.8
142	工程系统概论——系统论在工程技术中的应用	978-7-301-17142-4	黄志坚	32	2010.6
143	测试技术基础(第 2 版)	978-7-301-16530-0	江征风	30	2014.1
144	测试技术实验教程	978-7-301-13489-4	封士彩	22	2008.8
145	测控系统原理设计	978-7-301-24399-2	齐永奇	39	2014.7
146	测试技术学习指导与习题详解	978-7-301-14457-2	封士彩	34	2009.3
147	可编程控制器原理与应用(第 2 版)	978-7-301-16922-3	赵　燕，周新建	33	2011.11
148	工程光学	978-7-301-15629-2	王红敏	28	2012.5
149	精密机械设计	978-7-301-16947-6	田　明，冯进良等	38	2011.9
150	传感器原理及应用	978-7-301-16503-4	赵　燕	35	2014.1
151	测控技术与仪器专业导论(第 2 版)	978-7-301-24223-0	陈毅静	36	2014.6
152	现代测试技术	978-7-301-19316-7	陈科山，王燕	43	2011.8
153	风力发电原理	978-7-301-19631-1	吴双群，赵丹平	33	2011.10
154	风力机空气动力学	978-7-301-19555-0	吴双群	32	2011.10
155	风力机设计理论及方法	978-7-301-20006-3	赵丹平	32	2012.1
156	计算机辅助工程	978-7-301-22977-4	许承东	38	2013.8
157	现代船舶建造技术	978-7-301-23703-8	初冠南，孙清洁	33	2014.1